WESTEND

FLORIAN SCHWINN

TÖDLICHE FREUNDSCHAFT

Was wir den Tieren schuldig sind
und
warum wir ohne sie nicht leben können

WESTEND

Mehr über unsere Autoren und Bücher:
www.westendverlag.de

Die Deutsche Nationalbibliothek verzeichnet diese Publikation in
der Deutschen Nationalbibliografie; detaillierte bibliografische Daten
sind im Internet über http://dnb.d-nb.de abrufbar.

ISBN 978-3-86489-143-4
© Westend Verlag GmbH, Frankfurt/Main 2017
Umschlaggestaltung: Buchgut Berlin
Satz: Publikations Atelier, Dreieich
Druck und Bindung: CPI – Clausen & Bosse, Leck
Printed in Germany

Inhalt

Siehe auch: www.toedlichefreundschaft.de

Prolog
Das Tier und seine Menschen

Der Mensch ist nichts ohne seine Tiere. Wenn wir keine Nutztiere hätten, würden wir wohl heute noch in kleinen Gruppen durch die Steppen und Wälder ziehen. Die Tiere sind unser Schlüssel zur Zivilisation, unser Eingang in die Kulturentwicklung, unsere Partner bei der größten Revolution der bisherigen Menschheitsgeschichte – der Revolution des Neolithikums, der Jungsteinzeit, in der wir von Jägern und Sammlern zu sesshaften Bauern wurden.

Was wären wir ohne den Hund? Wäre es uns überhaupt möglich gewesen, ohne den Helfer bei der Jagd genügend Nahrung herbeizuschaffen für wachsende Menschengruppen mit wachsenden Gehirnen? Zwanzig Prozent der Energie, die wir heutigen Menschen verbrauchen, benötigt das Gehirn, obwohl es bei Erwachsenen nur zwei Prozent der Körpermasse ausmacht. Kleinkinder brauchen sogar bis zur Hälfte der Energie für das Gehirn. Schon früh in der Evolution des Menschen war es einer Mutter allein nicht mehr möglich, die für die Energiezufuhr ihres Neugeborenen nötige Menge an Nahrungsmitteln zu beschaffen. Ein afrikanisches Sprichwort sagt: Es braucht ein ganzes Dorf, um ein Kind großzuziehen.

Das ist eine sehr alte Erfahrung der Menschen. Sie mussten sich zusammenschließen, um ihre Kinder großzuziehen. Sie brauchten Hilfe. Und sie mussten lernen, sich neu zu organisieren, sozial und solidarisch. Sie mussten lernen, dass die Gemeinschaft mehr ist als die Summe ihrer Teile. Und der perfekte Lehrmeister dafür war der Wolf. Und der perfekte Helfer war der zahm gewordene Wolf. Sowohl bei der Jagd als auch viel später in unserer Entwicklungsgeschichte – bei der Bewachung der zahmen Schafe, der Ziegen und

Schweine. Und was kam dann erst mit dem Rind in unsere Hand: ein Arbeiter, ein Transportmittel mit übermenschlicher Zugkraft, ein Verwerter von Futtermitteln, die für Menschen ungenießbar sind. Mehr noch: Das Rind lieferte mit der Milch gleich noch ein zusätzliches, vielfältiges Nahrungsmittel, lieferte Dung als Brennstoff und als Dünger sowie am Ende seines Lebens auch Fleisch, das nicht mehr gejagt werden musste, und Leder, Kleidung und Horn.

Mit der Zeit, die nicht mehr nur fürs Sammeln und Jagen genutzt werden musste, hatten unsere Vorfahren dann auch die Muße für die Entwicklung von Kult und Kultur, für die Kunst. Die Tiere allerdings haben die Nähe zum Menschen teuer bezahlt. Auch unsere ersten und treuesten Helfer, die Hunde. Sie wurden geschlagen, gequält, gegessen, als Versuchstiere misshandelt, in den Krieg geschickt, krank gefüttert, krank gezüchtet und als Waffe oder als Schoßtier gebraucht und missbraucht. Sie sind Opfer unserer selbstsüchtigen, machiavellischen Intelligenz. Wie überhaupt alle Tiere, die wir zu Haus- und Nutztieren gemacht haben, die sich dazu machen ließen, sich in unsere Obhut begaben und sich dabei veränderten, dabei verändert wurden.

Generell gilt wohl aus Sicht der Tiere: Wenn man die Menschen zu Freunden hat, muss man sich um seine natürlichen Feinde keine Sorgen mehr machen. Sie von den Nutztieren fern zu halten, liegt im Interesse der Menschen. Die Kehrseite des Lebens in menschlicher Obhut ist aber ebenso deutlich: Wenn man die Menschen zu Freunden hat, braucht man auch keine anderen Feinde mehr. Die Freundschaft endet zumeist frühzeitig mit dem Tod. Es sei denn, man hat es als Tier in menschlicher Obhut zu einer jüngeren Sonderform des Haustieres gebracht – man ist Heimtier geworden, eine Art Vergnügungstier, dessen Nutzen nur noch ein sozialer ist. Wobei auch in diesem Fall das Soziale nur für den Menschen gilt. Denn von artgerechter Haltung kann auch bei vielen Heimtieren nicht die Rede sein.

Immer schon bauten die Menschen ihre tierischen Begleiter in ihre Kulturentwicklung ein. Bis hin zur Verehrung. Vielleicht haben die Höhlenmalereien der Altsteinzeit kultische, religiöse Bedeutung. Dann wäre der Verehrung der Nutztiere die der Beutetiere vorausgegangen. Aus späteren Epochen ist der Kultstatus der Tiere belegt. Die alten Ägypter kannten den hundeköpfigen Gott Anubis und den heiligen Stier von Memphis. Die Kreter den stierköpfigen Minotaurus und den heiligen minoischen Stier. Der Sanskrit-Name für die Kuh im Indischen bedeutet »die Unantastbare«. Und der Name des ganzen Landes Italien geht wohl auf das Wort *vituli* für die Söhne des Stiergottes und damit auf den Stierkult der vorrömischen Italiker zurück.

Wie weit ist der Weg von den Stieren und Kühen und Kälbern der altsteinzeitlichen Maler der Höhlen von Chauvet und Lascaux zum heutigen Industrielandwirt? Wie viel Kultur ist auf diesem Weg mit und durch die Tiere entstanden und wie viel droht am Ende des Weges in sehr kurzer Zeit wieder vernichtet zu werden?

Die Industrialisierung der Landwirtschaft ist ein noch recht junges Phänomen. Die großen Umwälzungen in der gewerblichen Produktion und beim Abbau von Bodenschätzen, die im späten 18. Jahrhundert begannen und im 19. Jahrhundert zur sogenannten Industriellen Revolution wurden, ließen die Landwirtschaft lange Zeit außen vor. Erst nach dem Zweiten Weltkrieg folgte der Strukturbruch: der Einzug der Industrialisierung in die Land- und Forstwirtschaft. Man kann diesen Umbruch an einer Maschine festmachen: am dieselgetriebenen Traktor, der ab Ende der 1950er Jahre mit einem Zapfwellenantrieb ausgestattet war, an dem wiederum viele andere neue Maschinen betrieben werden konnten. Und als dann auch noch fast gleichzeitig die Mähdrescher aufkamen, war es mit der Pferdewirtschaft bald vorbei. Die Industrialisierung der Landwirtschaft war blutig: Millionen von Pferden wurden geschlachtet.

Damit wurden die bislang dem Futteranbau für die Arbeitstiere vorbehaltenen Flächen frei. Darauf musste nun nicht mehr Energie für die Tierarbeit und den Transport angebaut werden. Darauf konnte Futter für Nutztiere wachsen, die Milch und Fleisch lieferten. Es begann die neue Zeit der Großställe, zunächst in der Schweine- und Geflügelhaltung. Und die Zeit der Zurichtung der Tiere auf die neuen Haltungsformen. Nicht die neue Industrie passte sich den Tieren an; die Tiere wurden der Industrie angepasst. Spezialisierte Betriebe verlangten spezialisierte Tiere. Legehennen für die Käfigbatterien. Schnell wachsende und weniger fette Schweine mit mehr Muskelfleisch. Der Deutschen Landrasse wurden ein paar Rippen mehr angezüchtet: macht je Rippenpaar zwei Koteletts mehr.

Es ist kaum fünfzig Jahre her, dass wir das Tier zum Produktionsmittel der Industrielandwirtschaft gemacht haben. Und der Prozess ist noch nicht beendet. Noch sind die alten Nutztierrassen nicht ausgestorben. Es gibt noch Schweine, die draußen gehalten werden können, es gibt noch Hühner, die Eier legen und Fleisch liefern, es gibt noch Rinder, die nicht nur Milch oder nur Fleisch bringen. Wir können noch umkehren, zurück zu unserem Kulturhelfer Nutztier. Und die Rück-Besinnung hat auch schon begonnen. Es gibt Initiativen, die die alten Landrassen der Nutztiere erhalten. Einige Bauern setzen wieder auf die alten Rassen oder kreuzen sie in ihre Bestände ein. Es gibt wieder Schweinehalter, die ihre Tiere rauslassen auf die Weide, sogar in den Wald. Es gibt Geflügelzüchter, die zurückwollen zum Zwei-Nutzen-Huhn.

Für immer mehr Menschen allerdings endet die Besinnung mit einer kompletten Abkehr von allen tierischen Produkten. Sie halten die Domestikation von Tieren für den Sündenfall. Sie wollen, dass wir uns wieder von den Tieren trennen, dass wir die Nutztiere aussterben lassen. Das wäre dann auch eine Abkehr von unserer eigenen Kulturgeschichte. Die aber sollte man wenigstens kennen, bevor man sich von ihr abwendet. Wir sollten wissen, was wir den Tieren verdanken, wenn wir ihre gemeinsame Geschichte mit uns beenden wollen.

Und wir sollten wissen, wo wir noch heute auf die Nutzung, auf die Hilfe von Tieren angewiesen sind. Ohne Schafe zum Beispiel keine Deichpflege – Land unter in Norddeutschland und den Niederlanden. Ohne Bienen als Nutztiere kaum mehr Obst, keine Mandeln, weniger Gemüse und viel weniger Sonnenblumen- und Rapsöl. Nur zum Beispiel. Und ohne Rinder und die kleineren Wiederkäuer keine Welternährung, denn fast zwei Drittel der weltweit landwirtschaftlich nutzbaren Fläche ist Weideland, und das meiste davon kann auch nicht in Ackerland umgewandelt werden.

Das heißt, um es klar und hart zu sagen: Vegan ist der Tod! Nicht, wenn einzelne Menschen vegan leben. Das können und sollen sie gerne tun. Das hilft zwar den Nutztieren nicht, ist aber eine achtbare Entscheidung. Jeder Mensch kann für sich so entscheiden, solange es nicht jeder tut. Falls aber die Überzeugung, dass vegane Ernährung besser sei, zum »Ismus« wird, zur moralischen Verpflichtung, zur neuen Religion, dann wird es tödlich. Der Verzicht auf die Tiere bedeutet Tod: den Tod der Nutztiere selbst und das Aussterben ihrer Arten. Denn ohne uns sind sie nicht überlebensfähig. Und es bedeutet den Tod vieler Millionen Menschen, die ohne Nutztiere nicht ernährt werden können. Und den Tod unserer bisherigen Kultur.

Wenn wir allerdings weiter so umgehen mit den Tieren, wie wir das in der Industrielandwirtschaft begonnen haben, dann beerdigen wir unsere Kultur ebenfalls. Wir verlieren den Kontakt zu unseren Kulturhelfern, wir entfernen sie aus unserem Blickfeld; wir stecken sie weg in Fabrikställe, reduzieren sie auf Produktionsmittel und Produkt. Wir züchten sie industriegerecht. Dafür sind Lebewesen auf Dauer nicht geeignet.

Besser für uns und die Tiere wäre es, wir würden zu einer neuen Haltung ihnen gegenüber finden. Was sie für uns getan haben, verlangt Respekt. Was das für unseren Umgang mit den Tieren bedeutet, darüber lässt sich besser reden, wenn wir uns klar darüber geworden sind, was wir den Tieren verdanken. Wenn wir uns unsere gemeinsame Kulturgeschichte mit den Tieren wieder in Erinnerung gerufen haben. Mit dieser Erinnerungsarbeit will dieses Buch beginnen.

1 Der große Wuff

»Durch den Verstand des Hundes besteht die Welt.«
Zend Avesta

Erste Begegnungen

Der Tag, als der Fuchs kam, brachte Schnee. Es war kalt am Polarkreis in Schweden, und es würde erst eine Weile schneien und dann noch kälter werden. Der Fuchs wusste das, und Olov wusste das. Und beide hatten Angst davor. Der Fuchs, weil er an einem Lauf verletzt war und es nun noch schwerer werden würde, etwas Essbares zu finden. An Jagen war gar nicht zu denken. Und Olov, weil das wohl doch ein Bandscheibenvorfall war, was ihn seit Wochen quälte. An Holzmachen war gar nicht zu denken. Und mit dem Schnee würde der Weg zum Arzt unüberwindlich weit werden.

Als er aus der Tür trat, sah Olov den Polarfuchs am Waldrand stehen. Die Nase hoch im Wind nahm der den Geruch des Menschen auf. Noch lag nicht genügend Schnee, um den weißen Fuchs unsichtbar werden zu lassen. Olov holte das Fernglas und schaute hinüber. Ein kleiner Polarfuchs im Winterfell, ein Weibchen oder ein junges Tier. Der Fuchs stand auf nur drei Beinen, den linken Vorderlauf schonte er. Als er sich umdrehte und in den Wald zurücklief, humpelte er stark. Olov wusste später nicht mehr, warum er es tat, aber als er den Lachs aus der Räucherkammer holte, schnitt er den Kopf und die Schwanzflosse ab und legte sie dorthin, wo der Fuchs im Wald verschwunden war. Er schnitt auch ein paar Zweige von der nächsten Fichte und legte sie über die Fischteile, damit die Vögel die Beute nicht gleich entdecken konnten. »Vielleicht«, sagte er später, »habe ich das getan, weil ich selbst krank war und auch mir das Laufen weh tat.«

Vielleicht tat der einsame Olov im schwedischen Winter genau das, was unsere Vorfahren vor vielen tausend Jahren mit den Wölfen gemacht hatten. Und vielleicht war damals, als der Mensch auf den Hund kam, genau das passiert, was Olov mit seinem Polarfuchs erlebte. Die beiden freundeten sich an. Immer näher kam der Fuchs in den nächsten Tagen und Wochen ans Haus. Olov stellte bald fest, dass sein Fuchs weiblich war – eine Fähe. Er legte ihr jetzt regelmäßig Futter aus und schaute zu, wie es ihr langsam besser ging. Sie humpelte weniger, auch ihr Fell sah jetzt dichter aus. Es schien ihm weißer zu sein als zuvor. Und auch Olovs Rücken ging es besser. So gut sogar, dass er an einem schneehellen Tag das Gewehr nahm und hinaus ging zum Moor. Das Büchsenlicht sollte reichen, trotz des dunkler werdenden Nordwinters. Tatsächlich hatte er Glück und schoss gleich zwei Schneehühner. Er ging hinaus auf die gefrorene Moorfläche, um die Beute zu holen. Und was sah er, als er sich mit den beiden Hühnern in der Hand wieder heimwärts wandte? Seine Polarfüchsin. Sie war offenbar seiner Spur gefolgt, stand nun kaum dreißig Meter entfernt in Olovs Fußstapfen und schaute ihn an. Als Olov den ersten Schritt nach Hause tat, wandte sich die Füchsin um und ging ihm voraus. Sie tat das ohne jede Eile, hielt aber den Abstand zwischen den beiden.

»Warum zähmst du mich nicht?« sagt der Fuchs zum Kleinen Prinzen, der aber eigentlich niemanden zähmen will, sondern auf der Suche nach Freunden ist. »Wenn du einen Freund suchst, brauchst du nur mich zu zähmen!« sagt der Fuchs.[1]

Ein paar Jahre später hat mir der schwedische Olov den Winter mit seiner Polarfüchsin erzählt. Inzwischen war er verheiratet und hatte einen kleinen Sohn, lebte in einem größeren Haus etwas nördlich des Polarkreises und hielt Rentiere, die seine Frau zähmte, damit sie den Touristen aus dem Süden das Gepäck trugen, wenn sie sich in kleinen Gruppen auf den Weg in den nahen Nationalpark machten. Die Familie hatte keinen Hund, ungewöhnlich so weit draußen in der Einsamkeit. Olovs Sohn spielte stattdessen mit einem jungen Polarfuchs. Dieser kleine Fuchs war ein Findelkind aus dem nahen Wald. Er wäre verhungert, wenn Olov nicht dem leisen Winseln nachgegangen wäre. Sie hatten ihn mit der Flasche großgezogen, obwohl er am Anfang nach jeder Hand schnappte, die ihn fütterte. Inzwischen war er zu einem stattlichen Halbstarken herangewachsen und warnte die Familie mit einem kurzen Bellen, wenn der Bär zum Waldrand kam und der Gang zur dort am Teich gelegenen Sauna vielleicht nicht so ratsam war.

»Ich habe gelernt, dass man sich mit Füchsen anfreunden kann«, sagte Olov. Seine Füchsin aus jenem Winter war am Schluss bis zur Haustür gekommen. Wenn er auf der Treppe saß und nach dem Nordlicht am Himmel schaute, legte sie sich manchmal neben ihn auf die Stufen. Manchmal nahm sie einen Bissen direkt aus seiner Hand an, und manchmal ließ sie sich sogar anfassen. Langsam und vorsichtig musste das sein; das war noch weit entfernt von einem Streicheln wie bei einem Hund. Und nun lag wieder ein Polarfuchs auf den Stufen in der Sonne. »Mach ihn nicht wild«, mahnte Olov seinen Sohn, der den jungen Fuchs mit einem Stöckchen zum Beißspiel aufforderte. »Aber Papa«, sagte der Sohn, »er ist doch wild.« Olov lachte und ergänzte seinen Merksatz: »Ich habe gelernt, dass man sich mit Füchsen anfreunden kann, auch wenn sie wilde Tiere bleiben.«

»Ich kann nicht mit dir spielen. Ich bin kein Haustier«, sagt der Fuchs zum Kleinen Prinzen, als sie sich zum ersten Mal treffen. »Was soll das heißen, ein Haustier?« fragt der Kleine Prinz, und der Fuchs fragt zurück: »Du bist wohl nicht von hier?«[2]

Auch unsere Vorfahren waren noch nicht »von hier«, als sie noch keine Haustiere hatten. Ohne die tierischen Begleiter und Helfer waren sie noch nicht die Menschen geworden, die die Erde urbar machen konnten, wie es die Bibel im hebräischen Original des Alten Testaments befiehlt.[*]

Der Hund ist unser ältestes Haustier. Wenn wir wissen, wie er zu uns kam, wie er zu unserem Gefährten wurde, dann wissen wir

---

[*] Das hebräische Verb *kabasch* (bisher übersetzt als »untertan machen«) hat auch die Bedeutung von »als Kulturland in Besitz nehmen«, »dienstbar, urbar machen«.

auch, wie die heutige menschliche Kultur begann, deren Entstehen ohne Tiere nicht denkbar ist. Weil der Hund unser erstes Haustier war und weil unsere Kultur auf dem Nutzen der Tiere gegründet ist, ist die Geschichte des Zusammenschlusses von Mensch und Hund eine Art Genesis der menschlichen Kultur.

»Durch den Verstand des Hundes besteht die Welt«, heißt es im *Zend Avesta*, der im 7. Jahrhundert vor Christus in Altpersisch geschriebenen heiligen Schrift der Parsen, der Anhänger des Zarathustra. Alfred Brehm beginnt mit diesem Zitat das Kapitel über den Haushund in *Brehms Tierleben* und fügt hinzu:

> »Für die erste Bildungsstufe des Menschengeschlechts waren und sind noch heute diese Worte eine goldene Wahrheit. Der wilde, rohe, ungesittete Mensch ist undenkbar ohne den Hund, der gebildete, gesittete Bewohner des angebautesten Teils der Erde kaum minder. Mensch und Hund ergänzen sich hundert- und tausendfach; Mensch und Hund sind die treuesten aller Genossen. Kein einziges Tier der Erde ist der vollsten und ungeteiltesten Achtung, der Freundschaft und Liebe würdiger als der Hund. Er ist ein Teil des Menschen selbst, zu dessen Gedeihen, zu dessen Wohlfahrt unentbehrlich.«[3]

Konrad Lorenz, der Vater der vergleichenden Verhaltensforschung, hat in seinem Buch *So kam der Mensch auf den Hund* geschildert, wie das, was der schwedische Olov erlebte, zum ersten Mal passiert sein könnte, damals in Afrika oder im Zweistromland oder im heutigen Nahen Osten. Dort siedelt er die Geschichte an – vor vielen Jahrtausenden. Er lässt eine Gruppe von Menschen durch ein ihr unbekanntes Steppengebiet ziehen. Sie sind auf der Flucht, vertrieben von einer stärkeren Horde aus ihrem angestammten Gebiet. Und sie haben ihren erfahrensten Jäger im Kampf mit einem Säbelzahntiger verloren. Jetzt sind sie selbst die Gejagten, in einem Gebiet mit weit mehr großen Raubtieren als in ihrem vorherigen Lebensraum. Die Gruppe leidet unter Schlafmangel, denn die Nächte sind gefährlich in dieser Gegend. Es fehlen die Schakale, die in der alten Heimat jede der menschlichen Lagerstätten umkreisten. Sie waren lästig und wurden mit Steinwürfen auf Abstand gehalten, aber sie waren auch ein sicherer Warngürtel um das Lager. Sie verbellten jedes herannahende größere Raubtier.

»So ziehen sie dahin, müde und schweigsam. Die Nacht wird bald einfallen, aber die Horde hat noch immer keinen Platz gefunden, der für ein Lagerfeuer taugte, um endlich die karge Beute des Tages, ein Stück Wildschwein, den Rest vom Mahle eines Säbelzahntigers, zu braten.

Plötzlich, gleich verhoffenden Rehen, wenden alle die Köpfe gespannt in die nämliche Richtung: sie haben einen Laut gehört. Der konnte nur von einem wehrhaften Tier sein, denn die Gejagten haben gründlich gelernt, sich still zu verhalten. Und wieder dieser Laut. Ja, es ist ein Schakal, der da schreit. Seltsam bewegt steht die Horde und lauscht dem Gruß aus besseren und weniger gefährlichen Zeiten. Und dann tut der junge, hochstirnige Leiter der Horde etwas den anderen Unverständliches: er trennt ein Stück von der Beute ab und wirft es auf den Boden. Möglich, daß sich die anderen ärgern, sie leben schließlich nicht so im Überfluß, daß man den Braten in der Steppe verstreuen dürfte. Wahrscheinlich wußte der Junge selbst nicht, warum er es tat, er handelte offenbar gefühlsmäßig, vielleicht wünschte er, die Schakale näher bei sich zu haben. Jedenfalls legte er noch öfters ein Stückchen Wildschwein auf die Spur. Begreiflich, daß die anderen dies für einen üblen Scherz nahmen und der Hordenleiter sich nur mit Mühe des Grimms der Hungrigen erwehren konnte.

Schließlich saßen sie aber doch alle am Feuer, und mit der Sättigung überkam wieder der Friede die aufgebrachte Schar.

Mit einem Male hörte man das Heulen der Schakale. Sie haben die ausgelegten Stücke gefunden und nähern sich auf der Spur dem Lager. Da sieht einer fragend nach dem Hordenführer, steht dann auf und legt in einiger Entfernung Knochen nieder, dort, wohin gerade noch der Feuerschein reicht. Ein bedeutendes Ereignis: die erste Fütterung eines nützlichen Tieres durch den Menschen.

Heute darf die Horde ruhig schlafen, denn die Schakale umschleichen das Lager, sie sind verläßliche Wächter. Und als am anderen Morgen die Sonne aufgeht, ist die Menschenhorde gut ausgeruht und vergnügt. Von diesem Tage an wird kein Stein mehr nach einem Schakal geworfen ...«[4]

So könnte es gewesen sein, schreibt der Verhaltensforscher Konrad Lorenz. Er war in den 50er Jahren des vergangenen Jahrhunderts noch davon ausgegangen, dass ein Teil unserer heutigen Haushunde von afrikanischen Schakalen oder noch eher von dem heute in Südeuropa und Asien verbreiteten Goldschakal abstammt. Er unterschied sogar nach ihrem Verhalten die wolfsblütigen Hunde von den Nachfahren der Schakale und erkannte in den Schädeln der bei Ausgrabungen steinzeitlicher Pfahlbautensiedlungen gefundenen prähistorischen Haushunde die Verwandtschaft:»Der Torfspitz, ein kleiner, spitzzähnlicher Hund, dessen Schädel zuerst in den Resten von Pfahlbauten an der Ostsee gefunden wurde, zeigt zwar noch deutlich seine Abkunft vom Goldschakal, doch sind auch Merkmale echter Domestikation nicht zu übersehen.«[5]

Dank fortgeschrittener Genetik und DNA-Analyse wissen wir heute, dass der jahrhundertelang von den Menschen verfemte und verfolgte Wolf der Urvater aller unserer heutigen Hunde ist. Dennoch könnte es auch so gewesen sein, wie es Konrad Lorenz beschreibt. Vielleicht an verschiedenen Stellen des damaligen Lebensraums der Menschen und womöglich mit unterschiedlichen Vertretern der weltweit verbreiteten biologischen Familie der wilden Hunde.[*] Nur diese »Hunde« haben dann nicht überlebt. Es wäre nicht die einzige Entwicklung in der Evolution, die an mehreren Stellen ähnlich verlaufen ist, und auch nicht die einzige, die sich am Ende doch als Sackgasse erwies. Die neue Art, die so entstanden war, starb wieder aus.

Die Lorenz'schen Schakale jedenfalls folgen in seiner hypothetischen Geschichte seit ihren ersten positiven Erlebnissen der kleinen Menschengruppe durch die Savanne. Sie lernen schnell, dass diese seltsamen zweibeinigen Tiere ihnen immer wieder etwas abgeben – von Beutetieren, die sie niemals selbst erlegen könnten. Der Geruch der Menschen hat für sie eine neue Bedeutung bekommen, ebenso der Geruch von deren Beutetieren. Und so kommt es in Lorenz' Erzählung – nicht sofort, sondern erst Generationen von Schakalen und auch Menschen später – zum zweiten bedeutenden Schritt auf dem Weg des wilden Hundes zum Gefährtentier des Menschen.

Eine andere Horde hatte Pech bei der Jagd und konnte ein Wildpferd mit einem Speerwurf nur verletzen. Nun folgen die Jäger dessen Spur und hoffen, dass die Wunde und der Blutverlust das Tier so weit entkräften wird, dass sie es stellen und töten können. Das verletzte Pferd spürt, dass die Verfolger näherkommen und greift zu

---

[*] Die Hunde *(Canidae)* sind biologisch eine Familie der Hundeartigen *(Canoidea)*. Zu den *Canidae* gehören unter anderem die Wölfe, Füchse, Kojoten, Schakale und Wildhunde. Zu den Wölfen *(Canis lupus)* zählen als Unterarten die Haushunde *(Canis lupus familiaris)* und der Dingo *(Canis lupus dingo)* – ein schon vor Jahrtausenden wieder verwilderter Haushund in Australien und Thailand, der heute unabhängig vom Menschen lebt.

einer List: Es legt einen Widergang ein. Das heißt, es geht auf der eigenen Spur ein gutes Stück zurück und springt dann an einer geeigneten Stelle zur Seite weg. Die Menschen lassen sich täuschen und folgen der ersten Spur. Hinter ihnen aber kommen in gehörigem Abstand die Schakale. Eigenständig würden die nie einem Wildpferd folgen, viel zu groß, zu wehrhaft, zu gefährlich – aber sie haben ja gelernt, dass diese Beute für ihre neuen Partner gerade recht ist. Und so hören die Menschen dann bald weit hinter sich das Geheul der Schakale, die das verletzte Pferd gestellt haben. Sie begreifen, was da vor sich geht und machen kehrt. Damit wäre, sagt Lorenz, zum ersten Mal die Reihenfolge hergestellt, in der bis heute gejagt wird: erst der Hund, dann der Jäger.

Und noch einen Vorteil der Jagd mit dem Hund nimmt Lorenz hier vorweg: Hunde können das Jagdwild stellen, das vor dem verfolgenden Menschen, der ausdauernder, aber langsamer ist als der Hund, immer weiter fliehen würde. »Der verfolgte Hirsch, Bär oder Eber, der zwar vor dem Menschen flieht, sich dem Hunde allein aber ohne weiteres zum Kampfe stellen würde, vergißt offenbar im Zorn über die Annäherung des frechen kleinen Feindes den viel gefährlicheren Verfolger.«[6] Der dann herankommt und die Beute tötet. Und am Ende seinem neuen Jagdgenossen natürlich etwas abgibt von der Beute – und wenn es nur die Innereien des an Ort und Stelle ausgeweideten Wildes sind.

So könnte es gewesen und weitergegangen sein, bis zur Domestikation, der Isolierung des »Haustieres« von der ursprünglichen wilden Art – lange vor der Erfindung des Hauses: wenn eine frühe Menschengruppe die Schakale immer näher an sich gelassen und dauerhaft an sich gebunden hätte, wenn dann eine erste Generation Schakalwelpen gleich im Kontakt mit den Menschen aufgewachsen wäre, junge Menschen mit jungen Schakalen gespielt hätten, sich ein erster Schakal von den eigenen Artgenossen getrennt hätte, um bei den Menschen zu leben. Nur, falls es so war, sind aus diesen Schakalen eben nicht unsere heutigen Haushunde entstanden. Nicht aus den afrikanischen Schakalen, nicht aus den eurasischen Goldschakalen und auch nicht aus den amerikanischen Kojoten.

Unsere Hunde stammen vom größten und gefährlichsten Vertreter der Gattung *Canis* ab. Die Genetiker finden überall nur Wölfe als Vorfahren unserer Hunde. Und die ursprüngliche Herkunft dieser Wölfe können sie auch feststellen. Sie stammen wundersamerweise weder aus Afrika, wo die Menschen herkommen, noch aus Amerika, der ursprünglichen Heimat der Wölfe, sondern aus der zusammenhängenden Landmasse Eurasiens, aus Asien und Europa. Am nächsten verwandt sind unsere heutigen Haushunde mit den heute lebenden Wölfen im Westen Russlands und in Frankreich.

Auch die Hunde der nordamerikanischen Indianer, die diese schon lange hielten, bevor die Schiffe der Kolonisten aus dem Westen landeten, stammen von eurasischen Wölfen ab. Also müssen die Hunde vor 15 000 Jahren mit den ersten menschlichen Einwanderern über die während der Eiszeit existierende Landbrücke aus Sibirien nach Amerika gekommen sein. Wären sie den wandernden Menschen den ganzen weiten Weg als wilde oder halbwilde eurasische Wölfe gefolgt, um dann erst in Amerika vom *Canis lupus*, dem Wolf, zum *Canis lupus familiaris*, dem Haushund, zu werden? Eher unwahrscheinlich. Wölfe gab es auch in Amerika, ihre urzeitlichen Vorfahren stammen ja von dort. Zum Gefährtentier des Menschen wurden aber nur die eurasischen Verwandten. Die Begleiter der damals nach Alaska einwandernden Menschengruppen waren also wohl keine wilden Wölfe mehr, sondern schon eine neue, von den Stammeltern getrennte Unterart. Schon durch die Tundren der eiszeitlichen Mammutsteppe streiften die frühen Formen unserer heutigen Haushunde mit den frühgeschichtlichen Jägerhorden. Vielleicht zogen sie sogar schon für die Menschen oder trugen deren Lasten. Wie später die Hunde der Indianer deren Hab und Gut trugen oder an Stangenschlitten zogen, bevor die in Amerika ausgestorbenen Pferde wieder dorthin gebracht wurden. Und wie bis heute die Hunde im hohen Norden die Schlitten ziehen. Wenn das aber so war, dann muss der Mensch viel früher auf den Hund gekommen sein als lange angenommen.

Nur wie ging das vor sich, wie wurde ausgerechnet der Wolf zum Gefährten des Menschen? »Der Wolf, *Canis lupus*, ist das erfolgreichste fleischfressende Säugetier aller Zeiten«, stellt der Ethologe Wolfgang Schleidt fest, Lorenz' ehemaliger Assistent und später Direktor des Konrad-Lorenz-Instituts für vergleichende Verhaltensforschung in Wien. Der Wolf durchwanderte und besiedelte die gesamte nördliche Hemisphäre oberhalb des 15. Breitengrades.

15 Grad nördliche Breite – das ist eine ziemlich südliche Linie etwa 1 600 Kilometer vom Äquator entfernt, die durch Guatemala geht, durch den Senegal, Eritrea und Jemen, durch Südindien und Thailand.»Seine Allgegenwart verdankt der Grauwolf offenbar seinem breiten Verhaltensspektrum und seiner Fähigkeit, sich in opportunistischer Weise an räumliche und zeitliche Gegebenheiten anzupassen. Am erfolgreichsten ist er, wenn er mittelgroße Huftiere im Rudel jagen kann, aber er kommt auch durch, wenn er seinen Gürtel enger schnallt und wie ein Fuchs Mäuse jagt und Beeren pflückt.«[7]

Warum aber sollte sich dieses erfolgreichste Raubtier der Erde ausgerechnet an den Menschen anpassen? Was hätte der Wolf davon, der sowohl in den besseren Zeiten, wenn es um das Erjagen von Fleisch, als auch in den schlechteren, wenn es um das Beerenpflücken geht, ein direkter Nahrungskonkurrent des Menschen ist. Und was hätte der Mensch von einem Wolf gehabt, der noch nicht zum Haushund geworden ist? Ein Jagdhund, ein Wachhund – das sind sinnige Begleiter; aber wozu wäre ein zahmer Wolf nütze?

Der leider sehr früh gestorbene deutsche Wolfsforscher Erik Zimen, der für das Max-Planck-Institut für Verhaltensphysiologie im Nationalpark Bayerischer Wald ein eigenes Wolfsrudel hielt, hat sich in seinem Buch über den Haushund genau diese Frage gestellt:

»Alle Hunde, ob Schoß- oder Gebrauchshunde, haben ihre Funktion im Zusammenleben mit dem Menschen. Welchen ›Gebrauchswert‹ aber haben gezähmte Wölfe? Wenn ich an meine eigenen Wölfe denke, fällt es mir schwer zu glauben, sie hätten für irgendeine der oben genannten Aufgaben nützlich sein können. Mehrfach machte ich lange Wanderungen mit ihnen durch den Bayerischen Wald. Manchmal gelang es ihnen dabei, ein Reh, manchmal sogar im Tiefschnee ein Hirschkalb zu erlegen. Nur, ich hatte nichts davon. Ihnen die Beute streitig zu machen, wäre gefährlich gewesen. Allzu groß war ihre Futteraggressivität. Außerdem zogen sie ihre Beute meist in eine Dickung und fraßen sie schnell auf. Ich sah nur noch einige Haut- und Knochenreste; von einer gemeinsamen Jagd oder gar von einem Teilen der Beute also keine Spur. Gelingt aber meinen Hunden ein ähnlicher Jagderfolg, tragen sie mir die Beute, wenn sie es schaffen, sogar zu und legen sie vor meinen Füßen freudig schwanzwedelnd ab.«

Auch als Wachtiere taugen die Wölfe nicht oder nur sehr bedingt. Sie verbellen herannahende Fremde nicht, wie das Hunde tun. Gefahr teilen sie ihrem Rudel durch unruhiges Hin- und Herlaufen und höchstens durch ein leises »Wuffen« mit, wie Zimen das nennt. Und sie starren in die Richtung der Gefahr. Um das als Warnung zu deuten, müssten die Menschen, in deren Nähe die Wölfe leben, schon sehr genau und vor allem ständig die Wölfe beobachten. Ein schwieriges Unterfangen. Erwachsene Wölfe suchen, anders als die Wolfswelpen, keinen direkten Körperkontakt. Sie halten Abstand. Die Menschen hätten also ständig die entfernt lagernden Wölfe beobachten müssen, um sie als Warnsystem nutzen zu können. Eher unwahrscheinlich, dass sie auf diese Idee gekommen wären und dazu Zeit gefunden hätten. Außerdem verteidigen Wölfe ihr Territorium wohl gegen fremde Wölfe und andere Raubtiere, ergreifen aber vor fremden Menschen sofort die Flucht. Sie taugen also auch nicht als Helfer bei der Verteidigung.

»Nicht minder ungeeignet sind Wölfe, einen Schlitten zu ziehen. Meine Frau und ich haben das einmal versucht; nicht um meine Frau, wie einst die Chipwey-Indianerinnen*, zu entlasten, sondern um das noch immer gängige Bild schlittennachjagender Wölfe ein wenig auf den Kopf zu stellen. Es war sehr spannend. Nach vielem guten Zureden und auch einigen harten Zugriffen gelang es mir, den Wölfen die extra dafür hergestellten Ledergeschirre überzustreifen und sie in die Zugkette einzuspannen. Aber was dann folgte, war sicher nicht dazu geeignet, jemanden auf die Idee zu bringen, dies könnte eine vorteilhafte Form der Fortbewegung über Schnee und Eis sein. Meine Frau setzte sich in den Schlitten, und ich zog vorne am ersten Wolf. Und tatsächlich, wir bewegten uns alle vorwärts, bis auch ich mich in den Schlitten setzen wollte. Die Wölfe rannten mir sofort hinterher und der Kettensalat war perfekt. Also alle Wölfe – fünf waren es – wieder aus den Ketten befreien, Ketten richten, Wölfe wieder einspannen und erneut los …«[8]

Die beiden gaben ihre Einspannversuche auf, als die Wölfe nicht mehr nur mit Wirrnis reagierten, sondern zunehmend mit Aggres-

---

* Gemeint sind wahrscheinlich die Chipewyan, die zu den kanadischen First Nations gehören und bei denen die Frauen die meisten Arbeiten verrichteten, auch das Ziehen der Schlitten. Die Chipewyan hielten zwar Hunde – in ihrem Schöpfungsmythos erschuf sogar ein Hund den Menschen –, kannten aber den Hundeschlitten nicht.

sion. »Mit Hilfe von Wölfen jedenfalls fand auch bei den Indianern Kanadas die Befreiung der Frau nicht statt«, bilanziert Zimen.

Wie also ist wohl aus dem großen, grauen Wolf der dem Menschen so überaus nützliche Haushund geworden? Zimen schien es am plausibelsten, dass nicht die Menschen die Jagdfähigkeiten des Wolfes nutzten, sondern der Wolf zunächst dem »überlegenen menschlichen Jäger« gefolgt ist. So wie in Lorenz' Erzählung die Schakale als lästig, aber nützlich eingeordnet wurden, könnten auch die Wölfe nützliche Helfer der Menschen gewesen sein. Sie nutzten ihre Fähigkeit, »sich in opportunistischer Weise an räumliche und zeitliche Gegebenheiten anzupassen« – und hielten die Lager der jagenden Menschen frei von Abfällen. Auf diese Weise lebten Menschen und Wölfe in räumlicher Nähe.

So wird aber aus dem Wolf noch kein Hund. So hätten die beiden Tierarten Mensch und Wolf Jahrhunderte und Jahrtausende nebeneinander leben können – und haben das an vielen Stellen vielleicht auch getan –, ohne dass aus dem wilden Wolf ein »Hauswolf« entstanden wäre. Auch der Rotfuchs ist heute längst ein Kulturfolger geworden. Er lebt sehr gut in der Nähe oder direkt in den Siedlungsräumen der Menschen. Es gibt aber keinen »Hausfuchs«. Nun leben Füchse allerdings auch nicht in Rudeln zusammen, sondern in Familien. Da fehlt das natürliche Bedürfnis, sich einer Gruppe anzuschließen. Dieses Bedürfnis hat der Wolf zweifellos. »Wie kein anderes Wildtier leistet der Wolf durch seine Arteigenschaften der Domestikation gewissermaßen selbst Vorschub; sein angeborenes und erlerntes soziales Verhalten prädestiniert ihn geradezu zum Haustier«, schreibt Norbert Benecke in seiner Geschichte der Haustiere. »Der Wolf ist wie der altsteinzeitliche Mensch ›Großwildjäger‹, der dadurch, daß er vielen seiner Beutetiere in der Statur unterlegen ist, zur kollektiven Jagd gezwungen wird. Diese Jagdform förderte die Entstehung sozialer Strukturen, die Entwicklung von gegenseitiger Verständigung, Aufgabenteilung und sozialer Fürsorge.«[9] Die Wölfe mussten sich zusammentun zum Jagen; und das mehr als die Menschen, die Waffen hatten und Fallen bauen konnten.

Für die Entwicklung vom Wolf zum Haushund brauchte es dennoch die Trennung einzelner Wölfe von ihren weiterhin wildlebenden Artgenossen. Erst Jahrtausende, nachdem die Menschen den Wolf zu ihrem Gefährtentier und damit zum Hund gemacht hatten, gingen sie dazu über, ihr bisheriges Jagdwild nicht mehr ausnahmslos zu töten. Sie fingen wilde Tiere ein und hielten sie in Gattern, machten sie zu Haus- und später zu Nutztieren. Das funktionierte sicher dann am besten, wenn sie bei der Jagd die Mutter eines Wildschafs, Wildrinds oder Wildschweins erlegt hatten und die verstörten Jungen einfingen und mitnahmen. So aber kann es beim Wolf nicht gewesen sein. Weil man Wölfe nicht wie Rinder oder Schafe einpferchen kann und weil es zu dem Zeitpunkt, als sich die Menschen mit den Wölfen verbanden, noch lange keine Pferche gab. Die Menschen mussten die Wölfe also anders, nämlich sozial, an sich binden, sagt Erik Zimen. Und das geht nur im Welpenalter.

»Ob eine frühkindliche Umprägung, eine Sozialisation der Wölfe auf den Menschen wirklich stattgefunden hat, läßt sich zwar nicht beweisen. Aus zwei Gründen erscheint sie jedoch zwingend. Von allen Haustieren hat der Hund eine Sonderstellung. Er ist der einzige, der seine soziale Beziehung hauptsächlich auf den Menschen konzentrierte. Voraussetzung jeder Domestikation ist zudem die genetische Isolation der Tiere im Hausstand von ihren wilden Artgenossen.«

Die Gelegenheit gab es, wenn Wölfe mit ihren Jungen in räumlicher Nähe zu Menschen lebten. Wolfswelpen sind verspielt und explorativ, sie erforschen neugierig ihre Umgebung. Außerdem sind sie – anders als erwachsene Wölfe – durchaus auf der Suche nach Körperkontakt, sie kuscheln gerne, sie sind flauschig. Und sie erfüllen das »Kindchenschema«[*] voll und ganz: großer runder Kopf, hohe Stirn, kurze Nase, große Augen, kurze Beine. Das signalisiert auch beim Menschen Hilfsbedürftigkeit und löst Fürsorgeverhalten aus. Also könnten doch die Menschen vor Jahrzehntausenden den einen oder anderen Wolfswelpen zu sich genommen haben. Aber Welpen brauchen Milch. Und Milch stand den Menschen damals nicht zur

---

[*] »Kindchenschema« ist ein von Konrad Lorenz 1943 eingeführter und mit den Proportionen des menschlichen Kleinkindkopfes begründeter Begriff. Die Wirksamkeit des Kindchenschemas wurde 1983 vom Psychologen und Humanethologen Thomas R. Alley nachgewiesen.

Verfügung. Es gab noch lange keine melkbaren Haustiere. Aber auch dafür weiß Zimen einen Ausweg:

>>Vielleicht fing es damit an, daß einer Frau ihr kleines Kind starb und sie aus unerfülltem Verlangen nach Fürsorge und Pflege einige kleine Wolfswelpen an die Brust nahm. Mit Milch und Wärme gut versorgt, wuchsen die Welpen munter und wohlgenährt auf und befriedigten bald nicht nur das Pflegebedürfnis ihrer Ziehmutter. Lustig und zu Streichen aufgelegt, machten sie den Kindern des Stammes Spaß und amüsierten die Nachbarsfrauen. Vielleicht legten diese ebenfalls einige Wolfswelpen an ihre Brust, und bald wurde eine kleine Tradition daraus.<<[10]

So wird der Wolf aber immer noch kein Hauswolf, denn der eben noch zahme und verspielte Welpe und spätere Jungwolf wird mit dem Erwachsenwerden die direkte Nähe und den körperlichen Kontakt zu den Menschen meiden. Er wird seiner Wege gehen, zurück zu den anderen Wölfen, und mit diesen vielleicht weiter in der Nähe der Menschen leben, aber eben nicht als Hauswolf bei ihnen. Den in der Nähe, vielleicht in der Obhut der Menschen erwachsen gewordenen Wolf an der Rückkehr zu seinen Artgenossen zu hindern, wäre wahrscheinlich keine gute Idee. Erik Zimen beschreibt, wie genau diejenigen unter >>seinen<< Wölfen, die am zahmsten gewesen waren und als Welpen und Jugendliche am ehesten die Nähe auch ihnen fremder Menschen suchten, mit der Geschlechtsreife aggressiv wurden. Und das nicht langsam, sondern urplötzlich. Gerade die bis dahin gepflegte Nähe ließ sie jetzt jede Hemmung vergessen, während diejenigen im Rudel, die weniger zahm waren, viel scheuer und ängstlicher auf Abstand blieben.

Aber irgendwann hat ein erster Wolf wohl eine Ausnahme gemacht. Zimen hat auch das erlebt. Von den insgesamt 22 Wölfen, mit denen er gelebt hat und die er zu zähmen versuchte, sind acht tatsächlich einigermaßen zahm geworden. Aber nur einer schloss sich dem Forscher wirklich an, fast ein ganzes Wolfsleben lang. Mit Ausnahme von zwei Perioden in seinem Wolfsleben, in denen er der Alpha-Rüde des Rudels war. Erik Zimen hatte ihn Alexander getauft. Auch dieser Wolf ging seine eigenen Wege und verschwand immer wieder, fand sich aber meist nach kurzer Zeit wieder >>zu Hause<< ein.

»Unaggressiv, freundlich und verspielt, entsprach Alexander vielleicht den ersten Hauswölfen. Untereinander verpaart paßten sich solche Wölfe und ihre Nachkommen besser den veränderten Lebensbedingungen des Hausstandes an und unterschieden sich bald, vor allem im Verhalten, von ihren wilden Artgenossen. Doch erst später, vielleicht sogar nach jahrtausendelangem lockerem Zusammenleben von Wolf und Mensch, wurde die Trennung zwischen Wild- und Haustier endgültig vollzogen. Paarungen zwischen gezähmten und wilden Wölfen fanden immer seltener statt. So konnten sich in der kleinen Kolonie von Hauswölfen die Eigenschaften, die das Zusammenleben mit den Menschen besonders begünstigten – leichte Zähmbarkeit, geringe Aggressivität, geringe Selbständigkeit und geringe Größe sowie hohe Lernfähigkeit –, noch schneller durchsetzen; der Hund, unser erstes Haustier, war entstanden.«[11]

Bleibt aber immer noch die Frage: Welchen Nutzen hatten die ersten Hauswölfe für die Menschen? Mit ihnen jagen gehen konnten sie nicht. Lasten tragen oder ziehen lassen konnten sie die Hauswölfe nicht. Aufpasser waren sie nicht. Und verteidigen würden sie die Menschen auch nicht. Also wozu sollten die Menschen einen Hauswolf in ihrer Nähe dulden, der ja eigentlich auch noch ein Nahrungskonkurrent war?

Um das herauszufinden, hat sich Zimen das Zusammenleben der kenianischen Turkana mit ihren Hunden angesehen. Diese Hunde sind keine Jagdhunde und auch keine Hütehunde. Das Jagen und das Hüten der Rinder ist Männersache, die Schafe und Ziegen werden von den Kindern betreut. Wenn die Männer auf die Jagd gehen, bleiben die Hunde im Dorf. Sie sind also auf den ersten Blick genau das, was von den ersten Hauswölfen anzunehmen ist: nutzlos. Dennoch werden die Hunde von den Turkana immer gut versorgt. Sie leben mit ihnen zusammen und werden nicht aus dem Dorf vertrieben wie die »Pariahunde« in anderen Weltregionen, die weder gefüttert noch allzu nah geduldet werden.

Die Hunde der Turkana leben bei den Frauen und Kleinkindern im Dorf, das aus Hütten besteht, die aus Zweigen geflochten und mit Fellen belegt werden. Hüttenbau ist Frauenarbeit, Holzsammeln ist Frauenarbeit, Wasserholen ist Frauenarbeit und fast alles andere auch. Aber die Turkanafrauen tragen bei all diesen Arbeiten ihre Kleinkinder nur sehr selten auf dem Rücken mit sich herum, wie das bei vielen anderen noch relativ ursprünglich lebenden Stämmen in Afrika üblich ist. Die Säuglinge der Turkana bleiben stattdessen in den Hütten – bei den Hunden.

Die Hunde der Turkanafrauen sind ihre Babysitter. Sie entlasten die Frauen, geben ihnen etwas mehr Zeit, ihr gewaltiges Arbeitspensum zu bewältigen. Jede Frau hat einen Hund – und der kümmert sich um ihr Kind. Auch, indem er dessen Kot frisst und das Baby danach sauber leckt. Der Hund ist der Babysitter und die Windel der Turkana. Das Kotfressen ist ein Verhalten, das auch Wölfe zeigen, so lange ihre Welpen noch gesäugt werden und sich noch nicht vom Bau entfernen, wenn sie mal müssen. Bei den Turkana dürfen das auch nur die Kleinkinder im Dorf machen; die Erwachsenen schlagen sich in die Büsche. Und nur den Kot der Kleinkinder fressen auch die Hunde. Immer der Hund, der das Kind betreut, der zum Hausstand der Mutter gehört, kümmert sich auch um die Notdurft der Kleinen und um deren Sauberkeit. Auch das Dorf bleibt sauber auf diese Weise. Außerdem haben die Turkanafrauen gelernt, das Verhalten der Hunde zu »lesen«. Wenn die Hunde unruhig werden, aufgeregt hin und her laufen, immer wieder aus dem Dorf hinaus und zurück, dann wissen sie: Da kommen Fremde. Wobei die Hunde nur als Warnsystem taugen, nicht zur Verteidigung. Sind die Fremden erst einmal im Dorf, dann sind die Hunde die ersten, die weglaufen. Ganz so, wie es Erik Zimen von seinen Wölfen beschreibt. Wobei das Warnverhalten der Turkana-Hunde deutlich mehr Bewegung zeigt als das von Wölfen. Es ist daher für Menschen besser erkennbar. Aber die noch sehr ursprünglichen Turkana-Hunde verbellen die Gefahr nicht, wie wir das von unseren Hofhunden gewohnt sind. Man muss sie schon im Blick haben, um ihre Unruhe zu bemerken. Die allerdings ist deutlich: viel Unruhe, viel Bewegung.

Hunde zeigen sowieso viel mehr große Bewegung und machen mehr Geräusch als Wölfe. Die Wölfe verstehen sich mit kleinen differenzierten Gesten, die Menschen gemeinhin nicht erkennen oder nicht deuten können. Die Hauswölfe mussten auf dem Weg zum Hund im Ausdruck wohl zwangsläufig deutlicher und damit auch undifferenzierter werden, um sich den neuen Lebensgefährten verständlich zu machen. Das Verständigungssystem, das daraus entstanden ist, bedarf noch einer genaueren Betrachtung. Um die Funktion der Turkana-Hunde zu verstehen, reicht die einfache Feststellung: Sie sind jedenfalls nützlich.

Der zahm gewordene Hauswolf, der sich dem Menschen angeschlossen hat, könnte – auch ohne dass er schon Jagd- oder Wachhund geworden wäre – eine hilfreiche Funktion für die frühen Menschen gehabt haben. Und also hätte es Sinn gehabt für sie, die ersten Hauswölfe an sich zu binden. So könnte es also gewesen sein. So könnten die Menschenfrauen den Wolf zum Hund gemacht haben.

Was aber, wenn alles doch anders war – und nicht die Wölfe den Menschen gefolgt sind, sondern umgekehrt die Menschen den Wölfen? Ja, richtig gelesen: Die Menschen folgten den Wölfen! Und sie lernten dabei von ihnen. Es spricht vieles dafür, dass das Lorenz'sche Szenario nur unserem Wunschdenken entspricht, weil wir uns gerne selbst als die Krone der Schöpfung sehen und als solche natürlich alles aus uns selbst heraus entwickelt haben müssen. Weil ja nichts und niemand uns das Wasser reichen kann. Ein solches Selbstbild lässt natürlich nur zu, dass der Wolf dem überlegenen Menschen folgte und damit in die Domestikationsfalle tappte. Es bricht uns aber kein Stein aus der Schöpfungskrone, wenn wir mal annehmen, dass schon unsere Vorfahren und deren Verwandte lernfähig waren. Und also auch lernten, was andere besser konnten – nämlich das koordinierte Jagen in großen Gruppen.

Versuchen wir mal dieses Szenario.

Wer mit dem Wolf tanzte

Von der Anhöhe aus sehen die Rentiere in der weiten Senke nicht wie eine zusammengehörende Herde aus. Sie stehen und liegen in Gruppen von zehn, zwanzig Tieren beisammen. Manche haben die Köpfe in die blühenden Kräuter gesenkt, manche liegen im Windschatten der niedrigen Büsche, gemächlich wiederkäuend. Nur wenige der Hirsche haben die Köpfe erhoben und die Nüstern im Wind. Riechen werden sie aber weder die kleine Gruppe Menschen, die sich auf der Anhöhe hinter das Gestrüpp kauert, noch das Rudel Wölfe, das gerade um den Hügel herumläuft. Beide haben sich auf der dem Wind abgewandten Seite der Senke genähert.

Weit auseinandergezogen schnüren die Wölfe jetzt in gemächlichem Trab auf die Rentiere zu. Als der erste Wolf ins Blickfeld der Hirsche kommt, hält er kurz inne und schaut – nicht zu der Renherde, sondern den Hügel hinauf zu den Menschen. Die Jäger wissen voneinander. Dann setzt der Wolf seinen Weg fort, nach links, am Rand der Senke entlang in einem weiten Bogen um die Rentiere herum. Einer der Hirsche hat beim Erscheinen des Wolfes geschnaubt, viele haben daraufhin die Köpfe gehoben. Jetzt verfolgen viele Hirschaugen den Weg des Wolfes. Die Rentiere, die ihm am nächsten sind, setzen sich langsam in Bewegung – in Richtung des Zentrums der Senke und ins Zentrum der noch immer weit verstreuten Herde. Kurz nach dem ersten Wolf erscheint hinter dem Hügel ein zweiter und in regelmäßigem Abstand ein dritter und vierter. Alle bleiben sie auf der Spur des ersten. Die Rentiere sind nicht beunruhigt.

Nun kommt die Leitwölfin des Rudels um den Hügel herum, stoppt kurz, überblickt die Szenerie – und wendet sich nach rechts. Sie trabt unter der Anhöhe entlang, nicht ohne einen Blick zu der Menschengruppe hinaufzuwerfen: Ich weiß, dass ihr da seid. Einen Augenblick später folgt ein nächster Wolf, dann ein dritter und vierter. Sie umgehen die Rentiere ebenfalls in weitem Bogen. Die Hirsche bewegen sich jetzt langsam von den Rändern in die Mitte der Senke und werden nun als kompaktere Herde kenntlich.

Dann endlich ziehen die Wölfe ihren Ring um die Herde enger, und plötzlich drehen sie sich zu den Rentieren hin und kommen auf sie zu. Die äußeren Rentiere laufen um die Herde herum, die beginnt zu kreisen, dann setzt sich das Ganze in Bewegung – auf den Hügel zu, hinter dem jetzt der Rest des Wolfsrudels auftaucht. Die Jagd ist eröffnet.

Die Rentiere brechen nach links aus, werden schneller. Eine Staubwolke steht über der Tundra. Eine trächtige Hirschkuh, die auf einem Hinterlauf lahmt, kann das Tempo nicht halten. Sie bricht aus der Herde aus und stellt sich dem sie direkt verfolgenden Wolf, dreht sich um die eigene Achse und senkt das Geweih. Der Wolf nimmt den Kampf nicht an, weicht dem Geweih aus, springt vorüber. Die Hirschkuh hat dennoch einen tödlichen Fehler gemacht: Sie hat die Menschen mit den langen Speeren übersehen, die hinter ihrem Rücken den Hügel herunterspringen und schon in Wurfweite sind. Das Rentier sieht zum ersten Mal in seinem Leben einen Speer durch die Luft sirren. Dieser seltsame Stock ist das letzte, was es hört und sieht.

Auch die Wölfe sind erfolgreich an diesem Tag. Einen Kilometer weiter bricht ein weiteres Tier aus der Herde aus. Ein alter Hirsch kommt nicht mehr mit und empfängt die Wölfe mit dem Geweih. Dieses Mal weichen sie nicht aus. Drei Wölfe knurren den Hirsch von vorne an und versuchen, den heftigen Stößen seines Geweihs aus dem Weg zu gehen, zwei weitere kommen von der Seite und reißen ihn schließlich zu Boden.

Auch so könnte es gewesen sein. Die Wölfe und die Menschen bildeten eine Jagdgemeinschaft, allerdings in einem ganz anderen Sinn als heute. Nicht die Wölfe folgten den Menschen, um etwas von ihnen abzubekommen, wie die wesentlich kleineren Lorenz'schen Schakale oder wie Zimens frühe Hauswölfe. Sondern die Menschen folgten den Wölfen und profitierten von deren Art zu jagen. Und das alles nicht in Vorderasien oder Afrika, sondern in der Tundra und der Taiga Eurasiens – viele Jahrtausende vor der bislang vermuteten Zeit der »Domestizierung« des Hundes.

Tatsächlich haben sich die Mütter und Väter unserer heutigen Haushunde viel früher von den Wölfen getrennt als lange angenommen. Und womöglich noch viel früher, als von den meisten Wissenschaftlern inzwischen akzeptiert wird. Eine genetische Berechnung aus der Sequenzierung der DNA verschiedener heutiger Hunde aus den verschiedensten Weltgegenden – veröffentlicht von Carles Vilá und Robert Wayne im Jahr 1997 – ergab einen atemberaubenden Zeitraum: Danach haben sich die Haushunde vor rund 135 000 Jahren genetisch von den Wölfen getrennt.[12] In einer etwas späteren Studie verglichen andere Genetiker die DNA von Hunden, Wölfen und Schakalen und kamen zu einem ähnlichen Ergebnis. Auch danach müsste die Trennung der Vorfahren unserer Haushunde von den Wölfen vor über 100 000 Jahren stattgefunden haben.[13] Nach diesen Datierungen war der Hund schon zehntausende von Jahren *Canis lupus familiaris*, als die ersten Menschen von Sibirien nach Alaska aufbrachen und damit Amerika von Menschen besiedelt wurde. Nach diesen Berechnungen können die Hunde aber auch nicht im Zusammenleben mit dem modernen Menschen entstanden sein, denn den modernen Menschen, *Homo sapiens*, gab es damals noch nicht in Eurasien. Dann wären die Menschen, die jene Jagdgemeinschaft mit den Wölfen gebildet hatten und die dabei mitwirkten, dass sich die Vorfahren unserer heutigen Haushunde vom Wolf trennten, nicht unsere Vorfahren gewesen. Denn in den Tundren Eurasiens lebten damals viele Jahrtausende lang nur Menschen einer Art, die es heute nicht mehr gibt: die Neandertaler, *Homo neanderthalensis*.

Die Neandertaler aber galten bis vor kurzem noch als eher plumpe und tumbe Vertreter der Gattung *Homo*, der fast niemand zutrauen wollte, die große Leistung der »Domestikation« des Wolfes vollbracht zu haben. Schon deshalb konnte der Hund nicht so alt sein, wenn er denn tatsächlich aus Eurasien stammt, was ja recht zweifelsfrei nachgewiesen ist. Der zum Wissenschaftler gewordene *Homo sapiens* tut sich schon immer schwer, andere Lebewesen für annähernd so intelligent zu halten, wie er es selbst ist. Und es muss ja schließlich einen Grund dafür geben, dass wir als einzige Menschenart übriggeblieben sind und der Neandertaler ausgestorben ist. An fehlender Gehirnmasse kann es jedenfalls nicht gelegen haben, denn die war beim *Homo neanderthalensis* sogar etwas größer als beim *Homo sapiens*.

Eine der gängigsten Annahmen für das Verschwinden des Neandertalers ist die Verdrängungstheorie. Der von Süden nach Europa und Asien einwandernde *Homo sapiens* soll als erfolgreichere, anpassungsfähigere und intelligentere Art den Neandertaler verdrängt haben. Zuerst kam *Homo sapiens* aus Afrika allerdings in die Levante am östlichen Mittelmeer. Dort lebte er bis zu 60 000 Jahre neben den Neandertalern, ohne Anzeichen für Verdrängung. Ungefähr 10 000 Jahre nach dem Auftauchen des modernen Menschen in Europa starb der Neandertaler dann aus. Und das offenbar friedlich. Kämpfe zwischen den Menschenarten sind nicht bekannt, aber sehr wohl Kontakte, wie einige Neandertaler-Gene zeigen, die viele Menschen bis heute in sich tragen. Die Kinder der Neandertaler sind beim *Homo sapiens* geblieben, sonst hätten die Neandertaler-Gene nicht bis heute überlebt. Dann könnten auch die Hunde der Neandertaler bei unseren Vorfahren weitergelebt haben. Was aber, wie gesagt, nicht in das Bild des modernen Menschen passt, der seine Errungenschaften allein aus sich heraus entwickelt. Also muss die Entwicklungsgeschichte des Hundes jünger sein, und die Berechnungen der Genetiker werden verworfen, weil sie rein mathematischer Natur seien.

Noch in den 80er Jahren des vergangenen Jahrhunderts wurde der Bonner Zoologe Günter Nobis von seinen Kollegen heftig attackiert, als er Tierknochen aus einem 14 000 Jahre alten Doppelgrab dem Haushund zuordnete. Das Grab von Oberkassel – heute ein Stadtteil von Bonn – war schon 1914 gefunden worden. Die Knochen hatten also über siebzig Jahre im Museum gelegen. In so langer Zeit kann viel passieren, sagten die Kollegen. Inzwischen ist aber die DNA auch dieses Tieres entschlüsselt und das Alter bestätigt, ebenso wie die von Nobis vorgenommene Taxonomie, die biologische Einordnung: Es handelt sich bei dem Tier um einen Haushund. Auch schon vor über vierzig Jahren war in einer Höhle im russischen Teil des Altai-Gebirges ein fossiler Schädel gefunden worden, der Merkmale des Haushundes zeigt. Die Biologen sprechen vom verkürzten Fazialschädel, also einer kürzeren Schnauze als bei Wölfen. Außerdem sind die Reißzähne deutlich kleiner. Mit der Radiokohlenstoffmethode wurde der Fund aus der Razboinichya-Höhle auf ein Alter von 33 000 Jahren datiert. Bei der Analyse der DNA dieses Schädels im Jahr 2013 stellte sich dann heraus, dass das Tier schon damals deutlich mehr mit den heutigen Haushunden als mit den Wölfen verwandt war. Auch das war also schon ein Hund. Und in der Goyet-Höhle in einem Seitental an der belgischen Maas wurde der Schädel eines Hundes gefunden, der 31 700 Jahre vor unserer Zeit lebte.

Wenn nun der *Homo sapiens* aber erst vor rund 40 000 Jahren langsam und in kleinen Gruppen aus Afrika und dem Vorderen Orient nach Europa und Asien eingewandert ist, dann blieb ihm nicht viel Zeit, um den Wolf zu domestizieren. Das Altai-Gebirge an der Grenze des heutigen Russlands mit Kasachstan und der Mongolei, der Fundort des 33 000 Jahre alten Hundes, liegt schließlich nicht gleich um die Ecke. Vom Bosporus bis an die Maas ist es auch eine gute Strecke. Und die deutlichen Hundekennzeichen der gefundenen Schädel brauchten viele Tiergenerationen, um sich zu bilden. Die einwandernden Gruppen des *Homo sapiens* waren auch keine Reisende mit einem fernen Ziel, das sie rasch zu erreichen trachteten. Sie zogen vielmehr als Nomaden langsam von einem Jagd- und Sammelrevier zum nächsten, vielleicht Herden von Beutetieren folgend oder diese suchend, in schlechten Zeiten auch mal den Pfaden der großen Raubtiere nach, um sich von deren Beuteresten zu ernähren. Dabei sind die Einwanderer auch auf Gruppen einheimischer Menschen getroffen, auf Neandertaler. Und die hatten damals vielleicht schon Hunde bei sich.

Neandertaler waren erfahrene Großwildjäger, erlegten Mammuts, Wollnashörner, Höhlenbären, Bisons, Wildpferde und Rentiere. Und das systematisch in Jagdgesellschaften, an geeigneten Orten über Jahrtausende hinweg immer wieder. In den Küstenregionen der Iberischen Halbinsel belegen Funde, dass die Neandertaler auch fischten und Muscheln sammelten. Sie hatten seetüchtige Fahrzeuge, jagten auch Robben und Delfine und besiedelten Inseln wie etwa Kreta. Die Neandertaler brieten das erjagte Fleisch und kochten die gesammelten Pflanzen. Schon ihre Vorfahren – die *Homo heidelbergensis* – beherrschten das Feuermachen. Ihre frühesten bekannten Feuerstellen in Europa sind 400 000 Jahre alt. Die ältesten Speere der Welt, gefunden bei Schöningen in Niedersachsen, stammen aus der gleichen Zeit. Die späteren Neandertaler wanderten regelmäßig weite Strecken zu Steinbrüchen, um sich mit Material für ihre Werkzeuge und mit Feuerstein zu versorgen. Sie fertigten Speerspitzen mit rasiermesserscharfen Klingen, produzierten Leder, Kleidung und Schmuckstücke und errichteten sich Unterkünfte aus Tierknochen, Mammutstoßzähnen und Fellen. In einer Höhle in Südfrankreich bauten sie mit Stalagmiten eine Kultstätte. Die Neandertaler als Architekten, vor rund

176 000 Jahren – sie waren alles andere als kulturlose Barbaren. Sie bestatteten ihre Toten, sie extrahierten Farben. »Farbpigmente wie roter Ocker oder schwarzes Manganoxyd lassen Rückschlüsse auf ein mögliches rituelles oder künstlerisches Verhalten zu«, schreibt der Paläoanthropologe Friedemann Schrenk. »Wie und warum der Neandertaler den Malkasten der Natur benutzte, ist unklar: zum Bemalen des Körpers oder zum Einfärben von Kleidung? Eine andere Möglichkeit der Nutzung von Naturfarben kann die Imprägnierung von Häuten gewesen sein, was dann allerdings auf eine recht hoch entwickelte technische Fertigkeit der Neandertaler schließen ließe.«[14]

Dennoch wurden die Neandertaler jahrzehntelang als tumbe Vormenschen dargestellt, die nicht einmal richtig aufrecht gehen konnten. Und bis heute traut man ihnen nicht die Kulturleistung der »Domestikation« eines Wildtieres zu. Der Pathologe und entschiedene Evolutionsgegner Rudolf Virchow, ein angesehener Politiker im jungen deutschen Kaiserreich, deklarierte noch 1872 die bei Mettmann im Neanderthal gefundenen menschlichen Überreste als die eines missgestalteten kranken Kosaken aus den Befreiungskriegen gegen Napoleon. Das war dreizehn Jahre nach der Veröffentlichung von Charles Darwins Buch *Über die Entstehung der Arten* und ein Jahr, nachdem er die Evolutionslehre dezidiert auf *Die Abstammung des Menschen* angewendet hatte. Nach strenger Auslegung der christlichen Schöpfungslehre durfte es aber einfach keine Frühmenschen geben. Schon gar nicht als unsere Vorfahren oder deren Verwandte. Wie der angebliche Kosak in das Sediment der Kalksteingrotte im Neanderthal gekommen sein sollte, konnte Rudolf Virchow nicht erklären. Aber seine Behauptung, dass es sich bei dem Fund nicht um einen 42 000 Jahre alten Frühmenschen handelt, blieb in Deutschland vorherrschende Meinung bis ins 20. Jahrhundert. Dabei hatte der irische Geologe William King das Fossil aus dem Tal der Düssel schon 1864 als *Homo neanderthalensis* beschrieben.

Wohl war mit diesem Verwandten aber auch den Wissenschaftlern außerhalb Deutschlands nicht, und als die ersten modernen Cro-Magnon-Menschen nach Ausgrabungen im Jahr 1868 nach ihrem Fundort in der Dordogne benannt worden waren, wurde der Neandertaler als eine Art Untermensch von der Erblinie des edlen *Homo sapiens* getrennt. Bis heute hielt sich »der Mythos vom schlurfenden, muskelbepackten Urmenschen mit wenig Grips«, wie Friedemann Schrenk das Bild vom Neandertaler in der Öffentlichkeit und gerne auch noch in den Medien und in Romanen beschreibt. Dass es falsch ist, haben die Paläoanthropologen hinreichend nachgewiesen. Inzwischen ist klar, dass Neandertaler auch den Nahen Osten besiedelten. In Eurasien ging ihr Siedlungsgebiet im Westen von der Iberischen Halbinsel bis Norddeutschland, im Osten bis nach Südsibirien in den russischen Teil des Altai-Gebirges. Genau dort wurde auch der bislang älteste Hundeschädel gefunden.

Warum sollen es also nicht die Neandertaler gewesen sein, die sich mit den Wölfen zusammenschlossen? Sie waren jedenfalls zur richtigen Zeit am richtigen Ort. Und dem *Homo sapiens* blieben dann immer noch gut zehntausend Jahre, um sich das neue Zusammenleben mit einem Tier abzuschauen und anzueignen und um den Hund von den Neandertalern zu übernehmen.

Eine Koinzidenz der Einwanderung des Homo sapiens nach Eurasien und der »Domestikation« des Wolfes gibt es im Übrigen nur, wenn wir die erwähnte Berechnung aus der Sequenzierung der DNA verschiedener heutiger Hunde außer Acht lassen und uns nur auf die Datierung der ältesten bislang gefundenen Hundeknochen stützen. Es gibt andere Datierungen auch für die Einwanderung des *Homo sapiens* nach Norden, die von 45 000 Jahren vor unserer Zeit für die Besiedelung Westeuropas durch den modernen Menschen ausgehen und von 55 000 Jahren für die Ankunft unserer Vorfahren in Südostasien. Dann hätte der *Homo sapiens* mehr Zeit gehabt, sich mit den eurasischen Wölfen zu beschäftigen. Sobald aber noch ein älterer Vorfahr des heutigen Haushundes gefunden wird und am Ende die Berechnung der Genetiker um Carles Vilá und Robert Wayne bestätigt, die das Alter des Hundes mit 135 000 Jahren angeben, ist die Vorstellung hinfällig, unsere eigenen Vorfahren wären diejenigen gewesen, die die ersten Wölfe an sich banden. Dann war es eben nicht der von Konrad Lorenz imaginierte »junge, hochstirnige Leiter der Horde« Menschen, der zum ersten Mal einen *Cani-*

den fütterte und damit den ersten Schritt zur Entwicklung des ersten Haustieres des Menschen tat, sondern ein eher flachstirniger Mensch mit länglichem Kopf, großen Augen und großem Hinterhaupt.

Wolfgang Schleidt und Michael Shalter stellen in ihrer Abhandlung über die Koevolution von Mensch und Hund fest:

>»Nun sind wir mit einem erstaunlichen zeitlichen und räumlichen Zusammentreffen der Entstehung von Menschheit und ›Hundheit‹ konfrontiert. Es wird unvermeidlich sein, alte wie gegenwärtige Vorstellungen der Domestikation zu überdenken. Selbst der Begriff ›Domestikation‹ hat einen seltsamen Klang, denn das Zusammentreffen von Wölfen und modernem Menschen fand, wie schon erwähnt, lange vor jener Zeit statt, seit der man von menschlichen Behausungen im Sinne eines ›Domus‹ sprechen kann. Caniden nutzten Schlafhöhlen schon viel früher. Daher sollten wir vielleicht besser von ›Kubilation‹* anstatt von Domestikation sprechen, wie schon früher vorgeschlagen, und uns dabei Gedanken darüber machen, wer wohl wen kubiliert hat.«[15]

Worauf Schleidt und Shalter hinauswollen, ist eine gänzlich andere Sichtweise der gemeinsamen Geschichte von Mensch und Hund. Und diese ganz andere Sichtweise, die sich in der jüngeren Forschungsarbeit zur größeren Wahrscheinlichkeit ausgewachsen hat, stützt auch Konrad Lorenz, der Vater der vergleichenden Verhaltensforschung. Er schrieb schon 1950 »aus vollster Überzeugung«, wie er extra betonte: »Dasjenige unter allen nicht-menschlichen Lebewesen, dessen Seelenleben in Hinsicht auf soziales Verhalten, auf Feinheit der Empfindungen und auf die Fähigkeit zu wahrer Freundschaft dem des Menschen am nächsten kommt, also das im menschlichen Sinne edelste aller Tiere, ist eine vollwertige Hündin.«[16]

Lorenz hatte die Beobachtung gemacht, dass uns der Haushund im sozialen Verhalten bis hin zur Fähigkeit, Freundschaften auch mit nicht familiär verwandten Individuen zu schließen, näher ist als irgendein anderes Tier. Das meint, auch näher als unsere nächsten Verwandten, die anderen großen Menschenaffen, allen voran die

---

* Von lateinisch *cubile* – Höhle.

Schimpansen, mit denen wir uns 98,63 Prozent des Genoms teilen. Lorenz bat seinerzeit Jane Goodall, die lange mit Schimpansen zusammengelebt hat, um eine Stellungnahme zu seiner Beobachtung der seltsamen Verhaltensverwandtschaft von Mensch und Hund. Und die britische Primatenforscherin, der wir einen Großteil unseres Wissens über unsere nächsten Verwandten verdanken, die aber auch das Verhalten des Afrikanischen Wildhundes erforschte, schrieb ihm:

»Hunde wurden seit langem domestiziert. Sie stammen von Wölfen ab und sind Rudeltiere. Sie überleben dank ihrer Fähigkeit zur Zusammenarbeit. Sie jagen gemeinsam, schlafen gemeinsam im selben Bau und ziehen ihre Jungen gemeinsam auf. Dieses altbewährte Sozialsystem hat die Domestikation des Hundes erleichtert. Schimpansen sind dagegen Individualisten. In freier Natur sind sie ungestüm und aufbrausend. Sie sind stets auf den eigenen Vorteil bedacht. Sie sind eben keine Rudeltiere. Beobachten Sie Wölfe in einem Rudel, wie sie sich gegenseitig beschnüffeln, zur Begrüßung wedeln, sich ablecken und ihre Jungen beschützen, dann sehen Sie alle Charakteristika, die wir an Hunden so lieben, auch ihre Treue.

Beobachten Sie wilde Schimpansen, dann sehen Sie die Liebe zwischen Mutter und Nachkommen und die Bande zwischen Geschwistern. Andere Beziehungen sind mehr opportunistisch. Selbst zwischen Familienmitgliedern entstehen oft Streitereien, die sogar zu Kämpfen führen können. Selbst nach Jahrhunderten züchterischer Auswahl würde es wohl schwierig, wenn nicht unmöglich sein, einen Schimpansen zu züchten, der mit Menschen zusammenleben und auch nur annähernd solch ein gutes Verhältnis haben könnte wie unsere Hunde. Das hat nichts mit Intelligenz zu tun, sondern mit dem Bedürfnis zu helfen, zu folgen und Anerkennung zu finden.«[17]

So weit, so klar. Wie kommt es aber, dass wir Menschen, die nächsten Verwandten der Schimpansen, uns – zumindest meistens, wenn wir gerade keine unserer kleinen oder größeren Kriege führen – eher verhalten wie Wölfe oder Hunde? Und selbst, wenn wir in Auseinandersetzungen stecken, führen wir diese meist nicht nur mit unseren Verwandten als Verbündeten, sondern haben Vertraute und Freunde an der Seite. Wo haben wir das her?

Schon der österreichische Verhaltensforscher Eberhard Trumler, der Nestor der Kynologie, also der Hundekunde, hat in den 80er Jahren des vergangenen Jahrhunderts festgestellt:

»Der Mensch war nicht als soziales Lebewesen evolutioniert. In größeren Gruppen zu leben war ihm ursprünglich ebenso unbekannt wie heute noch dem Orang-Utan oder dem Gorilla. Wenn wir das Verhalten von irgendwelchen Affen beobachten, die in größeren Horden leben, entdecken wir weit weniger Gemeinsamkeiten mit dem Sozialverhalten des Menschen, als wenn wir die Rudelordnung der Wölfe zum Vergleich heranziehen.«[18]

Die Idee von Wolfgang Schleidt und Michael Shalter ist nun, dass wir Menschen uns das soziale Verhalten, das unsere nächsten Verwandten nicht zeigen, von den Wölfen abgeschaut haben. Und das entweder lange, bevor der *Homo sapiens* nach Norden wanderte, oder im Zuge dieser Wanderung. Lange vorher würde bedeuten: Es waren die Neandertaler – und unsere direkten Vorfahren haben es sich wiederum von diesen abgeguckt, es ihnen nachgemacht. Was ja, wie wir schon gesehen haben, nicht ganz so leicht zu denken ist. »Welche Erkenntnisse auch immer infolge neuer Funde oder auch neuer Methoden bei der Rekonstruktion der Urgeschichte des Menschen gewonnen wurden und werden – es scheint für *Homo sapiens* bis heute schwer faßbar, daß es einst auch andere Menschen neben ihm, der Krone der Schöpfung, gegeben haben soll«, stellt Friedemann Schrenk fest.[19] Und dass diese anderen Menschen ebenso intelligente Wesen gewesen sein könnten wie die eigenen Vorfahren, ist noch schwerer fassbar. Wenn es nun auch noch darum gehen soll, dass diese anderen Menschen sich etwas angeeignet haben könnten, was der *Homo sapiens* nur durch Nachahmung von ihnen gelernt hätte, und wenn diese anderen Menschen das Neue dann auch noch von einem ganz anderen Tier gelernt haben sollen – spätestens dann dürfte es mit der Fassbarkeit des Gedankens endgültig aus sein.

Umso interessanter wird es, sich die Geschichte der Koevolution von Mensch und Hund anzuschauen.

Die Menschwerdung des Affen

Die Hominiden, die Großen Menschenaffen, sind bekanntlich Afrikaner. In Afrika haben sich die Vorfahren der heutigen Gorillas, Schimpansen und Orangs von den Vorfahren der heutigen Menschen getrennt. Von dort ist der Vorfahr der Orang-Utans nach Asien aufgebrochen. Von dort sind auch die Menschen aufgebrochen und haben die Welt besiedelt. Die Hunde, zu deren biologischer Familie Füchse, Schakale, Kojoten, Wildhunde und Wölfe gehören, sind ursprünglich Amerikaner, und zwar Nordamerikaner. Entstanden sind sie wohl aus kleinen fuchsähnlichen Raubtieren, die sich von Nagern und Insekten ernährten, aber auch Beeren und andere Früchte nahmen. Als das Klima des Miozäns – die Zeit vor 23 Millionen Jahren bis vor etwa fünf Millionen Jahren – von feuchter in trockene Wärme kippte, entstanden auf der bis dahin vollständig mit Wald bedeckten Erde zum ersten Mal weitläufige Steppengebiete. Und die Pflanzenfresser, die bislang die Wälder bewohnt hatten, entwickelten sich von Blatt- zu Gras- und Krautfressern – gefolgt von den kleinen Raubtieren aus den Wäldern, die sich ebenfalls auf das neue Ökosystem einstellten.

In Nordamerika entwickelten sich die Vorfahren der Pferde, der Kamele und der antilopenartigen Gabelböcke. Die Pflanzenfresser wurden größer – und schneller. Zu schnell für die kurzbeinigen fuchsähnlichen Raubtiere, die ihnen aus den Wäldern gefolgt waren. Die mussten ebenfalls zulegen, wuchsen auch, zunächst zur Größe heutiger Kojoten, und konnten dann bald doch nur noch die Kälber der Huftiere erreichen. Die Pflanzenfresser schlossen sich – womöglich als Reaktion auf diese Gefährdung – zu Herden zusammen, die bis heute bei Gefahr die Jungtiere in die Mitte nehmen und schützen. Der evolutionäre Wettlauf verlangte nun wieder eine Reaktion der Räuber. »Vor etwa zehn Millionen Jahren ›erfanden‹ die *Caniden* als Gegenstrategie zur Herdenbildung und Fluchtstrategie der Huftiere ihre Fähigkeit, in Gruppen zu leben, und gleichzeitig wohl auch lange Beine, um als sich schnell bewegendes Rudel jagen zu können«, schreiben Wolfgang Schleidt und Michael Shalter.[20]

Ein Rudel ist ein geschlossener Verband von Tieren, die sich kennen, teilweise miteinander verwandt sind und miteinander leben. Dadurch unterscheidet sich ein Rudel von der Herde, die größer und anonymer ist. Den Begriff Rudel verbinden wir auch mit der Vorstellung von einer Rangordnung. Wir wissen, es gibt bei Löwen den Pascha, bei Hirschen den Platzhirsch und bei Wölfen den Leitwolf. Oder doch eher die Leitwölfin? Oder beide? Bei Wölfen wird es offensichtlich schwieriger, die Rangordnung zu erklären. Wenn wir die Chance haben, einem Wolfsrudel beim Jagen zuzusehen – wenn nicht in der Natur, dann vielleicht im Film –, dann erscheinen uns die Wölfe nach einer Weile wie ein gut aufeinander abgestimmter vielköpfiger Organismus. Das ist nicht eine Menge von jagenden Individuen. »Das ›E Pluribus Unum‹ des Rudels geht weit über das ›Unum‹, über die Einheit einer Gruppe eigennütziger Kämpfer hinaus«, schreiben Schleidt und Shalter zur Koevolution von Menschen und Hunden.[21]

E pluribus unum – aus vielen Eines – ist der Wappenspruch der USA, der zurückgeht auf Augustinus, der das Gebot zum Zusammenhalt an vielen Stellen als ein göttliches darstellt: »Gott schuf den Menschen als einzigen und einzelnen, jedoch nicht, um ihn ohne menschliche Gemeinschaft zu belassen, sondern um ihm dadurch nur umso stärker die Einheit der Gemeinschaft selbst und das Band der Eintracht zu empfehlen.«[22] Wir wissen, dass wir uns weder in der Geschichte noch in der Gegenwart dauerhaft an die Empfehlung des Heiligen Augustinus gehalten haben. Aber wir kennen die Empfehlung als Ideal, wir streben danach, wir wissen, dass Einheit stark macht. Die Idee der Demokratie basiert darauf. Und doch gelingt uns die Einheit in der Gemeinschaft nie vollständig, nie auf Dauer. Das liegt, sagen die Verhaltensforscher, an unserem äffischen Erbe. Wenn wir uns selbstsüchtig verhalten und den Anderen übervorteilen, wird das selten als angenehm und erstrebenswert angesehen. Es wird in allzu offensichtlichen Fällen als asozial gebrandmarkt, aber durchaus auch als clever geachtet. Das ist der Primat in uns, der der Selbstbezogenheit und dem Ausstechen des Anderen die Anerkennung zollt.

Ihre »machiavellische Intelligenz«, wie sie der Primatenforscher Nicholas Humphrey 1976 postulierte und sein Kollege Frans de Waal 1982 bestätigte, prägt das letztlich eigennützige Zusammenleben der Großen Menschenaffen. Die Selbstbehauptung und die Konkurrenz innerhalb der sozialen Gruppe entwickelt deren Intelligenz und macht sie zu »opportunistischen Individualisten«, wie Jane Goodall das zusammenfasst. Und das wird bei den frühen

Menschen nicht anders gewesen sein. »Denn alles, was man von der genetischen Veranlagung der Hominiden, sei es *Austrolopithecus*, *Homo erectus* oder Neandertaler, weiß, deutet darauf hin, dass sie in ihrem Sozialverhalten den heutigen Affen sehr ähnlich waren, aber in einer Eigenschaft alle damals und heute lebenden Affen bei weitem übertrafen: in ihrer unbegrenzten Fähigkeit zu Mord und Totschlag. Diese überragende Fähigkeit kann nichts anderes sein als das Resultat eines mörderischen Selektionsprozesses innerhalb der Gattung der Hominiden selbst«, schreibt der österreichische Philosoph und Wissenschaftstheoretiker Erhard Oeser in seinem Buch über die Beziehungsgeschichte von *Hund und Mensch*.[23]

Irgendwie müssen die Menschen aber von der eigenen Totschlägermentalität zu der Einsicht gekommen sein, dass dauerhafte Zusammenarbeit und freundschaftliche Bindung besser für das gemeinsame Fortkommen sind. Und dass soziales Miteinander und das Pflegen Kranker und Alter nicht nur Aufwand, sondern auch einen, wenn auch nicht sofort einsichtigen, Vorteil für die Pflegenden bedeuten. Wie kamen die Menschen dahin, wo unsere nächsten Verwandten, die anderen Großen Menschenaffen nie hinkamen? Wahrscheinlich haben die Menschen getan, was wir jetzt noch einmal tun: Wir schauen auf die Wölfe und ihr Prinzip: das *e pluribus unum* des Rudels.

Ein Wolfsrudel funktioniert nicht so überschaubar wie das der Hirsche oder Löwen. Gerade weil das Wolfsrudel komplizierter aufgebaut ist und deutlich mehr Kommunikation und sozialen Kontakt verlangt, dürfte die Rudelbildung den Wolf zum erfolgreichsten Raubtier der Erde gemacht haben; wenn wir den Menschen als Raubtier mal eben außer Acht lassen. Das Wolfsrudel gruppiert sich in von außen nicht so leicht durchschaubaren Untergruppen mit unterschiedlich starken Bindungen um das Leitwolf-Paar, bestehend aus der sogenannten Alpha-Wölfin und dem Alpha-Rüden. Diese beiden sind üblicherweise die Einzigen, die Nachwuchs zeugen – wobei das mehr für die Wölfin gilt. Denn der Alpha-Rüde muss nicht immer der Vater sein, da das Alpha-Weibchen durchaus mal einen anderen Rüden erhört. Die Welpen werden dann von allen Wölfen im Rudel gemeinsam versorgt, behütet und aufgezogen.

Die beiden Alpha-Tiere haben für die übrigen Rudelmitglieder die höchste Attraktivität, die höchste soziale Bindungsfähigkeit. Von Wölfen, die mit dem Alpha-Paar oder auch nur mit einem der beiden befreundet sind – und gemeint ist hier wirklich Freundschaft, nicht Verwandtschaft –, geht ebenfalls eine hohe Attraktivität für die anderen aus. Das heißt, sie reagieren entsprechend deutlicher auf deren Verhalten als auf das weiter vom Alpha-Paar entfernter Rudelmitglieder. Es gibt aber in größeren Wolfsrudeln auch ranghohe Tiere, die sich nicht an der Gruppe um das Alpha-Paar orientieren, sondern eine eigene Untergruppe bilden. Auch diese kann andere Wölfe mitziehen, wenn es zum Beispiel darum geht, zum Jagen aufzubrechen. Auch einzelne besonders aktive Wölfe können die anderen zum Handeln auffordern und auch bewegen.

Kein Rudelmitglied bestimmt allein über die Aktivitäten des Rudels, schreibt Erik Zimen in seinem Standardwerk über den Wolf, in dem er seine Forschungen zusammengefasst hat:

»Den alles bestimmenden ›Leitwolf‹ gibt es nicht. Gleichwohl gibt es Tiere, die genau wie beim Zusammenhalt des Rudels Entscheidungsprozesse im Rudel stärker beeinflussen als andere. (…) Es scheint vielmehr, daß alle Rudelmitglieder ihren Teil zur Entscheidung beitragen, wenn auch jedes mit unterschiedlich gewichtiger Stimme. Es ist wie in einer qualifizierten Demokratie: Je älter und ranghöher ein Mitglied ist, desto mehr Gewicht hat seine Stimme, die jedoch niemals so gewichtig werden kann, daß sie alle anderen Stimmen zusammen überwiegt. Gegen den Willen der Rudel-Mehrheit kann sich auch der ranghöchste Rüde nicht durchsetzen – nicht einmal das Alpha-Weibchen in der Ranzzeit, während der es sonst scheinbar uneingeschränkt die Aktivität des Rudels bestimmt.«[24]

Demokratie bei Wölfen? Wir wissen doch, dass es im Wolfsrudel eine Rangordnung gibt, die nicht nur mit Drohgebärden durchgesetzt, sondern durchaus auch in Kämpfen ausgefochten wird, bei denen Blut fließt. Erik Zimen selbst berichtet davon, dass Wölfe in »seinen« Rudeln an ihren Verletzungen aus Rangkämpfen gestorben sind. Wölfe, die sich anders verhalten, als das die Rudelmitglieder erwarten, werden aussortiert, an den Rand gedrängt. Wenn die »Prügelknaben« das Rudel nicht verlassen, werden sie am Rudelleben nicht mehr beteiligt und gehen irgendwann ein. Wenn sie das Rudel verlassen und kein neues finden oder wenigstens einen alleinstehenden Partner, währt ihr Leben auch nicht mehr lang. Ähnliches Verhalten kennen wir auch von Menschen.

Die Rangordnung im Wolfsrudel ist keine Hackordnung, die nur oben und unten kennt. Es gibt durchaus gleichstarke Wölfe, die miteinander umgehen, miteinander jagen, miteinander die Beute teilen. Und ihre »Stärke« ist auch nicht immer und nicht nur eine körperliche. Außerdem wird die Rangordnung, ist sie einmal ausgefochten, mit einfachen Signalen aufrechterhalten, die nicht einmal etwas mit Drohgebärden und Unterwerfungsbezeugungen zu tun haben müssen. Der amerikanische Wolfsforscher Dave Mech, der in Minnesota die Ökologie dort freilebender Wölfe untersuchte und die Bewegung der Rudel durch sendermarkierte Tiere verfolgte, berichtet vom ausgeklügelten System der Markierung der von den Wölfen immer wieder abgelaufenen Wege in ihrem Revier. Sie markieren mit Urin – und das besonders häufig in den Grenzgebieten zu benachbarten Wolfsrudeln. Aber auch innerhalb des Rudels wird markiert.

»Das ganze Jahr lang, besonders häufig aber vor und während der Ranzzeit im Winter, uriniert das sogenannte Alpha-Paar, die beiden ranghöchsten Wölfe des Rudels, hintereinander am selben Fleck. Manchmal beteiligen sich auch weitere ranghohe Rüden an diesen ›Urinierzeremonien‹. Jeder beschnuppert intensiv den durch Spritzharnen abgegebenen Urin der anderen Rudelmitglieder, bevor der eigene Urin dicht daneben gesetzt wird. Vermutlich erfahren die Rüden so den Stand der Hitze beim Weibchen, und womöglich dient das gemeinsame Urinieren auch der Bindung.«[25]

Dave Mech bringt das Ganze auf die Kurzformel: »Wolves that pee together, stay together.« Das gemeinsame Urinieren lässt sich auch bei einer uns noch besser bekannten Spezies beobachten: beim *Homo sapiens*. Andere Ähnlichkeiten im Umgang mit der Hierarchie innerhalb einer Gruppe hat Mech ebenfalls gefunden, als er sich näher mit der Position der einzelnen Rudelmitglieder im Raum befasste – Beobachtungen, die sich mit denen Erik Zimens bei »seinen« Wölfen decken:

»Je höher der Rang, desto häufiger wurde der Wolf in Begleitung anderer Wölfe gesehen. Das entspricht unseren Erwartungen. Während aber die drei ranghöchsten Adulten etwa gleich häufig beieinander zu sehen waren, hielten sich die anderen Rudelmitglieder bevorzugt in der Nähe des Alpha-Rüden auf, auch die Welpen, nachdem sie sich im Alter von etwa einem halben Jahr aktiv dem Rudel angeschlossen hatten. Eine besondere Präferenz für den ›Chef‹ zeigte dabei der ranghöchste Rüde unter den Juvenilen, der ›Klein-Alpha‹. Die Ähnlichkeiten mit einer uns besonders vertrauten Art, der unsrigen, sind manchmal fast komisch.«[26]

Und vielleicht eben nicht zufällig. Wenn die Menschen mit den zu Hunden gewordenen Wölfen nun schon mindestens 33 000 Jahre zusammenleben, vielleicht aber auch über 100 000 Jahre, dann war viel Zeit, sich aneinander zu gewöhnen und anzupassen. Wobei sich nicht nur einer der Partner verändert hat, sondern beide. Die Evolutionsbiologen nennen solch einen Prozess Koevolution: die wechselseitige Einflussnahme zweier stark miteinander verknüpfter und interagierender Arten über einen langen Zeitraum in ihrer Stammesgeschichte. Das Ergebnis können sogenannte Koadaptionen sein, Veränderungen beider Arten in für beide und das Zusammenleben positiver Weise. Wenn Wolf und Mensch durch einen solchen koevolutionären Prozess gegangen sind, dann hat sich der Wolf, der sich dem Menschen angeschlossen hat, dadurch zum Hund entwickelt. Und was ist mit dem Menschen geschehen? Die These der Wissenschaftler, die von der Koevolution statt von der Domestikation – im Sinne der Unterwerfung – des Wolfes sprechen, ist, dass der Mensch sich durch die Nähe zum Wolf und späteren Haushund sozial weiterentwickelt hat, dass er vom Wolf das Prinzip der Kooperation, ja der Freundschaft gelernt hat.

Als die Menschen auf den Wolf trafen, hatte der eine deutlich längere Entwicklungsgeschichte hinter sich. Er war aus Nordamerika nach Eurasien eingewandert und hatte die ehemals dort herrschenden Großkatzen von der Spitze der Nahrungskette verdrängt. Nun sind Wölfe deutlich kleiner und deutlich weniger wehrhaft als Großkatzen, zumal als die Säbelzahntiger und Höhlenlöwen des Pleistozäns. Aber sie hatten ja eine überlegene Art des Jagens »erfunden« und sie setzten sich füreinander ein. Großkatzen jagen grundsätzlich anders als Wölfe. Sie sind keine Draufgänger, die auch mal einen Schlag oder eine Verletzung durch ein wehrhaftes Beutetier riskieren. Denn sie wissen: Bei einer Verletzung hilft ihnen niemand. Auch nicht bei rudelbildenden Großkatzen. Im Gegenteil, die Verletzten werden in der Hierarchie des Rudels nach unten durchgereicht. Anders bei Wölfen: Verletzte Rudelmitglieder werden gepflegt und genährt. Sie bleiben bei den Welpen und können – wie die Babysitter-Wölfe, die ebenfalls nicht mit auf die Jagd gehen – von der Beute dennoch profitieren. Die zurückkehrenden Wölfe würgen das nach der Jagd eilig Heruntergeschlungene für sie wieder hervor. Oder sie schleppen große Beuteteile gemeinsam bis »nach Hause«, um sie erst dort in spielerischem Gezerre, wie beim Tauziehen, zu zerreißen. Allein dieses gemeinsame Tragen etwa eines Hinterlaufs vom Rentier oder Elch, wie man es bei Wölfen beobachten kann, erfordert eine hohe Koordination. Die beiden Wölfe wissen jederzeit, was der Partner tut, und vor allem, was er als nächstes tun will. Auch Hunde können einen großen Stock zu zweit in vollem Lauf transportieren. Und Schlittenhunde werden nicht in einem Gespann mit Deichsel angeschirrt wie Pferde. Sie müssen sich selbst an den Zugketten oder -seilen organisieren, was sie aus alter Rudelerfahrung sehr gut können.

Was die Menschen also vorfanden, als sie auf den Wolf trafen, war eine sehr gut organisierte, ständig miteinander kommunizierende und zusammenarbeitende soziale Gemeinschaft, die eben durch diese Organisationsform erfolgreich war. Wenn wir heutigen Menschen beim Anblick eines jagenden Wolfsrudels fasziniert sind von der lautlosen Kommunikation und dem aufeinander abgestimmten Verhalten, dann waren das die Menschen der Steinzeit sicher auch. Noch etwas für sie damals Neues dürften die Menschen bei den Wölfen entdeckt haben, und zwar eine für einen Menschenaffen entscheidende Entdeckung: Wölfe schließen Freundschaften. Sie helfen einander und laufen miteinander, auch ohne dass Familienbande oder eine Sexualpartnerschaft sie verbinden. Die Hunde haben das geerbt. Jeder Hundebesitzer weiß, dass sein Hund Freunde hat unter den Hunden der Nachbarschaft, genauso wie es intensive Konkurrenzbeziehungen bis hin zur Feindschaft geben kann. Feindschaften sind den Primaten nicht fremd; sie sind quasi mit jedem außerhalb der engsten Familienbande verfeindet, zeigen das nur nicht immer. Während die Großen Menschenaffen aber jederzeit bereit sind, den Nächsten zu übervorteilen und auszutricksen, teilen die Wölfe – nicht selbstlos, aber prinzipiell. Die Rangniederen müssen zwar warten beim Fressen, es gibt Geknurre und Gebalge, aber letztlich kommt niemand zu kurz. Wenn doch, würgt einer der Ranghöheren etwas von seinem bereits Verschlungenen wieder hervor. Das Schlingen ist eine Taktik der Hundeartigen, die sie sich wohl im Konkurrenzkampf mit ihren körperlich unterlegenen, aber zahlenmäßig oft überlegenen Verfolgern zugelegt haben. Wenn die Wölfe ein Beutetier geschlagen haben, dann fressen sie so schnell, dass dann, wenn Schakale, Geier oder Raben ankommen, schon fast nichts mehr übrig ist. Die Wölfe haben das meiste verschlungen oder weggetragen – und begeben sich mit vollem Magen und den restlichen Beutestücken im Maul »nach Hause« oder wenigstens an einen geschützten Ort. Dort wird dann ein Teil der Mahlzeit noch einmal hervorgewürgt und zum zweiten Mal durchgekaut und gefressen oder an die verteilt, die noch nichts abbekommen haben. Überdies sind auch Fressfreundschaften von Wölfen und Raben beobachtet worden. Generell sind Wölfe eben bereit, Freundschaften zu schließen – und das kann auch über die Artgrenzen hinausgehen.

Mensch und Wolf trafen in der letzten Kaltzeit der Erdgeschichte aufeinander – in der Mammutsteppe, dem größten zusammenhängenden Ökosystem, das es jemals gab auf der Erde. Zum Höhepunkt dieser Kaltzeit reichten die viele Kilometer dicken Eisschilde von Norden bis an die heutige schleswig-holsteinische Ostküste, in die Mark Brandenburg und in den Norden Russlands. Im Norden gingen die Gletscher bis zur Weichsel, weshalb dieser Zeitraum dort Weichsel-Kaltzeit genannt wird. Über den Alpen lag eine fünfzehn Kilometer dicke Eisschicht, die bis an die Würm, den Abfluss des Starnberger Sees, reichte, weshalb diese Zeit dort Würm-Kaltzeit heißt. Dieser Höhepunkt der letzten Eiszeit fand aber erst vor etwa 20 000 Jahren statt. Davor waren die Eisschilde deutlich kleiner und die Mammutsteppe entsprechend weiter ausgedehnt. Außerdem waren die Gletscherzonen durch sehr mächtige Eisschilde geprägt, so dass sehr viel Wasser gebunden wurde, das sich heute in den Ozeanen befindet. Entsprechend mehr Landmasse konnte von Landpflanzen und Landlebewesen besiedelt werden. Auch nördlich der Gletscherzonen, in der heutigen Barentssee, war Land, der Ärmelkanal war nur ein Tal, auch Sachalin und Hokkaido waren keine Inseln. Über Nordamerika lag ein weiterer großer Gletscher, Alaska war aber eisfrei und von Sibirien aus zu Fuß zu erreichen.

Mehrfach in den wärmeren Zeiten der Eiszeit – oder genauer: der letzten Kaltzeit, die vor etwa 115 000 Jahren begann und vor etwa 12 000 Jahren endete – war das Klima so warm, dass sich, ähnlich der heutigen Taiga, boreale Wälder bilden konnten. In den kälteren Phasen war die Vegetation eher der heutigen Tundra vergleichbar. Wobei diese Tundra nicht, wie das lange vermutet wurde, wie die afrikanische Steppe ausgesehen hat, die von Gras dominiert ist. Neuere Forschungen zeigen, dass die Mammutsteppe eher von Kräutern und Stauden begrünt war. In 55 000 bis 21 000 Jahre altem fossilen Kot von Mammuts, Wollnashörnern, Bisons und Pferden aus Sibirien und Alaska fand sich überwiegend die DNA von krautigen Pflanzenresten. Weniger als ein Drittel war Gras. Die Huftiere der Eiszeit ernährten sich also hauptsächlich von proteinreichen Kräutern und Blumen wie Wegerich, Beifuß, Schafgarbe, Nelken und Astern und Sträuchern wie Weiden und Knöterich. Und der wichtigste Pflanzenfresser der Eiszeit war auch nicht das Mammut, das war nur das für uns beeindruckendste Tier, weshalb wir der ganzen Landschaft seinen Namen gegeben haben. Das riesige Ökosystem der eiszeitlichen Tundra bestimmten dagegen gigantische Rentierherden. Und diese Rentierherden dürften der erste gemeinsame Bezugspunkt von Mensch und Wolf gewesen sein. Wobei der Wolf schon da war, als die Menschen begannen, den Rentieren zu folgen.

»Es ist anzunehmen, dass die Rentiere, die hunderttausende, vielleicht Millionen von Jahren lang in riesigen Herden die Gebiete zwischen dem heutigen Spanien und dem Osten Sibiriens bevölkerten und zeitweise auch über die Beringstraße zum nordamerikanischen Kontinent gelangten, sich gemeinsam mit den Wölfen entwickelt haben, in dem Sinne, dass Beutetier und Raubtier voneinander abhängig wurden, eine Symbiose eingingen, wie zum Beispiel Blatt-läuse und Ameisen.«[27] Mit dem doch ziemlich gravierenden Unter-schied, dass die Ameisen die Blattläuse nicht töten, sondern nur melken. Dennoch passt diese Bemerkung Wolfgang Schleidts, wenn man die Wölfe mit den nomadisch lebenden menschlichen Rentier-hirten vergleicht, die es in wenigen Gebieten der Erde heute noch gibt. Diese folgen den Herden, verteidigen sie – heute vor allem auch gegen die Wölfe – und leben vom Ren. Ähnlich die Wölfe. Schon der deutsch-britische Paläontologe Frederick Zeuner, der noch an der Wolfsabstammung des Haushundes zweifelte, bemerkt in seiner in den 60er Jahren des vergangenen Jahrhunderts erschie-nenen Geschichte der Haustiere:»Im Grunde folgen Wolf und Mensch den Rentierherden aber in ähnlicher Absicht: Sie fordern ihren Zins von ihnen.«[28] Und dass diesen Zins in früheren Jahren durchaus auch mehrere Arten von nomadisch lebenden Räubern oder – wie Schleidt sie nennt –»Hirten« fordern konnten, ohne dass die Ren-tierpopulation auch nur annähernd beeinträchtigt werden konnte, das erklärt Zeuner mit Beobachtungen des deutschen Geografen und Naturforschers Peter Simon Pallas, der für die Zarin Katharina II. im 18. Jahrhundert Expeditionen nach Sibirien unternahm. Er beobachtete dort Rentierherden von tausenden und hunderttausen-den Tieren, deren Geweihe ihm wie ein wandernder Wald vorkamen. Bei Flussüberquerungen liefen die Rentiere so dicht gedrängt durch das Wasser, dass die Kälber die Rücken der erwachsenen Tiere als Brücke benutzen konnten. Das ist das Bild, das wir von der 20 000 Jahre alten Ritzzeichnung auf einem Adlerknochen aus der Grotte de la Mairie in der Dordogne kennen. Und das war das Bild, das sich den Wölfen und Menschen der Eiszeit bot.

Die Wölfe folgten dem langsamen Zug der Rentierherden, die – wie heute noch – mit dem Sommer in den kühleren Norden, mit dem Winter wieder gen Süden wanderten. Dabei sorgten die Wölfe dafür, dass kranke Tiere nicht lange bei der Herde blieben und ihre Krankheiten also nicht weitergeben konnten. Genauso wie es heute noch die menschlichen Rentierhirten bei ihren halbzahmen Herden machen. Die Wölfe sorgten also für die dauerhafte Gesundheit der Herde.

Wenn nun auch Menschen der wandernden Fleischreserve hinterherreisten, mussten sie zwangsläufig mit den Wölfen in Kontakt kommen. Eine Gruppe von gut bewaffneten Neandertalern dürfte dabei auch einem Wolfsrudel schnell klargemacht haben, dass es nicht lohnt, statt der Rentiere Menschen zu jagen. Im Gegenzug wurde ein einzelner Wolf durchaus Beute der Neandertaler; ein menschlicher Angriff auf ein bestens koordiniert handelndes Wolfsrudel wäre aber auch für die Menschen nicht gut ausgegangen. Also gab es eine grundsätzliche Waffengleichheit, und daraus könnte dann irgendwann auch jene etwas andere Art der Jagdgemeinschaft entstanden sein: Eine erste Gruppe Neandertaler folgte einem Wolfsrudel und »half« bei der Bewirtschaftung von dessen Rentierherden.

Damit hatten die Menschen nun ständigen Kontakt zu einem Wolfsrudel und konnten beobachten, was sich da tat. Sie sahen die Zusammenarbeit, die gegenseitige Hilfe, den Zusammenhalt, die Freundschaften der Tiere untereinander – das *e pluribus unum* des Rudels. Warum sollten die kognitiv so begabten Menschen aus diesen Beobachtungen nicht gelernt haben? Es wäre unserer Spezies ja gänzlich wesensfremd, wenn wir aus Beobachtungen nicht Schlüsse zögen und Handlungen ableiteten. Und Nachahmung ist eine der wichtigsten Formen des Lernens. So dürften also wölfische Formen des Zusammenlebens auch Einzug gehalten haben in das Leben der Neandertaler, die den Hirtenwölfen und ihren Rentierherden folgten. Und danach konnten die Neandertaler die neuen Verhaltensweisen und die mit ihnen einhergehenden Vorteile der sozialen Organisation von größeren Gruppen an den *Homo sapiens* weitergeben. Unsere Vorfahren hatten schließlich lange zehntausend Jahre Zeit, sich das abzuschauen.

Die Neandertaler sind ausgestorben, und wie sich unsere direkten Vorfahren vor 40 000 Jahren den Neandertalern gegenüber und in ihrem Alltag verhalten haben, bleibt Spekulation. Ziemlich sicher aber nicht so, wie uns das in der sogenannten Paläo-Fiktion in Film und Buch nahegelegt wird. Den großen Krieg gegen die Neandertaler hat der *Homo sapiens* jedenfalls nicht geführt. Belege gibt es nur für erotische Begegnungen. Und wer miteinander in die Höhle geht, um Liebkosungen auszutauschen, der kann auch Hunde tauschen.

»Es waren (...) die Wölfe, die unsere affenartigen Vorfahren, die wie die heutigen Affen ungestüme, aufbrausende und opportunistische Individualisten waren, zu Lebewesen gemacht haben, die zur Zusammenarbeit fähig sind, die weit über die engen genetisch bedingten Familienbande hinausgeht, auf die sich die anthropoiden Affen noch heute beschränken. Durch die hunderttausend Jahre andauernde Koevolution von *Caniden* und *Hominiden* trat nicht nur der anatomisch moderne Mensch hervor, sondern durch Canisation oder ›Verhundung‹ des affenartigen Primaten entstand auch der ethisch moderne Mensch, der auf diese Weise trotz der Erblast seiner machiavellischen Intelligenz zu einem sozialen Wesen umgeformt wurde.«[29]

Richtig verändert haben sich unsere Vorfahren nach dieser Theorie erst im Zuge der Koevolution, die durch das Zusammenleben mit dem Hauswolf und späteren Hund begann. Als der Wolf zum Hund wurde, vom *Canis lupus* zum *Canis lupus familiaris* – wie der wissenschaftliche Name schon sagt: ein Wolf mit Familienanschluss –, da wurde der Mensch zum modernen Menschen, was seine soziale Organisation angeht; auch wenn zuvor schon anatomisch moderne Menschen existierten. Erhard Oeser nennt das »den Anteil des Hundes an der Menschwerdung des Affen«.

Zusammen wachsen

Ein Gutteil unserer sozialen Fähigkeiten haben wir also vom Wolf gelernt. Letztlich zu seinem Nachteil, denn schon lange ist der Mensch das erfolgreichste Raubtier der Welt. Wir haben die Wölfe von dieser Position verdrängt. Wohl auch, weil wir eben auch noch das äffische Erbe in uns tragen: die machiavellische Intelligenz. Sie verleiht uns die Härte, mit der wir uns durchsetzen, die Skrupellosigkeit, mit der wir andere Lebewesen ausnutzen und ausbeuten. Die in der Koevolution mit dem Wolf gelernte soziale Kompetenz verleiht uns die überlegene Organisation, die kognitiven Fähigkeiten erarbeiten uns die Technik.

Den zum Hund gewordenen Wolf haben wir bei dieser Entwicklung immer mitgenommen. Rein in den Maßstäben der Evolution gedacht – also das individuelle Leid einzelner Hunde außer Acht lassend – hat ihn das Bündnis mit uns ebenfalls zur erfolgreichen Spezies gemacht. Es gibt heute mehr Hunde auf der Erde, als es jemals Wölfe gab. Aber letztlich haben sich die Hunde dabei viel mehr den Menschen angepasst als umgekehrt. Das entspricht ihrer ererbten Disposition. Anpassen können sie sich besser, sie haben die viel längere Tradition und Erfahrung darin. Das erklärt auch, weshalb die Hunde uns Menschen eigentlich immer verstehen, wir die Hunde aber oft nicht.

»Er steht und schaut, er lauscht auf den Tonfall meiner Stimme, durchdringt sie mit den Akzenten einer entschiedenen Billigung seiner Existenz, die ich meiner Ansprache stark aufsetze. Und plötzlich vollführt er, den Kopf vorstoßend und die Lippen rasch öffnend und schließend, einen Schnapper hinauf gegen mein Gesicht, als wollte er mir die Nase abbeißen, eine Pantomime, die offenbar als Antwort auf mein Zureden gemeint ist und mich regelmäßig lachend zurückprallen läßt, was Bauschan auch im voraus weiß. Es ist eine Art Luftkuß, halb Zärtlichkeit, halb Neckerei, ein Manöver, das ihm von klein auf eigentümlich war, während ich es sonst bei keinem seiner Vorgänger beobachtete. Übrigens entschuldigt er sich sogleich durch Wedeln, kurze Verbeugungen und eine verlegen heitere Miene für die Freiheit, die er sich nahm. Und dann treten wir durch die Gartenpforte ins Freie.«[30]

Da verstehen sich *Herr und Hund* – in der gleichnamigen Novelle. Oder der Herr Thomas Mann glaubt es wenigstens. An anderer Stelle, wo er genau und ausdauernd beobachtet, wie sich zwei Hunde dort draußen im Freien, hinter der Gartenpforte, begegnen und welche seltsamen Rituale die einander fremden Tiere dabei durchlaufen, versteht er seinen Bauschan dann mitnichten:

»Wunderliche Seele! So nah befreundet und doch so fremd, so abweichend in gewissen Punkten, daß unser Wort sich als unfähig erweist, ihrer Logik gerecht zu werden. Welche Bewandtnis hat es zum Beispiel mit den furchtbaren, für Beteiligte wie Zuschauer entnervenden Umständlichkeiten, unter denen das Zusammentreffen, das Bekanntschaft-Machen oder auch nur Voneinander-Kenntnis-Nehmen der Hunde sich vollzieht?«[31]

Jeder Hundebesitzer kennt die Situation, falls er sie überhaupt zulässt und nicht den eigenen Hund an die Leine nimmt und fortzerrt, sobald ein fremder auftaucht. Ein Kynologe, ein Hundeforscher, könnte das Ritual sicher aus dem bei Wölfen beobachteten Verhalten herleiten und auch erklären, warum es bei solchen Begegnungen sich fremder Hunde gewöhnlich nicht zu der von vielen Hundebesitzern befürchteten Beißerei kommt. Zumindest dann nicht, wenn beide Hunde sich frei bewegen können und wenn kein Mensch aus dem eigenen »Rudel« zu verteidigen ist, etwa, weil er sich zum falschen Zeitpunkt und in der falschen Weise einmischt.

Die meisten Menschen werden das Verhalten der Hunde in solchen Situationen eher nicht verstehen. Auch viele Hundebesitzer nicht, es sei denn, sie haben eines der Hundebücher mit den von Konrad Lorenz erarbeiteten und von Erik Zimen weiterentwickelten wölfischen Ausdrucksmodellen studiert. Ohren aufgerichtet, Schnauze geschlossen, Lefzen glatt – das ist der aufmerksame, zugewandte Hund, der den Schwanz dann leicht nach unten hält, wenn er nicht dominant sein will. Ohren angelegt, Schwanz eingekniffen – der ängstliche Hund, der die Lefzen kräuselt oder sogar die Zähne bleckt, wenn die Angst und die Verteidigungsbereitschaft größer werden. Sind die Ohren aufgestellt und die Lefzen hochgezogen, das Maul offen und die Zähne gefletscht, der Schwanz gerade oder erhoben – dann erst folgt der Angriff. Das ist allerdings schwer zu erkennen etwa beim triefäugigen Basset, dem wir extreme Schlappohren angezüchtet haben, bei der englischen Bulldogge mit ihren zusätzlichen Hautfalten an den Lefzen, beim Spitz mit seinem Ringelschwanz oder bei der englischen Bulldogge und dem Mops mit ihrer extremen Schnauzenverkürzung.

Ohne Vorbildung fällt es uns Menschen jedenfalls schwer, die Mimik und die Bedeutung der Körperhaltung von Hunden zu verstehen. »Ich rede von diesen Dingen, um anzudeuten, wie wildfremd und sonderbar das Wesen eines so nahen Freundes sich mir unter Umständen darstellt«, bekennt denn auch Thomas Mann, der immerhin selbst ein Hundebuch geschrieben hat. »Sonst aber kenne ich sein Inneres so gut, verstehe mich mit heiterer Sympathie auf alle Äußerungen desselben, sein Mienenspiel, sein ganzes Gebaren.«[32]

»Sonst aber« ist wahrscheinlich dann, wenn der Hund dem Herrn zeigen will, wie er sich fühlt und sich nicht gerade mit anderen Hunden beschäftigt. Wenn er sich dem Menschen mitteilen will, greift der Hund zu besonderen Mitteln, erklärt der Kynologe Hansjoachim Hackbarth von der Tierärztlichen Hochschule Hannover. »Die Hunde wissen, dass wir ihr Verhalten nicht ›lesen‹ können, wenn sie ihre Gemütsbewegungen nicht mit heftigen Bewegungen und lautem Bellen deutlich machen.« Wölfe wedeln kurz mit der Schwanzspitze, Hunde heftig mit dem ganzen Schwanz und bisweilen mit dem ganzen Hinterteil. Wölfe bellen nicht, bis auf das verhaltene kurze »Wuff« als Warnlaut und das Bellen der Welpen den erwachsenen Wölfen gegenüber. Wenn die Welpen zu Jungwölfen werden, stellen sie das Bellen ein. Hunde nicht. Sie bellen, bisweilen so ausgiebig, dass ihre Mitmenschen gestört sind. Das kann auch daran liegen, dass die Menschen, mit denen sie seit Jahrtausenden zusammenleben, ständig sabbeln, und in größeren Gesellschaften oder Familien gerne auch mal alle durcheinander, sagt Hackbarth: »Die Hunde haben gelernt, dass sie laut sein müssen, um wahrgenommen zu werden und Aufmerksamkeit zu bekommen.« Oder auch, um den Abstand zu wahren, wenn sie sich von einem Fremden bedroht fühlen.

Das Bellen der Hunde ersetzt andererseits vieles an differenziertem Ausdrucksverhalten, was sie auf dem Weg vom Wolf zum Hund verloren haben. Erik Zimen, der vergleichende Verhaltensstudien an gleichzeitig aufwachsenden Welpen von Wölfen und Pudeln betrieben hat, stellte fest, dass bei den Pudeln vieles von der Mimik und den Bewegungen, die die Wölfe zeigen, reduziert ist. Ihm erscheint das Ausdrucksverhalten der Hunde eher als abgeflacht und stereotyp.

»Das Ausdrucksverhalten des Wolfes ist dagegen wegen der hohen Differenzierung unmißverständlich. Man sieht ihm an, was er ›meint‹. Beim Pudel ist oft viel schwerer eine aggressive, freundliche, spielerische oder ängstliche Stimmung an der Körperhaltung zu erkennen. Er kann nur grobe Signale übermitteln, beherrscht nur einige wenige, besonders wichtige elementare Ausdrucksformen, wie das Einknicken der Beine, das Schwanzeinkneifen bei Angst und Unterwerfung oder das Schwanzwedeln bei freudiger Aufregung.«[33]

Zudem haben wir dem Pudel wenigstens zwei Behinderungen in Sachen Ausdruck angezüchtet. Er hat recht unbewegliche Schlappohren, womit eine wesentliche Möglichkeit des Ausdrucks fehlt. Und falls er seine Haare bei Aggressivität noch aufstellen kann, sieht man davon vor lauter Locken nichts mehr.

Was dem Hund an optischen Ausdrucksmöglichkeiten im Laufe seiner Entwicklung verloren gegangen ist, ersetzt er durch Laute. Und zwar durch sehr differenzierte Laute. Dem Bellen der meisten Hunde ist durchaus anzuhören, wie sie sich fühlen: ob sie freudig, warnend, spielerisch, aggressiv oder vor lauter Einsamkeit bellen. Das können die durch ihr eigenes akustisches Ausdrucksvermögen bestens auf differenzierte Töne eingestellten menschlichen Begleiter der Hunde wahrscheinlich besser erkennen als die optischen Ausdrucksformen. Die schon erwähnten Hunde der Turkana oder die ebenfalls afrikanischen Basenji, auch Kongo-Terrier genannt, sind den ersten Hunden der Menschen gewiss näher als unsere zum Teil überzüchteten Rassen. Sie bellen gewöhnlich nicht, haben sich dafür aber viele der differenzierten optischen Ausdrucksmöglichkeiten der Wölfe erhalten. Und die dafür notwendigen Körperteile sind bei ihnen auch nicht durch Zuchtauswahl wesentlich verändert, bis auf die Tatsache, dass der Basenji den Schwanz gewöhnlich geringelt auf dem Rücken trägt. Dennoch kann er mit ihm die wölfischen Zeichen geben.

Hunde sind – anders als Wölfe – auch beim Spiel laut, bellen und knurren ständig. Erwachsene Wölfe spielen dagegen meist stumm und ohne Knurren. Das Knurren und ein Fauchen, das Hunde wiederum verloren haben, lassen Wölfe nur in aggressiver oder stark defensiver Haltung hören. Aber das ist dann kein Spiel mehr. Und Wölfe jagen auch stumm. Die Rudelmitglieder halten Sichtkontakt bei der Jagd. Sie wissen jederzeit, wo sich jeder andere befindet, was er tut und wie es ihm geht. Aber sie geben keine Laute von sich; sie sagen der Beute nicht, dass sie kommen. Viele Hunde dagegen bellen oder jiffen beim Jagen, sie sind »spurlaut«, wie die Jäger sagen, oder auch »sichtlaut«, wenn sie erst dann bellen, wenn sie das Wild in Sichtweite haben. Das ist manchen Jagdhunden angezüchtet und anerzogen worden. Sie jagen ja nicht allein und für sich, sondern mit dem Menschen zusammen, für den Menschen. Wenn die Hunde stöbern sollen, also ein Dickicht nach Wild absuchen und dieses dem Jäger zutreiben, dann sollen sie Laut geben, um das Wild zu erschrecken und zu treiben und damit der Jäger hört, wo der Hund ist.

Wenn sich zwei fremde Hunde treffen, geht das dennoch oft ohne Bellen vonstatten, wenn sich nicht einer oder beide schon so weit von ihrer wölfischen Natur entfernt haben, dass sie neurotische Kläffer geworden sind. Zwei entspannte und selbstsichere Hunde werden sich jedenfalls nicht von Anfang an laut unterhalten, wenn sie sich zum ersten Mal treffen. »Hunde sind Spezialisten im Lesen von Feinstmimik«, sagt Hansjoachim Hackbarth. Sie schauen einem anderen Hund ins Gesicht und wissen, was der gerade denkt und fühlt. Sie wissen dann, ob Annäherung erwünscht ist oder ob sie lieber Abstand wahren sollten. Wenn es gut steht um beider Laune, dann kommen sie einander näher, um sich zu beriechen. Wenn sie einander gut riechen können, dann sehen – und riechen sie vielleicht auch –, ob der andere sogar zu einem kleinen Rennspiel bereit ist. Dann kommt der typische Knicks, und damit beginnt das Spiel. Diese letzte Geste verstehen sogar wir Menschen: Der Hund legt sich kurz auf seine Vorderläufe, bleibt mit den hinteren Beinen aber stehen und wedelt vielleicht noch zusätzlich mit dem Schwanz. Die Ohren sind aufgerichtet und er schaut dem Spielpartner ins Gesicht. Das Ganze vielleicht noch begleitet mit einem kurzen Wuff. Das ist übrigens ein ganz und gar wölfisches Verhalten – bis auf das Bellen. Genauso machen es die Wölfe, wenn sie spielen wollen. Und das tun sie ausgiebig. Die Aufforderung zum Spiel ist als Geste groß und deutlich genug, selbst für uns menschliche Analphabeten, die wir ansonsten ein eigenes Studium brauchen, um Hunde lesen zu lernen.

Erhard Oeser leitet das menschliche Unverständnis des hündischen Verhaltens davon ab, dass ein Teil unseres sozialen Verhaltens und unserer Kommunikationsfähigkeit eben nur eine Adaption der ehemals überlegenen sozialen Organisation der Wölfe ist. Die Menschen der Eiszeit haben sich einiges abgeschaut von den Wölfen, vieles aber später erst – im Zusammenleben mit den Hauswölfen – allmählich adaptiert.

»Die in Rudeln lebenden *Caniden* waren der eng begrenzten sozialen Intelligenz der Primaten überlegen. Bei dem Zusammentreffen mit den Hominiden fand eine wechselseitige Anpassung der sozialen Intelligenz statt, in der die Hunde den Menschen seit jeher übertrafen. Denn während sich bis heute die Menschen bemühen, Hunde zu verstehen, wissenschaftliche Abhandlungen und dicke Bücher darüber schreiben, zeigen Hunde den Menschen gegenüber ein so ausgeprägtes Verständigungsverhalten, dass nahe liegt, dass sie trotz aller Unterschiede ein uns ähnliches Bewusstsein haben. Denn sonst wäre diese Art der Kooperation von Mensch und Hund, wie sie die Geschichte der Menschheit zeigt, wohl nicht möglich gewesen.«[34]

Wie wäre es wohl, wenn wir heutigen Menschen auf eine Gruppe von Neandertalern treffen könnten, wie sie vor 140 000 Jahren, oder auf eine Gruppe unserer direkten Vorfahren, wie sie vor 40 000 Jahren gelebt hat – bevor der Mensch auf den Wolf kam? Könnten wir uns verständigen, würden wir die Signale unserer Verwandten und Vorfahren verstehen? Wohl eher nicht. Zumal wenn es denn so ist, dass unser heutiges differenziertes, primatenuntypisches Sozialverhalten erst in der Koevolution mit den Hunden entstanden ist. Dann würde auch das Sozialgefüge und das Verhalten der Neandertaler oder frühen *Homo sapiens* zueinander für uns wahrscheinlich erst nach längerer Beobachtung »lesbar« werden – falls sie uns die Zeit dazu ließen. Während ein heutiger Wolfs- oder Hundeforscher die damaligen Wölfe höchstwahrscheinlich verstehen könnte.

Die Hunde haben sich von den Wölfen sehr weit entfernt. Es gibt allerdings noch keine genetische Sperre zwischen den Arten. Weshalb es auch nicht ganz korrekt ist, dass wir dem Haushund einen neuen wissenschaftlichen Namen gegeben haben: *Canis lupus familiaris.* Unter den Taxonomikern, den Systematikern der Biologie, wird deshalb diskutiert, sämtliche Haustierarten, deren Herkunft von einer Wildart gesichert ist, mit dem Namen der wilden Vorfahren und einem *f.* für *forma* zu kennzeichnen. Der Haushund müsste dann *Canis lupus f. familiaris* heißen, das Hausschwein *Sus scrofa f. domestica.*

Die immer noch sehr nahe genetische Verwandtschaft von Wolf und Hund hat in freier Wildbahn allerdings keine Folgen mehr. Im Gehege lassen sich Wölfe mit Hunden paaren, außerhalb funktioniert das seit vielen Jahrhunderten immer seltener. Das belegen auch die Daten der Genetiker. Die Hunde-DNA lässt darauf schließen, dass am Anfang der »Hundwerdung« immer wieder Wolfsblut eingekreuzt wurde und dass das im Laufe der Zeit immer seltener geschah, obwohl die Wölfe erst in jüngerer Zeit aus der Nähe menschlicher Siedlungsgebiete verdrängt wurden. Heiße Hündinnen hätten also noch sehr lange Gelegenheit gehabt, sich mit Wolfsrüden zu treffen. Dass sie es nicht getan haben, macht Erik Zimen an einer Form der Abgrenzung zwischen Wolf und Hund fest, die er »Pseudospeziation« nennt. Den Begriff geprägt hat der deutsch-amerikanische Psychoanalytiker Erik Erikson. Er beschreibt damit eines der Phänomene des menschlichen Rassismus, nämlich die Behauptung, es bestehe eine »Artgrenze« zwischen verschiedenen Menschengruppen, die sich entweder äußerlich oder religiös oder ethnisch unterscheiden: Weiße und Schwarze, Christen und Juden, Hutu und Tutsi. Damit lässt sich der jeweilige Feind propagandistisch entmenschlichen, was das Dreinschlagen deutlich erleichtert. In gemilderter Form entstehen zumindest Fortpflanzungstabus. Ein Muslim darf keine Christin heiraten, wenn diese nicht konvertiert. Solch eine kulturelle Trennung beobachtete Zimen zwischen den Wölfen und den Hunden, die für seine Forschungsarbeit gemeinsam aufgewachsen sind und gleichaltrig waren: »Besonders die Wölfe hielten untereinander eng zusammen und mieden die Pudel. Sie ließen sich mit der Zeit auch immer weniger von den Pudeln gefallen. Gab es zwischen einem Pudel und einem Wolf Streit, kamen sofort weitere Wölfe ihrem Geschwister oder Gruppenmitglied zu Hilfe. Dagegen blieb der bedrohte Pudel immer allein. Streitereien zwischen den Gruppen waren allerdings sehr selten, man ignorierte sich gegenseitig.«[35] Generell beschreibt Zimen die Wölfe als »rassistisch«: Sie lehnen abweichendes Verhalten auch von Wölfen innerhalb des Rudels ab und bestrafen es letztlich mit Ausschluss.

Ablehnung von Wölfen dürfte auch ein erwachsener Hund erfahren, der bellt. Wölfe kennen das nur von ihren Welpen. Und das könnte auch schon eine weitere Erklärung dafür sein, dass Hunde bellen: nicht nur, weil sie sich dem ständig sprechenden Menschen mit Lauten besser verständlich machen können, sondern vielleicht auch, weil die Menschen genau die Hauswölfe bevorzugt haben, die sich dieses Welpenverhalten bewahrt hatten. Erik Zimen musste ja feststellen, dass gerade diejenigen unter »seinen« Wölfe, die zuvor besonders zahm und menschenzugewandt waren, in der Pubertät besonders gefährlich wurden. Vielleicht ist es unseren Vorfahren gelungen, diesen Prozess zu vermeiden. Nicht körperlich, denn die Hunde werden ja geschlechtsreif und erwachsen, aber seelisch. Vieles spricht dafür, dass die Hunde in einem juvenilen Zustand verharren. Sie werden, was das Verhalten angeht, nie erwachsen. So haben sie die bei Wölfen welpentypische Ausdrucksweise des Bellens beibehalten und weiterentwickeln können.

Anfang des 20. Jahrhunderts gab es eine ganze Schule von Wissenschaftlern, die generell davon ausging, dass die Domestikation zur Festschreibung eines juvenilen Status führt. Haustiere sind sexuell frühreif, in ihrer Entwicklung aber auf ein jugendliches Stadium beschränkt. Damals wurde diese Theorie auch auf den Menschen übertragen. In seiner Selbstdomestikation, hieß es, habe er sich in einem juvenilen Stadium gehalten, er sei wie seine Haustiere »fetalisiert«, also dem Fötus näher als dem Erwachsenen. Es wurden Schädelvergleiche zwischen erwachsenen Menschen und jugendlichen Schimpansen angestellt und tatsächlich verblüffende Ähnlichkeiten entdeckt. Der sein Leben lang neugierige Mensch wäre also nur das Larvenstadium eines Großen Menschenaffen? Das Phänomen der Vorverlegung der Geschlechtsreife in ein Larven- oder Jugendstadium nennen die Biologen auch Neotonie. Konrad Lorenz ging davon aus, dass der Hund generell in diesem Stadium verharrt, und stellte auch den Menschen so dar. Erst der Anatom Dietrich Starck relativierte in den 60er Jahren des vergangenen Jahrhunderts diese Theorie, indem er für die Haustiere eine züchterische Auswahl des Menschen annahm, die einige der Endstadien der Entwicklung des Wildtieres ausschloss. Diese Erklärung hat viel für sich und lässt sich am besten am Jagdverhalten des Hundes erläutern.

Der schlimmste Fehler, den ein Jagdhund aus Sicht des Jägers machen kann, ist das »Anschneiden«. Das steht in der Jägersprache für den überaus natürlichen Vorgang, dass der Hund die Beute frisst, statt sie dem Jäger zu bringen. Ebenso natürlich – und ebenso verpönt – ist das Verstecken oder Vergraben der Beute. Auch das in der Wildnis wolfstypisch. Die Jäger nennen Hunde, die das noch immer wie die Wölfe machen,»Totengräber«. Sie versuchen, ihren Jagdhunden dieses Verhalten abzugewöhnen. Das funktioniert allerdings nur bei jungen Hunden. Die Jäger machen sich dabei – wissentlich oder nicht – zunutze, dass sich bei Raubtieren die einzelnen Jagdhandlungen nacheinander entwickeln. Sowohl im Spiel als auch mit realen Beutetieren, sofern solche zur Verfügung stehen. Das Aufspüren, Anschleichen, Nachjagen zuerst; das Töten ganz zum Schluss. Junge Katzen fangen mit Glück vielleicht durchaus eine Maus, töten sie aber noch nicht. Auch den Jungwölfen fehlt noch der Anstoß zum finalen Biss. Wenn der Jäger in der Ausbildung seines Hundes nun dieses letzte Stadium des Erlernens der Jagd unterbindet, indem er dem Hund die Beute immer vor dem Töten oder gar Auffressen abnimmt oder ihn für »Fehlbisse« und »Anschneiden« bestraft, kann er ihm die Erfahrung des Auffressens der Beute verwehren. Stattdessen belohnt der Jäger das Apportieren der Beute durch Lob und Leckerli. Dass Wölfe andere mit Beutestücken versorgen, ist nicht ungewöhnlich. Die bei den Welpen gebliebenen Babysitter-Wölfe und die noch nicht an der Jagd beteiligten Jungwölfe werden ja auch regelmäßig gefüttert. Nur die Selbstversorgung des Hundes wird also durch Training verhindert – und letztlich durch züchterische Selektion. Notorische Anschneider werden die Jäger nicht zu Vätern und Müttern der nächsten Hundegeneration machen wollen, brave Apportierer aber schon.

Ähnlich ist es mit der Stubenreinheit der Hunde. Dabei machen wir uns die Eigenart der Wolfswelpen zunutze, die – sobald sie nicht mehr nur gesäugt werden und die Alten ihren Kot nicht mehr auffressen – den Bau und Ruhebereich verlassen und einen festen Kotplatz außerhalb aufsuchen. Bei erwachsenen Wölfen verliert sich dieses Verhalten wieder, sie koten zwar auch nicht am Liegeplatz, aber auch nicht erkennbar außerhalb einer bestimmten Zone. Genau das ist aber beim Haushund erwünscht, weshalb man ihn auch hier im juvenilen Zustand hält. Ähnlich ist es auch mit der körperlichen Anhänglichkeit der Hunde. Häufigen körperlichen Kontakt zueinander suchen beim Wolf nur die Welpen. Schon die Jungwölfe halten Abstand, schlafen mit deutlicher Distanz voneinander und drohen sogar, wenn ihnen ein anderer Wolf am Ruheplatz zu nah kommt. Unsere Hunde suchen auch erwachsen noch häufigen Körperkontakt und legen sich nicht nur zu Füßen ihrer Menschen ab, sondern häufig auf deren Füße.

Auch das für viele Hundebesitzer sicher seltsam überschwängliche Begrüßungsverhalten ihrer Hunde gegenüber Bekannten oder Familienmitgliedern, die seltener zu Hause sind, lässt sich mit Juvenilität erklären. Bringt der Hundebesitzer einen Freund mit, wird der vom Hund am ausgelassensten begrüßt. Kommt der in der Ferne studierende Sohn zu Besuch, ist die Freude beim Hund deutlich größer, als wenn der Hundehalter selbst nach Hause kommt. Kein Grund zur Enttäuschung und auch keine undankbare Haltung des Hundes, sondern eine bei Wolfswelpen übliche Verhaltensweise, die sich unsere Hunde auch als Erwachsene erhalten haben – falls die Hundebesitzer und die Züchter sie nicht zu Aggressionsbündeln getrimmt haben. Die Wolfswelpen begrüßen immer diejenigen Wölfe am aufwendigsten, die dem Alpha-Paar, also ihren Eltern, am fernsten stehen. Sie sichern sich damit deren Zuneigung und lösen einen Betreuungsreiz bei den Erwachsenen aus. Das ist auch notwendig, denn das Elternpaar allein kann die Welpen nicht versorgen. Es ist auf die Hilfe der anderen Rudelmitglieder angewiesen. Die Begrüßung der Wolfswelpen ist dabei der Zeremonie sehr ähnlich, die unsere Hunde vollführen – bis hin zum Winseln und Hinlegen und zum Anspringen und dem Lecken des Gesichts. Dies ist bei den Wölfen eine Demonstration der Unterwürfigkeit, die von den ranghöheren erwachsenen Wölfen mit Lecken des Welpen beantwortet wird. Die Menschen streicheln die Hunde, die sie begrüßen – und halten so vielleicht den Welpenreflex der Begrüßung aufrecht. Dass der fremdere, weniger nahestehende Wolf – oder Mensch – am überschwänglichsten begrüßt wird, ist dabei reine Berechnung: Die Fürsorge von Mutter und Vater und die der ranghöchsten, dem Alpha-Paar nahestehenden Wölfe ist den Welpen ohnehin sicher.

»Was ich immer am meisten an uns rühmen hörte, das betraf unser vortreffli-
ches Gedächtnis, unsere Dankbarkeit und unsere unverbrüchliche Treue,
weswegen man uns als ein Sinnbild der Freundschaft zu schildern pflegt. So
wirst du auch gesehen haben – wenn du darauf achtetest –, daß man auf den
marmornen Grabmälern, wo die Figuren der Begrabenen abgebildet sind,
wenn sie Mann und Weib vorstellen, gemeiniglich zu ihren Füßen einen
Hund anzubringen pflegt, zum Zeichen der unverbrüchlichen Freundschaft
und Treue, womit sie einander ergeben waren.«[36]

Das lässt Miguel de Cervantes den Cipion sagen, einen der sprechenden Hunde aus seiner Novelle *Das Kolloquium der beiden
Hunde*. Die sinnbildliche Freundschaft und Treue des Hundes ist
nach Erik Zimen nichts anderes als die wölfische Bindung an die
Alpha-Wölfin oder den Alpha-Rüden im Rudel. Es geht also um eine
Rangordnung und um deren Aufrechterhaltung. Im Wolfsrudel sind
es die an den Rand Gedrängten, die das Rudel alleine oder mit anderen Ausgestoßenen verlassen, während die Wölfe mit Bindung an
die Ranghöheren beim Rudel bleiben und ihm dienen, indem sie die
Welpen und die Jungwölfe mitversorgen. »Der allzu unterdrückte
Hund verliert nicht minder seine Beziehung zum Menschen als der
allzu frei gehaltene«, sagt Zimen: »Genauso schnell, wie im Wolfsrudel die Tiere jeden Respekt und damit auch jede Bindung zu ihrem angeschlagenen ›Rangchef‹ verlieren, verliert auch jeder Hundebesitzer die Einflußnahme auf seinen Hund und letztlich auch
dessen Zuneigung, wenn er in einer falsch verstandenen Anwand-
lung von Liberalität versucht, seinen Hund ohne Zwang zu halten.«[37] Wobei der Zwang auch schon ein böser Blick oder ein lautes
Wort sein kann. Dies ist keine Aufforderung, den Hund zu prügeln,
sondern die Erklärung, dass es nötig ist, klare Regeln und einen festen Beziehungsrahmen zu setzen. Soziale Beziehungen sind niemals starr. Sie können sich jederzeit verändern. Die Beziehung von
Hundehalter und Hund sollte aber insofern fixiert bleiben, als die
Rangordnung stets dieselbe bleibt, sonst wird das Zusammenleben
mit einem wehrhaften Hund unmöglich. Wobei es uns wiederum
eine gewisse Juvenilität des Hundes einfach macht, diese Ordnung
aufrechtzuerhalten: Der Hund bleibt auch in dieser Hinsicht ewig
Jungwolf. »Im Unterschied zum Wolf nämlich ist der Hund ein Le-

ben lang bereit, eine untergeordnete Rolle in seinem hierarchischen System zu akzeptieren. Ja, er sucht geradezu danach, der ›Zweite‹ zu sein, nicht der ›Erste‹, aber auch nicht der ›Letzte‹«, so Zimen.[38]

Mein Nachbar, der ein Jäger ist, hat mit seiner überaus freundlichen und hochintelligenten Setterhündin Hanna eine Jagdprüfung zunächst nicht bestanden, weil sie sich zu frei fühlte. Sie sollte einen über eine Wiese geschleiften und dann abgelegten toten Hasen finden und dabei genau der Spur folgen, die einer der Jäger mit dem Hasen im Schlepptau für sie gelegt hatte. Nun war der Schleppenleger aber allzu durchschaubar über die Wiese gelaufen – in wiederkehrenden Schlangenlinien nach stets gleichem Muster. Das hatte die Hündin bald raus. Sie blickte kurz zurück, sah aber ihren Herrn nicht, der gerade von einem Jagdkollegen verdeckt war, und entschied dann selbst: Sie kürzte nach der dritten Kehre den Weg ab, indem sie geradeaus lief, bis sie die Spur wiederhatte und folgerichtig auch den Hasen fand und tadellos apportierte. Dennoch durchgefallen – nicht spurtreu, der Hund. Klugheit und Eigenständigkeit sind bei der Jagdprüfung nicht erwünscht. Vor der nächsten Prüfung wurde Hanna dann deutlich ermahnt. Der Nachbar hielt stetig Sichtkontakt zu seinem Hund und der sich dann auch brav genau auf der Fährte.

Derselbe Jäger erzählte empört vom Verhalten eines anderen Hundes bei einer Treibjagd. Dieser Deutschkurzhaar war einmal ein hervorragender Jagdhund, wurde dann aber verkauft und hatte sich beim neuen Besitzer sehr zu seinem Nachteil entwickelt. Der kümmerte sich kaum um den Hund, strafte ihn aber offenbar mit Schlägen, wenn ihm etwas nicht passte. Entsprechend haltlos benahm sich der Hund dann bei der Jagd: Er hörte auf keine Befehle mehr, jagte nach eigenem Gusto und verbiss die erlegten Hasen. Am Ende wurde sein Herr von den Jagdgenossen mit den am stärksten zerrupften Hasen belohnt. Und mit der Ansage entlassen, bei der nächsten Jagd möge er seinen Hund bitte zu Hause lassen.

Der Hund, sagt Erik Zimen, geht »dann keine feste Bindung ein, wenn er allzu unterdrückt nur noch auf der Flucht seine elementaren Bedürfnisse ausleben kann, wie umgekehrt, wenn er ohne sozialen Halt sich diesen woanders suchen muß. Dazwischen gibt es alle Übergänge und auch individuelle Variationen, wobei die beste Voraussetzung für eine feste Bindung des erwachsenen Hundes die stabile, vertrauensvolle, klar hierarchisch festgelegte und trotzdem jedem seinen Freiraum lassende Beziehung zwischen Herr/Frau und Hund ist.«[39] Wenn es diese klare Beziehung zwischen Mensch und Hund gibt, dann funktioniert sie dauerhaft. Hansjoachim Hackbarth nennt das Verhalten der Hunde, das wir bei Menschen gerne abfällig als hündisch bezeichnen, den bedingungslosen Willen zur Unterordnung:»Damit gibt uns der Hund das Gefühl, dass er ausschließlich für uns da ist und uns im Prinzip alles verzeiht.« Das ist dann nicht die gerne in das entsprechende Verhalten hineininterpretierte Freundschaft, das ist eine soziale Abhängigkeit von Zuwendung und Aufmerksamkeit, die aus dem Rudelleben der Wölfe stammt.

Und das von Cervantes gerühmte »vortreffliche Gedächtnis« des Hundes, die Tatsache, dass Hunde ihnen bekannte Menschen auch nach Jahren der Trennung noch wiedererkennen, was gerne auch als Treue zu alten Freunden ausgelegt wird – sie hat ihren Ursprung wohl auch in der wölfischen Fixierung auf die Mimik. Hunde sind ausgezeichnete Gesichtserkenner. Ein Wissenschaftlerteam um Gregory Berns hat Hunde in einen MRT, einen Magnetresonanztomografen, gesetzt und ihnen dann Bilder gezeigt. Jedes Mal, wenn vor den tierischen Probanden das Gesicht eines anderen Hundes oder eines Menschen auftauchte, wurde eine bestimmte Region im Schläfenlappen des Hundehirns aktiv. Die Wissenschaftler gaben dieser Region den Namen Dog Face Area.[40]

Ähnliche Spezialisierungen waren bislang nur von Menschen und anderen Primaten bekannt. Aber was davon zeugt, das besangen schon die alten Griechen:

»Aber ein Hund erhob auf dem Lager sein Haupt und die Ohren,
Argos, welchen vordem der leidengeübte Odysseus
Selber erzog; allein er schiffte zur heiligen Troja,
Ehe er seiner genoß. Ihn führten die Jünglinge vormals
Immer auf wilde Ziegen und flüchtige Hasen und Rehe;
Aber jetzt, da sein Herr entfernt war, lag er verachtet
Auf dem großen Haufen vom Miste der Mäuler und Rinder.. (…)

Hier lag Argos der Hund, von Ungeziefer zerfressen.
Dieser, da er nun endlich den nahen Odysseus erkannte,
Wedelte zwar mit dem Schwanz, und senkte die Ohren herunter;
Aber er war zu schwach, sich seinem Herren zu nähern.
Und Odysseus sah es und trocknete heimlich die Träne.«[41]

So beschreibt Homer die Rückkehr des Odysseus nach Ithaka, wo sein Hund Argos zwanzig Jahre auf ihn gewartet hat. Gut beobachtet – auch die Gesten des Hundes. Dank moderner Hundeforschung wissen wir, dass Homer nicht übertrieben hat mit dem langen Gedächtnis der Hunde. Hunde erkennen uns wieder. Und sie verstehen uns besser als unsere nächsten Verwandten im Tierreich.

Primatenforscher des Leipziger Max-Planck-Instituts für evolutionäre Anthropologie haben bei Versuchen mit Schimpansen festgestellt, dass die sich sehr wohl in andere hineinversetzen und deren Bedürfnisse erkennen können, auch die der Menschen. Aber unsere Gesten verstehen sie nicht. Im Leipziger Zoo ist »Pongoland«, das riesige Gehege der Großen Menschenaffen, so eingerichtet, dass die Forscher die Affen beobachten und Versuche durchführen können, ohne von ihnen und den Besuchern des Zoos gesehen zu werden. Bei einer dieser Verhaltensstudien ging es darum, herauszufinden, was Schimpansen über die Wahrnehmungen der anderen in ihrer Gruppe Lebenden wissen, ob sie einen Perspektivwechsel vornehmen und bei ihren eigenen Handlungen bedenken können, was der andere sieht und denkt und wie er deshalb voraussichtlich handeln wird. Um den ausgeprägten Futterneid der Schimpansen für diesen Zweck zu nutzen, wurden Obststückchen im Gehege versteckt – zum Teil so, dass einige der Schimpansen das verfolgen konnten. Und tatsächlich trauten sich die rangniedrigen Tiere nur an das Obst oder überhaupt an die Suche nach dem Obst, wenn das Alphamännchen nicht in Sicht war und wenn sie zusätzlich wussten, dass der Alte nichts von der ganzen Versteckaktion mitbekommen hatte. So weit, so klar – der Mensch ist nicht das einzige Tier, das sich in sein Gegenüber hineinversetzen kann. Nun wollten die Primatenforscher den Schimpansen Hinweise auf die Verstecke der Obststückchen geben – und wunderten sich, dass die Affen sich für ihre

Fingerzeige überhaupt nicht interessierten. Keine Reaktion beim Schimpansen, aber beim Forscher:»Wieso versteht der das nicht?« Gehen wir doch davon aus, dass die Sprache auf Gesten basiert und haben doch die Psychologen Beatrice und Allen Gardner gezeigt, dass Schimpansen durchaus Gesten der Blindensprache lernen und sich damit verständigen können. In dieser Situation sagte der damalige Doktorand Brian Hare den Schlüsselsatz:»Mein Hund kann das aber!«

Was auf den Hinweis folgte, war die Leipziger Hundeforschung, eher ungewöhnlich für ein Institut der Anthropologie. Es sei denn, es geht um die Auswirkungen der Koevolution von Mensch und Hund. Die Studien der Leipziger belegen jedenfalls, dass die Hunde das menschliche Zeigen verstehen und richtig interpretieren, anders eben als Schimpansen, anders auch als Wölfe. Bei den Hunden, egal welcher Rasse, egal welchen Alters, war das Ergebnis der wissenschaftlichen Doppelblindtests immer dasselbe: Sie fanden zuverlässig das Gefäß, unter dem sich der Leckerbissen verbarg, ohne olfaktorische Einflüsse, also Gerüche – nur durch das Darauf-Zeigen der menschlichen Versuchsleiter. Und das konnten auch schon ganz junge Welpen. Das Verständnis für das menschliche Zeigen ist den Hunden also angeboren.

In einer weiteren Studie wollten die Leipziger Primatenforscher nun wissen, ob auch die Hunde – wie die Großen Menschenaffen – die lange nur dem Menschen zugestandene »Theory of Mind« beherrschen, ob sie also wissen, was der Andere sieht und weiß, und sich entsprechend verhalten. Eine der Versuchsanordnungen funktionierte mit zwei Spielzeugen, die vor dem Hund hinter einer Barriere lagen. Auf der anderen Seite saß die Versuchsleiterin, der der Hund eines der beiden Spielzeuge bringen sollte. Ein Teil der Barriere war transparent, der andere undurchsichtig. Drehte sich die Forscherin nun zu den Spielzeugen, konnte sie nur das eine davon sehen. Auf den Bring-Befehl hin, holten die Hunde immer das für den Menschen sichtbare Spielzeug. Drehte sich die Versuchsleiterin um, so dass sie keines der Spielzeuge sehen konnte, brachten die Hunde auf den Befehl mal das eine, mal das andere Spielzeug. Dieser und weitere Versuche machten klar: Die Hunde können sich vorstellen, was der Mensch wahrnimmt, und entsprechend schlussfolgern, was er in einer bestimmten Situation möchte oder nicht möchte. Das Fazit von Juliane Bräuer, der Forschungsleiterin der Hundeforschung des Max-Planck-Instituts für Anthropologie:

»Vielleicht können uns diese besonderen Fähigkeiten der Hunde sogar Auskunft über unsere eigene Entwicklung geben, etwa darüber, was bei uns Menschen die natürliche Selektion beeinflusst haben könnte. Wir haben höchstwahrscheinlich die freundlichen aufmerksamen Hunde gefördert, die mit uns Kontakt aufnahmen. Vielleicht haben sich auch bei der Entwicklung des Menschen die freundlichen Individuen durchgesetzt und somit die beim Menschen sehr ausgeprägte Kooperationsbereitschaft hervorgebracht.«[42]

Die menschliche Geste des Zeigens haben wir inzwischen auch dem Hund beigebracht. Der Vorstehhund bleibt stehen, wenn er das Wild in seiner Deckung gefunden hat, und hebt eine Pfote. Der Hund zeigt dem Jäger, wo die Beute ist. Und noch eine Geste haben manche Hunde dem Menschen abgeschaut. Gut beobachtet schon von Thomas Mann beim neckenden Spiel mit seinem Hund Bauschan:

»Dies bringt uns beide zum Lachen – ja auch Bauschan muß lachen, und das ist für mich, der ebenfalls lacht, der wunderlichste und rührendste Anblick der Welt. Es ist ergreifend, zu sehen, wie unter dem Reiz der Neckerei es um seine Mundwinkel, in seiner tierisch hageren Wange zuckt und ruckt, wie in der schwärzlichen Miene der Kreatur der physiognomische Ausdruck des menschlichen Lachens oder doch ein trüber, unbeholfener und melancholischer Abglanz davon erscheint, wieder verschwindet, um den Merkmalen der Erschrockenheit und Verlegenheit Platz zu machen, und abermals zerrend hervortritt ...«[43]

Erik Zimen notiert in seinem Hundebuch wissenschaftlich sachlich, dass dies die einzige Verhaltensweise der Hunde sei, die es bei Wölfen nicht gibt: »Die oberen Vorderzähne werden wie beim Menschen bei sonst freundlicher Gesichtsmimik kurz gebleckt. Der Hund lacht.«[44]

Er versteht uns, er fühlt mit uns, er lacht mit uns – oder über uns. Oder gar über sich? Was selbst manchem Menschen nicht gelingt.

Dem Hund trauen wir es durchaus zu. »Dass mir mein Hund das Liebste sei, sagst du, oh Mensch, sei Sünde, doch mein Hund bleibt mir im Sturme treu, der Mensch nicht mal im Winde.« Das soll Franz von Assisi gesagt haben, was aber nicht belegt und eher unwahrscheinlich ist. Franziskus ist zwar der Schutzpatron der Tiere, aber er wird nicht mit einem Hund dargestellt und er hat auch mit keinem Hund seine Einsiedelei geteilt. Besser so, denn es hätte für den Hund dort nichts zu fressen gegeben. Was das zugeschriebene Zitat aber zeigt, ist die Verehrung für das Wesen des Hundes, dem hier mit Franziskus' Heiligenschein Glanz verliehen wird. Es ist kein Falsch in der Treue des Hundes – und das muss uns doch letztlich heilig sein. Gerade weil wir mit menschlichen Freunden andere Erfahrungen machen.

Verehrter Hund

»Unsere Aufgabe wäre denn, scheint es, wofern wir es vermögen, auszuwählen, welche und was für Naturen geschickt seien zum Bewachen des Gemeinwesens.« So beginnt Platon in seiner *Politeia* – der ersten politischen Philosophie über den Staat – einen Abschnitt, den der Wissenschaftstheoretiker Erhard Oeser seine »Lehre von der philosophischen Natur des Hundes« genannt hat. Es geht darum, dass – nachdem im Staate Einigkeit darüber herrscht, dass seine Arbeit nur gut verrichten kann, wer dies professionell tut –, professionelle Wächter gesucht werden müssen, um das Staatswesen und das Hab und Gut der in der Gemeinschaft Lebenden zu schützen. Wie die ganze *Politeia* ist auch dieser Abschnitt in der Form eines fiktiven Dialogs gehalten – hier zwischen Sokrates und Platons Bruder Glaukon.

>»Glaubst du nun, dass in bezug auf das Bewachen ein Unterschied ist zwischen einem jungen Hund von guter Rasse und einem Jüngling von edlem Geschlechte?
>Wie meinst du das?
>Zum Beispiel müssen beide scharfe Sinne haben, um wahrzunehmen, und Gelenkigkeit, um dem Wahrgenommenen nachzusetzen, und andererseits Stärke, wenn es gilt, mit dem Ergriffenen zu kämpfen.

Allerdings bedarf es alles dessen.

Und wohl auch Tapferkeit braucht er, wofern er gut kämpfen soll?

Selbstverständlich.

Wird nun aber tapfer sein, was leidenschaftslos ist, sei es ein Pferd oder ein Hund oder ein sonstiges Wesen? Oder hast du nicht bemerkt, wie die Leidenschaft etwas nicht zu Bekämpfendes und nicht zu Besiegendes ist, dessen Vorhandensein jede Seele gegen alles furchtlos und unbezwinglich macht?«

Sokrates argumentiert sich in eine rhetorische Sackgasse. Er hat den Beruf des Wächters so entwickelt, wie er der Gesellschaft am dienlichsten wäre, wie ihn aber offenbar kein Mensch ausfüllen kann, denn er müsste sanft und leidenschaftlich, freundlich und bösartig gleichzeitig sein. Aber natürlich gibt es ein Wesen, das diese Arbeit so verrichten kann, wie sie idealerweise zu tun wäre, und auf das auch schon hingewiesen wurde.

»Denn du weißt doch von den edeln Hunden, daß das von Natur ihre Art ist, gegen Vertraute und Bekannte so sanft als möglich zu sein, gegen Unbekannte aber das Gegenteil.

Das weiß ich allerdings.

Es ist denn also, versetzte ich, dieses möglich, und es ist nicht widernatürlich, daß wir den Wächter in dieser Art haben wollen.

Es scheint nicht.

So glaubst du denn also, daß, wer ein guter Wächter werden soll, auch das noch bedarf, daß er außer dem Leidenschaftlichen überdies seiner Natur nach ein Denker (Philosoph) sei?

Wieso?, fragte er; ich verstehe das nicht.

Auch das kannst du an den Hunden bemerken, und es ist wirklich bewundernswürdig an dem Tiere.

Was denn?

Daß, wenn es einen Unbekannten sieht, es böse wird, wenn ihm auch zuvor kein Leid geschehen ist, und wenn es einen Bekannten sieht, es freundlich ist, auch wenn ihm nie von diesem etwas Gutes zuteil geworden ist. Oder hast du das noch nie bewundert?

Bis dahin habe ich noch nie so genau darauf geachtet, erwiderte er; daß sie es aber so machen, ist gewiß.

Das scheint eine hübsche Eigenschaft seiner Natur zu sein, und etwas wahrhaft Denkerisches.

Wieso denn?

Sofern er eine befreundete und eine feindliche Erscheinung nach nichts anderem unterscheidet als danach, daß er die eine kennengelernt hat, die andere nicht. Und wie sollte nun das nicht wißbegierig sein, was nach Wissen

und Nichtwissen das Eigene und das Fremde unterscheidet?
Schlechterdings muß er das sein.
Nun ist aber, fuhr ich fort, das Wißbegierige und das Weisheitsbegierige
dasselbe?
Freilich, versetzte er.«[45]

Und das Wissbegierige und Weisheit Suchende, das ist das Wesen der Philosophie nach Platon – und also ist der Hund ein Philosoph. Ein großer menschlicher Philosoph verbeugt sich vor dem Wesen eines Tieres, das er offensichtlich genau studiert hat und das er sich bei manchem Menschen wünschen würde.

Die Verehrung für den Hund hat allerdings System bei den antiken Griechen – sie gehört zur Mythologie. Schon Zeus hätte nicht überlebt ohne den Goldenen Hund vor dem Eingang der Höhle, in der die Mutter ihn vor dem kinderfressenden Vater versteckte. Der Goldene Hund taucht später dann wieder auf, zumindest wird er gern gleichgesetzt mit dem unsterblichen Jagdhund Lailaps – dem Sturmwind –, dem das Wild niemals entgeht. Lailaps ist, neben einem gleichermaßen unfehlbaren Speer, die Brautgabe des Zeus an die schöne Europa, die dem Kontinent den Namen gab. Von Europa wurde der Hund weitergegeben an ihren Sohn, den kretischen König Minos, von diesem an Prokris, weil sie dem Minos geholfen hat, und von ihr weiter zu deren Gemahl Kephalos. Und so wäre der Hund wohl noch heute unter uns und würde weiter und weitervererbt und es wäre kein Wild vor ihm sicher, hätte sich nicht am Ende wieder Zeus seiner erbarmt und ihm die Unsterblichkeit genommen. Ovid erzählt die Geschichte in den *Metamorphosen*. Der Hund – bei ihm Laelaps genannt – soll helfen, Theben von dem gar schrecklichen menschenfressenden Teumessischen Fuchs zu befreien, dem jeden Monat ein Kind geopfert werden muss:

»Wieder sucht heim ein schreckliches Tier das aonische Theben,
Und mit Verderben des Viehs und mit eigenem mästen das Untier
Viele vom ländlichen Volk. Wir Jünglinge all aus der Nähe
Kommen herbei und umstellen den Raum mit weiter Umgarnung,
Jenes entzieht sich im hurtigen Satz leichtfüßig den Netzen,
Über das hohe Geflecht der gestelleten Garne sich schwingend.

Jetzt von der Koppel entläßt man die Hunde, doch vor den Verfolgern
Flieht es behend und betrügt, so schnell wie ein Vogel, die Meute.
Nunmehr fordern von mir einstimmig sie alle den Laelaps:
Also hieß das Geschenk. Der ringt schon längst, von der Fessel
Loszukommen, und spannt mit dem Halse die hemmende Leine.
Kaum nun war er befreit, so konnten wir, wo er geblieben,
Nicht mehr sehn. Der glühende Sand wies deutlich die Fährte,
Aber den Augen entrückt war Laelaps. Rascher als dieser
Fliegt kein Speer noch Kugeln, versandt vom geschwungenen Riemen,
Auch kein schwebendes Rohr, das schnellt der gortynische Bogen.
Ragend inmitten der Flur ist ein spitz zugehender Hügel.
Diesen ersteig ich und weide den Blick an dem seltenen Rennen.
Wie von den Zähnen das Tier bald gepackt, bald wieder dem Bisse
Sich zu entziehen schien; gradaus nicht noch in die Weite
Flieht es mit schlauem Bedacht; des Verfolgenden Schnauze betrügend,
Dreht es sich hurtig im Kreis, daß Halt nicht finde der Gegner.
Dicht folgt der Hund, gleich schnell ist das Wild, und dem Haltenden gleichend,
Hält er doch nichts und führt in die Luft vergebliche Bisse.
Jetzt dann nehm ich zu Hilfe den Spieß. Weil den in der Rechten
Wägend ich hob und die Finger versucht, in den Riemen zu fügen,
Wandt ich die Augen hinweg; und ich hatte sie kaum nach der Gegend
Wieder gelenkt, da sah ich, o Wunder, inmitten des Feldes
Zwei Steinbilder: zu fliehn schien eines, das andre zu bellen.
Denn daß beide zugleich als Sieger bestünden im Wettlauf,
Wollte ein Gott, wenn anders ein Gott auf jene Bedacht nahm.«[46]

So versteinerte Zeus den Teumessischen Fuchs, der als Strafe der
Götter über Theben gekommen war, und dessen Verfolger Lailaps,
der den Zeus selbst einst bewacht hatte. Und verewigte die beiden
am Himmel, wo sie bis heute die Sternbilder Canis Major und Canis
Minor sind, der Große und der Kleine Hund. Auch als Gott muss
man sich zu helfen wissen – wenn man zuvor einen Fuchs geschaffen hat, den niemand fangen kann, und einen Jagdhund, dem keine
Beute entkommen kann; was, so die beiden aufeinandertreffen,
eine immerwährende Jagd bedeuten würde.

Immerwährend auf der Jagd ist auch die Göttin derselben: Artemis, die bei den Etruskern Artumes heißt, bei den Kelten Artio, bei
den Römern Diana. Der Name wechselt, gleich bleibt die Begleitung
der Göttin; neben den Nymphen sind dies natürlich Hunde. Artemis
bleibt Jungfrau, und auch ihrem Gefolge ist Keuschheit geboten, zu-

mindest dem in Menschengestalt. Als es einem Mann, dem Jäger Aktaion, gelingt, Artemis beim Bade zu überraschen und sie nackt zu sehen, verwandelt sie ihn in einen Hirsch, der anschließend von den eigenen Jagdhunden getötet wird. Die Priesterinnen des Artemis-Kultes spielten diese Szene nach, indem sie, mit Hundemasken versehen, einen mit einem Geweih ausgestatteten Mann jagten. Was sich wie ein verspieltes Schäferstündchen anhört, muss nicht so lustig gewesen sein. Die Priesterinnen waren bewaffnet und geübt in der Jagd.

Weniger bekannt dürfte die ebenfalls stets von einem Hund begleitete germanische Göttin Nehalennia sein. Auf der Halbinsel Walcheren an der Scheldemündung wurde schon im 17. Jahrhundert ein ihr geweihter Tempel gefunden. In den 70er Jahren des vergangenen Jahrhunderts dann ein zweiter, der ehemals auch an der Scheldemündung stand, heute aber unter dem Hochwasserspiegel der zum Meeresarm gewordenen Oosterschelde liegt. Auf zahlreichen Weihereliefs ist die Göttin zu sehen, bekleidet mit einem Umhang und einer Pelerine, in der Hand oder neben sich eine Schale oder einen Korb mit Obst – und auf ihrer rechten Seite ein Hund. Verehrt wurde die Göttin mit dem Hund von germanischen, keltischen und römischen Seefahrern. Die Datierungen der Inschriften stammen aus den Jahren 188 bis 227 nach Christus. Der römische Stadtrat Phoebius Hilarus aus Nijmegen stiftete einen Altar vor einer Schifffahrt und einen danach. Marcus Secundinius Silvanus aus Köln bedankt sich für den Schutz der Göttin bei Handelsfahrten nach Britannien. Im Römisch-Germanischen Museum in Köln stehen dann auch mehrere Statuetten der Nehalennia. Die könnte eine Göttin der Seefahrer gewesen sein.

Was aber macht dann der Hund an ihrer Seite? Vielleicht ist er dafür zuständig gewesen, die ertrunkenen Seefahrer, die um den Schutz der Göttin nicht ausreichend gebeten hatten, ins Totenreich zu begleiten. Man darf das vermuten, da auch andere mit Hunden verbundene Göttinnen mit dem Totenreich zu tun hatten. So die griechische Hekate, die Göttin der Wegkreuzungen und Wächterin zwischen den Welten der Lebenden und Toten. Ihr wurden auch Hundeopfer dargebracht, wie der griechische Schriftsteller und Geograph Pausanias in seiner *Beschreibung Griechenlands* berichtet.

Womöglich hatten die Hunde in solchen Fällen auch die vornehme, für sie aber leider tragische Aufgabe, das Menschenopfer zu ersetzen. Wo in noch früheren Zeiten Kinder geopfert wurden – so wie in der Geschichte vom Teumessischen Fuchs –, da kam nun der Hund als Opfertier zum Einsatz. Eine heilige, aber tödliche Aufgabe. Üblicherweise wurden die Opfertiere danach von den Priestern des jeweiligen Tempels gegessen. So dürfte das auch mit den Opferhunden gewesen sein.

Solche Opferbräuche haben sich bis in unsere Zeit erhalten. Von einem verhinderten Hundeopfer erzählt noch Theodor Storm in seinem *Schimmelreiter*. Und bei ihm darf man davon ausgehen, dass er solche Geschichten nicht erfunden hat. Als Landvogt und Richter kam er herum in der Gegend, aus der er im *Schimmelreiter* berichtet. Er wusste, wo in Nordfriesland sein Hauke Haien als Deichgraf wirkte und wie die gestrickt waren, die für ihn am Deich arbeiteten. An einem Deich wurde gearbeitet gegen die heranziehende Sturmflut, als ein Hund zum Opfertier werden sollte. Der Deichgraf hörte den Schrei des Hundes und sah, wie das Tier in die Lücke des Deiches geworfen wurde, die es noch zu schließen galt. Und er wollte das nicht dulden.

>»Halt! sag ich‹, schrie Hauke wieder; ›bringt mir den Hund! Bei unserm Werke soll kein Frevel sein!‹
>   Aber es rührte sich keine Hand; nur ein paar Spaten zähen Kleis flogen noch neben das schreiende Tier. Da gab er seinem Schimmel die Sporen, daß das Tier einen Schrei ausstieß, und stürmte den Deich hinab, und alles wich vor ihm zurück. ›Den Hund!‹, schrie er; ›ich will den Hund!‹
>   Eine Hand schlug sanft auf seine Schulter, als wäre es die Hand des alten Jewe Manners; doch als er umsah, war es nur ein Freund des Alten. ›Nehmt Euch in Acht, Deichgraf!‹, raunte der ihm zu, ›Ihr habt nicht Freunde unter diesen Leuten; laßt es mit dem Hunde gehen!‹
>   Der Wind pfiff, der Regen klatschte; die Leute hatten die Spaten in den Grund gesteckt, einige sie fortgeworfen. Hauke neigte sich zu dem Alten. ›Wollt Ihr meinen Schimmel halten, Harke Jens?‹, frug er; und als jener noch kaum den Zügel in der Hand hatte, war Hauke schon in die Kluft gesprungen und hielt das kleine winselnde Tier in seinem Arm; und fast im selben Augenblicke saß er auch wieder hoch im Sattel und sprengte auf den Deich zurück. Seine Augen flogen über die Männer, die bei den Wagen standen. ›Wer war es?‹, rief er. ›Wer hat die Kreatur hinabgeworfen?‹

Einen Augenblick schwieg alles, denn aus dem hageren Gesicht des Deichgrafen sprühte der Zorn, und sie hatten abergläubische Furcht vor ihm. Da trat von einem Fuhrwerk ein stiernackiger Kerl vor ihn hin. ›Ich tat es nicht, Deichgraf‹, sagte er und biß von einer Rolle Kautabak ein Endchen ab, das er sich erst ruhig in den Mund schob; ›aber der es tat, hat recht getan, soll Euer Deich sich halten, so muß was Lebiges hinein!‹

›Was Lebiges? Aus welchem Katechismus hast du das gelernt?‹

›Aus keinem, Herr!‹, entgegnete der Kerl, und aus seiner Kehle stieß ein freches Lachen; ›das haben unsere Großväter schon gewußt, die sich mit Euch im Christentum wohl messen durften! Ein Kind ist besser noch; wenn das nicht da ist, tut's auch wohl ein Hund!‹« [47]

Hauke Haien hat den kleinen Hund gerettet. Die gute Tat war aber kein gutes Zeichen. Denn für Theodor Storm ist das verweigerte Hundeopfer ein Vorzeichen des Untergangs seines Protagonisten. Das Winseln des Hundes, den er zu sich nimmt und mit dem sein Kind spielt, wird das letzte sein, was Hauke Haien von seiner Familie und in seinem Leben hört – durch das Dröhnen einer anderen Sturmflut.

Der Hund ist ein Tier vom Rand der Hölle. Er wacht über die Toten, geleitet sie aber auch hinab. Und am Eingang der Hölle wacht dann der Hund der Hunde, die grimmigste Ausgeburt der ganzen Art: der mindestens dreiköpfige Kerberos, der »Dämon der Grube«.

»Es war der dritte Kreis, den ich betrat,
Von ew'gem, kaltem, maledeitem Regen
Von gleicher Art und Regel früh und spat.
Schnee, dichter Hagel, dunkle Fluten pflegen
Die Nacht dort zu durchzieh'n in wildem Gruß;
Stank qualmt die Erde, die's empfängt entgegen.
Ein Untier, wild und seltsam, Zerberus,
Bellt, wie ein böser Hund, aus dreien Kehlen
Jedweden an, der dort hinunter muß.
Schwarz, feucht der Bart, die Augen rote Höhlen
Mit weitem Bauch, die Hände scharf beklaut,
Vierteilt, zerkratzt und schindet er die Seelen.
Sie heulen, wie die Hund', im Regen laut,
Und sie verschaffen sich durch öftres Drehen
Auf einer Seite mind'stens trockne Haut.
Der große Höllenwurm, der uns ersehen,
Riß auf die Rachen, zeigt uns ihr Gebiß

Und ließ kein Glied am Leibe stillestehen.
Virgil streckt aus die offnen Händ' und riß
Erd' aus dem Grund, die in die gier'gen Rachen
Er alsogleich mit vollen Fäusten schmiß.
Wie's pflegt ein keifig böser Hund zu machen,
Des Bellen schweigt, wenn er den Fraß erbeißt,
Der wilden Grimm' vermocht', ihm anzufachen;
So jetzt mit schmutz'gen Schlünden jener Geist,
Der so durchdröhnt die armen Leidensmatten,
Daß jeder hochbeglückt die Taubheit preist.«[48]

Der Höllenhund Zerberus – das Haustier des Teufels, oder besser: des Gottes der Unterwelt – unsterblich beschrieben von Dante Alighieri in seiner *Göttlichen Komödie*. Der Gott der Unterwelt hat aber nicht nur einen leibhaftigen Hund in Diensten, auch das Fell eines toten Hundes nutzt er mit Aidos kyneen, der Hundekappe des Hades. Sie macht ihn und die anderen Götter, die sich die Kappe gerne mal ausleihen, unsichtbar. Wobei ein Kynee, eine Kappe aus Hundefell, eine durchaus übliche Kopfbedeckung der Landbevölkerung im antiken Griechenland war. Das heißt, die einerseits verehrten Hunde wurden andererseits ganz profan genutzt – durchaus wohl auch gegessen, ob als Opfertier oder als Nothappen.

In der nordischen Mythologie beherrscht die Unterwelt dagegen eine weibliche Gottheit. Ihr Name – Hel – verweist auf das germanische Wort für Hölle und könnte auch mit dem Ursprung der Geschichten um Frau Holle zu tun haben, die nicht so harmlos sind, wie sie die Brüder Grimm ins Märchen geschrieben haben. Der Eingang zur Unterwelt wurde nördlich der Alpen in tiefe Wasser verlegt, die diversen Höllseen oder Hellseen und der Hollenteich auf dem Hohen Meißner zeugen davon. Wobei am Ufer dieses hessischen Hollenteichs im Wirkungsgebiet der Brüder Grimm heute die überwiegend nette Frau Holle aus dem Märchen als freundliche Bronze steht. Zusätzlich ist der kleine See durch eine Umbenennung in »Frau-Holle-Teich« gänzlich unkenntlich und zum harmlosen Märchen-Gewässer gemacht worden. Vor der nordischen Göttin der Unterwelt hatten dagegen selbst die anderen Götter Angst.

Auch Hel hält sich einen Hund als Wächter am Eingang zur Unterwelt: Garm. Er kommt mit nur einem Kopf aus, ist deshalb aber nicht weniger gefährlich als der Höllenhund der Griechen. Im Gegenteil: Wenn das Ende der Welt naht – Ragnarök –, wird sich Garm aus seiner Höhle am Eingang zur Unterwelt aufmachen und mithelfen beim Untergang. Er wird nicht Halt machen vor Göttern und Gestirnen – so wie auch sein Gegenpart, der bis dahin von den Göttern durch eine List gefesselte riesige Wolf Fenris. Da schwingt ein altes Wissen mit, dass Wolf und Hund zueinander gehören – und dass die ihnen gemeinsame Kampfkraft mörderisch sein kann.

Nicht nur den Göttern zugeeignet, sondern gleich ganz zum Gott gemacht haben die Ägypter den Hund: Anubis ist der Gott der Totenriten. Manchmal ist er komplett als Hund dargestellt, manchmal auch als Schakal – wobei manche der hochbeinigen Hunde auf altägyptischen Fresken ebenfalls solche schakalhaften Köpfe haben wie Anubis. Meistens aber trägt Anubis seinen schwarzen Hundekopf auf einem menschlichen Körper. Er trägt ein Was-Zepter, einen Stab mit Tierkopf, das Zeichen für Macht und Glück. Außerdem trägt er ein Anch, das Zeichen für das Leben, im Falle des Gottes der Totenriten wohl Symbol für die Auferstehung. Anubis ist für die Einbalsamierung der Toten zuständig, und er geleitet sie dann zu dem Fluss Eridanus, wo sie vom Fährmann Mahaf übergesetzt werden. Wieder ist der Hund der Wächter über den Tod. Aber in Ägypten ist er ein freundlicher Wächter. Die Menschen im Reich der Pharaonen versprachen sich viel vom Tod, nämlich das Weiterleben. Sie widmeten dem Totenkult eine ganze Industrie, die tausende Gegenstände herstellte, die nur für die Totenriten da waren. Entsprechend wichtig ist der zugehörige Gott.

Einen kriegerischen Wolfs- oder Schakalgott kannten die Ägypter auch: Upuaut, der »Öffner der Wege«. Bisweilen gelten Anubis und Upuaut auch als Brüder, die Söhne des Osiris, dessen Feinde sie gemeinsam bekämpfen. Osiris ist der Gott des Totenreiches. Er wird von seinem Bruder Seth getötet, und seine Leichenteile werden über die ganze Welt verstreut. Anubis sammelt sie ein und setzt sie wieder zusammen. Er rettet Osiris, indem er ihn einbalsamiert – und ihm dann den Mund öffnet, um ihn wiederzubeleben. Anubis stellt also die erste Mumie her und gibt das altägyptische Totenritual vor.

Hundegötter oder Gotthunde gab es aber nicht nur im Reich der Pharaonen. Auch das Christentum kennt einen hundsköpfigen Heiligen: den Christopheros der Ostkirche. Dort ist er kein Hüne wie der römisch-katholische Heilige, der die Reisenden durch einen Fluss trägt – und eines Tages auch das Jesuskind. Der orthodoxe Christopheros ist ein Kynokephale, Angehöriger jenes sagenumwobenen Volkes von hundsköpfigen Menschen, das am Rande der Welt lebt, wahlweise auch in Indien, wie beim antiken griechischen Geschichtsschreiber Ktesias von Knidos. »Auf vielen Gebirgen aber gibt es eine Art Menschen mit Hundsköpfen, die sich in Tierfelle hüllen, anstatt zu sprechen bellen und, mit Klauen bewaffnet, von Jagd und Vogelfang leben«, fasst Plinius der Ältere die Berichte der griechischen Geschichtsschreiber über unbekannte Gebiete zusammen: »Ganz besonders aber ist India und das Land der Aithiopen reich an wunderbaren Dingen. In India kommen die größten Tiere vor; schon die Hunde sind größer als andere. Die Bäume werden angeblich so hoch, dass man mit Pfeilen nicht über sie hin schießen kann.«[49] Nach anderen Berichten sollen die Äthiopier gar einen hundsköpfigen König gehabt haben. Kein Wunder, dass, wo sich solche Berichte häufen, dann auch die Kynokephalen bekehrt und getauft werden mussten. Zu sehen ist das auf mittelalterlichen Bildern und zahlreichen Ikonen, die den Heiligen Christopheros darstellen. Der soll ein menschenfressendes Ungeheuer gewesen sein, das durch seine Taufe sprechen konnte und sich zum Guten wandelte. Danach bekehrte der hundsköpfige Heilige selbst tausende Menschen, bis das dem dortigen König zu bunt wurde und er ihn hinrichten ließ. Durch das Blut des so zum Märtyrer gewordenen Hundsheiligen wurde dann auch der König bekehrt.

Ganz ohne den Umweg über einen Heiligen mit Hundekopf beteten die Menschen im Mittelalter gleich direkt besondere Hunde an. An der französischen Landesstraße D7, die dem Lauf des Flüsschens Chalaronne Richtung Saône folgt, steht an einer Lichtung in einem kleinen Wäldchen ein Schild, das auf den Bois de Saint-Guignefort hinweist, den Wald des heiligen Hundes Guignefort. Dort ist zu lesen: »An diesem Ort flehte man während Jahrhunderten einen heiligen Windhund um Heilung der Kinder an. Im 13. Jahrhundert predigte der Inquisitor Stephan von Bourbon gegen diesen auf einer sehr alten Legende basierenden Kult, aber die Praxis existierte noch zu Beginn des 20. Jahrhunderts.«[50] Die katholische Kirche hat St. Guignefort, diesen Hundeheiligen, allerdings nie anerkannt.

Die Sage hinter dem Jahrhunderte währenden Hundekult: An der Stelle des heutigen Bois de Saint-Guignefort lebte einst ein Edelmann in einem Schloss. Dieses verließ er eines Tages mitsamt seiner Frau und der Amme, die sich normalerweise um das Kleinkind der Familie zu kümmern hatte. Das Kind ließ er in der Obhut seines Windhundes Guignefort zurück. Bei der Rückkehr fand die Amme die Wiege umgestoßen vor und den Hund blutverschmiert. Das Kind war verschwunden. Die Amme rief den Hausherrn herbei, der zog einen schnellen Schluss aus der Situation und dann das Schwert. Er tötete den Hund. Danach hörte er ein leises Weinen und fand das Kind unversehrt unter der umgestürzten Wiege. Neben ihm eine Schlange – vom Hund getötet; von ihr stammte das Blut. Der Edelmann bereute seine Tat, beerdigte den Hund und pflanzte Bäume um sein Grab. In dem daraus entstandenen Bois de Saint-Guignefort sollen alsbald Wunder geschehen sein. Vor allem kranke Kinder, die zum Grab des Hundes gebracht wurden, seien danach geheilt worden.

Ein regelrechtes Grab haben die Waliser ihrem heiligen Hund gesetzt – allerdings erst im 18. Jahrhundert, um Besucher anzulocken. Der Hund hieß dort Gelert und der Ort am Hundegrab heißt entsprechend Grab des Gelert, walisisch Beddgelert. Der Hund soll dort dem walisischen Fürsten Llywelyn dem Großen gehört und statt einer Schlange einen Wolf getötet haben. Ansonsten gleicht auch die walisische Geschichte einer ursprünglich indischen, die via Persien und Arabien im 13. Jahrhundert nach Europa kam. In Indien war es noch ein Mungo, der eine Schlange tötete. Auf dem Weg nach Westen wurde daraus der Hund – das Synonym für Treue und Aufopferung.

»Oh, where does faithful Gelert roam?
The flower of all his race!
So true, so brave; a lamb at home,
A lion in the chase!«

So beschreibt der englische Dichter William Robert Spencer im frühen 19. Jahrhundert den treuen Hund in seinem Gedicht über Gelerts ungerechtfertigten Tod: Wo streift umher der treue Gelert / Die Blüte seiner Art / So recht, so tapfer, ein Lamm Zuhaus / Ein Löwe bei der Jagd! So ging die Verehrung der Eigenschaften des Hundes, die wir Menschen besonders schätzen, in die Literatur ein.

> »Vorliebe empfindet der Mensch für allerlei Dinge und Wesen. Liebe, die echte, unvergängliche, die lernt er – wenn überhaupt – nur einmal kennen. So wenigstens meint der Herr Revierjäger Hopp. Wie viele Hunde hat er schon gehabt, und auch gern gehabt; aber lieb, was man sagt lieb und unvergeßlich, ist ihm nur einer gewesen – der Krambambuli.«[51]

Der Anfang der berühmten Erzählung von Marie von Ebner-Eschenbach, die ihren Höhepunkt mit dem Tod des Wilddiebes findet, von dem der Jäger Krambambuli für ein Dutzend Schnapsflaschen gekauft hatte. Beim Showdown im Wald ist der Hund zwischen den beiden Herren hin- und hergerissen und entscheidet sich schließlich für den ersten. Indem er sich dem Wildschützen zuwendet und ihn anspringt, verfehlt der den Jäger. Dessen Schuss dagegen trifft. Krambambuli folgt der Leiche seines ersten Herrn und kommt erst ganz am Schluss der Erzählung doch wieder zurück zum Jäger. Traut sich aber nicht über die Schwelle des Hauses, weil er seinen ersten Herrn ja dem zweiten jenes eine Mal vorgezogen und den Jäger damit verraten hatte. Älterer Treue wegen, versteht sich. Als der Jäger sich schließlich einen Ruck gibt und am Morgen hinaus will, den Hund heimzuholen, findet er den vor der Haustür.

> »Krambambuli lag verendet vor ihm, den Kopf an die Schwelle gepreßt, die zu überschreiten er nicht mehr gewagt hatte.
> Der Jäger verschmerzte ihn nie. Die Augenblicke waren seine besten, in denen er vergaß, daß er ihn verloren hatte. In freundliche Gedanken versunken, intonierte er dann sein berühmtes: ›Was macht denn mein Krambam ...‹ Aber mitten in dem Worte hielt er bestürzt inne, schüttelte das Haupt und sprach mit einem tiefen Seufzer: ›Schad um den Hund!‹«[52]

Versehrter Hund

Schad um den Hund war es zu anderen Zeiten und an anderen Stellen der Millionen Hundeleben auch, die uns im Laufe der Geschichte begleitet haben – und die wir geopfert haben. Denn trotz aller Verehrung für »den treuesten Freund des Menschen« sind wir mit ihm niemals sanft umgegangen. Stets wurden die Hunde benutzt, geknechtet, ja gefoltert. In früheren Zeiten nur als Kriegsmaschinen, Gladiatoren, Opfertiere, Nahrungsreserve und Felllieferanten, später dann als Versuchstiere der Wissenschaft.

> »Weil (…) lebendige Menschen auffzuschneiden von der Christlichen Kirch verbotten, und so keine Affen, Beeren oder Löwen vorhanden welcher Leibcomposition der menschlichen am aller ehnlichsten ist, weil auch solcher lebendiger Auffschnit, ob wol sie zahm gemacht sind, doch so sie angehetzt unnd erzürnt werden, sehr schwerlich zu verrichten ist, wöllen wir von dem Auffschnit eines lebendigen Hunds reden.«[53]

Realdo Colombo, der Nachfolger von Andreas Vesalius, dem flämischen Leibarzt Kaiser Karls V. und Begründer der Anatomie auf dem Lehrstuhl in Padua, veröffentlichte 1559 in Venedig sein Werk über die Anatomie des Menschen. Darin berichtete er über den Lungenkreislauf des Blutes und stellte fest, dass das Herz sich aktiv nur kontrahiert, um sich im Entspannen dann wieder zu erweitern. Das war die Basis des von William Harvey später an derselben Universität entdeckten Blutkreislaufes und dessen bahnbrechender Veröffentlichung von 1628. Bis zu dieser Entdeckung war man der Ansicht, das Blut werde laufend in der Leber produziert und von dort durch aktive Kontraktion der Arterien in den Körper geschickt. Die Erkenntnisse des Realdo Colombo stammten aus Vivisektionen. Er öffnete also den Körper lebender Tiere. Zumeist waren dies Hunde. In seinem Buch *De Re Anatomica*, 1609 zum ersten Mal unter dem Titel *Anatomia* in deutscher Übersetzung in Frankfurt am Main erschienen, berichtet er von der Vivisektion einer hochträchtigen Hündin:

> »Unnd nachdem das Häutlein Amnium zerrissen, fleusset der Schweiß herauß, unnd wirst du dann die aller schöneste Lägerstatt deß Hundes in der Gärmutter ersehen. Dann die jungen Hündlein liegen mit den vorderen Füs-

sen creutzweiß ubereinander geschrencket, gleichsam wolten sie dem All-
mechtigen GOTT wegen ihrer Erschaffunge unnd Ankunft an das Tageslicht
dancken unnd ihn anbetten. Diß hettest du auch folgends niemalen geglaubt,
darab du dich entsetzen wirst, so du es ersiehest: Daß die sterbende Hündtin
uber ihre jungen Hündlein so der Anatomist allererst auß der Gebärmutter
genommen, mehr Sorg trage dann uber sich selbst.«[54]

Der Anatom wundert sich, dass die gequälte, aufgeschnittene, zum
Sterben an den Seziertisch genagelte Hündin ihre Schmerzen ver-
gisst, sobald er ihr die aus dem geöffneten Leib genommenen Welpen zeigt, und je nachdem, ob er auch noch die Welpen misshandelt
oder sie ihr anreicht, wütend bellt oder sie leckt.

»Dann so du ihren die Hündlein beleydigst, so bellet und schreyet sie: So du
sie aber ihren für das Maul hebest, schweiget sie, unnd lecket sie, gleichsam
were sie auß grossem Mitleiden beweget. Unnd so du ihr etwas anderst, dann
die Hündlein für das Maul hebest, so beist sie, welche natürliche Liebe, ja
auch der Eltern Begierd in ihre Kinder ich offtermalen in offentlichen Speta-
ckeln mit grossem Verwundern der Zusehenden gezeyget hab.«[55]

Nicht nur einmal und nicht nur zur eigenen wissenschaftlichen Erkenntnis hat der Anatom also diese Vivisektion einer trächtigen
Hündin durchgeführt, sondern oftmals in seinen öffentlichen Ana-
tomie-Spektakeln.

Hunde sind die obligaten Versuchstiere der Wissenschaft, sowohl
an den Anfängen der modernen Anatomie und Physiologie als auch
später. Sie sind überall verfügbar, leicht zu bändigen und zu halten.
Und niemand kommt zunächst auf die Idee, dass sie leiden könnten
bei der Prozedur. Obwohl der Anatom berichtet, dass er lieber
Hunde als Schweine für die Operation bei lebendigem Leib und
ohne Betäubung hernimmt, weil die Schweine so sehr schreien.
Junge Hunde, berichtet der Anatom, schrien auch mehr als ältere,
und wenn es still sein solle bei der Operation, dann durchtrenne
man den entsprechenden Nerv und das Gebell verstumme. Die
geistlichen Herren, Bischöfe und Kardinäle, die bei den öffentlichen
Vivisektionen in Padua zugegen sind – und die namentlich im Buch
aufgeführt werden –, freuen sich über die Bezeugungen mütterliche
Liebe durch die sterbenden Hündinnen, machen sich aber sonst

keine Gedanken: »Diese alle, auch viel andere seynd mit höchstem Wollust diesem lebendigen Auffschnit beygewohnet, sagten sie wollten diß nambare Exempel der Liebe von den Eltern der Gethieren in ihre Jungen niemalen vergessen.«[56]

Der Schritt, den »unvernünftigen Tieren« nicht nur Liebes-, sondern auch Leidensfähigkeit zuzugestehen, wäre nicht weit gewesen, unterblieb aber. Wohl auch, weil die Vivisektionen von Tieren als unerlässlich für den Fortschritt der physiologischen Forschung erachtet wurden. Der »lebendige Aufschnitt« von Menschen, wie er in der Antike an zum Tode Verurteilten sehr wohl durchgeführt wurde, war in der Renaissance undenkbar. Realdo Colombo beklagt, dass eben diese »Gewohnheit der Alten« dazu geführt habe, dass zeitweilig auch das Sezieren von menschlichen Leichen verboten war. So zu Lebzeiten des Anatomen Galenos von Pergamon im Rom des zweiten Jahrhunderts nach Christus. Der griechische Arzt hatte Tiere seziert und musste dann zum Studium des menschlichen Körpers ins ägyptische Alexandria reisen, dem einzigen Ort, an dem damals menschliche Körper geöffnet werden durften. Auf seinen Veröffentlichungen begründete sich die Vorstellung, dass es einen Blutkreislauf nicht geben könne. Das war die auch weit über tausend Jahre nach Galenos' Tod noch gültige Lehrmeinung. Erst Realdo Colombos Vivisektionen brachten die Medizin zur gegenteiligen Erkenntnis.

Und die gewonnene medizinische Erkenntnis war dann auch jahrhundertelang Begründung genug dafür, dass Operationen am lebenden Tier – ohne Betäubung – gerechtfertigt seien. Tausende von Tieren, hauptsächlich Hunde, haben auf diese Weise ihr Leben gelassen. Bis heute ist die Vivisektion unter Auflagen für wissenschaftliche Institutionen möglich, obwohl das deutsche Reichstierschutzgesetz, als erstes seiner Art, sie seit 1934 generell verboten hatte. Während die Nationalsozialisten nach ihrer Machtergreifung sehr schnell das tatsächlich wegweisende Tierschutzgesetz erließen, führten sie selbst kurze Zeit später Vivisektionen an Menschen durch. So der Arzt des Todes, Josef Mengele, im Konzentrationslager Auschwitz. Die Tierliebe der Nazis, die zum Verbot der Vivisektion führte, war auch weniger durch Mitgefühl begründet als durch Judenhass.

»Weißt Du, dass Dein Führer schärfster Gegner jedweder Tierquäle-rei, vor allem der Vivisektion, der wissenschaftlichen Tierfolter ist, dieser entsetzlichen Ausgeburt der jüdischen Schulmedizin?«, fragte damals *Die Weiße Fahne*, eine nationalsozialistische Propagandazei-tung für Jugendliche. Schon vor Inkrafttreten des Reichstierschutz-gesetzes hatte Hermann Göring, der sich als »Reichsjägermeister« gerne vor den Strecken erjagter Tiere ablichten ließ, im Rundfunk gedroht:»Bis zum Erlass dieses Gesetzes werden Personen, die trotz Verbotes die Vivisektion veranlassen, durchführen und sich daran beteiligen, ins Konzentrationslager abgeführt.«[57]

Die Hunde blieben auch nach dem Tierschutzgesetz von 1934 und allen ihm folgenden Gesetzen beliebte Versuchstiere der Wis-senschaft. Die Geschichten von Hundefängern, die die Tiere nicht im Tierheim, sondern im Versuchslabor abliefern, sind legendär. Auch eingefangen worden war die Hündin Laika, die das Pech hatte, als erstes Tier in einer russischen Weltraumkapsel die Erdumlauf-bahn zu erreichen. Sie und auch die anderen russischen Weltraum-hunde wurden zuvor in immer engere Käfige und in Zentrifugen gesteckt, um sie an Stress und Lärm zu gewöhnen. Die Kapsel, in der Laika dann am Schluss ins All geschossen wurde, hatte die Größe eines Kühlschranks und wurde ihr Grab. Das war auch so ge-plant. Vor dem Wiedereintritt in die Erdatmosphäre sollte Laika eine vergiftete Mahlzeit bekommen, um ihr den Hitzetod in ihrem Gefährt zu ersparen. So weit kam es nicht, denn von der Hündin kamen schon sieben Stunden nach dem Start keine Lebenszeichen mehr. Der russische Weltraumexperte und damalige Trainer von Laika, Oleg Gasenko, sagte 1998, nach dem Ende des Kalten Krieges und über vierzig Jahre nach Laikas Weltraumflug:»Je mehr Zeit vergeht, desto mehr tut es mir leid. Wir haben durch die Mission nicht genug gelernt, um den Tod des Hundes zu rechtfertigen.«[58]

Andere Forscher taten sich da nicht so schwer. Die berühmten Pawlow'schen Hunde des russischen Physiologen und Nobelpreis-trägers Iwan Petrowitsch Pawlow waren sämtlich gequälte Tiere. Um seine Theorie zu beweisen, dass Verhalten auf Reflexen beruht, baute er Hunden künstliche Fisteln an die Speicheldrüse und fing das Speichelsekret zur Mengenmessung in Behältern auf, die den

Hunden an den Lefzen hingen. Tatsächlich konnte er nachweisen, dass der Speichelfluss im Maul der Hunde schon beginnt, wenn sie das Futter nur sehen oder riechen. Und er konnte die Hunde auch mit anderen Reizen – dem Klingeln eines Glöckchens zum Beispiel – so konditionieren, dass nach etwas Trainingszeit gar kein Futter mehr da sein musste, sondern der akustische Reiz genügte. Pawlow hatte das Prinzip der »klassischen Konditionierung« entdeckt und begründete damit die behavioristische Lerntheorie. Um das herauszufinden, mussten die Hunde während der Versuche nicht nur mit der künstlichen Fistel und dem Auffangbehälter versehen sein, sondern auch in einem Gestell fixiert werden. In seinem zugehörigen Forschungsbericht attestierte Pawlow einigen Hunden einen sehr starken »Freiheitsreflex«, der zur Verweigerung der Nahrungsaufnahme und zum Tod führte.

Anderen Hunden operierte Pawlows Team einen künstlichen Magenausgang und einen zweiten Magen an, um die Abgabe der Magensäfte während des Fressens zu studieren. Außerdem wurde einem Hund die Speiseröhre durchschnitten und nach außen geführt, damit seine Nahrung den Magensaft nicht verunreinigen konnte. Er musste danach künstlich ernährt werden, lieferte aber bei seinen Fressversuchen fortan reinen Magensaft in messbarer Menge. Bei anderen Hunden wurde die Bauchspeicheldrüse mit einem künstlichen Ausgang versehen. Natürlich verätzten die austretenden Säfte den Hunden die Haut, so dass die Qual auch äußerlich weiterging. Aber wir wissen jetzt, wie die Verdauung – auch die menschliche – funktioniert. Und ja, das hat uns sehr geholfen. Die Hunde sind nicht umsonst gequält worden, könnte man sagen. Aus der Sicht des Hundes stimmt dieser Satz auf zynische Weise: Sie haben die Erkenntnis der Menschen mit ihrer Qual bezahlt.

Auch die Hirnforschung nutzte immer wieder Hunde für ihre Versuche. Ihnen wurden die Schädel aufgebohrt und -geschnitten, Teile des Gehirns wurden mit Gift behandelt, mit Säure verätzt oder auch gleich ganz entfernt, um deren Funktionen innerhalb des Hirnsystems zu erkennen. Im 19. Jahrhundert kamen dann Versuche mit elektrischen Reizen dazu, mit deren Hilfe der Bauplan des Gehirns ausgeforscht werden konnte. Die moderne Lokalisationstheorie der Gehirnregionen war bewiesen, berichtet der Wissenschaftstheoretiker Erhard Oeser, der auch eine Geschichte der Hirnforschung geschrieben hat:

> »Doch diese unblutigen Versuche ersetzten nicht die gewaltsamen Zerstörungen und Abtragungen von Hirnteilen. Vielmehr waren diese grausamen Methoden Entscheidungshilfe für einen mit geradezu persönlichem Hass geführten Streit zwischen den Vertretern der strengen Lokalisationstheorie und denen der Äquivalenztheorie, der Theorie von der Gleichwertigkeit der Großhirnrinde. In diesem Streit wurden vielleicht mehr Hunde geopfert als früher in den damals längst verbotenen Hundeschaukämpfen.«[59]

Der Wolf hat das teuer bezahlt, dass er sich uns Menschen angeschlossen hat. Eine einzige Forschung an Hunden als Versuchstieren führt Erhard Oeser in seinem Buch über die Beziehung von Mensch und Hund als nützlich auch für die »Hundheit« an: die Erforschung der Tollwut und die Entwicklung des Serums gegen sie. Dafür hatte Louis Pasteur – eigentlich ein Gegner der Vivisektion – einem Hund ein kleines Loch in den Kopf gebohrt, um ihn direkt mit der Tollwut zu infizieren. Nicht an der Operation, aber an der Infektion starb der Hund. Und nach ihm noch viele andere. Am Ende wurde der Impfstoff aus dem Rückenmark eines tollwütigen Kaninchens entwickelt und wieder an zuvor infizierten Hunden getestet. Die haben die Versuche schließlich überlebt und vielen anderen – Hunden, Füchsen und Menschen – geholfen.

Hauswolf wird Nutztier

Sie hätten es wissen können und vorhersehen können, wenn sie sich umgeschaut und für etwas anderes Augen gehabt hätten als für ihre Chihuahuas. Es war schon spät an diesem warmen Frühlingstag, die Dämmerung hatte eingesetzt. Sie hatten abgewartet, bis die anderen Hundebesitzer der Siedlung ihren abendlichen Rundgang hinter sich hatten. Erst dann hatten sie sich auf den Weg gemacht. Es war der erste Spaziergang mit dem neuen Wurf, und es sollte keine Aufregung durch fremde Hunde geben. Die Chihuahuas wissen nicht, wie klein sie sind, weshalb sie auch große Hunde furchtlos anbellen, vor allem die Hündin, wenn ihre Welpen in der Nähe sind. Am Ende ist die Aufregung für die Menschen meist größer als für die Hunde; dennoch besser, sie ganz zu vermeiden. Also setzte sich die Familie in der Dämmerung in Bewegung – die Menschenfamilie, Papa, Mama, zwei hundebegeisterte Teenager, die Hundefamilie, Rüde, Hündin und vier noch recht tapsige, aber schon sehr agile Welpen. Raus aus der Siedlung und rein in die Streuobstwiesen am Hang. Das Glück der Züchter war vollkommen, das der Hunde eher durchwachsen, weil die Hündin ihre Welpen schlecht zusammenhalten konnte. Um das Hundegewirr zu beruhigen, wartete die Familie unter einem Apfelbaum, bis die Hündin ihre Kleinen sortiert und geleckt hatte, dann ging es weiter. Sie hätten das Unheil kommen sehen müssen. Die Hunde hätten es spüren müssen. Aber was spüren Chihuahuas noch draußen in der Natur?

Es war nur ein Schatten, ein fiepender kurzer Schrei – und dann war der Welpe weg, der sich am weitesten von der Gruppe entfernt hatte. Lautlos hatte sich die Eule aus dem Halbdunkel eines entfernteren Baums gelöst und war im Tiefflug hinter dem Welpen aufgetaucht. Sie legte die Schwingen kurz an, tauchte hinab, die Krallen nach vorne. Dann breitete die Eule die Schwingen wieder aus und setzte ihren Flug fort – lautlos und elegant in Richtung Wald. Der Greifvogel war groß, die Beute in seinen Krallen winzig wie eine Maus. Fressgröße eben. Die Familie stand entsetzt, die Hände vor dem Gesicht, einer der Teenager weinte sofort, der andere später. Die Chihuahua-Mutter suchte ihren Welpen.

Nein, das war kein Uhu, wie die Familie später erzählte. Der nächste Uhu lebte vierzig Kilometer entfernt in einer Falknerei und fraß bestenfalls Labormäuse, wenn keiner der Besucher zuschaute, für die er Schauflüge vollführte. Es war eine viel kleinere Waldohreule, die – wie sich das bei diesem Namen gehört – im an die Wiesen grenzenden Wald ihren Horst hatte. Dass sie gerade einen wertvollen Welpen der kleinsten Hunderasse der Welt zu ihren Jungen trug, interessierte sie nicht. Die Menschen indes hätten wissen können, dass die Eule hier ihr Revier hatte und der Chihuahua-Nachwuchs für sie in der passenden Fressgröße ist.

Nur, wie kann das eigentlich sein, dass der einstige Wolf zur Beute einer heutigen Waldohreule wird? Was haben wir aus dem großen Grauwolf der Eiszeit gemacht, wie konnte der so klein werden? Es ist eine Geschichte von evolutionärer Anpassung und gezielter Auswahl. Wobei der gezielte Eingriff des Menschen in die Formung, letztlich in die Formgebung, das Design des Hundes, sehr spät einsetzte. Zuerst kam die eher evolutionäre Anpassung des Hauswolfs an die neuen Lebensumstände.

Schon während der letzten Eiszeit, als sich der Wolf den Menschen anschloss und zum Hauswolf wurde, gab es Perioden mit starken klimatischen Schwankungen. Sehr kalte Zeiten wurden durch deutlich wärmere unterbrochen. In diesen Zeiten änderte sich der Bewuchs der Mammutsteppe deutlich, Bäume konnten wieder Fuß fassen, in den günstigsten Klimazonen entstanden in geschützten Lagen Wälder, die die niedrige buschige und krautige Tundra verdrängten. Als die Eiszeit ihrem Ende entgegenging, breiteten sich diese Wälder aus. Starke klimatische Veränderungen haben immer zur Folge, dass sich die Lebewesen anpassen. Wer das nicht kann, wandert aus oder stirbt aus. In der ausgehenden Eiszeit wurden die Wölfe entsprechend etwas kleiner. Die den Menschen folgenden Hauswölfe hatten noch ganz andere Antriebe, sich nicht nur im Verhalten, sondern auch körperlich anzupassen. Sie waren sehr bald ihren wilden Verwandten gegenüber im Vorteil, weil die Menschen ihnen auch dann noch Nahrung bieten konnten, wenn es die Wölfe schwerer hatten. Als zum Beispiel die großen Rentierherden kleiner wurden, weil die Tundra langsam verwaldete und zur Taiga wurde, zum borealen Wald, wie er heute noch im Norden zu finden ist.

Die frühen Menschen jener Zeit hatten längst genug Werkzeuge und Techniken entwickelt, um sich schnell anpassen zu können, auch um sich auf wechselnde Nahrungsangebote einzustellen. Da sie ihre Nahrung schon lange brieten und kochten, konnten sie sich auch Nahrungsquellen erschließen, die ohne vorherige Hitzebehandlung für Menschen nur schwer verdaulich sind, etwa Hülsenfrüchte. Die Menschen müssen auch schon früh Techniken entwickelt haben, um die Nahrung haltbar zu machen. Sonst hätten die

Massenjagden auf Rentiere, wie sie zum Beispiel an einem Fundort bei Salzgitter belegt sind, keinen Sinn gehabt. Natürlich konnten sie das Fleisch in unterirdischen Kavernen lange frisch halten. Im Permafrostboden der Eiszeit kein Problem. Aber sie dürften die Vorräte auch transportabel gemacht haben, denn sie verließen die Lager nach der jeweiligen Jagdsaison wieder.

Wie weit schon die ausgestorbenen Neandertaler in der Nutzung komplizierter Techniken waren, belegen rund 120 000 Jahre alte Funde von Birkenpech. Das wurde benutzt, um scharfe Steinspitzen auf Speeren zu befestigen. Birkenpech war der Alleskleber der Steinzeit. Es entsteht durch Verschwelung von Birkenrinde. Dazu muss die Rinde möglichst luftdicht abgeschlossen und dann für längere Zeit über 300 Grad erhitzt werden. Wer das konnte, der dürfte auch Fleisch haltbar gemacht haben können, durch Räuchern vielleicht. Mit Vorräten bewaffnet konnten die Menschen dann auch in Gebiete vordringen oder Regionen durchqueren, die ohne Reserven nicht zu meistern gewesen wären. Und die Hauswölfe waren dabei.

Nun ist es aber nicht von Vorteil für das Zusammenleben von Hauswolf und Mensch, wenn der Hauswolf weiterhin so viel Fleisch für seine Ernährung braucht, wie das beim wilden Leben im Rudel der Fall ist. In der Wildnis muss der Wolf ausdauernd, schnell und stark sein. In der Nähe des Menschen ist das nicht mehr so wichtig. Dafür fällt die Nahrungskonkurrenz zum ebenfalls Fleisch verzehrenden Menschen mehr ins Gewicht, vor allem in schlechten Zeiten. Also dürften die Menschen diejenigen Hauswölfe eher akzeptiert und an sich gebunden haben, die etwas kleiner waren als die wilden Wölfe. Es gibt auch Funde, die darauf schließen lassen, dass Hunde in schlechten Zeiten durchaus als Nahrungsreserve von den Menschen genutzt wurden. Und gegessen wurden dann wohl sinnvollerweise zuerst die großen Hunde, die viel Nahrung brauchten, während man die kleinen noch ein Weilchen weiter durchschleppen konnte. Die Anpassung an diese Umstände dürfte die Selektion vom Wolf zum Hund vorangetrieben haben. Jedenfalls sind auch die ältesten gefundenen Hunde deutlich kleiner als die damaligen Wölfe.

Die großen Grauen Wölfe, wie sie heute noch in Lettland oder Alaska leben, haben eine Schulterhöhe von achtzig Zentimetern und sind von der Nasen- bis zur Schwanzspitze deutlich über zwei Meter lang. Sie wiegen bis zu achtzig Kilo. Die steinzeitlichen Wölfe waren zum Teil noch größer und entsprechend auch schwerer. Die Hunde der Steinzeit sahen aber schließlich so aus wie die heutigen Dingos in Australien und in Thailand, die ja auch einmal Haushunde waren, schon vor vielen tausend Jahren aber wieder verwildert sind. Auch in Afrika halten noch einige Stämme dingoähnliche Hunde, und die indischen Pariahunde, die nur in der Nähe menschlicher Siedlungen, aber nicht direkt mit den Menschen leben, sehen so ähnlich aus und gleichen den Dingos auch in der Größe. Der Dingo ist an der Schulter maximal sechzig Zentimeter hoch und bis zur Schwanzspitze um 120 Zentimeter lang. Er wiegt zwischen dreizehn und zwanzig Kilo.

Sehr einem Dingo gleicht zum Beispiel der »Senckenberg-Hund«. Er heißt nicht nur so, weil seine Gebeine im Frankfurter Senckenberg-Museum aufbewahrt werden, er wurde auch dort gefunden: siebzig Meter neben dem Museum bei Ausschachtungen für den Bau des Chemischen Instituts der Universität im Jahr 1914. Er lag neben einem Auerochsen, an dessen Knochen er zuvor noch genagt hatte, wie Bissspuren zeigen, die genau zu den Zähnen des Hundes passen. Beide Tiere sind dann wohl zusammen in dem Moor versunken, das damals dort lag, wo sich heute der Stadtteil Bockenheim befindet. Die Gegend war vor 11 000 Jahren nicht nur morastig, sondern vor allem bewaldet. Das legt erstens der Fund des Waldrindes nahe, andererseits aber auch die Analyse der in derselben alten Torfschicht gefundenen Pollen von Bäumen. Der Wald im Maintal bestand damals hauptsächlich aus Kiefern, daneben fanden sich Pollen von Birke, Haselnuss und ein geringer Anteil Eiche. Ein von Nadelholz dominierter borealer, nordischer Wald. Und darin ein vom Wolf sehr deutlich entfernter Hund. Ein Jagdhund vielleicht, der sich zu weit ins Moor hinausgewagt hatte.

Spätestens, als sich das Klima veränderte und die menschlichen und wölfischen Jäger nicht mehr gemeinsam den Rentierherden folgten, haben sich die Hauswölfe wohl recht schnell zu Hunden gewandelt. Sie wurden kleiner und unterschieden sich bald auch untereinander – je nachdem, wo sie mit welchen Menschen um-herzogen. Die vielen verschiedenen Hunde, die zusammen mit Werkzeugen und Beuteresten der Maglemose-Kultur rund um die heutige Ostsee gefunden wurden, zeigen schon große Unter-schiede in Körperform und Größe. Benannt ist die älteste Kultur der Mittleren Steinzeit im nordeuropäischen Tiefland nach einem wichtigen Fundort, dem Magle Mose, dem Großen Moor an der Westküste der dänischen Insel Seeland. Die Hunde dieser Men-schen, vor 11 000 bis 8 500 Jahren, variierten zwischen der Größe eines Spitzes und der eines Schäferhundes. Und diese verschie-denartigen Hunde gab es dann schon zur selben Zeit am selben Ort. Dass sie so verschieden geformt waren, könnte daher rühren, dass die Hunde sich bei den verschiedenen Menschengruppen un-terschiedlich entwickelten und dann entlang der Handelswege ge-tauscht wurden. Oder darauf, dass sie damals schon für verschie-dene Aufgaben herangezüchtet waren. Aber gab es vor 11 000, vor 14 000, vor 33 000 Jahren – so alt ist der derzeit älteste Hunde-fund – schon Jagdhunde? Durchaus vorstellbar, wenn wir mal unterstellen, dass der Jagdhund die erste Form des Gebrauchs-hundes war, nicht mehr nur nützlicher Begleiter, sondern mitar-beitender Partner des Menschen.

Wie wurde überhaupt aus dem Hauswolf der Jagdhund?

Erik Zimen, der sich nach Afrika aufgemacht hatte, um möglichst ursprüngliche Hunde zu finden und deren Formen des Zusammen-lebens mit den Menschen zu beobachten, berichtet von einer für un-ser Verständnis eher seltsamen Jagd. Es war in Burundi, und die Jäger waren Pygmäen, die sich mit ihren Hunden nur heimlich auf die Jagd begeben konnten, weil die verboten war:

»Trotzdem versprechen sie, uns auf eine Treibjagd mitzunehmen. Frühmor-gens holen sie ihre langen, aus Sisal geflochtenen Netze aus den Verstecken, binden ihren Hunden kleine Glocken um den Hals, und ab geht es. (…) Nach stundenlangem, zügigem Marsch stößt man auf die Spur eines Buschbocks. Aber nicht die Hunde finden die Spur, sondern die Jäger. Sie gehen die Spur genau aus. Wie sie es machen, ist uns ein Rätsel. Wir sehen nichts, aber die zwei Jäger laufen mit großer Sicherheit, ohne ihre Hunde, einige hundert Meter der nur für sie erkennbaren Spur nach und kehren dann zu der warten-den Gruppe zurück. Dann geht alles sehr schnell.«

Die Netze werden aufgespannt, der Raum, in dem das Wild vermutet wird, großräumig umgangen. Den Hunden wird zuvor Gras in ihre Glocken gesteckt, damit die kein Geräusch machen, dann folgen sie den Jägern. Als das Wild umstellt ist, wird das Gras wieder aus den Glocken gepuhlt, und die Treibjagd beginnt mit viel Lärm und viel Bewegung. Sie endet mit einem Misserfolg, nicht zuletzt deshalb, weil die Hunde der Pygmäen nicht, wie wir das von einem Jagdhund erwarten, dem um das Netz herum flüchtenden Bock nachsetzen. Ein kurzer Versuch von zwei Hunden nur, dann geben sie auf. Diese Hunde sind offensichtlich keine Jagdhunde, sondern Jagdbegleiter. Sie sind dabei, aber sie jagen nicht aktiv, nur mit ihren Glöckchen tragen sie ein wenig zum Lärm des Treibens bei.

»Die Jäger spüren, treiben, stellen, fangen und töten die Beute selber, wie im nächsten Treiben, als sie ein Riesenwaldschwein erlegen können. Trotzdem scheint kein Jäger auf seinen Hund verzichten zu wollen. Vielleicht kommt es wirklich auch mal vor, daß die Hunde sich stärker an der Jagd beteiligen, sogar unentbehrlich dabei sind. Doch hier scheint der Hund eher zum Statussymbol des Jägers zu gehören. Auf jeden Fall wird seine freundlich-anhängliche Begleitung geschätzt. Die Stimmung ist ausgelassen. Die Jäger stehen zusammen, lachen und reden alle durcheinander. Viele setzen sich ins hohe Gras, jeder mit seinem Hund zu Füßen, den er ab und zu streichelt; eine fröhliche Jagdgesellschaft wie bei uns und anderswo.«[60]

Die Hunde der Turkana sind Frauen-Hunde, die bei der Aufzucht der Kleinkinder helfen. Die Hunde der Pygmäen sind Männer-Hunde, die sie bei der Jagd begleiten. Das ist alles noch weit entfernt von den differenziert herausgebildeten Gebrauchshunden, wie wir sie kennen. Zimen und der amerikanische Haustierforscher Hellmut Epstein, der sich jahrzehntelang mit den Hunden in Afrika beschäftigt hat, gehen davon aus, dass die dort – südlich der Sahara – zu beobachtende Nutzung der Hunde ihrer frühen Entwicklung in menschlicher Nähe entspricht. Zu differenzierteren Leistungen für die Menschen waren die Hunde zunächst noch nicht in der Lage, sagt Zimen: »Nützlich waren sie hauptsächlich in Verhaltensbereichen, die sich vom Leben im Wolfsrudel nur wenig unterschieden: bei der Pflege und Sorge um den Nachwuchs, als Vertilger von

Nahrungsresten und Unrat sowie als aufmerksame, wenn auch ängstliche Beobachter ihrer Umwelt.«[61]

Es war also nicht so, wie Konrad Lorenz imaginierte, dass sich irgendwann am Anfang des Zusammenlebens von Mensch und *Caniden* die heute noch gepflegte Jagdgemeinschaft mehr oder weniger zufällig einstellte. Es muss sich schon um eine Gestaltungsidee des Menschen gehandelt haben, der die Jagdleidenschaft und vor allem die gute Nase des Hauswolfs für sich nutzen wollte. Wir Menschen sind Ohren- und Augenwesen, wie alle Affen. In den dichten Baumwipfeln, aus denen wir stammen, ist Hören, vor allem das Richtungshören, und dann das Sehen wichtiger als das Riechen; wenn man den Feind riechen kann, ist er schon zu nah. Wenn man rechtzeitig hört, aus welcher Richtung etwas naht, kann man sich vorbereiten. Die Wölfe leben dagegen in einer olfaktorisch bestimmten Welt. Sie markieren ihre Reviere regelmäßig, vor allem an den Rändern zu benachbarten Rudeln hin. Die Urinmarkierungen sind regelrechte Demarkationslinien. Auch das gemeinsame Urinieren dient der geruchlichen Abstimmung.

Die Menschen, die mit den Hauswölfen und späteren Hunden zusammenlebten, werden dieses ausgeprägte Markieren und das Nachgehen von Geruchspfaden natürlich gesehen haben. Und irgendwann müssen sie dann auf die Idee gekommen sein, das für sich zu nutzen. Vielleicht war es das plötzlich gesträubte Haar des Hundes auf einer Fährte in der Tundra oder in den ersten borealen Wäldern, die im Klimawandel langsam dichter und undurchschaubarer wurden, das sie auf die Nähe von Feinden aufmerksam machte. Denn der Hund sortiert ja den, der ihm einmal in unfreundlichem Zusammenhang begegnete, unter die Feinde ein, wie schon Platon bemerkte. Und dank seines viel gerühmten Gedächtnisses, das gleichermaßen ein visuelles wie olfaktorisches ist, reicht der Geruch des Feindes für eine entsprechende Reaktion.

Als die Menschen sich niederließen und begannen, feste Siedlungen zu bauen, als sie dann langsam von nomadisierenden Jägern und Sammlern zu sesshaften Bauern wurden, da hatten sie ihre Hunde längst zu Spezialisten gezüchtet und erzogen. Lange vorher, viele Jahrtausende vor der »neolithischen Revolution«[*], waren die Hunde mit den Menschen entlang der Wanderwege und später der Handelswege in der gesamten von Menschen bewohnten Welt verbreitet.

Die ersten derzeit bekannten bildnerischen Darstellungen von Hunden stammen aus Jarmo, einer archäologischen Grabungsstätte im heutigen Nordirak. Jarmo gilt als die älteste landwirtschaftliche Gemeinschaft der Welt. Die ältesten Funde dort sind etwa 9 100 Jahre alt. Dort wurden tausende aus Lehm gefertigte kleine Figuren ausgegraben, viele davon Statuetten von Tieren. Auch Hunde sind darunter. Sie unterscheiden sich vom Wolf durch den auf dem Hinterteil getragenen geringelten Schwanz; ähnlich dem der urtümlichen afrikanischen Basenji-Hunde. In Çatal Höyük, einer neolithischen Siedlung im heutigen Anatolien, deren Geschichte vor etwa 9 500 Jahren begann, findet sich in einer Zeichnung an einer Tempelwand ein Jäger mit Pfeil und Bogen, der einem Rentier und dessen Kalb nachstellt, daneben ein Hund mit langem Schwanz, der sich in die gleiche Richtung wie der menschliche Jäger bewegt. Vielleicht noch älter sind die Jagdhunde aus einer der bemalten Höhlen von Alpera in der spanischen Provinz Albacete. Dort gibt es sogar einen Hund, der dem Wild den Weg abschneidet. Es sieht so aus, als ob es sich bei diesen Hunden dann um wirkliche Jagdhunde handelte, also nicht mehr nur um Hunde, die eben auch dabei sind, wenn die Menschen jagen. Für einen Wandel in der Funktion der Hunde spricht auch, dass auf älteren Höhlenbildern – die ältesten sind wohl über 40 000 Jahre alt – keine Hunde dargestellt wurden. Die frühzeitlichen Maler waren vermutlich die Jäger selbst, und sie waren meistens Männer. Die haben nur dargestellt, was für sie besonders wichtig war: das Wild und die Frauen. Ja, so sind die Männer: nichts im Kopf als Fleisch und Frauen! Für die Steinzeitmänner dürfte dieses Urteil kein Vorurteil, sondern zutreffend sein. Wenn die Hunde zunächst keine Männer-Hunde waren, wie Erik Zimen

---

[*] Der Begriff wurde 1936 vom australisch-britischen Archäologen Vere Gordon Childe eingeführt – als Abgrenzung von völkisch-rassistischen Theorien der Kulturentwicklung. »Neolithische Revolution« steht für den Beginn der Agrarkultur, einen der wichtigsten Umbrüche der Menschheitsgeschichte.

vermutet, dann gab es für die Jäger auch keinen Grund, Hunde an Felswände zu malen. Als sich das dann änderte, tauchten auch Hunde auf den Zeichnungen auf.

Mit dem Jagdhund wurde aus dem nützlichen, aber nicht gezielt nutzbaren Begleiter der Menschen ein echtes Nutztier: der Gebrauchshund. Es gab auch einen zwingenden Grund für den Einsatz von Jagdhunden. Die Menschen hatten eine neue Waffe erfunden: den vom Bogen verschossenen Pfeil. Und diese Erfindung war auch bitter nötig, um in der ausgehenden Eiszeit das Überleben zu sichern. Die Größe der Rentierherden nahm ab in der zumindest im Süden Europas immer rascher verschwindenden Tundra. Auch die einfacheren der Aufbewahrungsmöglichkeiten für die großen Mengen Fleisch, die bei den Massenjagden anfielen, dürften sich mit auftauenden Permafrostböden verringert haben. Es war also sowohl nötig als auch günstiger, sich auf einzelne Beutetiere zu verlegen. Die bis dahin entwickelten gemeinsamen Jagdmethoden des gezielten Treibens großer Mengen von Tieren auf die mit Speeren bewaffneten Schützen oder auf eine Klippe zu funktionierten wohl immer seltener. Daher die Entwicklung von Waffen für größere Distanzen. Speerschleudern gab es schon länger. Sicher nachgewiesen sind sie für die Zeit vor etwa 18 000 Jahren. Es könnte sie aber schon viel länger gegeben haben. Die Speere konnten mit diesen Schleudern über eine größere Distanz und mit mehr Durchschlagkraft geworfen werden. Aber es waren immer noch Speere, die die Beutetiere töten konnten, nicht Pfeile, die seltener tödlich sind. Der derzeit älteste Fund, der als Fragment eines Bogens gedeutet wird, stammt aus dem frühen Magdalénien, einer nach einer Halbhöhle in der Dordogne benannten Kulturstufe der Menschen. Gefunden wurde das bearbeitete Kiefernholz bei geologischen Untersuchungen in Mannheim, das dortige Reiss-Engelhorn-Museum gibt das Alter mit etwa 17 600 Jahren an. Direkte Spuren des Gebrauchs von Pfeil und Bogen vor knapp 13 000 Jahren wurden im Stellmoor bei Ahrensburg in Schleswig-Holstein gefunden.

Mit den viel kleineren und viel schnelleren Pfeilen war der Schütze deutlich treffsicherer als mit dem Speer, und die möglichen

Distanzen erhöhten sich noch einmal gegenüber der Speerschleuder. Das getroffene Tier allerdings wird sicher häufiger nur verwundet gewesen sein. Es blutete – und floh. Das ist bis heute der Moment, in dem der Jäger auf seinen Hund setzt oder, wenn es ums Hetzen wehrhaften Wildes geht, auf mehrere Hunde. Die »Nachsuche«, wie die Jäger das heute nennen, wenn sie einem angeschossenen Wild mit dem Hund folgen, oder die Hetzjagd mit der Hundemeute machen sich auch jene Eigenart der gehetzten Wildtiere zu eigen: Ein wehrhaftes Tier, das vor dem Menschen flieht, tut das nicht unbedingt auch bei Hunden. Damit würde ein verletztes Rentier, ein Wildschwein, ein Hirsch nur weitere Verletzungen riskieren. Wenn sich ein solches Tier den Angreifern stellt, ist es aber sehr wohl in der Lage, diese abzuwehren. Vor den Hauern eines Ebers oder dem Geweih eines Rens müssen sich Hunde sehr in Acht nehmen, und falls einer es schafft, den Hirsch zu umrunden, kann auch ein Huftritt den Hund noch außer Gefecht setzen. Aber die Hunde halten das Wild allemal so lange auf, bis die Jäger heran sind. Dann kann ein Speerwurf aus der Nähe oder ein weiterer Pfeil den Tod bringen, notfalls ein Spieß oder das Messer. »Abfangen« nennen das die Jäger, oder: den »Fangschuss« setzen.

Welcher Art der gute Jagdhund sein müsste, das beschreibt der Sokrates-Schüler, Politiker und griechische Feldherr Xenophon von Athen im vierten Jahrhundert vor Christus in seinem *Kynegetikos*, dem ersten Hundebuch der Geschichte, hier in einer Übersetzung aus dem 19. Jahrhundert:

»Erstens also müssen sie groß seyn, dann einen leichten, stumpfnasigen, nervigen Kopf haben, und unterhalb der Stirne flechsig, hervorstehende, schwarze, glänzende Augen, eine große und breite Stirne mit tiefer Scheidung, kleine, dünne, hinten wenig behaarte Ohren, einen langen, gelenkigen, beweglichen Hals, eine breite Brust und nicht ohne Fleisch, von den Schultern nur wenig abstehende Schulterblätter, kleine gerade, runde, feste (untere) Vorderläufe, gerade Ellenbogengelenke, nicht durchaus tiefe, sondern schräg zulaufende Seiten, fleischige Lenden in der Größe zwischen langen und kurzen, weder zu weich, noch zu hart, zwischen groß und klein die Mitte haltende Seiten, runde Hüftgelenke, hinten fleischig, oben nicht vereinigt, unten aber zusammengezogen, die Theile unterhalb den Weichen müssen schmächtig sein, ebenso auch die Weichen selbst; sie müssen einen langen, geraden, spitzigen Schwanz haben, derbe Oberschenkel, lange, bewegliche, feste Unterschenkel, viel längere Hinter- als Vorderläufe, und etwas magere, bewegliche Füße. Und wenn die Hunde ihrem Äußern nach so beschaffen sind, so werden sie stark, leicht, verhältnismäßig gebaut, schnell, von munterem Aussehen und mit gutem Gebiß versehen seyn.«[62]

Noch Wünsche? Ja, natürlich. Auch von der ebenso heute noch bei Jagdprüfungen von den Hunden geforderten Spurtreue schreibt Xenophon und vom Spurlaut bei der Hasenjagd. Der Jäger will sehen und hören, was die Hunde auf der Fährte des Hasen machen, um entsprechend agieren zu können:

»Verfolgen müssen sie ihn aus allen Kräften, und ohne abzulassen, mit starkem Anschlagen und Bellen, indem sie überall mit dem Hasen zugleich forteilen, sie müssen ferner schnell und schön der Fährte folgen, indem sie häufige Wendungen machen und dabei, wie sich's gebührt, bellen, zu dem Jäger aber sollen sie nicht zurückgehen und die Fährte verlassen.«[63]

Zwischen dieser klaren Anforderung an den Jagdhund und den Felszeichnungen der ausgehenden Eiszeit und des beginnenden Holozäns liegen viele Jahrtausende. So differenziert werden die Hunde der Menschen in der Mittel- und Jungsteinzeit nicht gewesen sein. Aber wer weiß – auch damals gab es schon die unterschiedlichen Landschaftstypen, in denen bis heute mit unterschiedlichen Hunden gejagt wird. Die schon auf den altägyptischen Zeichnungen und Basreliefs abgebildeten Windhunde sind diejenigen, die auf Sicht jagen, die das Wild hetzen, nachdem es aufgebracht, entdeckt ist. Von Nutzen sind solche Jagdhunde nur in freiem Gelände ohne höheren Bewuchs. Und am besten dann, wenn die menschlichen Jäger den Hunden auch rasch folgen können – am geländegängigsten und schnellsten zu Pferd. Da handelt es sich dann aber schon um eine eher herrschaftliche Jagd, ein Vergnügen, einen Sport. Dazu hatten die Jäger der Späteiszeit und des Neolithikums wohl weder Zeit noch Gelegenheit. Außerdem fehlten ihnen noch die Pferde, anders als den antiken Griechen und Römern. Auch bei den alten Ägyptern war die Jagd bereits herrschaftlicher Zeitvertreib.

Windhunde sind heute als Jagdhunde, zumindest in Europa, nicht mehr im Einsatz. In Großbritannien rennen die Greyhounds bei den dort sehr beliebten Hunderennen nurmehr einem maschinengezogenen Hasenfell hinterher. Zum Aufstöbern von Wild in nicht so leicht überschaubarem Gelände und zum Verfolgen der Fährte von flüchtendem oder angeschossenem Wild taugen nur die Hunde, die ihrer Nase folgen. So wie das schon Xenophon beschrieben hat; so wie die Anforderungen an einen Jagdhund wohl schon tausende Jahre zuvor waren, als es noch nicht um Zeitvertreib, sondern um Fleischbeschaffung ging. Und als man sicher auch noch keinen Wert darauf legte, dass die Hunde, die man zur Jagd mitnahm, einem bestimmten Idealtypus entsprachen.

Der Hund als Begleiter bei der Jagd, der durch Zuchtauswahl des Menschen langsam zum stöbernden und nachsuchenden Jagdhund wird, war das erste Nutztier des Menschen. Und das deutlich vor der »neolithischen Revolution« schon in der mittleren der Steinzeiten, im Mesolithikum. Also lange bevor die Menschen begannen, sich als Bauern niederzulassen, und bevor sich diese sesshafte neue Produktionsweise von Lebensmitteln ausbreitete.

Was die Jagdhunde des Mesolithikums noch lange nicht waren, was auch die von Xenophon beschriebenen Jagdhunde noch nicht waren: Rassehunde im heutigen Sinn. Unsere Vorfahren hatten noch keine Rassestandards festgelegt, und sie führten keine Zuchtbücher. Ihr Zuchtziel war die Brauchbarkeit der Hunde für die überlebenswichtige Aufgabe der Jagd. Der Wettbewerb der Züchter um größtmögliche Unterscheidbarkeit und Abgrenzung der sogenannten Rassen hatte noch nicht begonnen.

Rasse, Zucht, Unordnung

»Neben den Tieren, die sich in unseren Augen kaum unterscheiden und doch zwei verschiedenen Arten angehören, gibt es Exemplare, die von unterschiedlichen Planeten zu stammen scheinen und dennoch eine gemeinsame Art bilden. Ein Dackelrüde unterscheidet sich von einer Bernhardinerhündin wie ein Kaninchen von einem Kalb, und doch versucht er, sie zu besteigen. Wie ist es möglich, daß ein Mops eine Dogge zu erklimmen versucht? Wie kann er etwas von sich selbst im anderen erkennen?«

So wundert sich der »Grzimek der Niederlande«, der Biologe Midas Dekkers über den lächerlichen Vorgang, den wohl viele von uns schon ebenso verwundert beobachtet haben, wenn zwei Hunde anbandeln, denen wir ihre Körper zu unüberwindbaren Hindernissen gezüchtet haben.

»Wie weit müssen Hunde auseinandergezüchtet sein, bis sie einander als fremd abweisen? Am liebsten würden Hunde die Gräben, die der Mensch durch Züchtungen zwischen ihnen zieht, immer wieder zuschütten. Ein Rassehund ist eine Ansammlung erblicher Eigenschaften, die bellen kann. Menschen erhalten solche Rassen, Hunde wollen aus ihnen ausbrechen. Das ist für einen Hund ziemlich mühselig, denn er weiß nicht, wie klein oder groß er ist. Er hat kein Gefühl für Proportionen. Nicht sein Körpermaß verleiht ihm seine Hunde-Identität, sondern sein Geruch, und den hat ihm der Mensch bisher noch nicht wegzüchten können. Daß die Hunde ihren Ursprüngen dennoch tendenziell entfremdet sind, zeigt sich bei der Wolfsjagd. Obwohl sich der Hund des Pelzjägers noch gut mit einem Wolf paaren könnte, sieht er seinen Stammvater nurmehr als Jagdbeute. Sein Herrchen jedoch betrachtet er als Superhund. Der Hund ist ein Kollaborateur; er heult mit den Menschen.«[64]

Und er passt sich an die Menschen und deren Bedürfnisse an, oder er wurde angepasst. Einen Wandel haben alle Haustiere durchgemacht, die mit den Menschen lange Zeit zusammengelebt haben. Wobei dieses Zusammenleben wohl schon enger sein musste. Bei den Rentieren, die immer noch in großen Herden gehalten werden und selten Kontakt mit Menschen haben, ist eine Anpassung nicht sichtbar. Alle anderen Tiere, die wir in Hof und Haus in unmittelbare Obhut genommen haben, sind stark verändert, am stärksten die Hunde.

Der Hauswolf war das erste Tier in ständiger Nähe zum Menschen, und nachdem aus ihm wie von selbst in langer Zeit der Hund geworden war, wählte der Mensch nun die zur Jagd tauglichen Hunde nach seinem Bedarf. Viel später dann bekam der Hund eine zweite Aufgabe. Die Menschen ließen sich dauerhaft häuslich nieder; sie hatten nun einen Hof, den es zu bewachen galt. Und dann kamen die ersten anderen domestizierten Tiere dazu, die eine Bewachung brauchten. Das wäre die dritte Aufgabe des Hundes. Wir haben dann Jagdhunde, Wachhunde und Hütehunde. Aber Hunderassen sind das noch lange nicht. Die Tiere, die für diese drei Tätigkeiten gehalten und erzogen wurden, dürften auch höchst unterschiedlich ausgesehen haben. Denn aufs Aussehen kam es nicht an, nur auf die Funktion.

Die alten Römer unterschieden als erste in Jagdhunde, Wachhunde und Hirtenhunde. Diese Hundetypen gab es schon früher, wie die altägyptischen Darstellungen zeigen. Aber noch der Grieche Xenophon spricht im fünften Jahrhundert vor Christus nicht von Hundetypen oder gar Rassen, sondern nur von den Hunden, die sich der Jäger nach Körperbau und Charakter aussuchen sollte. Das waren also noch keine Jagdhunderassen. Erst die Römer nahmen eine Einteilung nach Eignung vor. Sie hielten regelrechte Jagdhunde und unterteilten diese noch einmal in Stöberhunde, Windhunde und Kampfhunde. Wobei besonders massige Hunde schon bei den Griechen, Assyrern und Babyloniern im Kriegseinsatz waren. Die Römer ließen diese Hunde nicht nur gegen wehrhaftes Wild in der freien Natur los, sondern auch gegen gefangene Löwen, Bären und menschliche Gladiatoren in der Arena.

Aber war das schon gezielte Zucht, Auswahl nach Funktion und Aussehen und Ausschluss von ungeeigneten Hunden von der Vermehrung, also Sexverbot? Vielleicht sind die älteren Hunderassen mehr zufällig in bestimmten Regionen durch Kreuzung von Hunden mit den gewünschten Anlagen entstanden. Das wären dann eher Landschläge, die sich äußerliche Merkmale teilen, derentwegen sie aber zunächst gar nicht zur Zucht ausgewählt wurden. Wenn die antiken griechischen Quellen von den großen Hirtenhunden der Molosser in Epirus berichten, die die Viehherden mutig gegen wilde Tiere verteidigten, war das dann schon eine Rasse? Molosser ist für heutige Hundezüchter der Sammelbegriff für Hunde mit massigem, gedrungenem Körperbau.

Der größte Rassezuchtverband für Hunde, die Fédération Cynologique Internationale, formuliert das so:»Die Rasse ist eine Gruppe von Individuen, die gemeinsame Merkmale aufweisen, die sie von anderen Vertretern ihrer Spezies unterscheiden und die durch Vererbung übertragbar sind.« Eine schön wolkige Formulierung, solange nicht definiert ist, welche gemeinsamen Merkmale das sein mögen. Am Ende geht es um Äußerlichkeiten, kann aber durchaus auch um Anlagen gehen, die vom Hundehalter leicht zu fördern sind. Viele Opfer von Kampfhundeangriffen können das beklagen. Die FCI listet rund 360 von ihr anerkannte Hunderassen weltweit auf. Was sie bei ihrer Definition der Rasse nicht dazu sagt, ist, dass die Unterscheidung von den anderen Vertretern ihrer Spezies vom Menschen aufrechterhalten werden muss, also nicht biologisch, sondern künstlich hergestellt ist.»Eine natürliche Rassenbildung im Hausstand findet nicht statt«, stellt Erik Zimen in schöner Klarheit fest. Allenfalls könne es die schon erwähnten Landschläge geben, also geografische Sonderformen von Haustieren, die sich in bestimmten Regionen entwickeln, weil die Tiere alle gleich genutzt werden. Solche Landschläge dürfte es auch bei den frühen Hunden gegeben haben – schon aus klimatischen Gründen. Die kurzhaarigen Hunde hatten das Überleben in den wärmeren Gebieten leichter, die kräftiger gebauten mit dem dichteren Fell in den kälteren Weltgegenden. Die Wölfe im Süden sind auch deutlich kleiner und kurzhaariger als die im Norden.»Erst wenn die besonders stark von der Norm abweichenden oder für die jeweilige Nutzungsart ungeeigneten Tiere durch den Menschen von der Fortpflanzung ausgeschlossen werden, wird der Typus einheitlich«, sagt Zimen.[65] Also ein Typus, eine Ähnlichkeit ist das, was Haustierzüchter noch immer als Rasse bezeichnen, während der Begriff ansonsten aus gutem Grund nicht mehr so recht gesellschaftsfähig ist.»Rassen«, sagt das *Kompaktlexikon der Biologie*,»sind Populationen einer Art, die sich in ihrem Genbestand und damit auch in ihrer Merkmalsausprägung von anderen Populationen derselben Art in einem Ausmaß unterscheiden, das eine taxonomische Abtrennung rechtfertigt.« Wer das nicht sofort versteht, befindet sich in guter Gesellschaft, denn das Lexikon fügt hinzu:»Die Definition zeigt, dass die Abgrenzung von Rassen nicht streng festgelegt werden kann.« Klarer wird es, wenn es um sogenannte Kulturrassen geht. Das sind»vom Menschen durch künstliche Selektion gezüchtete Haustier- und Pflanzenrassen. Sie sind auf bestimmte Wildarten als Stammarten zurückzuführen, mit denen sie oft noch fruchtbar kreuzbar sind. Sie werden nicht mit einem eigenen Rassennamen bezeichnet, sondern als *forma domestica* der Stammart benannt.«[66]

Solche Domestikationsformen können übrigens auch entstehen, indem die ungeeigneten Tiere von der Fortpflanzung nicht ausgeschlossen, sondern genau diese Tiere ausgewählt werden. Dann kommt es zu den immer kürzeren Nasen des Mopses, zur Kleinwüchsigkeit und den Glubschaugen des Chihuahuas, zu der extremen Hautfaltenbildung des Mastiffs, zu den verformten Knochen und den Triefaugen des Bassets. Dann gibt es Hunde, denen der Kopf so windschnittig gezüchtet ist, dass das Hirn eigentlich keinen Platz mehr haben dürfte, wie der Greyhound, und Hunde, die überaggressiv sind, wie die Bulldogge oder der Dobermann. Was war da wohl das jeweilige Zuchtziel, und was treibt die Züchter dazu, diese Rassen zu erhalten?

Die Tierärztliche Hochschule Hannover listet in ihrem »Forschungsprojekt Hund« eine Reihe von Krankheiten auf, die bei Hunden auftreten, und wirbt dafür, dass Hundebesitzer mit Blutproben ihres Hundes bei der Forschung helfen: »Wir erforschen die molekulargenetischen Ursachen von Krankheiten, deren Erbgänge und Heritabilität (Grad der Erblichkeit) und die Auswirkungen von Inzucht und erarbeiten verbesserte Zuchtprogramme.«[67] Inzucht bedeutet erhöhte Anfälligkeit für Krankheiten, das ist schon lange kein medizinisches Expertenwissen mehr. Dennoch produzieren Züchter von Nutztieren und Nutzpflanzen bewusst sogenannte Inzuchtlinien, um durch Kreuzungszucht aus zwei »reinerbigen« Elternlinien besonders »leistungsfähige« Hybridtiere oder Hybridpflanzen zu erhalten. Das Ergebnis sind dann zum Beispiel die Legehybriden oder Masthybriden bei den Hühnern. Tiere, die nur gut sind fürs Eierlegen oder nur für die Fleischmast. Bei der Hundezucht müsste das Ziel eigentlich sein, Inzucht zu vermeiden. Das scheint aber nicht zu funktionieren, wenn das meist optische Zuchtziel zu wichtig wird und der Genpool der Tiere, die so aussehen wie gewünscht, zu klein ist. Die Liste der vererbbaren Krankheiten der Rassehunde jedenfalls ist sehr lang. Bestimmte Rassen sind durch manche Krankheiten besonders gefährdet.

Als Paradebeispiel für eine Krankzüchtung gilt der Deutsche Schäferhund. Wobei der Zuchtverband seit Jahren gegen das schlechte Image arbeitet – und das nicht nur mit Public Relations, sondern vor allem mit gesünderen Hunden. Entstanden war dieses Image dadurch, dass es ein Vertreter dieser Rasse war, bei dem zum ersten Mal die Hüftgelenkdysplasie, eine erbliche Fehlentwicklung, diagnostiziert wurde. Die Folge einer solchen Deformation des Hüftgelenks sind früher Verschleiß und lebenslange Schmerzen, eingeschränkte Beweglichkeit bis zur Bewegungsunfähigkeit. Dass diese Erkrankung ausgerechnet beim Deutschen Schäferhund zum ersten Mal diagnostiziert wurde, ist wahrscheinlich kein Zufall, denn es ist bei den Schäferhundezüchtern bis heute Mode, dass der Hund hinten einknickt. Bei Zuchtschauen und Hundeausstellungen wurden lange die Hunde bewundert und ausgezeichnet, deren Kruppe deutlich niedriger war als die Schulter. Was immer das signalisieren sollte: Sprungbereitschaft, Aufmerksamkeit oder auch Unterwürfigkeit. Noch heute werden die Hunde gerne hinten eingeknickt präsentiert. Es gibt aber auch Züchter, die damit werben, dass ihre Hunde einen geraden Rücken haben.

Das Merkblatt zum FCI-Standard Nr. 166, mit dem die Fédération Cynologique Internationale den Deutschen Schäferhund beschreibt, zeigt dann wieder Hunde mit leicht rundem Rücken und eingeknicktem Gesäß. Unterschrift: »Diese Fotos stellen nicht unbedingt das Idealbild der Rasse dar.« Andere Bilder gibt es aber nicht. Und in der Beschreibung der Rasse steht unter dem Stichwort Körper: »Die Oberlinie verläuft vom Halsansatz an über den hohen langen Widerrist und über den geraden Rücken bis zur leicht abfallenden Kruppe ohne sichtbare Unterbrechung. Die Kruppe soll lang und leicht abfallend (ca. 23° zur Horizontalen) sein und ohne Unterbrechung der Oberlinie in den Rutenansatz übergehen.«[68] Bei der Beschreibung anderer Hunderassen steht in den FCI-Standards nichts von einer mit Gradangabe definierten abfallenden Gesäßregion. Ein Orthopäde mit Kenntnis der Hundeanatomie könnte eine solche Beschreibung auch als die eines erwünschten Haltungsschadens werten, der die Gefahr der Erkrankung des Hüftgelenks birgt. Der Verein für Deutsche Schäferhunde lässt aber schon lange nur noch Hunde zur Zucht zu, die eine Röntgenuntersuchung hinter sich haben und von einem zugelassenen Gutachter als frei von Hüftgelenksdysplasie diagnostiziert wurden. Und die Krankheitsstatistik der Orthopedic Foundation for Animals führt die Bulldogge als führende Rasse bei der Hüftgelenksdysplasie. Dann folgt eine lange Reihe von Hunderassen, eine Katzenrasse – und erst auf Rang 39 der Deutsche Schäferhund. Deutlich besser also als sein Ruf, was diese Degenerationserkrankung angeht. Allerdings erst, nachdem sie bei der Zucht aktiv aussortiert wird.

Andere Rassehunde werden weiterhin so gezüchtet, dass schmerzhafte Erkrankungen und dauerhaftes Leid programmiert sind. Möpse, Bulldoggen, Boxer und andere Hunde, denen wir kurze Nasen angezüchtet haben, neigen zum brachycephalen Syndrom. Der Preis, den die Hunde dafür bezahlen, dass sie dem menschlichen Kindchenschema entsprechen, kann hoch sein. In leichten Fällen von Brachycephalie, was übersetzt eigentlich nur Kurzköpfigkeit heißt, hat der Hund bloß leichte Probleme beim Atmen. Er röchelt, schnieft und schnarcht oder grunzt – wenig hundetypisch. In schwereren Fällen von Brachycephalie kann schon ein Spaziergang bei warmem Wetter oder ein Spiel im Garten tödlich sein. Beim winzigsten der Hunde, dem Chihuahua, wird das sogenannte Rückwärtsniesen beschrieben. Ein anfallartiges Röcheln mit heftiger Atemnot infolge von Aufregung und Freude. Mit vielen anderen Hunderassen – wie Foxterrier, Dackel und Cocker Spaniel – teilt sich der Chihuahua die Neigung zur Patellaluxation, einer seitlichen Verlagerung der Kniescheibe. »Sie tritt bei vielen Hunderassen auf und ist oft durch erbliche Fehlentwicklungen des Kniegelenks bedingt«, stellt die Tierärztliche Hochschule Hannover trocken fest.[69] Die Folgen sind wieder Gelenkschmerzen, Bewegungseinschränkungen, Arthrose. Kurzbeinig gezüchtete Hunde mit überlangen Rücken, wie der Bassett, neigen zu Bandscheibenvorfällen. Beim Petit Basset Griffon Vendeen, einem kleinen rauhaarigen französischen Jagdhund, sind erbliche Augenkrankheiten nachgewiesen, die zur Erblindung führen oder zu einem schmerzhaften Glaukom, bei dem notfalls das Auge entfernt werden muss. Von häufigen Ohrenentzündungen wissen die Besitzer der Rassen mit langen Hängeohren, wie Spaniel, Bassett, Labrador oder Dackel, zu berichten. Und manche typischen Erkrankungen sind der Einfachheit halber gleich nach der Rasse benannt, bei der sie häufig auftreten. Die »Dobermann-Kardiomyopathie« zum Beispiel, eine krankhafte Erweiterung des Herzmuskels, die zu Herzrhythmusstörungen und Herztod führen kann. Nach dem Meutejagdhund Beagle ist eine Form der Hirnhautentzündung benannt. Das »Beagle Pain Syndrome« ist eine Autoimmunerkrankung, bei der das Immunsystem des Hundes dessen Hirnhaut und Rückenmarkshäute angreift und Entzündungen verursacht. 1999 legte eine Sachverständigengruppe, die das Bundeslandwirtschaftsministerium bestellt hatte, ein Gutachten zur Auslegung des ein Jahr zuvor renovierten deutschen Tierschutzgesetzes vor. Darin geht es um Qualzuchten, die der Paragraph 11 b des Gesetzes ausdrücklich verbietet. »Das Gutachten soll insbesondere allen Züchtern von Heimtieren helfen, ihrer Verantwortung gerecht zu«, schreiben die Gutachter in ihre Vorbemerkung, um dann gleich einzuschränken: Sie seien sich bewusst, »dass die Ziele des Gutachtens zwar mit Nachdruck zu verfolgen sind, aber nicht in allen Fällen kurzfristig in vollem Umfang realisiert werden können«.[70] Im Text folgen dann allgemeine Definitionen von Qualzucht und im speziellen Teil über Hunde allein dreizehn verschiedene Formen von krankhaften Veränderungen, die zu Leid und lebenslangen Schmerzen führen.

»Gesunde Hunde wünschen sich nicht nur die Züchter, sondern besonders die Familien, die sich einen Welpen kaufen. Immer wird von Verbänden propagiert, dass nur Rassehunde gesunde Hunde sind«, schreibt der Förderverein für wissenschaftliche Hundeforschung auf seiner Website, um dann ganz lapidar anzuführen: »Das ist nicht der Fall!«[71] Was der Verein ändern möchte. Ähnlich wie die Gesellschaft zur Förderung Kynologischer Forschung, die feststellt: »Jeder, der sich mit Hunden beschäftigt, weiß, dass die Probleme rund um den Gesundheits- und Verhaltensbereich des Hundes eher zunehmen als geringer werden.«[72] Mit dem Verhaltensbereich gemeint sind wohl die Probleme mit besonders zur Aggression neigenden Rassen und mit den Besitzern dieser Hunde. Das Gutachten zur Qualzucht nennt das »Hypertrophie des Aggressionsverhaltens«, eine Verhaltensstörung, die biologisch keinen Zweck habe und deshalb auch nicht Ziel sein dürfe.

»Bei dem Bullenbeißer ist der Leib gedrungen, dick, gegen die Weichen nur wenig eingezogen, der Rücken nicht gekrümmt, die Brust breit und tiefliegend, der Hals ziemlich kurz und dick, der Kopf rundlich, hoch, die Stirn stark gewölbt, die Schnauze kurz, nach vorn verschmälert und sehr abgestumpft. Die Lippen hängen zu beiden Seiten über und triefen beständig von Geifer; die ziemlich langen und mittelbreiten Ohren sind gerundet, halb aufrecht stehend, gegen die Spitze umgebogen und hängend.«

Sollte das dem Zuchtziel entsprochen haben, was Alfred Brehm da über die Bulldogge schreibt, dann ging es sicher nicht um Schönheit. Auch um Schnelligkeit und Eleganz kann es nicht gegangen sein. Brehm attestiert den Tieren »Schwere und Plumpheit«, was sie aber wettmachen mit »Stärke, viel Entschlossenheit und einen unglaublichen Mut«. Die Bullenbeißer seien zwar nicht die hellsten unter den Hunden, aber sie würden sich gut an den Menschen gewöhnen und ohne Bedenken für ihn ihr Leben opfern. Was Brehm offenbar als Zeichen von Intelligenz wertet und in seinen Augen den Bullenbeißer zu einem vorzüglichen Wachhund und unverzichtbaren Reisebegleiter in unsicheren Gegenden macht.

»Auch als Wächter bei Rinderherden wird er verwendet und versteht es, selbst den wildesten Stier zu bändigen; denn er ist geschickt genug, sich im rechten Augenblicke in das Maul des Gegners einzubeißen und so lange sich dort festzuhängen, bis sich der Stier geduldig der Übermacht des Hundes fügt.«[73]

Solch ein Kampf zwischen einem Metzgerhund und einem Bullen, der nicht zum Schlachthaus wollte, soll es gewesen sein, der einen adeligen Herrn im englischen Stanford auf die Idee gebracht hat, Schaukämpfe mit Hunden zu veranstalten. Das war im 12. Jahrhundert und wurde dann über mehrere Jahrhunderte hinweg ein beliebter blutiger Zeitvertreib vor allem der Briten, bis das Britische Parlament 1835 alle Tierkämpfe verbot, inklusive der Hunde- und Hahnenkämpfe. Mit dem Bullenbeißen oder Kämpfen von Hunden gegen Bären war es dann vorbei, aber die Kämpfe Hund gegen Hund gingen im Untergrund umso blutiger weiter. Die Beliebtheit der Hundekämpfe im 19. Jahrhundert erklärt die Tierärztin Andrea

Steinfeldt in ihrer Dissertation zur Geschichte der Kampfhunde mit dem sozialen Elend der Arbeiter in England:

>»Sicherlich wurde im Hundekampf ein Ausgleich zur katastrophalen sozialen Situation gesucht, mit dem zugleich ein Wettgewinn verbunden sein konnte. Unter ähnlich schlechten Bedingungen lebten auch die englischen, irischen und schottischen Auswanderer, die nach dem Ende des Amerikanischen Bürgerkrieges in die Vereinigten Staaten übersiedelten. Hier erlebten die Hundekämpfe besonders in den 40er Jahren des zwanzigsten Jahrhunderts ihre Blütezeit.«[74]

In den USA gibt es bis heute kein Bundesgesetz, das die Hundekämpfe überall verbieten würde. In Großbritannien ging es mit dem Verbot erst richtig los. Gerade hatte man dort extra für die Kämpfe Hund gegen Hund den Bulldoggen die Schwerfälligkeit ausgetrieben, indem man Terrier eingekreuzt hatte. Entstanden sind die Bullterrier, nach der Kampffläche auch Pitbull genannt. Die Pit ist ein Quadrat von dreieinhalb bis fünf Metern Seitenlänge, das diagonal in zwei Teile geteilt wird – mit je einer Ecke für die beiden Kontrahenten, ganz wie beim Boxkampf. Auch sonst war alles geregelt bei den Hundekämpfen auf der britischen Insel; und das ist es bis heute bei den illegalen Hundekämpfen. Was die Hunde in den verschiedenen Gewichtsklassen wiegen dürfen, wie der Kampf beginnt, wie er geführt wird, was die Sekundanten dürfen, also die Hundehalter, und auch, dass ihre Hunde nicht mit irgendeinem Mittel präpariert sein dürfen. »Die Hunde sind vor dem Kampf mit der Zunge abzulecken und es ist dabei festzustellen, ob irgendeine gefährliche Präparierung oder Einreibung der Hunde erfolgte.«[75] So steht es in einer der Hundekampf-Regeln von 1910. Dafür gab es den gut bezahlten und nicht ungefährlichen Job des »Tasters«. Der kostet vor, ob das Fell eines der für den Kampf vorbereiteten Hunde vielleicht nach dem hochgiftigen Nikotinsulfat schmeckt. Verdrehte Welt: Die Wettleidenschaft und die Liebe zu einem blutigen Schauspiel – wohl eher nicht zum Hund – bringt den Menschen dazu, den Hund abzulecken.

»In England wurden die Hundekämpfe als ›Sportveranstaltung‹ bald so populär«, schreibt Steinfeldt, »daß jemand, der den Namen eines berühmten Hundes nicht kannte, bewies, daß er in sportlichen Dingen nicht auf dem Laufenden war. Viele englische Zeitungen veröffentlichten zu jedem erfolgreichen Kampfhund Berichte über die Ergebnisse seiner früheren Kämpfe.«[76] Trotz des Verbots der Kämpfe wohlgemerkt. Die Hundekämpfe endeten übrigens fast immer tödlich für den unterlegenen Hund, mitunter wegen seiner Verletzungen auch für den Sieger. Ein Besitzer konnte sein Tier zwar aus dem Ring nehmen, wenn die Niederlage absehbar war, das rettete es aber auch nicht, denn nach der Niederlage war der Hund nichts mehr wert und wurde meist ohnehin getötet. Auch heute finden noch Hundekämpfe statt, und es gehen dabei hohe Wettsummen über den Tisch, auch in Deutschland. Manchmal fliegt solch eine nächtliche Veranstaltung auf, und es gelingen sogar ein paar Festnahmen. Bisweilen folgen auch Haftstrafen, zumeist, weil die Hundekämpfer ohnehin wegen diverser Gewalt- oder Drogendelikte vorbestraft sind.

Man kann jeden Hund scharfmachen, heißt der Merkspruch der Hundeforscher und Züchter. Nur beim Bullterrier und bei einigen anderen auf Aggressivität gezüchteten Hunderassen fällt es leichter. Weshalb man schon die Frage stellen darf, ob diese Hunde weiter gezüchtet werden sollten. Obwohl nach jedem Angriff von Kampfhunden wieder aktuell, dürfte diese Frage – wie berechtigt auch immer – dennoch müßig sein. Was in der Welt ist, lässt sich nicht durch Verbot wieder entfernen. An den meisten Beißunfällen sind ja auch gar keine Kampfhunde beteiligt, sondern die ganz »normalen« Hunde von nebenan, die entweder von ihrem Besitzer nicht verantwortungsvoll aufgezogen und erzogen oder auch bewusst scharfgemacht wurden. Oft ist auch eine Bisswunde das Ergebnis eines Miss- oder Unverständnisses: der Missachtung von Warnungen, der Übertretung der Fluchtdistanz des Tieres. Das ist dann der Tatsache geschuldet, dass wir den Hund zumeist nicht »lesen« können, wie das der Kynologe Hansjoachim Hackbarth ausdrückt. Lesen können wir aber die Menschen, die an aggressiven Hunden Interesse haben. Wir verstehen, dass sie den Hund als Verlängerung ihres Egos brauchen und missbrauchen. Wir verstehen, wie es zur Zucht solcher Hunde kam und dass allein dies schon eine besonders perfide Form des Missbrauchs ist. Und dass die Entscheidung des Wolfes, sich uns anzuschließen, für ihn nicht nur von Vorteil war.

Gelangweilte Gebrauchshunde

Für den Menschen – als Hundehalter – ist der Hund in jedem Fall von Nutzen. »Auch, wenn die meisten Hunde, die wir heute halten, keine Gebrauchshunde mehr sind, die wegen einer bestimmten Aufgabe, einer bestimmten Arbeitsleistung gehalten werden, sind sie doch immer noch Nutztiere«, sagt Hansjoachim Hackbarth. »Sie führen bei alten Menschen beispielsweise dazu, dass sie sich bewegen. Das ist ein ganz konkreter Nutzen. Sie tragen zur zwischenmenschlichen Kommunikation bei. Wie viele Leute kommen kaum in Kontakt mit anderen Menschen – außer über den Hund, da redet man mit anderen Hundebesitzern.« Der Hund als Bewegungs- und Sozialtherapie. Und ganz sicher auch als persönliche Bezugsperson und Ersatz für fehlende oder verloren gegangene zwischenmenschliche Liebe. Wobei der Ersatz schon ziemlich hinreichend sein kann, nicht umsonst heißen die kleinen Schoßhündchen, die in der Renaissance bei den wohlhabenden Damen in Mode kamen, im Volksmund, der es ja gerne etwas deftiger hat, Fotzeleckerle. »Besonders im 18. Jahrhundert wurden Schoßhunde auch zu sexuellen Zwecken dressiert«, weiß das Lexikon.[77] Siehe auch die Stichworte Cunnilingus und Zoophilie.

Im 21. Jahrhundert wurde das in Deutschland übrigens strafbar. »Es ist verboten, ein Tier für eigene sexuelle Handlungen zu nutzen oder für sexuelle Handlungen Dritter abzurichten oder zur Verfügung zu stellen und dadurch zu artwidrigem Verhalten zu zwingen«, heißt es seit 2013 im deutschen Tierschutzgesetz. Und was ist, wenn man das Tier gar nicht zwingen muss? Auch das mit dem artwidrigen Verhalten ist zumindest zweifelhaft. Wer hat nicht schon erlebt, dass irgendein Rüde sich das Bein eines zufälligen menschlichen Besuchers zum auffordernden Rammeln ausgesucht hat. Peinlich für den Besuch, peinlich für den Hundebesitzer, peinlich für alle – nur für den Hund nicht, der sich nach Ablehnung und Zu-rechtweisung dann halt selbst den Penis leckt. Jane Goodall erzählt von einem Pavianmann, der es mit einer Schimpansin trieb. Von we-gen artwidriges Verhalten: Die Tiere selbst halten die Artgrenzen manchmal nicht ein, warum sollten die Menschen? Midas Dekkers schreibt in seinem Buch über die Tierliebe:

>Geht es ihr um Sex, dann ist der Hund für eine Frau nächst dem Mann am bequemsten. Hunde gibt es in allen Formen und Größen. Sie sind für die un-terschiedlichsten Bedürfnisse gezüchtet worden. (…) Aber das ist nicht der wichtigste Grund, warum der Hund der Favorit unter den Sexualpartnern ist. Er erweist sich auch in dieser Hinsicht als bester Freund des Menschen, weil er die Liebe erwidern kann. Sexualität muß nicht beiden Seiten Spaß ma-chen, aber besser wäre es schon. Was empfindet das Tier dabei? Das ist auf dem Gebiet der Sodomie die entscheidende Frage. Ist es nur Opfer primitiver Gelüste oder hat es selbst etwas davon. (…) Hunde haben oft merklichen Spaß an der Sache. Manchmal ergreifen sie sogar die Initiative.«[78]

Zu dieser Art der Nutzung braucht es wohl eher keine Rassehunde, auch wenn die Schoßhunde für zumindest eine Form des Liebes-dienstes optimiert wurden. Und so gesehen hätte ein Schoßhund als Nutztier ja dann auch noch eine Aufgabe und müsste nicht ohne Job in den Tag dösen, bis der Spaziergang dann endlich ansteht. Andere Hunde, die einmal als Gebrauchshunde, als Arbeitshunde konzi-piert waren, leiden darunter, dass sie vom Menschen meist auf ih-ren sozialen Nutzen reduziert werden, aber im Grunde arbeitslos sind. Dabei arbeiten diese Hunde so gerne, was man bisweilen noch beobachten kann. Ich hatte dieses Vergnügen an einem schönen Frühlingstag an der Nordsee.

Wir gingen am Wasser entlang. Auf dem Deichweg, zwischen Salz-wiesen, Watt und Deich – immer um die Schafkötel herum. Die sind dort unvermeidlich; ohne Schafe kein Deich. »Das Schaf hat vier goldene Hufe und ein goldenes Maul«, sagen die Nordfriesen. Es hält das Gras kurz und tritt die Grasnarbe fest, so dass die nächste Sturmflut keine Angriffsfläche hat. Aber von Sturm war an diesem Nachmittag nichts zu sehen, dafür umso mehr Schafe. Ein bisschen viele sogar für unseren Deichabschnitt. Das fand wohl auch der Schäfer, denn nun kam er mit seinem Pickup und dem Transportanhänger den Weg entlang, uns entgegen. Hinter einem Deichgatter hielt er und ließ einen Hund aus dem Wagen springen. Dazu braucht niemand eine Fahrzeugtür zu öffnen. Es genügt ein Wink, und der Border Collie springt aus dem Fenster. Dann kam doch ein Wort: »Down!« Und der Hund legte sich ab. Der Schäfer fuhr weiter bis zum nächsten Gatter. Die Tore sind die Durchgänge der Zäune, die den Deich in Weideflächen teilen. Am zweiten Gattertor angekommen, steckte der Schäfer metallene Zaunteile zu einem Pferch mit offenem Eingang zusammen, dessen hinterer Ausgang der Transportanhänger für die Schafe war. Als er den Pferch fertig hatte, folgte ein Wink, und der zweite Border Collie sprang aus dem Pickup. Der Schäfer ließ den Hund neben dem Pferch in die Salzwiese laufen und sich dort ablegen.

Nun waren alle Vorbereitungen getroffen, und der Schäfer gab das Startsignal, er hob die Hand und rief mit lauter Stimme: »Fiete, komm!« Der Hund, der bis jetzt geduldig und ohne sich zu rühren, einen Kilometer entfernt im Gas gelegen hatte, erhob sich und setzte sich in Bewegung. Die Schafe, die eben noch direkt vor ihm gegrast hatten, kamen auch ins Laufen. Sie liefen auf den Eingang zum Pferch zu, naja, wenigstens in die Richtung. Aber was war mit den Schafen draußen in der Salzwiese? »Bring sie alle mit!«, rief der Schäfer und deutete seewärts. »Da rechts ist noch eins«, rief der Schäfer, und der Hund schaute nach links, nach rechts aus seiner Sicht, entdeckte das zurückgebliebene Lamm und holte es im weiten Bogen zur Herde zurück. »Rechts, links, bring sie alle mit, da ist noch eines«, der Schäfer musste nur rufen und deuten, der Border Collie rannte. Die Schafe kamen näher und begannen, durcheinanderzulaufen. »Stopp!«, rief der Schäfer. Und der Hund legte sich ins Gras. »Langsam weiter!«, rief der Schäfer, als die Schafe sich beruhigt hatten, und der Hund erhob sich und trottete von links nach rechts, schob die Herde langsam voran. Die Schafe kamen der Öffnung des Pferchs auf breiter Front näher, und der Schäfer schickte den zweiten Hund: »Mia, lass da keinen durch!« Die Hündin sprang auf und rannte parallel zum Eingang des Pferchs hinaus auf die Salzwiese. Sie holte die Schafe von weit draußen ab, brachte sie herein, die Herde lief enger – am Pfercheingang Gedränge. »Langsam jetzt«, rief der Schäfer, und die Hunde trabten nur noch. Zwei Minuten später hatte er den Pferch hinter den Schafen geschlossen. Das Schauspiel war vorüber. Zwei glückliche Border Collies wurden ausgiebig gelobt.

Immer wenn ich solche Zusammenarbeit zwischen Hirt und Hund bewundern kann, frage ich mich, was eigentlich mit all den Border Collies und all den anderen für bestimmte Aufgaben gezüchteten Hunden ist, die nicht mehr arbeiten dürfen, die fast nichts zu tun haben. Die Hüte- und Schäferhunde ohne Herde, die Lauf- und Vorstehhunde ohne Jagderlaubnis, die Wasserhunde ohne Teich und Enten. Sind sie zufrieden als Familienhund oder Beziehungsersatz? »Die langweilen sich zu Tode«, sagt Hundeforscher Hansjoachim Hackbarth über all die arbeitslosen Hunde ohne eigenen Aufgabenbereich, »sie sind komplett unterfordert!« Vor allem weil viel zu viele Menschen sich Hunde anschaffen, die keine Ahnung von ihnen und ihren Bedürfnissen und keine Zeit für sie haben. Der Hund ist zuhause, Herrchen und Frauchen müssen arbeiten, Kind könnte nachmittags Gassi gehen, sitzt aber lieber vorm Computer und lässt den Hund deshalb nur mal kurz raus. Und wenn die Eltern dann nach Hause kommen, geht's noch einmal mit dem Hund um die vier Ecken. Und das war sein Tag. Viel zu wenig Beschäftigung, Anregung, Anforderung für einen Hund, der ursprünglich für eine komplexe Aufgabe gezüchtet wurde.

Noch vor wenigen Jahrzehnten ging es bei vielen Hunderassen vordringlich um ihre Funktion – auf dem Hof, bei der Tierhaltung, bei der Jagd. Die Namen der Rassen sprechen noch davon. All die Schäferhunde, Hirtenhunde, Bergers, Shepherds – das waren einmal Hütehunde. Die Bouviers, Sennenhunde, Cattle Dogs – das waren die Treiberhunde. Am zahlreichsten sind die Jagdhunde, die Beagles, die Setter, die Cocker, die Bracken, die Vorstehhunde, Jagdterrier, Schweißhunde, Retriever, Fuchshunde, Dachshunde. Die Namen dieser Hunderassen klingen nicht umsonst nach Arbeit, nach Gebrauch. Was passiert mit ihnen, wenn sie dann nicht mehr gebraucht werden, aber gekauft, weil sie gefallen oder weil ihre Besitzer mit ihnen gefallen wollen. Wenn eine Rasse gerade in Mode ist, dann wird gezüchtet, was die Hündinnen tragen können. Da kommt es dann oftmals nicht mehr so sehr darauf an, was nach ein paar Monaten aus den Welpen geworden ist, welche Anlagen, welche Charaktereigenschaften sie mitbringen. Hauptsache, sie sehen so aus, wie das rassetypisch sein soll und gewünscht wird. Verantwortungsvolle Züchter schauen sich an, in wessen Hände sie ihre Hunde abgeben. Eine Garantie für ein gutes Hundeleben ist das nicht immer.

Hansjoachim Hackbarth sagt es deutlich:»Tierquälerei findet in Deutschland am häufigsten in privaten Haushalten statt – nicht in irgendwelchen Versuchslabors, nicht in irgendwelchen Massentierhaltungen.« Und das vor allem, weil sich Menschen Tiere anschaffen, ohne die leiseste Ahnung von diesen Tieren zu haben.»Sie sind zu dumm«, sagt der Hundeforscher.»So dumm, dass sie glauben, ohne jede Sachkenntnis einen Hund aufziehen, erziehen und seinen Bedürfnissen entsprechend halten zu können.« Häufig wird es auch Hundehalter geben, die ihre Tiere trotz Sachkenntnis nicht angemessen halten. Wenn der Mensch zu dick ist und sich nicht bewegt, obwohl er weiß, dass er sich anders ernähren sollte und mehr Bewegung braucht, könnte er dem Hund dasselbe antun. Anders herum geht's auch: Weil der Mensch sich selbst kasteit, tut er all das Gute, was ihm fehlt, seinem Hund an. Möglichkeiten der Misshandlung gibt es im Alltag viele. Dazu muss man keine direkte Gewalt anwenden. Man kann die Tiere auch zu Tode lieben.

Glücklicherweise können sich die Hunde bestens an die Menschen und fast alle Lebensbedingungen anpassen, weshalb man von der Dummheit ihrer Besitzer meist nicht so viel bemerkt. Da hilft dem Hund seine Abstammung vom anpassungsfähigen Rudeltier Wolf. So kann er das Zusammenleben mit dem egoistischen Opportunisten Mensch besser ertragen.

2 Schwein gehabt

*»I am fond of pigs. Dogs look up to us.
Cats look down on us. Pigs treat us as equals.«*[*]
Winston Churchill

Echte Sauerei

Es ist ein sonniger Herbsttag im Wendland. Ein Bussard kreist über einem Höhenzug unweit der Elbe. Unter ihm Wiesen und Äcker und an den etwas steileren Hängen – wo sich die ohnehin karge Landwirtschaft auf dem sandigen Boden gar nicht mehr lohnt – kleine Wälder. Es sind lichte Wäldchen aus Kiefern und Eichen, ein paar Buchen dazwischen, unterwachsen mit Ebereschen und Wildkirschen. Nichts, was einen Land- oder Forstwirt reich machen kann. Die besseren Böden, die saftigeren Flächen, die größeren Wälder sind anderswo. Auch die Höfe sind hier eher klein. Und doch ist eines dieser Wäldchen ein ganz besonderes. Es ist wieder das, was die Wälder in dieser Region bis ins frühe 20. Jahrhundert hinein waren: ein Hutewald.

Um das werden zu dürfen, musste dieser Wald allerdings erst einmal eingezäunt werden. Außen herum ein stabiler Drahtzaun, versehen mit massiven Eisentoren, und direkt dahinter gleich noch ein Elektrozaun. Entweder leben in diesem Wald gefährliche Tiere,

---

[*] »Ich liebe Schweine. Hunde schauen zu uns auf, Katzen schauen auf uns herab. Schweine behandeln uns als ihresgleichen«, sagte Winston Churchill beim Streicheln eines Schweins, als er kurz nach dem Zweiten Weltkrieg mit seinem späteren Schwiegersohn, Christopher Soames, eine Farm besuchte.

oder Besucher sind hier nicht willkommen. Der Eindruck täuscht. Die Tiere sind sehr freundlich, und Besucher sind äußerst willkommen. So sehr, dass bei ihrem Auftauchen gleich alles zusammenläuft. Heute sind es gut ein Dutzend halbwüchsige Schweine, die das Privileg haben, im Wald weiden zu dürfen, und die angerannt kommen, als sie das Tor klappern hören. Sie springen über Wurzeln und Äste, über Steine und Kuhlen. Behände und flink, als sei der Wald ihr angestammter Lebensraum. Was er auch ist. *Sus scrofa* – das Wildschwein, die Stammform all unserer Hausschweine – ist ein Waldbewohner.

Sie sind neugierig und kontaktfreudig, nachgerade schmusebedürftig. Kaum ist die Bäuerin über den Elektrozaun gestiegen, wird sie von den Schweinen umringt. Sie stupsen ihr an die Knie, lehnen sich an ihre Beine. Schließlich geht sie in die Hocke und streichelt jedem Schwein den Kopf oder kratzt ihm den Rücken. Schweinestreicheln ist eine etwas robustere Veranstaltung als Hundetätscheln oder gar Katzenschmusen. Und das nicht nur, weil da kein weiches Fell ist, sondern eine struppige Borstendecke. Die Schweine fordern die Streicheleinheiten aktiv ein. Sie lehnen sich kräftig an und sie balgen sich auch schon mal um die Nähe zu ihrer Bäuerin, sie schubsen und grunzen kämpferisch; und wer nicht gleich drankommt, quiekt seinen Protest heraus. »Die Stimme ist ein sonderbares Grunzen, welches viel Behäbigkeit und Selbstzufriedenheit oder Gemütlichkeit ausdrückt«, schreibt Alfred Brehm in seinem *Tierleben* über die Schweine.[1] Die schwarzweißen Schweine im Hutewald hätten ihn eines Besseren belehrt. Sie grunzen und quietschen in unterschiedlichsten Lautungen, auch ungeübte Ohren hören kurze, dunkle Warnungen, ungeduldiges, höheres Grunzen, unzufriedenes Quietschen, aber auch zufriedenes Brummen. Die Schweine stecken ihre Nasen in die Jackentaschen der Bäuerin, schauen nach, ob da nichts für sie drin ist. Dass sie dort heute nichts finden können, tut der Schmusebereitschaft aber keinen Abbruch.

Diese Schweine wissen offensichtlich nicht, dass sie auf der Streichelhitliste des Menschen gar nicht vorkommen. Der niederländische Biologe und Schriftsteller Midas Dekkers hat aus den Befragungen von tausenden Kindern in Großbritannien und den USA und einer Streichel-Top-Ten tschechischer Herkunft eine Hitliste zusammengestellt, die mit Affe, Pferd und Hund beginnt und mit Katze, Panda und Elefant endet.[2] Von Schweinen ist da keine Rede. Wahrscheinlich auch deshalb, weil Schweine selten als Schmusetier Eingang in Kinderzimmer finden, bestenfalls als glattes, kaltes und vor allem fellfreies Sparschwein. Da die Schweine in diesem wendländischen Hutewald davon nie gehört haben, kümmern sie sich nicht um die Streichelgewohnheiten von repräsentativ befragten Menschen in irgendwelchen Städten, die höchstwahrscheinlich noch nie ein lebendiges Schwein gesehen haben. Es reicht ihnen, wenn die Menschen, mit denen sie zu tun haben, ausreichend Streicheleinheiten vergeben.

Und die Menschen vom Hutewaldhof in Riskau wundern sich auch nicht mehr, dass ihre Schweine so verspielt und verschmust sind. Am Anfang war das noch etwas anders, da wunderten sie sich schon, als sie mit der Freilandhaltung anfingen und sich für die schwarzweißen Sattelschweine entschieden, weil die das ganze Jahr über draußen sein können. »Wir haben sehr engen Kontakt zu unseren Schweinen«, sagt die Agrarökologin Kathrin Ollendorf, »sie sehen uns seit ihrer Geburt jeden Tag.« Aufgebaut hat sie die kleine Landwirtschaft mit ihrem Partner Holger Linde, der schon im Ausbildungsbetrieb mit Schweinen gearbeitet hat, aber nie so engen Kontakt zu ihnen hatte wie zu den drei Sauen, mit denen die beiden in Riskau angefangen haben. Die haben sie aufgezogen, und deren Ferkel kennen sie vom ersten Tag an.

»Eigentlich sind unsere Schweine schrecklich verwöhnt«, sagt Linde, »sie haben täglichen Zuspruch. Wenn es der Muttersau zu viel wurde, habe ich mit den Ferkeln gespielt, und wenn es mir zu viel wurde, war da immer noch der Hund.« Ferkel, die Fangen spielen mit dem Hofhund – da purzeln nicht nur die Wutze, da purzeln auch die Rollenbilder. Wie so viele Klischees ins Straucheln geraten, wenn man den Schweinen tatsächlich einmal zuschaut und sie wirklich die Möglichkeit haben, sich zu geben, wie es ihnen gefällt. Aber welches Schwein kann das schon. Fast alle verbringen ihr Leben ausschließlich in Ställen, die zudem alles andere als artgerecht sind.

Die Schweine im Wald und auf den Weiden und Feldern von Riskau sind schwarz, mit einem weißen Band über Vorderhand und Rücken: Angler Sattelschweine. Sie sind benannt nach dem charakteristischen weißen »Sattel« und der Region, aus der sie stammen – der Ostsee-Halbinsel Angeln in Schleswig-Holstein. Dort, zwischen Flensburg und Eckernförde, haben sich in den 20er Jahren des vergangenen Jahrhunderts ein paar Bauern zusammengetan, um die Angelner Schweine zu veredeln. Als hätten sie sich an die Geschichte ihrer Vorfahren erinnert, die das heutige England eroberten und besiedelten und sich dort mit den anderen einwandernden Völkern zu den Angelsachsen vereinten, zogen auch die Angelner Bauern des 20. Jahrhunderts nach England. Von dort kamen damals schneller wachsende und mehr Ferkel gebärende Schweine. Die Bauern importierten Sattelschweine aus England und veränderten damit den eigenen Landschlag. Heraus kam das Angler Sattelschwein, eine robuste Rasse, die ganzjährig draußen gehalten werden kann und deren Sauen viele Ferkel haben, um die sie sich bestens kümmern. Viele Jahrzehnte war das Angler Sattelschwein bei den Züchtern vor allem in Norddeutschland sehr beliebt. Dennoch hätte es das Zeitalter der modernen Hybridschweine, die in kurzer Zeit viel fettarmes relativ geschmackloses Fleisch ansetzen, fast nicht überlebt. Die GEH, die Gesellschaft zur Erhaltung alter und gefährdeter Haustierrassen[3], führt das Angler Sattelschwein als extrem gefährdete Haustierrasse in der Roten Liste. Das Herdbuch, das Stammbuch der Rasse, verzeichnete für das Jahr 2013 lediglich 69 weibliche und 18 männliche zur Zucht zugelassene Tiere. Inzwischen sind es einige Sauen mehr – auch durch den Hutewaldhof, der mit drei Sauen angefangen hat und jetzt langsam aufstockt.

Kathrin Ollendorf hat nun jedem Schwein genügend Aufmerksamkeit gewidmet. Findet sie zumindest. Die Läufer, wie die Züchter die Jungschweine nennen, sind anderer Meinung. Sie drängeln sich weiter um ihre Bäuerin. Die aber erhebt sich nun aus der Hocke und beginnt einen Rundgang durch den Wald. Die Schweinebande bleibt bei ihr, drängelt sich neben sie oder folgt ihr dicht auf den Fersen. Kathrin Ollendorf hat sich zuvor in anderen Biobetrieben um den Pflanzenbau gekümmert. Deshalb kann sie nun mit geschultem Blick sehen, wie die Schweine den Wald verändern. Bevor sie mit der herbstlichen Beweidung begonnen hat, wuchs im lichten Wald unter den hohen Kiefern hauptsächlich Gras. Da hatten es die Laubbäume schwer. Ihre Keimlinge kamen nicht hoch. Jetzt brechen die Schweine in jedem Herbst die Grasnarbe um und geben anderen Pflanzen damit eine Chance. Es wuchern nun Kräuter, und die Keimlinge der Eichen gehen nicht nur auf, sie wachsen auch. Anders als Rinder und Ziegen verbeißen die Schweine die jungen Bäumchen nicht. Sie finden das Kräuterangebot, die Pilze, aber auch Insekten und deren Larven oder Mäuse viel interessanter. Allerdings auch Vogelnester, weshalb sie auch im Frühjahr und Sommer nicht in den Wald dürfen. Die Schweine jedenfalls bauen den Wald um. Die Schweinebauern tun das Ihrige dazu, indem sie ab und an eine alte Kiefer fällen, um den Eichen und Buchen – als Produzenten von Eicheln und Bucheckern Futterbäume der Schweine – mehr Platz zu geben.

Einmal, als Kathrin Ollendorf sich herunterbeugt zu einer jungen Eiche, bemerkt sie nicht, dass einer der Läufer sich hinterrücks an ihr zu schaffen macht. Vorsichtig und langsam greift das junge Schwein mit dem Maul ihr Hosenbein und zieht es dann mit einem Ruck aus dem Gummistiefel. Die Bäuerin dreht sich um, ruft »He!« und schiebt das Schwein mit einer raschen Handbewegung am Kopf beiseite. Das springt einen halben Meter weg, dreht sich dann wieder der Bäuerin zu, öffnet das Maul und nickt ein paarmal mit dem Kopf. Gelungener Trick. »Der lacht mich aus«, sagt die Bäuerin empört und muss dabei selber lachen. Tatsächlich lachen die Schweine, nach ihrer Beobachtung. Und zwar situationsbedingt. Über einen Streich, über die Ferkel, über das Missgeschick eines anderen. »Ja«, sagt Kathrin Ollendorf, »unsere Schweine lachen gerne auch aus Schadenfreude.« Sie lachen lautlos, man muss schon hinschauen, aber sie lachen.

Jetzt soll Schluss sein für heute. Es wird Abend, und die Schweine sollen über Nacht nicht im Wald bleiben. Sie sollen in ihre Koppel zu den Schlafhütten. Das sind einfache, allerdings gut gegen Hitze und Kälte isolierte Holzhütten, die mit Stroh eingestreut werden. Dort liegen die Schweine in der Nacht dicht beieinander und wärmen sich gegenseitig. Also geht die Bäuerin voran und ruft die Schweine: »Kommt ihr mal mit!« Und sie kommen. Sie folgen ihr umstandslos den Hang hinauf zu den Weiden. »Schweinehirt muss ein ganz schöner Beruf gewesen sein«, sagt Holger Linde bei diesem Anblick, »Schweine musst du nicht treiben, sie folgen dir, du brauchst nicht einmal einen Hund, weder für die Arbeit, wie bei Schafen, noch zu deiner Verteidigung, wie bei den Bullen.«

Tatsächlich waren die Schweine die liebsten Tiere des Hirten, mit dem ich einmal in den 80er Jahren des vergangenen Jahrhunderts im rumänischen Siebenbürgen gesprochen habe. Damals funktionierten die Dörfer dort noch, und jeden Morgen stand der Hirt auf dem Dorfplatz, wenn die Bauern ihre Ställe öffneten. Zuerst wurden ihm die Ziegen und Schafe zugetrieben, dann die Rinder – mit einigem Getöse, mit Klappern, Klatschen und Geschrei. Danach öffneten die Bauern die Schweineställe, und nun musste niemand mehr treiben und schreien. Die Schweine liefen selbstständig zu ihrem Hirten, alle kamen fast gleichzeitig auf dem Dorfplatz an, nie fehlte eines. So ist das immer, erzählte er. Auch auf der Weide. Wenn er den Standort wechseln wollte, wenn er abends den Abtrieb von den Hügeln ins Dorf begann. Bei den Rindern und Wasserbüffeln musste er die jeweilige Leitkuh einfangen, und bei den Schafen und Ziegen musste er den Hund schicken. Die Schweine brauchte er nur zu rufen.

»Ungelehrig und störrisch, erscheinen sie nicht zu höherer Zähmung geeignet, wie überhaupt ihre Eigenschaften nicht eben ansprechend genannt werden dürfen«, schrieb Alfred Brehm über die Schweine.[4] Und meinte mit »höherer Zähmung« wohl eine Art Dressur, denn nur drei Absätze weiter heißt es: »Ihre außerordentliche Vermehrungsfähigkeit und Gleichgültigkeit gegen veränderte Umstände eignen sie in hohem Grade für den Hausstand. Wenige Tiere lassen sich so leicht zähmen, wenige verwildern aber auch so leicht wieder wie sie.«[5] Positiv gewendet spricht der alte Brehm hier von einem äußerst anpassungsfähigen Tier, das allerdings seinen eigenen Willen hat und den auch behalten möchte. Eine durchaus intelligente Haltung. Aber so positiv hätte er seine Bemerkungen zum Schwein sicher nicht wenden wollen. Offenbar hat dem ansonsten umsichtigen Naturforscher irgendetwas die Sicht auf die Schweine verstellt. Seine Wertungen sind fast immer negativ, seine Beschreibungen können nicht aus unvoreingenommener Naturbeobachtung stammen. Selbst das rasche Wachstum und die gute Futterverwertung, die das Schwein als lebende Fleischreserve für den Menschen überhaupt interessant gemacht haben dürften, ist Brehm einen Vorwurf wert. Die »Gefräßigkeit« der Schweine wird bei ihm nur noch übertroffen von der »beispiellosen Unreinlichkeit, welche ihnen die Mißachtung des Menschen eingetragen hat«. Und diese Missachtung erstreckt sich sogar auf den Nachwuchs der Schweine, obwohl auch Brehm hier attestieren muss, dass die Ferkel nett anzuschauen sind – da winkt das Kindchenschema: »Die Frischlinge sind allerliebste, lustige, bewegliche Geschöpfe, welche jedermann entzücken würden, wenn sie nicht die Unreinlichkeit der Alten vom ersten Tage ihres Lebens an zeigten.«[6]

Wo nur hat Alfred Brehm Schweine beobachtet? Und was hat er als Unreinlichkeit angesehen? Dass ein Tier ein Schlammbad nimmt, um sich abzukühlen und gleichzeitig Parasiten zu bekämpfen, dürfte dem Naturforscher bekannt gewesen sein. Und Unreinlichkeit ist durchaus etwas anderes als die Vorliebe für Schlamm- oder Moorbäder, die auch Menschen aus therapeutischen Zwecken nehmen. Der Umgang mit den eigenen Abfällen, den Exkrementen, muss wohl gemeint sein. Um nun aber in diesem Sinne schmutzige Frischlinge zu sehen, muss man eine äußerst tierfeindliche Haltung in irgendeinem dubiosen Tierpark finden. Das mag es zu Brehms Lebzeiten noch häufiger als heute gegeben haben. Aus dem Wald, dem natürlichen Lebensraum der Schweine, kann die Beobachtung nicht stammen. Die Bachen von *Sus scrofa*, also die Wildschwein-Sauen, sind häufig damit beschäftigt, ihre Frischlinge sauber zu lecken. Und die Kleinen pflegen sich auch gegenseitig. Das gilt auch für die Sauen von *Sus scrofa domestica*, dem Hausschwein, und für deren Ferkel. Es sei denn, die Sauen sind in den sogenannten Kastenständen eingepfercht. Dann können sie ihre Ferkel zwar nicht mehr erdrücken, was bei Hybridschweinen in der engen Stallhaltung sonst vorkommt; sie können ihre Ferkel aber auch nicht mehr pflegen. Und koten und urinieren müssen sie ohnehin an Ort und Stelle. In der sogenannten modernen Haltung liegen die Sauen deshalb auf Gitterrosten oder Betonspaltenböden, durch die ihre Notdurft fällt und in die Gülletanks abtransportiert wird. Das sieht für uns reinlicher aus als die frühere, ebenfalls enge Haltung vieler Schweine ohne Auslauf und gesonderten Kotplatz auf Stroh. Für die Schweine ist es nur eine andere Art der Folter. Ihre empfindlichen Nasen haben in den riesigen Ställen ständig den Dunst der Exkremente hunderter Artgenossen unter sich. In ganz modernen Schweineställen gibt es sogar Absauganlagen, die den Gestank unter den Schweinen wegsaugen sollen. Das gelingt auch – wohl aber nur für die minderbemittelten Nasen der menschlichen Betreuer. Ein Tier, das einen Trüffel in einem Meter Tiefe im Boden riechen kann, wird die eigenen Exkremente und die der Stallnachbarn unter sich trotz Absauganlage weiterhin widerlich deutlich wahrnehmen.

Für den Schmutz und den Gestank der Sauställe und ihrer darin gefangenen Bewohner nimmt Alfred Brehm jedenfalls die ganze Art in Haftung – das Schwein an sich; nicht etwa die Menschen, die die Anpassungsfähigkeit der Tiere durch unangepasste Haltungsformen ausnutzen. Dass Schweine eigentlich reinliche Tiere sind, die niemals ihre Liegeplätze verkoten, wenn sie eine Chance haben, irgendwohin auszuweichen, dass Schweine außerdem ins Freie gehören, war dabei zu Brehms Zeiten noch jedem Landwirt bewusst. »Bei guter Witterung können die Schweine zu jeder Jahreszeit auf die Weide getrieben werden«, steht in Johann Adam Schlipfs populärem *Handbuch der Landwirtschaft* von 1898.[7] Und noch in der letzten Ausgabe von 1958 ist vom »Schweinehof« mit Suhle und Scheuerbaum sowie vom Weidegang der Schweine die Rede. »Einen besonderen Wert haben die Waldweiden in Jahren, in denen die Eichen und Buchen fruchten. Auf den Äckern gehaltene Schweine tragen viel zur Zerstörung von Wurzelunkraut, von Insekten und Würmern bei.«[8] Hutewälder waren also noch in den 50er Jahren durchaus üblich. Und die Schweine wurden auf die abgeernteten Äcker getrieben, wo sie die von den Erntemaschinen vergessenen Kartoffeln und Rüben fanden, die Unkräuter mitsamt den Wurzeln ausgruben, ebenso wie Käferlarven und Mäusenester. Die Bauern wussten um die Nützlichkeit der Schweine auf den Äckern.

Auch auf dem Hutewaldhof finden die Schweine vieles, was unter der Erde liegt. Zum Beispiel die alten Düngersäcke und löchrigen Futtereimer aus Plastik, die der Vorbesitzer der Äcker und des Waldes einfach vergraben hatte. »Was da nicht hingehört, sortieren sie aus«, sagt Kathrin Ollendorf zur Wühlarbeit ihrer Schweine. Regelmäßig geht sie die Wiesen und Felder ab und sammelt den Müll ein; am meisten wurde im Wald vergraben. Aus den Augen, aus dem Sinn – aber nicht für die Schweine.

Heute sind freilaufende Schweine auf Weiden oder gar in Wäldern eine Seltenheit. Wo es sie doch wieder gibt, weil vor allem Biolandwirte sich in den letzten Jahren der artgerechten Schweinehaltung verschrieben haben, da werden die Weideschweine rasch zur touristischen Attraktion für Sonntagsausflügler. Manches Kind sieht auf diese Weise dann doch nochmal ein lebendiges Schwein. Wobei das Streicheln der Schweine, anders als auf dem Hutewaldhof, gemeinhin ausfallen dürfte. Das verbietet nämlich die »Verordnung über hygienische Anforderungen beim Halten von Schweinen«, die auf das hübsch unaussprechliche Kürzel SchHaltHygV hört, was wiederum die behördliche Abkürzung für den Sprachwurm Schweinehaltungshygieneverordnung ist. In einer Anlage dieser Verordnung sind die zusätzlichen Auflagen aufgelistet, die ein Schweinehalter erfüllen muss, wenn er seine Tiere nicht im Stall halten will, sondern ihnen den artgerechten Auslauf gönnen möchte. »Bei Freilandhaltung muss diese nach näherer Anweisung der zuständigen Behörde doppelt eingefriedet werden, so dass sie nur durch Ein- und Ausgänge befahren oder betreten werden kann«, schreibt die Verordnung vor. Des Weiteren »müssen die Ein- und Ausgänge gegen unbefugten Zutritt oder unbefugtes Befahren gesichert sein, muss der Betrieb durch ein Schild ›Schweinebestand – unbefugtes Füttern und Betreten verboten‹ kenntlich gemacht werden«. Und die Bauern müssen außerdem dafür sorgen, »dass die Freilandhaltung von betriebsfremden Personen nur in Abstimmung mit dem Tierhalter und nur mit betriebseigener Schutzkleidung oder Einwegkleidung betreten wird, die nach dem Verlassen gereinigt oder unschädlich entsorgt wird«.[9] Wie gesagt: Streicheln fällt leider aus, oder die Besucher müssen noch intensiver betreut werden als die Schweine. Warum die

Hygieneverordnung so peinlich genau auf die Abtrennung der Schweine von der Außenwelt achtet, dass für die Freilandhaltung eine Art Hochsicherheitstrakt aufgebaut werden muss, wird im zweiten Abschnitt der Anlage deutlich:»Der Tierhalter hat sicherzustellen, dass 1. Schweine in der Freilandhaltung keinen Kontakt zu Schweinen anderer Betriebe oder zu Wildschweinen bekommen können, 2. Futter und Einstreu vor Wildschweinen sicher geschützt gelagert werden.«

Es geht um Seuchenschutz. Die Hausschweine sollen unbedingt von den Wildschweinen getrennt sein, damit diese keine Krankheiten übertragen können. Der Schweinebestand Deutschlands gilt zum Beispiel als frei von der Aujeszkyschen Krankheit – benannt nach dem ungarischen Veterinär Aladár Aujeszky, auch Pseudowut oder Juckseuche genannt. Schweine sind die Wirtstiere des Herpesvirus, das diese Krankheit auslöst, an der Rinder, Schafe, Hunde und Katzen sterben können. Bei Wildschweinen sind die Erreger immer wieder gefunden worden. Ebenfalls über Wildschweine können sich Hausschweine mit der Schweinepest anstecken oder mit Brucellose, die auch für Menschen gefährlich werden kann. In Mecklenburg wurden 2008 rund 1 400 Bio-Zuchtsauen wegen eines Brucellose-Ausbruchs getötet, 2014 waren es 900 Schweine in einem Freilandbetrieb in Neustrelitz, 2016 hundert Sauen in Boizenburg an der Elbe. Brucellose kann allerdings auch von Feldhasen oder Greifvögeln übertragen werden. Oder von nicht ausreichend desinfizierten Transportwagen oder von Jägern, die gleichzeitig Schweinebauern sind.

Brucellose darf laut Seuchenverordnung nicht behandelt, erkrankte Tiere müssen getötet werden. Wahrscheinlich könnte man diese und andere Tierseuchen auch medikamentös behandeln. Sicher wären längst die entsprechenden Mittel erforscht, wenn es nicht preisgünstiger und vor allem produktionstechnisch rationeller wäre, die Tierbestände in Massenställe wegzustecken, von der Außenwelt abzuschotten und im Zweifelsfalle einfach zu keulen. Ja, »keulen« heißt das – ein Fachbegriff, der viel über die Wertschätzung für unsere Nutztiere aussagt. Bei Heimtieren und auch bei Zootieren legen sich die Pharmafirmen und die Tierärzte mehr ins

Zeug, wenn es um die Gesundheit geht, bei Nutztieren eher dann, wenn es um »Leistungssteigerung« geht. Für die Schweine heißt das: schneller wachsen, mehr Fleisch in kürzerer Zeit.

Die Seuchengefahr jedenfalls verhindert in manchen Gegenden, dass Schweine im Freiland gehalten werden können. Oder besser: Die anderen Schweinemäster und die Behörden verhindern die artgerechte Haltung. »In Gebieten mit intensiver konventioneller Schweinemast wird die Weidehaltung von Schweinen nicht akzeptiert«, konstatiert Heinrich Rülfing, der Vorsitzende des Aktionsbündnisses der Bio-Schweinehalter Deutschlands. Er selbst hält auf seinem Hof in Rhede am Niederrhein Bunte Bentheimer Schweine – ebenfalls eine von der Gesellschaft zur Erhaltung alter und gefährdeter Haustierrassen auf der Roten Liste geführte Rasse. Die Schweine würde Rülfing gerne in den eigenen Streuobstwiesen laufen lassen. Das aber ist dort nicht möglich. »Nicht genehmigungsfähig. Was nicht mehrheitskonform ist, macht den Behörden Schwierigkeiten. Und die machen sie dann uns«, sagt er. Seine Schweine müssen mit dem für die Biohaltung vorgeschriebenen Auslauf direkt am Stall vorliebnehmen. Eine Freilandhaltung genehmigt zu bekommen, hat er gar nicht erst versucht. »Ich will ja auch nochmal mit einem der konventionellen Kollegen ein Bier trinken können«, sagt er und erzählt, wie ein Landwirt, der es doch versucht hat in dieser Region, nach monatelangem Ärger mit den Veterinärämtern schließlich aufgeben musste. »Die Gefahr ist real«, sagt er. »Wenn in einem Freilandbetrieb eine Seuche ausbricht, sind alle Betriebe in der Region dicht.« Das war schon einmal fast so weit, als die Aujeszkysche Krankheit aus den Niederlanden über den Rhein kam. Allerdings ganz ohne Freilandhaltung.

Im Wendland ist die Schweinedichte weitaus geringer als am Niederrhein, und doch haben Kathrin Ollendorf und Holger Linde sich erst einmal durch die Vorschriften wühlen müssen, bevor ihre Schweine draußen wühlen durften. Natürlich musste das Veterinäramt zustimmen. Das verfügte die doppelte Umzäunung, wie in der Hygieneverordnung vorgesehen. Vor allem die Nutzung des Waldes als Hutewald bereitete den Behörden aber Probleme. Schweinehaltung im Wald ist eigentlich verboten – und hier nun dennoch erlaubt. Letztlich musste das Forstamt zustimmen, obwohl der Wald Privatbesitz ist. Das Wasserwirtschaftsamt musste zustimmen, obwohl es eine Binsenweisheit ist, dass nicht die Weidewirtschaft die Gewässer gefährdet, sondern die Gülle der Stalltiere. Die Untere Naturschutzbehörde musste Ja sagen – und verlangte für die Beweidung des Waldes Ausgleichspflanzungen auf dem Acker, als würden die Schweine den Wald roden und obwohl die alten Hutewälder, etwa im hessischen Reinhardswald oder im Kellerwald, heute wegen ihrer Bedeutung für viele gefährdete Arten durchweg unter Naturschutz stehen. Egal – im Wendland mussten außerhalb des Waldes Hecken gepflanzt werden, wo nie welche waren. Es dauerte über zwei Jahre, bis die beiden Schweinebauern die artgerechte Haltung ihrer Angler Sattelschweine durchgesetzt hatten und mit dem Aufbau des kleinen Hofes beginnen konnten.

Von diesem Moment an begann für sie das ganz große Schweineseminar. Obwohl Holger Linde auf dem elterlichen Hof mit Schweinen aufgewachsen ist und die Sauen damals auch noch ihren Auslauf draußen hatten, weil noch nicht alles reglementiert war, hatte auch er keine Ahnung davon, wie viel Nahrung sich die Schweine bei Freilandhaltung eigentlich selbst suchen können. »Das steht auch in keinem Buch«, sagt er. »Das Wissen der Alten ist verloren gegangen. Das müssen wir jetzt alles mühsam neu in Erfahrung bringen.« Früher wurde die Steuer für den Wald nach der Anzahl der Schweine festgelegt, die dort geweidet werden konnten. Es muss also zum Allgemeinwissen gehört haben, wie sich die Schweine im Wald womit ernähren und welche Arten von Wald wie viele Schweine ernähren. »Wenn wir die Schweine im Herbst in den Wald lassen, müssen wir meist überhaupt nicht mehr zufüttern«, sagt Linde. Sonst geben sie Lupinen- und Getreideschrot, das in den kargeren Zeiten, wenn die Natur nicht viel zu bieten hat – also im Winter und im zeitigen Frühjahr –, von den Schweinen auch gerne genommen wird. Außerdem säen sie Futterpflanzen auf ihre Äcker und lassen die Schweine dann ernten. Das hat den Vorteil, dass danach die Erde schon durchwühlt ist. Das spart das Pflügen, einmal mit der Egge drüber, fertig ist die Vorbereitung für die nächste Saat.

Aber was säen? Schweine sind zwar die sprichwörtlichen Allesfresser, die letztlich nichts verschmähen, wenn sie der Hunger treibt. Aber hungrig sollen sie auf einem Hof, der sie mästen will, eigentlich nicht sein. Und wenn die Schweine die Wahl haben, dann sind sie auch durchaus wählerisch. Außerdem folgen sie offenbar dem sprichwörtlichen Bauern: Was das Schwein nicht kennt, das frisst es nicht. Die Ferkel, so beobachten es die Hutewaldhofer, lernen von der Mutter, was sie fressen können. Und wenn etwas Unbekanntes dazukommt, dann warten die meisten Schweine, bis eines sich traut und vorkostet. Manche Früchte, die sie nach menschlichem Ermessen eigentlich annehmen sollten, lassen manche Schweine dennoch liegen. Einige der Sattelschweine aus Riskau zum Beispiel verschmähen Bucheckern, obwohl doch in jedem alten Lehrbuch steht, wie wertvoll gerade auch die Mast mit den Früchten der Buchen ist. Dafür fressen alle Schweine vom Hutewaldhof Heu – ein eher ungewöhnlicher Anblick. »Das bringen wir ihnen bei, wenn sie aus dem Säuglingsalter heraus sind«, sagt Kathrin Ollendorf. Sie haben Heu von ungedüngten Wiesen aus der Nachbarschaft zur Verfügung und wollten das gerne verwerten, um die Schweine besser durch die kargen Zeiten zu bringen.

Ein ähnliches Schweineseminar hat auch Karl Ludwig Schweisfurth durchgemacht, der Gründer der Herrmannsdorfer Landwerkstätten. Nachdem er vom Fleischindustriellen zum Biopionier geworden war und in Glonn bei München Schwäbisch-Hällische Landschweine in großen Stallungen mit viel Auslauf hielt und erfolgreich vermarktete, begann er an seinem siebzigsten Geburtstag sein Projekt der »Befreiung der Schweine«. Auch er stellte fest, dass es keine Literatur über die Ernährung von Freilandschweinen gibt, zumindest keine deutschsprachige. In England werden Schweine bisweilen über abgeerntete Flächen getrieben, wie das früher auch bei uns der Fall war, aber heute hier wahrscheinlich nicht mehr genehmigt werden würde. Und wer könnte das auch finanzieren, jeden Acker mit einem doppelten Zaun zu versehen! Aber auch in der englischen Landwirtschaftsliteratur fand Schweisfurth nichts, was auf seinen speziellen Versuch mit den Freilandschweinen passte. Er wollte es machen wie die beiden vom Hutewaldhof: Die Schweine sollten da leben, wo ihr Futter wächst und – sowie es nachgewachsen ist – selber ernten gehen. In seinem Buch *Tierisch gut* berichtet er von seinem eigenen Lernprogramm:

>»Hier offenbarte sich erneut, wie wenig wir von den Tieren wissen, mit denen wir schon einige Jahrtausende auf Tuchfühlung leben. Experten und Praktiker hatten uns gesagt, Hausschweine seien auf bestimmte Futtermischungen scharf, zum Beispiel auf jene, die von Jägern im Wald-Feld-Grenzgebiet ausgestreut werden, um Wildschweine von landwirtschaftlichen Nutzflächen fernzuhalten: Mischungen aus Getreide, Mais und Gräsern. Unsere Läufer zeigten uns beziehungsweise diesem Angebot allerdings die kalte Schulter. Es war offensichtlich, dass ihnen das nachwachsende und abwechslungsreiche Naturangebot besser gefiel. Auch ein anderer ›todsicherer‹ Tipp führte uns, als wir ihn überprüften, zu einer überraschenden Erkenntnis. Man sagte uns, Pastinaken seien der absolute Renner in Schweinekreisen. Na gut, also her damit! Auf einer Fläche von tausend Quadratmetern bauten wir mehr oder weniger in Monokultur Pastinaken an, die auch hervorragend gediehen. Als wir die Elektro-Absperrung beseitigten und die Schweine Zutritt zu den vermeintlichen Delikatessen hatten, zeigten sie sich nur mäßig bis gar nicht interessiert.«[10]

Was war geschehen? Womöglich – so die Vermutung – sind Pastinaken für die Hybridschweine in den Mastställen eine Attraktion, weil sie Abwechslung im einförmigen Speiseplan bieten. Vielleicht schon, weil sie anders aussehen als das geschrotete oder in Pellets gepresste Mastfutter. Eine Erinnerung an die Natur, die allerdings keine persönliche sein kann, weil diese Schweine das Freiland nie zu Gesicht bekommen. Schweisfurth berichtet noch von anderen Überraschungen, die ihm seine Freilandschweine bereiteten:

>»Beinwell zum Beispiel. Es ist allgemein bekannt, dass Schweine diese proteinreiche Heilpflanze schätzen. Eigentlich. Wir haben sie angebaut und stießen auf mäßigen Zuspruch seitens der Schweine. Weil wir nun zu viel Beinwell ausgesät hatten – es hieß ja, von diesem Grünzeug könnten sie nicht genug bekommen –, mähten wir die Fläche. Und plötzlich machten sich die Schweine über den angewelkten Beinwell her; offenbar hatte die Verrottung ihn schmackhafter gemacht. Vielleicht gibt es ja so etwas wie eine saugute Edelwelke, von der Menschen nichts ahnen?«[11]

Offenbar gibt es sehr viel im artgerechten Außenleben der Hausschweine, von dem Menschen nichts ahnen. Oder nichts mehr ahnen, weil das Wissen darüber mit dem Wegsperren der Schweine in die Ställe verloren gegangen ist. Dafür wird in modernen Lehrbüchern zur »Tierproduktion« – wieder so ein Begriff, der nachdenklich machen könnte – davor gewarnt, dass aufgrund der flächenmäßig ungleichmäßigen Kot- und Harnverteilung die Freilandhaltung weniger umweltverträglich als die Stallhaltung sei.[12] Die Autoren sollten vielleicht einmal einen Ausflug nach Glonn machen und bei der Freilandhaltung der Herrmannsdorfer Landwerkstätten ein bisschen Regenwürmer zählen. Das ist eine wissenschaftlich sehr angesehene Methode, um die Qualität der Böden zu bestimmen. »Durch ihre Grabtätigkeit sind Regenwürmer, die den höchsten Biomasseanteil unter den Bodentieren erreichen, die wichtigste aktiv das Bodengefüge verändernde Tiergruppe«, schreibt die Bayerische Landesanstalt für Landwirtschaft in einem Bericht zur Bodenqualität. »Sie lockern und belüften den Boden. Regenwurmröhren dienen zudem als Dränagen, die das Eindringen von Niederschlägen in den Boden fördern und somit den Oberflächenabfluss und die Bodenerosion mindern.«[13] Im Auftrag der Landesanstalt sind zwei Jahre lang rund siebzig bayerische Äcker regelmäßig auf ihre Besiedlung durch Regenwürmer überprüft worden. Jeder Acker, der weniger als sechzig Regenwürmern pro Quadratmeter Lebensraum bietet, gilt dabei als gefährdet, jeder, der über 170 Regenwürmer pro Quadratmeter Boden beheimatet, als äußerst gesund. In den Flächen, die von den Schweinen bewohnt werden, haben die Herrmannsdorfer bis zu 300 Regenwürmer in einem Quadratmeter Boden gefunden. Und das, obwohl die Schweine sehr gerne auch Regenwürmer fressen. Das Ergebnis jedenfalls spricht für sehr gesunden Boden, der eben nicht durch Kot- und Urinplätze der Schweine einseitig belastet ist. Überdüngung vertreibt die Regenwürmer. Ein Phänomen, das aus dem intensiven Ackerbau mit hohem Gülleeinsatz bekannt ist.

»Gerne würde ich meine Schweine über die Äcker laufen lassen«, sagt Jasper Metzger-Petersen vom Backensholzer Hof bei Husum. So etwas hat er in den USA gesehen. Da lassen die Bauern ihre Schweine über die abgeernteten Felder laufen. Die sammeln dort die verlorenen Feldfrüchte auf, fressen den »Aufschlag«, wie die

Landwirte die Körner nennen, die beim Dreschen nicht in die Erntewagen fallen und dann auf dem Acker neu austreiben. Und wenn die Schweine mit dem Acker fertig sind, werden noch die Gänse drauf gelassen. Die putzen den Rest weg.»In Deutschland nicht genehmigungsfähig«, sagt Metzger-Petersen.

Und rechnet mal eben vor: Vier Hektar Acker mit wildschweinsicherem Zaun versehen, macht etwa 840 Meter metallenen Knotenzaun mit etwa 170 Zaunpfählen, und in zwei Metern Abstand innen noch einmal 800 Meter Elektrozaun –»unbezahlbar!«

Schon das, was er bis jetzt in die neue Schweinezucht gesteckt hat, ist erheblich. Auf dem Backensholzer Hof gab es bis vor ein paar Jahren gar keine Schweine. Die Familie Metzger-Petersen betreibt einen Milchviehhof mit 300 Kühen. 1989 haben Jasper Metzger-Petersens Eltern, unter dem Eindruck der Atomkatastrophe von Tschernobyl, auf Biolandwirtschaft umgestellt. Später haben sie eine eigene Käserei aufgebaut, so dass Sohn Jasper jetzt keinen einzigen Liter Milch mehr an eine Molkerei abgeben muss. Sein Bruder Thilo zeichnet verantwortlich für die Käserei. Aber die wirft täglich einen ganz besonderen Abfall ab: Süßmolke. Die enthält Mineralstoffe, Vitamine und das Molkenprotein. Ein gutes Futtermittel, nicht für Kühe, aber für Schweine; die außerdem auch fressen, was die Kühe gerne mal liegen lassen. Das würde sonst in die hofeigene Biogasanlage wandern, kann so aber zuerst einmal die Schweine ernähren. Die Biogasanlage läuft auch mit Mist.

Die Schweine sind auf dem Backensholzer Hof also das, was sie traditionell in der Landwirtschaft waren, bevor sie in den riesigen Mastställen verschwanden: Abfallverwerter. Sie leben in Gruppen draußen auf sorgfältig umzäunten Wiesen und haben zum Schutz eine gedämmte, mit Stroh eingestreute Holzhütte. Dort verbringen sie die Nächte oder auch mal besonders kalte oder regnerische Tage: Sie liegen dann eng beieinander mit Körperkontakt, wie das Schweineart ist. Vor kurzem haben die Metzger-Petersens dann einem Bauern, der aufgeben musste, dessen Aussiedlerhof abgekauft. Nicht schön, der Klinkerbau aus den 50er Jahren mit den Ställen und Scheunen – schon gar nicht im Vergleich zum Backensholzer Hof mit seinem herrschaftlichen Gutshaus aus dem 19. Jahrhundert. Aber zweckmäßig für die weitere Schweinezucht ist der zusätzliche Hof in der Nähe des Hauptsitzes. Die Schweine haben dort mit viel Stroh eingestreute Ställe und Sommer wie Winter großzügigen Auslauf. »Viel Stroh ist wichtig, vor allem für die Sauen«, sagt Jasper Metzger-Petersen. Wer einmal eine strohlose Abferkelbucht in der sogenannten modernen Sauenhaltung gesehen hat, wundert sich. Dort werden das Stroh und jegliche andere Einstreu weggelassen. Die Sauen, und nach dem Wurf auch die Ferkel, leben auf Gitterrosten. Die Sau wird zusätzlich durch Haltegitter daran gehindert, sich da abzulegen, wo sie will. Sie ist fixiert, damit sie nicht in die Verlegenheit kommen kann, die eigenen Ferkel zu erdrücken. Wo das Haltegitter hochgeklappt werden kann und die Sau dann wenigstens so viel Raum hat, dass sie sich drehen kann, da heißt diese Einrichtung dann schon »Abferkelbucht mit Freilauf«.[14]

Im Backensholzer Hof haben die Sauen mit den Ferkeln große Ställe für sich. Mit viel Stroh – was bedeutet, dass man die Ferkel unter Umständen gar nicht sieht, weil die sich in das Stroh gewühlt haben. Aber, so die Beobachtung der Backensholzer wie der Hutewaldhofer Bauern, die Sauen sind umsichtig und entwickeln mit Hilfe des Strohs ganz eigene Rituale. Wenn sie sich ablegen wollen zum Säugen, dann vertreiben sie zuerst einmal die Ferkel, dann schaffen sie einen Berg Stroh unter sich, und erst dann legen sie sich ab. Wenn diese Prozedur von einem ungeduldigen Ferkel, das ans Gesäuge will, gestört wird, empfängt es die Sau mit einem gezielten Wurf von Stroh. Wenn das Ferkel sich davon nicht abhalten lässt, wird auch schon mal das Ferkel selbst geworfen. Ein rascher Nicker mit dem Kopf, und das Ferkel fliegt quietschend durch den Stall. Säuische Umgangsformen sind nicht zimperlich. Jedenfalls hilft das Stroh beim Schutz der Ferkel. »Und in diesem Fall gilt: Viel hilft viel!«, sagt Jasper Metzger-Petersen.

Seine robusten Schweine, die wie die Bunten Bentheimer, die Schwäbisch-Hällischen und die Angler Sattelschweine ganzjährig draußen gehalten werden können, gehören einer der am höchsten gefährdeten alten Haustierrassen an. Sie sind gezeichnet wie die Angler Sattelschweine: Über die Vorderhand und den Rücken läuft ein weißer Sattel. Aber der Rest des Schweins ist nicht schwarz, sondern rot. Im Winter ist die Farbe dunkler, im Sommer oft ein kräftiges Englischrot. Das sind die Farben der Husumer Protestschweine: rot-weiß-rot, wie der Dannebrog, die dänische Nationalflagge.

Nachdem Südschleswig 1867 nach zwei Kriegen von Dänemark abgetreten und mit Holstein zu einer neuen preußischen Provinz vereint wurde, verboten die neuen Herren der dänischen Minderheit das Hissen des Dannebrogs und das Zeigen der dänischen Farben. Daraufhin kreuzten die dänischen Bauern in Nordfriesland ihre Sattelschweine mit roten Schweinen aus England und erhielten ein Schwein in den dänischen Nationalfarben: Das Husumer Protestschwein war geboren. Im 19. Jahrhundert liefen die Schweine noch auf den Höfen, auf den Weiden, durchaus auch auf der Dorfstraße herum. Jeder konnte den Protest der dänischen Bauern sehen. Fast wären die Husumer Protestschweine aber wieder ausgestorben, eigentlich waren sie es sogar schon. Das Herdbuch der Rasse wurde 1968 offiziell geschlossen. Dann tauchten auf der Grünen Woche in Berlin 1984 doch wieder ein paar rotbunte Schweine auf, die dem alten Phänotyp der Rasse entsprachen. Der Berliner Zoo und Jürgen Güntherschulze, der Gründer des Tierparks Arche Warder in Schleswig-Holstein, kauften sämtliche rotbunten Schweine von der Messe weg und versuchten, die alte Haustierrasse wiederzubeleben. Nach der deutschen Einigung 1990 fanden sich dann auf dem Gebiet der ehemaligen DDR noch ein paar rot-weiß-rote Husumer Schweine. Die wurden dort als sogenannte Genreserve gehalten. Dieser umsichtigen Zuchtpolitik der ostdeutschen Schweinezüchter verdankt auch das Angler Sattelschwein eine ausreichend große genetische Vielfalt, um weiter gezüchtet werden zu können. Beim Husumer Protestschwein waren am Ende dann aber doch zu wenige dem Rassetypus gänzlich entsprechende Sauen und Eber übrig. Da musste schon eingekreuzt werden, um den Genpool zu erweitern. Jetzt versuchen die wenigen verbliebenen Züchter, den Phänotypus des rot-weiß-roten Schweins wieder herauszuzüchten.

Das Husumer Protestschwein ist damit eine weitere der alten, robusten Landrassen, die das ganze Jahr über draußen gehalten werden können und die so ein schweinegerechtes Leben führen dürfen. »Vorausgesetzt, die Verbraucher sind bereit, deutlich mehr für Schweinefleisch und Wurst zu zahlen und dafür auch deutlich mehr Geschmack hinzunehmen«, sagt Jasper Metzger-Petersen, »und Schweine, die nicht in die Zucht passen, müssen übrigens unbedingt gegessen werden, sonst stirbt das Husumer Protestschwein doch noch aus.«

Er und andere Bauern – vor allem Biobauern, die durch einen höheren Grad an Direktvermarktung näher an den Verbrauchern sind – spüren einen Umschwung beim Nachdenken über das Leben der Tiere, die unsere Nahrungsmittel produzieren oder selbst dazu werden. Oder sie spüren wenigstens überhaupt erst einmal ein Nachdenken. Auch bei dem Tier und dem Fleisch, das gemeinhin das preiswerteste, nein, in diesem Fall das billigste ist: beim Schweinefleisch. Einige Bauern haben sich in den letzten Jahren aufgemacht zur »Befreiung der Schweine«, wie Karl Ludwig Schweisfurth das nennt. Dazu nötig sind andere Rassen als das Hybridschwein der Großställe, falls man das eine Rasse nennen möchte. Man braucht für die Haltung im Freien wieder die robusten alten Landrassen. Außerdem mehr Zeit, eigentlich ziemlich genau doppelt so viel Zeit wie in der konventionellen Schweinemast. Dann anderes Futter und völlig neue Konzepte, die zum Teil mal die alten waren, die aber verloren gegangen sind. Und am Ende Verbraucher, die deutlich höhere Fleischpreise akzeptieren und letztlich auch einen anderen, ursprünglicheren Geschmack.

Vor einiger Zeit habe ich einmal ein kulinarisches Experiment gewagt. Ich habe einem Freund aus Bayern einen Schweinebraten zubereitet. Das war ein Wagnis, weil der Schweinsbraten das eigentliche Nationalgericht der Bayern ist und weil der Freund ein ausgemachter Gourmet ist, der selbst hervorragend kocht. Ich hatte aber einen Trumpf: das Fleisch von einem Schwäbisch-Hällischen Bioschwein, das ein saugutes Leben geführt hatte. Das Ergebnis war verblüffend. Der Freund hatte Tränen in den Augen, weil er sich an den Geschmack seiner Jugend erinnert sah. Ja, so schmeckte das damals auf dem Dorf – und so schmeckt das seit Jahrzehnten nicht mehr. Und seine Tochter war entsetzt: So schmeckt Schwein? Das ist ja widerlich! Ein viel zu intensives Geschmackserlebnis für sie. Der Freund ist seitdem bekehrt zu Bioprodukten, und gerade beim Schweinefleisch achtet er sehr genau auf die Herkunft – aus rein geschmacklichen Gründen. Ob die Tochter bei ihren Besuchen zuhause noch Schwein isst? Eher nicht.

Es braucht offenbar gar nicht sehr lange, bis die Menschen sich daran gewöhnen, dass die Lebensmittel, die sie täglich zu sich nehmen, relativ geschmacklos sind. Die Anerkennung für die Holländer, die es geschafft haben, Wasser in roter Schale als Tomate zu verkaufen, gilt auch für die Schweineindustrie, die es geschafft hat, geschmackloses fettarmes Wasserfleisch zur Massenware zu machen. Da kann man dann schon mal erschrecken, wenn Fleisch, das den gleichen Namen trägt, plötzlich so deutlich vorschmeckt. So dass man eigentlich gar keine Gewürze mehr braucht.

Umso wichtiger, dass die wenigen Verbraucher, die für Schweinefleisch Geld ausgeben wollen, jetzt die wenigen Bauern unterstützen, die aufgebrochen sind, um die Schweine aus den Ställen zu befreien. »Wenn die nicht auf dem Teller landen, landen wir wieder in der Misere, aus der wir kommen«, sagt Jasper Metzger-Petersen, »dass die Schweine an Bedeutung verlieren, weil wir sie durch die Abneigung gegenüber tierischem Fett möglichst mager züchten und am Ende ein Tier erhalten, dass in Stallanlagen zu tausenden überleben kann.« Seine Husumer Protestschweine würden bei der Turbomast mit industrieller Fütterung, die den Hybridschweinen in den Massenställen angetan wird, komplett verfetten. »Die sind dafür nicht gemacht, die brauchen die Weide und die Suhle und die Sonne und den Baum, an dem sie sich kratzen können«, sagt er. »Das würden die anderen auch gerne haben, aber die kommen notfalls auch ohne aus – leider.«

Hybrides Leben

Was die wenigen Bauern mit ihren alten Landrassen in Freilandhaltung oder mit großem Auslauf am Stall machen, ist so sehr Nische, dass es in der Statistik der deutschen Schweinehaltung gar nicht darstellbar ist. »Deutschland ist Europas größter Schweinefleischerzeuger«, verkündet das Bundesministerium für Ernährung und Land-wirtschaft, »und global nach China und den USA auf Platz drei.«[15] Allerdings ist bei diesem speziellen Wettbewerb der Industrieland-wirtschaft der Abstand zu China und den USA enorm. In China wur-den im Jahr 2011 über fünfzig Millionen Tonnen Schweinefleisch produziert, in den Vereinigten Staaten über zehn Millionen Tonnen, in Deutschland fünfeinhalb Millionen Tonnen. Dafür müssen in Deutschland jedes Jahr rund 59 Millionen Schweine ihr Leben las-sen. Weniger als ein halbes Prozent davon sind Bioschweine, die in ihrem Leben wenigstens den Himmel gesehen haben und auch mal Wind und Regen und die Sonne auf der Haut fühlen konnten. Die ganz im Freiland gehaltenen Schweine sind unter den Mastschwei-nen mit Biosiegel dann wiederum nur ein winziger Teil.

Die Zahl der Schweine, die ein wirklich saugutes Leben hatten, die wühlen durften, die ihre Nahrung selber ernten und die sich suhlen konnten, ist also angesichts der immensen Produktionszah-len verschwindend gering. Und sie wird auch nicht so schnell wach-sen, wenn sich nichts grundlegend ändert bei der »Schweinepro-duktion«. Der Trend geht seit Jahren zu immer größeren Ställen mit immer mehr Tieren. Um die Jahrtausendwende gab es noch 62 000 landwirtschaftliche Betriebe in Deutschland, in denen Schweine ge-halten wurden. Im Jahr 2013 waren es noch 49 100. »Allein von 2007 bis 2013 hat sich die Zahl der Schweinehalter um fast vierzig Prozent verringert«, stellt das Landwirtschaftsministerium fest, »bei leicht steigendem Tierbestand.« Über siebzig Prozent aller in Deutschland gehaltenen Schweine leben heute in Großstallanlagen mit jeweils über tausend Tieren.[16]

Und wie leben die Schweine dort? Das Bundesministerium für Er-nährung und Landwirtschaft sagt es in seiner Informationsschrift *Landwirtschaft verstehen*, die sich an uns Verbraucher wendet, mit schöner Klarheit:

»Die moderne Schweinehaltung zielt auf eine hygienische, effiziente und kos-tengünstige Produktion ab. Die meisten Betriebe konzentrieren sich auf ein-zelne Produktionsschritte, etwa die Ferkelerzeugung oder die Mast. Es gibt allerdings auch zunehmend Betriebe, die alle Phasen der Erzeugung selbst durchführen. Computergesteuerte Fütterungsanlagen gehören ebenso zum

Standard wie spezielle Ställe für jedes Stadium der Haltung. Die künstliche Besamung ist zur Vermeidung von Tierseuchen und zum Erreichen der Zuchtziele inzwischen üblich. Neun von zehn Schweinen werden auf perforierten Böden gehalten. Meist sind das Spaltenböden aus Beton, durch die Harn abfließen und Kot durchgetreten werden kann. Einstreu wie Stroh wird selten verwendet. Freilandhaltung findet so gut wie nicht statt (unter ein Prozent), da sie hohe Kosten verursacht und ein erhebliches Krankheitsrisiko besteht.«[17]

Konkret heißt diese »moderne Schweinehaltung« für das Tier, dass einem Mastschwein ab fünfzig Kilogramm Gewicht in konventioneller Haltung weniger als ein Quadratmeter Stallraum zur Verfügung steht. Gesetzlich vorgeschrieben sind 0,75 Quadratmeter. Werden die Schweine nach EU-Öko-Verordnung gehalten, sind es 1,3 Quadratmeter Stall und zusätzlich ein Quadratmeter Auslauf im Freien.

Johann Adam Schlipfs *Handbuch der Landwirtschaft* von 1958 empfiehlt noch eineinhalb bis zwei Quadratmeter Stallraum pro Mastschwein und sieht einen von den Liegeplätzen getrennten Mistplatz vor, so dass die Schweine ihre Liegeplätze nicht verschmutzen müssen. Dazu kommt ganz selbstverständlich ein Auslauf: »Der Schweinehof wird mit einem starken Zaun umgeben und soll möglichst von einem Graben durchschnitten sein oder einen ausgegrabenen Tümpel enthalten, damit die Schweine sich darin suhlen können. Auch ein Scheuerbaum darf nicht fehlen.«[18] Heute stehen die Schweine in konventioneller Haltung auf Spaltenböden, die Ferkel auf Metallgitterrosten. Wie breit die Spalten sein dürfen und wie breit die Auftrittsflächen zwischen den Spalten sein müssen, ist millimetergenau vorgeschrieben. Über die Mindestanforderungen an einen Schweinestall heißt es in § 22 der »Verordnung zum Schutz landwirtschaftlicher Nutztiere und anderer zur Erzeugung tierischer Produkte gehaltener Tiere bei ihrer Haltung«, kurz Tierschutz-Nutztierhaltungsverordnung mit dem noch schöneren amtlichen Kürzel TierSchNutztV: Er müsse so beschaffen sein, dass »die Schweine gleichzeitig ungehindert liegen, aufstehen, sich hinlegen und eine natürliche Körperhaltung einnehmen können.« Übersetzt heißt das, die Schweine sollen so viel Platz im Stall haben, dass sie alle gleichzeitig liegen können. Das klingt so logisch, dass man es nun wirklich nicht vorschreiben muss. Und doch musste man genau das tun, nachdem sich eine Haltungspraxis eingebürgert hatte, die den Tieren nicht genug Raum zum gleichzeitigen Liegen ließ. Die Ställe waren so eng, dass immer einige Tiere einer Gruppe stehen mussten, wenn die anderen lagen. Außerdem gab es in den Schweinebuchten keinen Ort, der nicht verkotet war, weshalb auch das vorgeschrieben werden musste, zumindest mittelbar, indem die Verordnung sagt, dass »die Schweine nicht mehr als unvermeidbar mit Harn und Kot in Berührung kommen und ihnen ein trockener Liegebereich zur Verfügung steht«.[19] Ein trockener Liegebereich! Von Stroh oder sonstiger Einstreu ist da nicht die Rede. Der Auslauf ist sowieso auf die Bioschweine begrenzt, und von Suhle und Scheuerbaum spricht niemand mehr.

Von vielfältigen Schweinerassen reden auch nur noch wenige Bauern. Neunzig Prozent der Schweine in den Ställen sind inzwischen sogenannte Hybridschweine. Sie stammen aus verschiedenen reinerbigen Zuchtlinien, die für den jeweiligen Zweck gekreuzt werden. Reinerbige Zuchtlinien erreicht man durch Inzucht. Das Ziel sind genetisch homogene Tiere, die ihre gewünschten Eigenschaften sicher an ihre Nachkommen weitergeben. Um solche Tiere zu züchten, müssen aber erst einmal über zwanzig Generationen Brüder mit Schwestern verpaart und dabei jedes Mal die Individuen ausgesondert, sprich: getötet oder zumindest von der weiteren Zucht ausgeschlossen werden, die nicht ausreichend vital sind. Das können mehr als siebzig Prozent der Inzuchttiere sein. Schließlich hat das Wort Inzucht, außerhalb des Kosmos der Pflanzen- und Tierzüchter, genau die negative Konnotation von Krankheitsanfälligkeit, Degeneration und Lebensunfähigkeit. Am Ende aber haben die Zuchtkonzerne – und nur die können sich die Investition in eine reinerbige Zuchtlinie leisten – das Schwein, das in Kombination mit einer anderen reinerbigen Linie den sogenannten Heterosis-Effekt verspricht. So bezeichnen die Genetiker einen plötzlichen Leistungssprung der Nachkommen. Bekannt geworden ist dieser Effekt durch die Verdoppelung der Mais- und der Getreideernte aufgrund des Einsatzes von Hybridsorten. Das wollten die Schweinezüchter auch erreichen: mehr Fleisch und weniger Fett bei weniger Futtereinsatz in kürzerer Zeit.

In den 60er Jahren des vergangenen Jahrhunderts brauchte ein Mastschwein noch durchschnittlich 3,7 Kilogramm Futter, um ein Kilo Körpergewicht zuzulegen. Die heutigen Hybridschweine brauchen für die gleiche Gewichtszunahme nur noch rund zweieinhalb Kilogramm Futter.

Wie die Hybriden beim Getreide taugen auch die Hybridschweine nicht zur weiteren Zucht. Sie müssen deshalb von den Landwirten ständig nachgekauft werden. Was zur Folge hat, dass ein paar wenige Zuchtfirmen die Genetik von neunzig Prozent der Schweine in den deutschen Ställen bestimmen. Das führt zu einer immer konformeren Schweinepopulation und, da die Tiere aus den reinerbigen Zuchtlinien alle miteinander verwandt sind, auch zu höherer Anfälligkeit für Seuchenzüge. Wenn sich ein Tier gegen einen Krankheitserreger nicht wehren kann, dann wird das genetisch ähnliche nebenan es wahrscheinlich auch nicht können. Das führt aber auch zu immer größerer Abhängigkeit der Schweinehalter von den Zuchtfirmen. Die Landwirte selbst können die Elterntiere der Hybridschweine nicht züchten. Sie halten sich reinrassige Muttersauen, die sie von den Zuchtfirmen gekauft haben, und besamen die mit dem Sperma eines Ebers der gleichen Rasse, um neue Jungsauen zu bekommen, oder mit dem Sperma eines Ebers einer anderen Rasse, um Mastschweine zu bekommen.

Am weitesten verbreitet in den Schweineställen ist heute die Deutsche Landrasse. Wobei auch die wieder ein Ergebnis von Kreuzungen ist. Das Deutsche Veredelte Landschwein aus Schleswig-Holstein wurde in den 60er Jahren des vergangenen Jahrhunderts durch Einkreuzung der Niederländischen, Dänischen und Belgischen Landrassen zum fettarmen Fleischschwein. Das Lehrbuch *Tierproduktion* beschreibt die Deutsche Landrasse so:

>»Der heutige Typ der DL unterscheidet sich vom früheren Mehrzwecktyp nicht nur durch größere Länge, rascheres Wachstum, vermehrte Fleischfülle, dünnere Haut, schwächere Behaarung, sondern auch durch leichtere Schlappohren, schlankeren Kopf und feineres Fundament. Vom dänischen und englischen Bacontyp soll sich das deutsche Fleischschwein dadurch unterscheiden, dass es nicht ganz so lang ist, einen breiteren Rücken hat und dass mehr Wert auf eine volle Schulter gelegt wird. Das Fleischschwein soll also ein sogenanntes ›Vierschinkenschwein‹ sein.«[20]

Rund zwei Drittel der Zuchtsauen in deutschen Ställen gehören dieser Deutschen Landrasse an. Sie ist auch bekannt geworden durch ihre Anfälligkeit für Stress und Konstitutionsschwäche, die die Züchter seit einigen Jahren nun durch Selektion stressresistenter Sauen bekämpfen. Vor allem bei einer Besamung mit einem Piétrain-Eber können aber immer noch Mastschweine entstehen, die das typisch wässrige Fleisch liefern, das in der Pfanne immer kleiner und zäher wird. »Bei dieser Rasse ist die fatale Kombination zwischen hohem Fleischanteil am Schlachtkörper sowie vollem, fleischreichen Schinken einerseits und mangelhafter Fleischbeschaffenheit sowie Stressanfälligkeit am deutlichsten ausgeprägt«, warnt das Lehrbuch vor der ursprünglich aus Belgien stammenden Rasse Piétrain.[21] Die »mangelhafte Fleischbeschaffenheit« hat sogar einen eigenen Namen, sie heißt PSE-Fleisch. Das Kürzel steht für *pale, soft and exudative* – blass, weich und absondernd; abgesondert wird Wasser. Eine treffende Beschreibung. Werden die Schweine Stress ausgesetzt – zum Beispiel durch den Transport zum Schlachthof –, echauffieren sie sich, im Wortsinne der alten Beschreibung für Aufregung. Sie erhitzen sich tatsächlich. Und da Schweine nur sehr wenige Schweißdrüsen haben, können sie die Körpertemperatur nicht durch Selbstabkühlung senken. Da außerdem das Herz der immer größer und länger gezüchteten Mastschweine nicht in gleichem Maße mitgewachsen ist, fehlt ihnen auch die Möglichkeit, das Blut zur Abkühlung schneller zirkulieren zu lassen. Am Ende quellen dann die Muskeln sichtbar auf, es beginnt eine Denaturierung des Muskelfleisches. Auch dieser Effekt hat einen eigenen Namen, er heißt Bananenrücken.

Die Piétrain-Schweine sind das Sinnbild für viel, schnell gewachsenes und am Ende häufig minderwertiges Fleisch. Das liegt an der hohen Stressanfälligkeit der Tiere. »Daher eignet sich diese Rasse nur für die Gebrauchskreuzung zur Erzeugung von Mastendprodukten«, stellt das Lehrbuch fest.[22] Die Verbraucher, also in diesem Fall die Schweinefleisch verzehrenden Menschen, würden wohl eher sagen, diese Rasse eigne sich – zumindest in ihrem derzeitigen Zustand – für gar nichts. Aber die Verbraucher werden ja nicht direkt gefragt. Dennoch weiß das Lehrbuch und wissen die landwirtschaftlichen Berater und die Zuchtverbände natürlich genau, was sie wollen:»Die Verbraucher wünschen zum Braten, Schmoren und Grillen zartes, saftiges Fleisch mit möglichst wenig Fett.«[23] Und also wurde das ehemalige Deutsche Landschwein zum heutigen Fleischschwein umgezüchtet. Weil die Verbraucher das so wollten.

Wirklich? Sind in den 50er Jahren des vergangenen Jahrhunderts die Menschen in Scharen zum Metzger gelaufen und haben fettfreies Schweinefleisch verlangt? Woraufhin die Züchter bis 1969 dann die Deutsche Landrasse zusammenkreuzten. Eher war es doch so, dass sich die Menschen im Wirtschaftswunderland nach dem Krieg mehr Fleisch leisten konnten und die Schweinehalter schneller wachsende Tiere brauchten. Bis ein Schwein Fett ansetzt, braucht es Zeit. Mastschweine werden aber heute überhaupt nur rund 190 Tage alt, also knapp sechseinhalb Monate. Dann wiegen sie rund hundert Kilo und kommen zum Schlachter. Vor hundert Jahren brauchten die Mastschweine noch gut ein Jahr, um so schwer zu werden. In den 50er und 60er Jahren war die Mast dann bereits um Monate verkürzt. Also musste nun den Verbrauchern das, was ein Turbomastschwein in knapp sieben Monaten an Fleisch produzieren kann, als das Erstrebenswerte an sich verkauft werden. Da in Deutschland traditionell nichts besser läuft als Ratgeber, hatte jeder Sender im Wirtschaftswunderland seine Ratgebersendungen und jede Zeitung ihre Ratgeberseiten. Die waren dann auch das richtige Werbeumfeld für die Agrar- und Lebensmittelindustrie, die ihren Anteil an der Konditionierung der Verbraucher dadurch hatte und hat, dass sie die Konsumbedürfnisse zu wecken sucht, die zu ihren Produkten passt.

Natürlich formuliert jeder Marketingchef das genau anders herum: Der Markt folgt nur dem Verbraucherwunsch! Das bedeutet konkret: Wir wollten billiges Fleisch und haben dafür minderwertige Qualität bekommen und den Schweinen ein kurzes Leben von ebensolcher Qualität verschafft, also Lebensbedingungen, die sich kein Schwein wünscht. Dabei ist die ganze kollektive Erzählung von den Wünschen des Verbrauchers bloß ein Ablenkungsmanöver. Das sagt: Wir können nicht anders, wir müssen so produzieren. Und verschweigt, dass eine Landwirtschaft, die zur Industrie geworden ist, sich lediglich ihr Produktionsmittel – in diesem Fall leider ein Tier – so zurechtgezüchtet hat, dass es in ihre industriellen Abläufe passt. Die Agrarindustrie hat einigen Aufwand betrieben, um uns ihre Erzählung schmackhaft zu machen. Die Spitzenverbände der deutschen Landwirtschaft, der Lebensmittelindustrie und das Bundeslandwirtschaftsministerium leisteten sich dafür lange Zeit eine eigene Werbeagentur. Bezahlt wurde die von den Landwirten über eine gesetzlich festgelegte Abgabe, die jeder Betrieb an den »Absatzförderungsfonds der deutschen Land- und Ernährungswirtschaft« zahlen musste. Eingezogen wurde die Abgabe von der Bundesanstalt für Landwirtschaft und Ernährung. Die damit finanzierte Agentur sollte zunächst den Absatz deutscher Agrarprodukte ins Ausland fördern und wurde dann auch im Inland tätig. Die CMA, die Centrale Marketing-Gesellschaft der deutschen Agrarwirtschaft, beschäftigte zuletzt 150 Mitarbeiter und unterhielt dreizehn Auslandsbüros. Die wiederum vergaben Aufträge für einzelne Kampagnen an andere Werbeagenturen. Der CMA verdanken wir Slogans wie »Die Milch macht's« und »Fleisch. Tu dir was Gutes« oder auch in der beliebten sexistischen Variante: »Ich steh auf Milch, Bubis« und »Ich liebe schöne Schenkel«.

Im Februar 2009 erklärte dann allerdings das Bundesverfassungsgericht die Abgabe der Landwirte für verfassungswidrig. Ein streitbarer Hühnerhalter aus Eppingen hatte sich mit anderen Betrieben zusammengetan und sich dann bis nach Karlsruhe durchgeklagt. Der Absatzförderungsfonds und seine Durchführungsgesellschaften, darunter die CMA, mussten liquidiert werden. Was damit nicht beendet wurde, ist die Werbung für den Fleischkonsum und den Export von deutschem Fleisch. Die übernehmen jetzt Agenturen wie German Meat, die Exportförderungsorganisation der deutschen Fleischwirtschaft. Was ebenfalls bleibt, ist das weiterhin elende Leben der Schweine in den Ställen und die weiterhin elende Fleischqualität in den Billigtheken der Supermärkte und Discounter. Das Lehrbuch *Tierproduktion* stellt fest: Das »negative Erscheinungsbild von PSE-Fleisch wird noch verstärkt, wenn die Tiere einen geringen intramuskulären Fettanteil aufweisen, der als Träger von Geschmacksstoffen mindestens zwei bis 2,5 Prozent erreichen sollte. Die enge negative Korrelation mit dem Muskelfleisch hat einen Rückgang des intramuskulären Fettes bewirkt, sodass bei einer hessischen Untersuchung keine der zahlenmäßig bedeutenden Rassen und Kreuzungen die anzustrebenden Werte erreichte.«[24] Mit deutlicheren Worten: Die Schweinezüchter produzieren üblicherweise minderwertiges Fleisch. Auch wenn kein Piétrain drin ist, kann PSE rauskommen. Und selbst wenn kein PSE-Fleisch entsteht, ist zu wenig Fett, also Geschmack drin.

Das fettarme Fleisch schmeckt weniger intensiv, Gourmets würden sagen, es schmeckt gar nicht. Denn Fett ist der Geschmacksträger an sich, weshalb am besten ein fein mit Fett durchwachsenes Fleisch schmeckt. Marmoriert nennen das die Köche. Das aber gab es lange Zeit nicht mehr zu kaufen. Und das liefern die Hybridschweine aus den Großställen auch nicht. Das bisschen Fett, das sie noch haben, muss nämlich in die Wurst, denn – so weiß das Lehrbuch: »Deutsche Verbraucher kaufen aber auch gern Wurstwaren, zu denen knapp die Hälfte der Schweinefleischproduktion verarbeitet wird. (…) Aus verarbeitungstechnischen und aus geschmacklichen Gründen kann hier auf angemessene Fettanteile nicht verzichtet werden.«[25]

Der von der Fleischindustrie erzogene deutsche Verbraucher kauft also fettarmes geschmackloses Schweinefleisch und die entsprechenden Gewürzmischungen gleich mit. Dann schmeckt das Ganze hinterher zwar nicht nach Schwein, aber wenigstens nach irgendetwas. Und er kauft Wurst, in der das Fett steckt, damit sie nach etwas schmeckt. Das Fett in der Wurst ist allerdings unsichtbar und wird vom ansonsten auf Fettarmut konditionierten Deutschen noch eher akzeptiert. Seltsam nur, dass die Deutschen bei dieser Konzentration auf fettfreie Ernährung immer dicker werden. Wahrscheinlich müssen sie den fehlenden Geschmack der Nahrungsmittel irgendwie kompensieren, notfalls durch mehr vom Gleichen oder durch Zuckerzufuhr.

Die Industrialisierung des Schweins

»Wenn ich als gelernter Metzgermeister heute bekenne, mich manchmal zu schämen, Metzger zu sein, dann schwingt da auch so etwas wie Trauer mit: Was hat die Moderne aus meinem geliebten

Metier, dem Metzgerhandwerk, gemacht? Welch ungeheures Maß an Kulturverlust und Schöpfungsvergessenheit ist nötig, um Tiere im Akkord zu produzieren und dann im Sekundentakt ans Messer zu liefern?« So beginnt Karl Ludwig Schweisfurth seine Beichte über »die Faszination des Machbaren«, um dann gleich fortzufahren: »Ich weiß, wovon ich rede, denn ich war ihr erlegen; ich habe als langjähriger Chef und Gestalter eines der größten Fleischproduktionskonzerne – Herta im westfälischen Herten – lange Zeit einer Technik und einem Fortschritt den Weg gebahnt, die nicht gut getan haben. Uns nicht und der Kreatur schon lange nicht.«[26]

Als junger Mann reiste der Erbe eines damals noch kleinen Familienbetriebs mit einer Delegation der deutschen Fleischbranche in die USA und sah dort zum ersten Mal ein Fließband, an dem Arbeiter in kürzester Zeit Schweine zerlegten. Deren Teile fielen dann durch Fallrohre in die unter dem Fließband liegenden Stockwerke, wo sie weiterverarbeitet wurden. »Wir deutschen Besucher standen« vor und in diesen riesigen Hallen wie die Würstchen vom Lande«, erinnert sich Schweisfurth an seinen ersten Besuch in der Schlachthoflandschaft von Chicago:

»Dass zum Beispiel die Koteletts an der Stelle im Parterre landeten, wo sie eingepackt und versandfertig gemacht wurden, erschien uns wie ein Wunder. Andere Fleischteile und Speck kamen zielgenau bei der Wurstverarbeitung an, wo dann an Ort und Stelle mit standardisierten Mixturen die Wurst gewürzt und fertiggestellt wurde – ein einziges Wunderland für uns. Dass dafür natürlich ein gewaltiger technischer Aufwand getrieben werden musste und möglicherweise auch Geschmacksverminderung in Kauf genommen wurde, haben wir uns zunächst nicht klargemacht.«[27]

Was Schweisfurth und die anderen angereisten deutschen Metzger und Fleischindustriellen in den 50er Jahren fasziniert betrachteten, war genau dort, in den Yards, den Schlachthöfen von Chicago, zur Perfektion entwickelt worden: das Zerlegungs-Fließband, die Disassembly Line. Hier hatte sich Henry Ford die Anregung für das erste Fließband in der Automobilproduktion geholt, an dem dann nicht zerlegt, sondern zusammengesetzt wurde. Wozu man die Sache nur umdrehen und eine Vorsilbe weglassen musste, dann hatte man die Assembly Line.

Die Union Stock Yard & Transit Company begann 1865 mit der Fließbandproduktion von Fleisch und machte Chicago zum »Hog Butcher for the World«, dem Schweinemetzger für die Welt. Wobei in den Yards nicht nur Schweine, sondern auch Rinder und Schafe geschlachtet und verarbeitet wurden. In den ersten 35 Jahren bis zur Jahrhundertwende wurden in Chicago 400 Millionen Stück Vieh geschlachtet. Angekarrt in Güterzügen und wieder abgefahren in Konserven oder Kühlwaggons von den neun Eisenbahngesellschaften, die die Union Stock Yards gegründet hatten. Um 1900 war das Gelände der Yards auf 190 Hektar Größe gewachsen, von 80 Kilometern Straßennetz durchzogen und von über 200 Kilometern Schienennetz umgeben. Es arbeiteten dort bereits 25 000 Menschen. Sie schlachteten und verarbeiteten jährlich um die zehn Millionen Tiere und produzierten damit über achtzig Prozent des US-amerikanischen Fleisches.

Wie sie das produzierten, das beschrieb Upton Sinclair in seinem 1906 erschienenen Roman *The Jungle*, der die beispiellose Gefühllosigkeit der Industrialisierung des Tötens dokumentiert. Schon damals gab es viele Besucher in den Schlachthöfen, einen regelrechten Schlachthoftourismus, was umso erstaunlicher ist, als das, was die Besucher zu sehen bekamen, keineswegs hygienisch sauber und auch nichts für zarte Naturen war. Das begann schon damit, dass das Schlachten nicht mit dem Töten anfing. Die Schweine wurden in einer langgestreckten Halle – mit Besuchergalerie – zu den beiden Seiten eines sechs Meter großen, senkrecht drehenden, eisernen Rades getrieben, das mit Ringen bestückt war. Dann wurden sie von Arbeitern an diesem Rad befestigt.

»Sie hatten Ketten, und davon schlangen sie jeweils das eine Ende dem vordersten Schwein um ein Bein und hakten das andere in einem der Ringe an dem Rad ein. Durch dessen Drehung verlor das Tier dann plötzlich den Boden unter den Füßen und wurde hochgerissen.

Im selben Augenblick ertönte ein Schrei, der durch Mark und Bein ging. Erschrocken fuhren die Besucher zusammen; die Frauen erbleichten und wichen zurück. Es folgte ein weiterer Schrei, lauter noch und herzzerreißend – denn hatte das Schwein diese Reise einmal angetreten, winkte ihm keine Wiederkehr mehr; war es oben am Scheitel des Rades angelangt, wurde es an seiner Kette auf eine Transportschiene übergeleitet, und an der schwebte es dann die Halle entlang. Inzwischen wurde ein zweites hochgerissen, ein drittes, ein viertes und immer so weiter, bis sie in Doppelreihe da baumelten, jedes aufgehängt an einem Bein, wild um sich schlagend – und quiekend! Der Lärm war grauenhaft; er drohte das Trommelfell zu zerreißen, und man befürchtete, daß dieser Krach die Wände sprengen oder die Decke zum Einsturz bringen müsse. Da war hohes Quieken und tiefes Quieken, grimmiges Grunzen und qualvolles Wimmern; zwischendurch verebbte es mal kurz, setzte aber gleich wieder von neuem ein, noch greller und durchdringender, schwoll an, wie es ohrenbetäubender nicht mehr ging. Für manche der Zuschauer war es zuviel – die Männer schauten einander an und lächelten verkrampft; die Frauen standen mit zusammengepreßten Händen da, das Blut schoß ihnen ins Gesicht, und ihre Augen wurden feucht.

Von all dem ungerührt, verrichteten die Leute unten ihre Arbeit; Todesschreie von Schweinen und Tränen von Besuchern ließen sie völlig kalt. Sie packten die Tiere eines nach dem anderen und stachen sie blitzschnell ab. In der langen Reihe Schweine versiegte das Quieken zusammen mit dem Herzblut, bis schließlich jedes der nun toten Tiere an seinem Haken weiterrückte, dann in einen riesigen Kessel mit kochendem Wasser plumpste und darin verschwand.«[28]

Upton Sinclair beschreibt eine düstere Welt aus Blut und Kot, verdunkelt auch durch den Rauch aus den Schloten der Wurstfabriken. Ganz Chicago und die weitere Umgebung der Millionenstadt waren steinkohlegrau und stanken. Täglich wurden fast zwei Millionen Liter Wasser aus dem Chicago River in die Yards gepumpt und ohne jede Reinigung als Abwasser hinter den Schlachthöfen wieder eingeleitet. Das verrottende Schlachtabwasser machte den Fluss zu einer blubbernden Gaskloake, was ihm den Spitznamen Bubbly Creek einbrachte. Um 1900 musste die Stadt dann ein Schleusensystem an die Mündung des Flusses bauen, um den daran zu hindern, weiter in den Michigansee abzufließen, aus dem das Trinkwasser gewonnen wurde. Der Chicago River wurde umgedreht und in einen Schifffahrtskanal abgeleitet, der über den Illinois River in den Mississippi und schließlich in den Golf von Mexiko mündet.

Als 1906 Upton Sinclairs Roman über das Leben und Sterben in den Yards erschien, war das Aufsehen groß. Der Absatz amerikanischer Fleischkonserven in Europa brach ein. Die deutsche Regierung erhöhte die Zölle auf US-amerikanische Fleischimporte. Die US-Regierung erließ ein Gesetz zur Inspektion der Schlachthöfe.

Schließlich wurden die hygienischen Zustände und die Qualität der Fleischkonserven verbessert, zunächst aber nicht die Arbeitsbedingungen der Menschen. Halb resigniert schrieb Sinclair in der Frauenzeitschrift *Cosmopolitan* schon im Oktober 1906 über den Erfolg seines *Dschungels*: »Ich zielte auf das Herz der Menschen, aber ich traf sie nur in den Bauch.« Er hatte sein Buch schließlich den amerikanischen Arbeitern gewidmet, so steht es bis heute auf dem Vorsatzblatt. Und er hatte deren Arbeit nicht weniger drastisch geschildert als das Ende der Tiere.

> »Zum Beispiel die Männer in den Pökelräumen, wo sich der alte Antanas den Tod geholt hatte – fast alle waren schrecklich gezeichnet. Wer sich hier beim Karrenschieben auch nur eine Schramme am Finger holte, zog sich damit leicht eine Entzündung zu, die ihn das Leben kostete: Glied für Glied konnten ihm die Finger von der Säure zerfressen werden. Unter den Schlächtern und Schlachtgehilfen, den Ausbeinern, Ausputzern und allen, die mit dem Messer arbeiteten, fand man kaum einen, der seinen Daumen noch voll gebrauchen konnte; immer wieder waren sie auf die Schneide gerutscht, bis er nur noch eine bloße Masse Fleisch bildete, gegen die sie nun das Messer preßten, um es überhaupt halten zu können. Die Hände dieser Leute waren kreuz und quer von Schnittnarben durchzogen, die sich nicht mehr zählen und auseinanderhalten ließen. Fingernägel hatten sie keine mehr, denn die wetzten sich beim Häuteabziehen völlig ab; ihre Fingergelenke waren so geschwollen, daß sich ihre Hände wie Fächer spreizten. Dann die Männer, die in den Kochereien arbeiteten, bei künstlichem Licht und inmitten von Wrasen und ekelerregendem Gestank; hier konnten sich die Tuberkelbazillen zwar zwei Jahre halten, doch kam stündlich neuer Nachschub hinzu. Dann die Fleischträger, die zwei Zentner schwere Rinderhälften in die Kühlwaggons schleppten – eine mörderische Schufterei, von vier Uhr früh an, die selbst den stärksten Mann in ein paar Jahren fertigmachte. Dann die Leute in den Kühlhallen; ihr typisches Leiden war das Rheuma, und fünf Jahre galten als längste Zeit, die dort durchzuhalten war.«[29]

Letztlich geraten auch abgeschnittene menschliche Extremitäten und bisweilen ganze Menschen in den Verarbeitungsprozeß der Yards – und kommen am Ende in Konserven wie der berühmten, von Andy Warhol porträtierten, Campbell's Noodle Soup aus dem Produktionsprozeß heraus.

Über fünfzig Jahre später, als Karl Ludwig Schweisfurth in den Yards von Chicago über die Fleischproduktion staunte, waren die

Hygienestandards der damaligen Zeit angepasst und durchgesetzt, die Gewerkschaften achteten auf bessere Arbeitsbedingungen. Und doch musste sich der Besucher aus Deutschland vor den Ausdünstungen der Yards schützen, um sich das Staunen über die Fließbandwelt überhaupt zu ermöglichen.

»Die Gebäude der großen Fabriken, mehr oder minder eng zusammengedrängt, waren Ziegelbauten, die Deckenbalken überwiegend aus Holz, die Fußböden mit Sägemehl eingestreut, um heruntertropfendes Blut aufzunehmen. Man musste es nicht wegspülen, sondern konnte die blutgebeizte Kruste von Zeit zu Zeit wegschieben; so konnte man ohne Wasser das Klima trocken halten. Der Preis war der Gestank, der aus dem Areal hervorquoll und das ganze Stadtviertel umwölkte; und der Westwind stülpte ganz Chicago eine Dunstglocke über. Die Geruchsmischung aus Kot und Sägemehl, Schlachtabfällen und Blut war so penetrant, dass wir uns nasse Taschentücher vor die Nase halten mussten.«[30]

So sollte das bei Herta Wurst, im heimischen Betrieb der Schweisfurths, natürlich nicht werden. Und so wurde es auch nicht. Nachdem der Sohn die Fleischfabrik von den Eltern übernommen und ausgebaut hatte, sorgte er für Licht in den Produktionsräumen. Er stattete die Werkshallen mit moderner Kunst aus und schuf Blickachsen nach draußen. Er wollte »den Metzgern das Töten im Takt der Maschine« erträglicher machen. Ob das Leben und Sterben für die Tiere erträglich war – daran dachte er damals noch nicht. Und als er dann daran dachte, machte er Schluss mit Herta. Rund dreißig Jahre nach dem Ausflug nach Amerika verkaufte er das Unternehmen, das inzwischen zu den größten europäischen Fleischproduktionskonzernen gehörte. Bis dahin hatte er daran mitgewirkt, aus dem Schwein ein Industrieprodukt zu machen.

Natürlich verlangte die Fließbandproduktion ein der Disassembly Line angepasstes – also eher unnatürlich konformes – Schwein mit möglichst wenig individueller Variabilität. Am besten funktioniert das maschinengetriebene Schlachten mit einem immer gleichen Tier, das desto perfekter ist, je mehr die am besten verwertbaren Teile ins Schlachtgewicht fallen. Gleiche Größe, wenig Haare, die es zu entfernen gilt, und dabei möglichst große Schinken und Rückenpartien, sprich Koteletts und Filets. Nicht von ungefähr ist die Deutsche Landrasse ziemlich nackt, liefert vier Schinken, weil auch die Schulterpartie besonders kräftig ist, und sie ist außerdem auf größere Länge gezüchtet als die Rassen, aus denen sie hervorging. Auch wenn eine höhere Anzahl von Rippen, sprich: Koteletts, wohl nicht Zuchtziel gewesen ist, so ist sie doch Ergebnis. Wildschweine haben zwölf Rippenpaare, moderne Hybridschweine meistens 16, ein kleinerer Teil hat 15 Rippenpaare und ein paar besonders lange Exemplare haben auch 17.[31] Das wären dann im Durchschnitt um die 32 Koteletts, statt ehemals 24. Die Zahl beziffert allerdings erst einmal nur die schiere Menge; die Qualität kann man nicht an Rippen abzählen. Aber die »Schweinefleischgewinnung mittels angewandter Mathematik«, wie schon Upton Sinclair die Tötung und Verarbeitung am Fließband nannte, hat auch erst einmal nichts mit Qualität zu tun. »Ich war mit dem Stolz des Metzgergesellen angereist, der es in der Hand und in der Zungenspitze hat, herrliche Geschmacksnuancen zu kreieren, und ich ging gewissermaßen vor der Großmaschine in die Knie, die alles präzise nivelliert«, bekennt Karl Ludwig Schweisfurth und wundert sich über den jungen Mann, der er damals in Chicago war. »Wenn mir hingegen in dieser damaligen Situation des Aufsaugens, des begeisterten Zurkenntnisnehmens, jemand gesagt hätte, dass ich ein paar Jahrzehnte später das genaue Gegenteil von Standardisierung und Automation zum Motto erheben werde, ich hätte es für üble Einrede gehalten.«[32]

Schweisfurth ist gut dreißig Jahre später wieder ausgestiegen aus der industriellen Produktion und Verarbeitung von Schweinen und zurückgekehrt zum Handwerk. Er hat sein Geld in die Entwicklung einer artgerechten Schweinehaltung und in eine Stiftung gesteckt, die »umweltfreundliche Methoden des Landbaus und der natur- und artgemäßen Haltung von Tieren«[33] erforschen und fördern soll. Er ist Teil einer kleinen Bewegung von Bauern, die es anders machen. Die Tiere sollen nicht länger auf die industrielle Produktionsweise zugeschnitten werden. Und die Bauern wollen sich selbst auch nicht länger zu Industriearbeitern in arbeitsteilig organisierter Spezialisierung machen. Denn so ist das in der konventionellen »Schweineproduktion«: Die Zuchtkonzerne liefern die reinerbigen Linien, die Ferkelproduzenten halten die Sauen, die Mäster ziehen die Ferkel auf und halten die Mastschweine bis zur Schlachtung. Wer da nicht mitmachen möchte, braucht letztlich auch andere Schweine. Die Hybridschweine kann man zwar im Sommer rauslassen ins Freie, solange die Temperaturen so sind, dass sie sich nicht erkälten. Aber ganzjährig draußen halten kann man die empfindlichen, nahezu nackten Schweine nicht. Und auch sonst taugen die Hybridferkel nicht für die Aufzucht im Freien.

Bei einem Feldversuch, oder besser Wiesenversuch, auf dem Arche-Noah-Hof bei Peiting im oberbayerischen Pfaffenwinkel wurden vier Hybridschweine im Alter von drei Monaten aus einer Mastanlage geholt und ins Freie gelassen. Sie überlebten die Angst vor der neuen Umgebung und den Stress der Ankunft und lebten sich ein auf dem Hof in Gemeinschaft mit Schwäbisch-Hällischen Landschweinen. Aber nach weiteren drei Monaten wogen sie nur dreißig Kilo. In der Intensivmast wären sie spätestens nach einem weiteren Monat schon beim Schlachter, mit einem Gewicht von dann rund hundert Kilo. Der Versuch machte deutlich, dass die Hybridschweine ohne das eiweißreiche Futtermehl mit hohem Sojaanteil viel schlechtere Futterverwerter sind als die eigentlich viel langsamer wachsenden alten Schweinerassen. Mit dem vielfältigen Freilandfutter inklusive Gras und Heu wachsen die Schwäbisch-Hällischen, Angler Sattelschweine oder Bunten Bentheimer dann eben doch schneller.

Was der Versuch allerdings auch zeigte: Die Hybridschweine ließen im Freien das Beißen sein, die Ritzer und Schrammen, die sie aus dem Maststall mitgebracht hatten, verheilten. Wenn Schweine ausreichend Platz und Nahrung haben, leben sie friedlich miteinander. In einer Rotte von Wildschweinen verschafft sich die Leitbache mit ein paar wenigen Grunzern Respekt, bestenfalls gibt es mal einen Nasenstüber oder einen deutlicheren Schubser. Zu blutigen Kämpfen kommt es lediglich unter Keilern, wenn sie um eine rauschige Bache rangeln. In den engen Buchten der Großstallanlagen, in denen einem Mastschwein nicht einmal ein Quadratmeter Platz zur Verfügung steht und die Stallumgebung keinerlei Ablenkung bietet, beißen sich die Schweine häufig gegenseitig blutig.

Gefürchtet bei den Schweinemästern ist das Schwanzbeißen. Dabei beginnt ein Schwein dem anderen an der Schwanzspitze zu knabbern und schließlich zu beißen. Wenn Blut fließt, beteiligen sich oft mehrere Schweine an der Beißerei. Die Folge sind nicht heilende, immer wieder aufgebissene Wunden, schließlich Entzündungen, die bis zur Lähmung der Hinterhand führen können. Um das Schwanzbeißen zu verhindern, werden den Ferkeln häufig schon am ersten Tag ihres Lebens die Schwänze kupiert. In Deutschland ist das Kürzen der Schwänze bei Ferkeln unter vier Tagen ohne Betäubung erlaubt. Das heißt, die Schweine werden mit dem Messer oder der Zange den Haltungsbedingungen angepasst, statt die Haltung den Schweinen.

Das Lehrbuch *Tierproduktion* nennt als Gründe für die Schwanzbeißerei:»mangelhaftes Stallklima; zu wenig Fressplätze, die Eintönigkeit strohloser Buchten, in der Spieltrieb und Erkundungsverhalten nicht befriedigt werden können«, und als Abhilfe, wenn das Kupieren der Schwänze nicht zum Erfolg geführt hat:»Verbesserung des Stallklimas; Einbringen von Dosen, Ketten, Scheuerbäumen und anderen Spielgegenständen in die Bucht; Musikberieselung; Besprühen der Schweine mit Duftstoffen.« Inzwischen gibt es eine regelrechte Spielzeugindustrie für Schweine. Von »Porky's Scheuerwand« über Beißknochen für Rohre, Baumwollspielseile, Edelstahlkarussells mit Beißsternen, Antistressbällen bis zu »Porky's Funbox« und »PiggyPlay« mit Aromakunststoff reicht das Angebot. Statt die Ställe größer zu machen und die Türen zu öffnen, investiert der Schweinehalter in Spielzeug.

Das Dumme ist nämlich, dass die Schweine eben nicht dumm sind. Dass die Menschen sich gegenseitig als dumme Säue beschimpfen, spricht eher gegen die Intelligenz der Menschen. Schließlich haben wohl auch die, die andere so beschimpfen, schon mal gehört, dass Schweine für die Drogenfahndung arbeiten oder nach Sprengstoff suchen. Schweine haben in Verhaltenstests regelmäßig Hunde übertrumpft. Sie erkennen sich selbst im Spiegel, ihnen Kunststücke beizubringen, ist kein Problem, solange sie selbst auch Spaß daran haben. Die australische Tiertrainerin Joanne Kostiuk, die das Filmschweinchen Babe trainierte, sagt, sie könne einem Schwein in zwanzig Minuten beibringen, wofür sie mit einem Hund einen ganzen Tag brauche. Im Schweinehirn ist der Hippocampus, das Lernzentrum, sehr gut aus-

gebildet. Züchter von sogenannten Minischweinen, die als Versuchstiere für die Pharmaindustrie klein gezüchtet wurden und dann zuerst
in den USA zum Heimtier avancierten, warnen ihre Kunden: Wer ein
Minischwein zu Hause hält, sollte ausreichend Zeit haben und dem
Schwein beste Beschäftigungsmöglichkeiten bieten. Wenn sich das Minischwein langweilt, räumt es sonst gerne auch mal die Wohnung um
und aus, während Frauchen und Herrchen bei der Arbeit sind.

Das Schwein ist ohne Zweifel das intelligenteste der landwirtschaftlichen Nutztiere in der Obhut des Menschen. Und ausgerechnet das wird lebenslänglich in triste Stallungen weggesperrt. Dass
die Tiere darunter leiden, war absehbar. Oder es wäre absehbar gewesen für diejenigen, die solche Haltungsformen geplant haben,
wenn diese Menschen die Tiere und deren Bedürfnisse überhaupt
im Blick gehabt hätten. Aber es ist uns natürlich möglich und unserer Art sogar eigen, vom Leiden der Anderen zu abstrahieren. Unsere machiavellische Intelligenz lässt uns kühl nur den eigenen Vorteil sehen.

Wir sind in der Lage, mörderische Systeme zu planen. Jeder
Deutsche weiß das. Wir sind in der Lage, auch uns selbst in Syste-
men zu verplanen, die unseren Bedürfnissen widersprechen. Es hat
Jahrzehnte und Jahrhunderte gedauert, bis die Arbeit in den Fabriken, den Bergwerken, auf den Transportwegen die Menschen nicht
mehr systematisch krank machte. Und es ist längst nicht überall erreicht, nicht einmal in den reichen Industrienationen. Die Gewerkschaften sprachen jahrzehntelang von der »Humanisierung der Arbeitswelt«, wenn sie die Taktzeiten der Fließbänder verlängern, die
Arbeit über Kopf abschaffen, die Lackierer aus ihren Raumanzügen
befreien wollten, wenn sie die von Lösungsmitteln und Staub und
Asbest zerfressenen Lungen als Berufskrankheit anerkannt haben
wollten. Dabei war und ist diese krank machende Arbeitswelt eine
von Menschen erdachte und aufgebaute, das ist also die humane Arbeitswelt. Tiere würden sich solche sie selbst zerstörenden Systeme
wohl eher nicht ausdenken. Aber wir Menschen, die wir für den eigenen Vorteil immer schon über Leichen gegangen sind. Und wenn
wir schon mit unseresgleichen so umgehen, warum sollten wir dann
im Umgang mit anderen Kreaturen gefühlvoller sein?

Es war also eine durchaus menschliche Haltung, das absehbare Leid der Schweine in den Zucht- und Mastställen nicht zu beachten, sondern kühl zu planen und zu berechnen, wie die Schweine am kostengünstigsten zum Produkt der industrialisierten Landwirtschaft gemacht werden können. Und es ist ebenso menschlich, wenn die konventionellen Schweinehalter und die Agrarindustriellen alle Versuche für hoffnungslos romantisch und unrealistisch halten, Schweinefleisch anders als optimiert arbeitsteilig und mit der höchsten »Fleischleistung« bei geringstem Futtereinsatz in kürzester Zeit zu produzieren. Die Produktion muss effizient sein, sagen die Landwirtschaftsberater. Wer nicht kostenoptimiert und effizient produziert, kann sich am Markt nicht halten. Und der Bauernverband predigt seit Jahrzehnten: wachsen oder weichen! Nur wer größer wird, kann mithalten. Wenn die Preise sinken, hilft nur Masse.

Im Lehrbuch *Tierproduktion* kann man nachlesen, dass das eine Milchmädchenrechnung ist. Dort ist eine beispielhafte Deckungsbeitragsrechnung für ein Mastschwein aufgelistet. Die Berechnung stellt alle für die Mast des Schweines eingesetzten Mittel in Euro und Cent dem Reinerlös je Kilogramm Schlachtgewicht gegenüber. Das Beispielschwein wird als Ferkel mit 28 Kilogramm Gewicht gekauft und als ausgemästetes Schwein mit 117 Kilo Gewicht verkauft. Bei einem Preis von 1,47 Euro je Kilogramm Schlachtgewicht bleiben dem Mastbetrieb am Ende 21,85 Euro vom ganzen Schwein. Wenn man davon die üblichen Investitionskosten für einen Mastplatz und die Instandhaltung abzieht, bleiben 6,58 Euro für das »Betriebseinkommen«, also für den Landwirt. Selbst wenn der Mastplatz mehr als zweimal im Jahr mit einem neuen Ferkel besetzt werden kann und wenn insgesamt tausend Schweine im Stall stehen, bleiben am Jahresende keine 16 000 Euro. Dazu noch das Einkommen als Lohnarbeiter im eigenen Betrieb, angesetzt mit fünfzehn Euro in der Stunde. Reich kann man auf diese Weise jedenfalls nicht werden. Nicht solange das Kilo Kotelett beim Discounter vier Euro kostet.

Profitgier kann man den Schweinehaltern bei solcher Kostenrechnung wahrlich nicht unterstellen. Aber warum tun sich Landwirte dann so etwas an? Die Antwort ist immer individuell. Jeder Hof hat seine eigene Geschichte. Und die Antwort ist in vielen Fällen doch auch immer gleich: Irgendwann sind aus den Investitionen Schulden geworden, die die mit ihnen aufgestellten modernen Produktionsanlagen nicht mehr abtragen konnten. Das ist der Punkt, an dem es an die Substanz geht. Zuerst an die eigene körperliche und sicher auch psychische Substanz – durch Selbstausbeutung und Selbstvorwürfe. Und auch dadurch, dass zumal die älteren Bauern, die noch ein anderes Wirtschaften mitbekommen haben, natürlich sehen, was sie den Tieren antun. Und dann geht es an die Substanz des Betriebes. Früher hieß es auf dem Land: Ein schlechter Bauer kostet noch nicht den Hof. Will sagen, eine Generation reicht nicht, um einen gut dastehenden landwirtschaftlichen Betrieb kaputt zu machen. In den Zeiten der industrialisierten Landwirtschaft reichen eine einzige Investitionsentscheidung, die sich als falsch herausstellt, und ein paar schlechte Jahre.

Die Logik des Kapitalismus heißt: Massenproduktion macht die Herstellung der Produkte günstiger. Sie können dann auch günstiger angeboten werden. Der geringere Preis erhöht den Druck auf die Konkurrenz. Sie muss ebenfalls die Effizienz der Produktion erhöhen oder aufgeben. Wenn sie mitgeht, drückt das den Preis erneut. Bis einer aufgeben muss und die anderen ihren Marktanteil entsprechend erweitern können. Am Ende, sagt die Theorie, gewinnt der Konsument der Ware, der Verbraucher. Und die Produzenten, die übrigbleiben. Die Erfahrung zeigt, dass die schöne Theorie diverse Haken hat. Einer ist, dass die Produktion von egal welchem Produkt nicht unendlich weiter immer effektiver gestaltet werden kann, weshalb zwingend irgendwann gespart werden muss an Arbeitskraft, Maschineneinsatz und Material. Und also irgendwann auch am Produkt selbst, was bedeutet, dass die Produkte minderwertiger ausfallen. Wenn das zu sehr auffällt, wird es irgendwann einen Produzenten geben, der die alte Qualität wieder anbietet oder das Produkt weiterentwickelt und der dafür einen höheren Preis verlangen kann. So weit, so gut – und so theoretisch.

Was aber, wenn es bei diesem Schweinezyklus der Wirtschaft wirklich um Schweine und nicht um Schrauben, Schnürsenkel oder

Streichhölzer geht? Dann hat man ein Lebewesen in diesem System, das nicht wie die menschliche Arbeit »humanisiert« oder wegrationalisiert und durch Maschinen ersetzt werden kann, weil es ja das Produkt selber ist. Ein Tier, das hochintelligent ist, das Wünsche hat, das leiden kann, das Freude empfinden würde, wenn es einen Grund dafür hätte, das sich seinen Partner wählen und seine Kinder pflegen und aufziehen möchte. Die meisten Eber in den Zuchtbetrieben haben nie eine lebendige Sau gesehen, die meisten Säue nie einen Eber; und ihre Ferkel werden ihnen nach drei, maximal vier Wochen entrissen, nachdem sie sich die ganze Zeit nicht richtig um sie kümmern konnten, weil sie im Kastenstand gefangen waren. Wenn die Sauen, nachdem ihnen die Ferkel weggenommen wurden, nicht innerhalb einer Woche wieder rauschen und aufnehmen, wenn sie also nicht gleich wieder schwanger werden, kommen sie zum Schlachter. Sonst sind die Zuchtsauen und die Zuchteber die einzigen in diesem Schweinesystem, deren Leben länger währt als 190 Tage. Mal abgesehen von den paar Bioschweinen und den wenigen, die das saumäßige Glück der Freilandhaltung genießen können.

59 Millionen Schweine werden jedes Jahr geschlachtet in Deutschland, bei einem Bestand von 29 Millionen Tieren in den Ställen. Die Zahlen zeigen, wie schnell der Durchsatz in den Mastbuchten der Großställe ist. Das Lehrbuch geht denn auch von 2,3 »Umtrieben« pro Mastplatz aus, das heißt, ein Ferkel, das mit unter dreißig Kilogramm aufgestallt wird, ist dann als Mastschwein weniger als ein halbes Jahr lang im Stall, bis es sein Schlachtgewicht von etwas über hundert Kilo erreicht hat. Dann geht es auf seine letzte Reise.

Der durchschnittliche Fleischverzehr pro Kopf liegt in Deutschland laut Bundeslandwirtschaftsministerium bei 1 150 Gramm pro Woche. Davon sind 730 Gramm Schweinefleisch.[34] Pro Kopf und Woche. Da sind Kleinkinder und Vegetarier mitgerechnet, ebenso Muslime und Juden, die kein Schweinefleisch essen, wenn sie sich an die Glaubensregeln halten. Das heißt, der Pro-Kopf-Verzehr der Schweinefleischesser ist deutlich höher als der Durchschnittswert. Ist das gesund, könnte man jetzt fragen. Für viele Menschen sicher nicht. Viele Untersuchungen bringen übermäßigen Fleischverzehr mit vermehrtem Risiko von Diabetes und Herz-Kreislauf-Erkrankungen in Zusammenhang, auch mit einem erhöhten Krebsrisiko. Das gilt inzwischen als Allgemeinwissen, auch bei Fleischessern. Vegetarische Ernährung dagegen gilt allgemein als gesund. Andererseits ernähren sich die Eskimos seit Jahrtausenden fast ausschließlich von Fleisch und sind doch nicht ausgestorben. Eine Ernährung ganz ohne Fleisch muss auch nicht gesünder sein. Es gibt inzwischen auch Untersuchungen, die Veganern ein erhöhtes Risiko für Herz-Kreislauf-Erkrankungen attestieren, und solche, die bei Vegetariern eine höhere Krebsrate und mehr Allergien nachweisen. Im Land der Ratgeber gibt es für alle Lebensstile Rat. Man nehme sich, was zum eigenen passt und entsprechend zu einem besseren Lebensgefühl beiträgt.

Das verhilft nur den Tieren nicht zu einem besseren Leben. Auch der Verzicht auf Schweinefleisch hilft den Schweinen nicht. Deutschland produziert sowieso schon über den eigenen Bedarf hinaus; und das, obwohl auch Schweinefleisch nach Deutschland importiert wird. Im Jahr 2010 betrug die Eigenbedarfsdeckung mit Schweinefleisch 108 Prozent. Das heißt, der Export funktioniert. Dass man den auch noch richtig ankurbeln kann, beweist das kleine Dänemark mit einer Selbstversorgungsdeckung von 633 Prozent. Natürlich kann der Weltmarkt irgendwann auch mit Schweinefleisch verstopft sein. Dann würde es den Schweinehaltern gehen wie den Milchbauern. Dann müssten wahrscheinlich viele aufgeben, weil sie schon jetzt an der Existenzgrenze ihrer Höfe wirtschaften. Aber das würde die Schweine nicht aus den engen Großställen befreien und ihnen Luft und Licht verschaffen. Bei den Milchbauern geben auch die kleineren auf. Die großen, mit den modernen Laufställen für hunderte von Kühen, bleiben übrig. Die Tiere bleiben also weggesperrt, trotz Absatzkrise.

Wenn man die »Befreiung der Schweine« nicht nur individuell durchziehen möchte, wie das Karl Ludwig Schweisfurth und ein paar wenige andere mit ihrer Freilandhaltung der alten Schweinerassen machen, dann wird das nicht als Alternative zum bestehenden Schweinesystem funktionieren. Wenn wir beschließen, dass die Tiere ihrer Art entsprechend gehalten werden sollen, und feststellen, dass zur Art der Schweine das Wühlen und das Suhlen gehört, dann müssen die Schweine in Zukunft wieder wühlen dürfen, sie brauchen die Suhle und den Scheuerbaum. Und falls auch Tiere ein Recht auf ihre eigene Sexualität haben sollen, dann muss der Eber auch wieder zur Sau dürfen und nicht nur der Tierarzt oder Facharbeiter mit der Besamungsspritze. Dann gehört womöglich auch die Aufzucht der eigenen Ferkel zum erfüllten Leben eines Hausschweins. Das wird zumindest zu diskutieren sein.

Immerhin hat die deutsche Fleisch- und Geflügelwirtschaft angesichts der zunehmenden Kritik durch Verbraucher-, Umwelt- und Tierschutzorganisationen und einigem politischen Druck 2015 die »Initiative Tierwohl« gegründet. Nicht als Schritt in die richtige Richtung, aber immerhin als »ein Sich-Wenden in die richtige Richtung«, bezeichnet das der Vorsitzende des Bundes Ökologische Lebensmittelwirtschaft, Felix Prinz zu Löwenstein. Die Branche nehme immerhin schon mal ein Problem in den Blick. Dadurch ändere sich aber noch gar nichts. Die Selbstdarstellung der Initiative Tierwohl schiebt denn auch die große Aufgabe erst einmal allen zu, statt sich selbst die Systemfrage zu stellen: »Die Verbesserung des Tierwohls ist eine komplexe, gesamtgesellschaftliche Aufgabe. Sie kann nur gelingen, wenn alle Partner in der Wertschöpfungskette – Landwirtschaft, Fleischwirtschaft, der Lebensmitteleinzelhandel und letztlich auch der Verbraucher – gemeinsam konkrete Veränderungen in Gang setzen.« Die Initiative Tierwohl verstehe sich als Motor dieses Prozesses, sagt sie über sich selbst. Ohne zu sagen, welchen Prozess sie meint und wohin der führen soll. »Konkretes Ziel der Initiative ist es, das Tierwohl zukünftig noch stärker zur Grundlage des Handelns zu machen und es zugleich fest und auf breiter Basis in der landwirtschaftlichen Produktion, in der Fleischwirtschaft und im Lebensmitteleinzelhandel zu verankern.«[35] Natürlich kann eine solche Initiative nicht sagen: Wir nehmen zum ersten Mal überhaupt das Tier in den Blick. Aber irgendwie sagt sie es doch, man muss nur die beiden Wörter »noch stärker« aus der wolkigen Marketingformel streichen. Die müssen da drinstehen, damit überhaupt einer mitmacht bei der Initiative. Sonst würde er ja zugeben, dass er sich erst ab jetzt um das Tierwohl kümmert. Was aber ist mit Tierwohl gemeint, was macht die Initiative tatsächlich? Sie sammelt Geld ein. Und zwar bei den beteiligten Einzelhandelsketten – ein paar Cent für jedes Kilogramm verkauftes Fleisch werden an die Initiative gezahlt. Die auf diese Weise eingesammelten Millionen werden als »Tierwohlentgelt« an die Landwirte ausgezahlt, die sich der Initiative anschließen. Die Schweinehalter müssen sich dafür einem Antibiotikamonitoring unterwerfen, den Schweinen etwas mehr Platz als gesetzlich vorgeschrieben gönnen, regelmäßige Stallklima- und Tränkewasser-Checks durchführen, und Tageslicht in ihre Ställe lassen.

Von der Schweisfurth'schen »Befreiung der Schweine« ist all das Jahrzehnte entfernt. Was soll zum Beispiel Tageslicht in den Schweineställen? Sollen die Schweine sehen, dass es da ein Draußen gibt, das sie niemals erreichen können? Oder sollen die Schweinehalter und die Schweinefleischkäufer das Gefühl haben, sie gönnen den Schweinen mal was? Ist das gut gemeint oder zynisch?

Um ein Leben mit Licht und Luft und Wühlen und Suhle für die Schweine wieder zu ermöglichen, müssten wohl – allen Initiativen und Selbstverpflichtungen zum Trotz – die Verordnungen und Gesetze zur Schweinehaltung komplett neu geschrieben werden. Mindestens das, was heute für die Bioschweine gilt, müsste dann für alle Schweine gelten. Aber eigentlich ist auch das noch viel zu wenig, jedenfalls noch lange nicht die Befreiung der Schweine. Den Schweinehaltern müssten zudem lange Übergangszeiten gewährt werden, denn schließlich stehen ihre geschlossenen Großställe nun mal in der Landschaft, genehmigt so wie sie sind. Viele Schweinehalter haben sich mit ihren Stallneubauten auf eine Art der Haltung festgelegt. Mit den Spaltenböden in den angeblich so modernen Mastställen können sie nicht mal mehr auf Bio umstellen, selbst wenn sie wollten. Und die Ställe sind so große Investitionen, dass die meisten Landwirte zwanzig Jahre brauchen, um sie abzuzahlen. Schnell umsetzen lässt sich ein Systemwechsel zu einer anderen Schweinehaltung also nicht. Wo der politische Wille wäre, könnte man ihn aber wenigstens beginnen.

Was mit einer solch anderen Schweinehaltung allerdings nicht mehr zu halten wäre, ist der Preis. Wahrscheinlich würde man auch feststellen, dass die hochgezüchteten Hybridschweine für eine ganz andere Haltungsform nicht taugen. Ebenso wahrscheinlich, dass robustere Rassen, die sich draußen nicht gleich einen Schnupfen, einen Sonnenbrand oder Schlimmeres holen, entsprechend langsamer wachsen. Ein Schwein, das nur halb so schnell wächst, muss am Ende schon im jetzigen Haltungssystem das Doppelte kosten. Wenn das reicht. Falls man nämlich auch noch auf die Einfuhr und Fütterung von Soja verzichten wollte, um die Abholzung der Regenwälder für immer neue Sojafelder zu stoppen, dann müssten auf unseren Äckern jede Menge Ackerbohnen und Erbsen für die Schweine gezogen werden. Ackerboden und Pacht sind aber in Deutschland teuer geworden, weil der Maisanbau für die Biogasanlagen enorm ausgeweitet wurde. Außerdem ist die Fläche begrenzt und weitere Weiden in Äcker umzubrechen, können wir uns nicht leisten, weil wir dadurch das in ihnen gespeicherte Kohlendioxid freisetzen und den Treibhauseffekt weiter forcieren. Ganz abgesehen davon, dass auch in unseren Breiten viele Weideflächen nicht zum Acker taugen. Sie sind nicht umsonst in Jahrtausenden der Ackerbaugeschichte Grasland geblieben.

Am Ende würden in Deutschland oder – wenn man den Systemwechsel ausweiten könnte und wahrscheinlich auch müsste – in der Europäischen Union sicher weniger als die Hälfte der derzeitigen Menge an Schweinen geschlachtet werden können. Und der Preis für das dann immer noch konventionell produzierte Schweinefleisch würde wohl mindestens auf das Dreifache steigen. Vorausgesetzt, wir könnten Billigimporte verhindern, was sicher nur ohne die Freihandelsabkommen mit Kanada, den USA und anderen Regionen außerhalb der Europäischen Union funktionieren würde. Dadurch wäre Schweinefleisch dann noch immer nicht zum Luxusgut geworden, bestenfalls würde es sich im Preis seiner eigenen Vergangenheit wieder annähern. Damit hätten wir auch den Schweinen noch lange kein saugutes Leben erkauft, aber wir würden ihnen und ihrem Leben wenigstens etwas von dem Respekt zollen, den sie verdient haben. Wir hätten wenigstens damit begonnen, das Tier wieder als solches wahrzunehmen: als Lebewesen mit Bedürfnissen und Wünschen statt als Produktionsmittel. Und wir würden die verdammte Anpassungsfähigkeit der Schweine etwas weniger ausnutzen, mit der alles angefangen hat – damals.

Die Erfindung des Schweinekobens

Als die kleine Gruppe von Jägern über die Kuppe kam und ins Tal blicken konnte, sah sie die Verwüstung. Ein Rotte Wildschweine war aus dem Auwald am Flüsschen gekommen und stand nun in dem Feld, auf dem sie im Frühjahr Weizen ausgesät hatten. Der Weizen war schon gelblich, fast reif, so wie sie ihn im vergangenen Herbst gesammelt hatten. Die Wildschweine wühlten die Halme aus, warfen sie um und kauten die Ähren ab. Sie hatten schon eine Schneise in das kleine Feld gegraben. Bevor die Nacht käme, würden sie alles vernichtet haben.

Der erste Impuls der Menschen war, den Hügel hinunterzurennen und die räuberischen Tiere mit Geschrei zu vertreiben. Aber sie hatten sich instinktiv niedergekauert, als sie die Wildschweine sahen. Sie waren Jäger, und die Schweine gehörten zu ihren begehrtesten Beutetieren. Und sie hatten außerdem kein Glück gehabt bei der Jagd an diesem Tag. Sie waren Spuren nachgegangen, sie hatten auch einen Bock fast umstellt, als der ihren Treiberring dann doch noch durchbrach. Jetzt kamen sie mit leeren Händen zum Dorf zurück. Und hier bot sich nun die Gelegenheit, kurz vor der eigenen Hütte doch noch erfolgreich zu sein – und gleichzeitig den Weizen zu retten, oder wenigstens das, was davon noch übrig war. Der Wind stand günstig, er kam ihnen entgegen. Sie nickten sich zu, verständigten sich mit ein paar Handbewegungen. Dann zogen sie sich gebückt hinter die Hügelkuppe zurück und liefen auf der Rückseite hinunter zum Wald. Sie wollten den Schweinen den Fluchtweg verstellen. Und das gelang ihnen auch. Unbemerkt schlichen sie am Waldrand hinter die Schweinerotte, verteilten sich dann und traten in breiter Front aus dem Wald an den Feldrain. Die Schweine flüchteten sofort, aber da flogen die Pfeile auch schon.

Ein Überläufer, ein halbwüchsiges Schwein, war getroffen und lahmte hinter der flüchtenden Rotte her. Bei einem Frischling saß der Pfeil richtig; er sprang noch einmal hoch und brach zusammen. In diesem Moment wandte sich eine große Bache gegen die Jäger. Es musste ihr Junges gewesen sein, das da jetzt tot im Feld lag. Nun rannte die Bache auf den ihr am nächsten stehenden Jäger zu. Der schoss ihr einen Pfeil entgegen, traf sie auch tatsächlich im Rücken und bewirkte – nichts. Die Bache wurde eher schneller. Im nächsten Moment hatte sie den Mann erreicht, der sprang zur Seite, die Bache verfehlte ihn und wendete. Jetzt kam ein zweiter Jäger mit einem Speer zur Hilfe, zog die Aufmerksamkeit der Bache auf sich und musste dann auch zur Seite springen, stach aber noch nach und verletzte das Tier erneut. Die Bache wendete wieder und wandte sich nun gänzlich dem Speerträger zu – und rannte am Ende in den Speer. Die Männer atmeten aus. Das war knapp. Einer zückte das Messer und beendete das Leben des Schweins. Nun lachten sie beide erleichtert. Doch noch ein glücklicher Jagdtag.

Aber noch nicht die Zeit zum Feiern. Rufe der anderen Jäger machten sie darauf aufmerksam, dass da noch ein Schwein in ihrer Nähe war. Es war ein zweiter Frischling, der in einiger Entfernung verstört umherlief. Keine Mutter mehr, keine Familie mehr, den Anschluss an die Rotte verloren. Einer der Männer nahm einen Pfeil aus dem Köcher und spannte den Bogen. Da fiel ihm der andere in den Arm und deutete auf das Netz, das sie eigentlich zum Fischen und für den Vogelfang dabeihatten. Ein paar Rufe und Handzeichen genügten, dann umkreisten die Jäger das kleine Schwein und trieben es dem Mann mit dem Netz zu. Ein geübter Wurf, und der Frischling verheddertе sich in den Maschen; ein beherzter Griff und ein helles Quieken, dann hatte der Mann ein kleines Schwein im Arm, das ihm vor lauter Aufregung gleich auf den Bauch kackte. Das würde er mitnehmen und zu den Schafen in den Pferch setzen. Der Frischling war gerade alt genug, um ohne Muttermilch durchzukommen. Ihre Jagd im Feld hatte der Weizenernte nicht gutgetan, aber sie hatten etwas ganz anderes geerntet: das erste Schwein, das sie nicht mehr erjagen mussten.

So könnte es gewesen sein, vor 11 000 Jahren vielleicht, spätestens vor 10 000 Jahren. Schnell hat sich dann herausgestellt, dass ein Frischling gut gedeiht in menschlicher Obhut, dass er sogar ganz zahm und anhänglich wird in Ermangelung seiner Familienrotte und dass er fast alles verwerten kann, was es an Futter gibt. Das junge Schwein frisst frisches Gras und trockenes, es sucht sich auch Kräuter und wühlt nach Wurzeln, es nimmt Früchte der Waldbäume, fängt aber auch Käfer und gräbt Mäusenester aus dem Boden. Und es vertilgt die Abfälle, die die Menschen schon in ihren ersten Siedlungen produzieren. Schweine sind eben Omnivore, Allesfresser – wie wir Menschen.

Nach solchen ersten Erfahrungen mit dem Schwein am Haus werden die Jäger Ausschau gehalten haben nach einem weiteren jungen Schwein, das sie fangen können. Und wenn dann eines zur Bache und eines zum Keiler heranwächst, dann gibt es irgendwann Frischlinge, die man nicht mehr fangen muss. So wird es gewesen sein, damals – im »Fruchtbaren Halbmond« an Jordan, Euphrat und Tigris sowie in Ostasien am Yangtse und am Mekong. In diesen Weltgegenden haben die Menschen die ersten Schweine in ihre Obhut genommen. Und das wohl relativ gleichzeitig, wie jüngere genetische Untersuchungen feststellen.[36] Die ältesten bisher gefundenen Knochen eines Hausschweins stammen aus der neolithischen Siedlung Çayönü im heutigen Anatolien. Dort ließen sich die Menschen vor etwa 12 000 Jahren nieder. In der Zeit zwischen 11 000 und 10 000 Jahren vor heute wurden dann aus ihren Lehmhütten festere Bauten mit steinernem Fundamentsockel. Und in diese Zeit fallen dann auch schon die ältesten Funde von Schweineknochen, die nicht mehr Wildschweinen, sondern ersten Formen von Hausschweinen zugeordnet werden. Datiert werden sie auf 9 800 Jahre vor unserer Zeit. Damals muss das Schwein bereits länger beim Menschen gelebt haben, sonst wären an seinen Knochen nicht schon Merkmale der Domestikation erkennbar. Hundert Jahre jünger nur sind die Hausschweinknochen aus der jungsteinzeitlichen Siedlung Jarmo im heutigen irakischen Kurdistan. Dort sind auch aus Lehm geformte Statuetten von Schweinen gefunden worden, genauso in Tepe Sarab im heutigen Iran. In China stammen die ältesten Knochenfunde von

Hausschweinen aus Siedlungen der Ci-shan-Kultur, etwa 8000 Jahre vor unserer Zeit.[37] Auffällig ist dort, dass das Schwein das erste Nutztier nach dem Hund war; Schafe, Ziegen und Rinder wurden im Fernen Osten erst später domestiziert.

Die Veränderungen des Schweins auf dem Weg vom Wildschwein zum Hausschwein ähneln denen des Wolfes auf dem Weg zum Hund: Verkürzung des Fazialschädels, also des Gesichts, und Variabilität in der Größe. Zunächst wurden die steinzeitlichen Schweine deutlich kleiner als alle Variationen der Wildschweine zu dieser Zeit, erst sehr viel später gab es dann auch Schweine, die größer wurden als ihre wilden Vettern. Und wie der Hund ist auch das Hausschwein keine eigene biologische Art geworden. *Sus scrofa domestica* – oder *Sus scrofa f. domestica* – ist ein direkter Abkömmling von *Sus scrofa*, dem Wildschwein.

Lange wurde vermutet, dass die Wildschweine zuerst in Ostasien zu Hausschweinen wurden und dann von dort – schon in ihrer domestizierten Form – um die Welt reisten. Die genetischen Untersuchungen haben das in jüngerer Zeit widerlegt. Danach stammen die Hausschweine in Europa vom europäischen Wildschwein ab, von dem sich zwar im Laufe der Entwicklung zahlreiche Unterarten herausgebildet haben, etwa in Spanien, Italien, auf dem Balkan, in Griechenland oder in Sibirien. Diese dürften aber zum einen durch jüngere Anpassungen an klimatische Bedingungen, zum anderen durch die vom Menschen verursachten Trennungen der Lebensräume entstanden sein; und sie sind von uns inzwischen mancherorts auch wieder ausgerottet worden, so im Nahen Osten und Ägypten, im Maghreb und auf Korsika und Sardinien. All diese europäischen Wildschweine – oder von den europäischen Wildschweinen abstammenden Unterarten – unterscheiden sich im Körperbau und im Erscheinungsbild relativ deutlich von den asiatischen Wildschweinen des Fernen Ostens. Europäische Wildschweine haben einen keilförmigen langen Kopf, einen schmalen Rücken und flache Rippen über relativ hohen Beinen. Sie sind sehr beweglich und schnell. Asiatische Wildschweine sind klein und rundlich und weisen einen feineren Knochenbau auf, sind aber weniger wendig als ihre europäischen Verwandten. Ähnlich unterschiedlich waren zunächst auch die aus den jeweiligen Wildschweinen entstandenen Nutztiere. Auch sie zeigen deutliche Unterschiede im Erscheinungsbild, und das hat nicht nur etwas mit unterschiedlicher Zuchtauswahl zu tun, sondern eben damit, dass die so unterschiedlichen Haustiere gleichzeitig in verschiedenen Weltgegenden entstanden sind. Das asiatische und das europäische Wildschwein unterscheiden sich auch bei der Fellzeichnung. Die asiatischen Wildschweine behalten Anklänge an die jugendlichen Streifen teilweise bis ins Alter und wurden daher lange für eine eigene Art gehalten: das Bindenschwein, zunächst *Sus vittatus* genannt. Inzwischen ist klar, dass es doch nur eine Unterart des Wildschweins ist, weshalb der Zusatz *vittatus* in der taxonomischen Einordnung eine Position weiter nach hinten gerutscht ist. Das Bindenschwein wird jetzt als *Sus scrofa vittatus* geführt.

Nach Europa gekommen sind die Schweine aus dem Fernen Osten, den Genomanalysen zufolge, erst im 18. Jahrhundert. Sie wurden entweder als asiatische Hausschweinrassen in Europa weitergezüchtet, wie das Hängebauchschwein, oder sie wurden in europäische Rassen eingekreuzt. Vor allem britische Schweinezüchter holten sich Hausschweine aus Asien auf ihre Insel und kreuzten die mit den britischen Landschlägen. Die domestizierten Nachkommen der Bindenschweine hatten einen längeren Körperbau als die Nachkommen des europäischen Wildschweins. Außerdem waren die vom asiatischen Wildschwein stammenden Hausschweine frühreif und warfen viel mehr Ferkel. Gleich mehrere Gründe für die Zuchtversuche der Briten. Als die erfolgreich waren, holten sich die anderen Europäer die britischen Schweine aufs Festland und kreuzten diese nun wieder mit ihren eigenen Landschlägen. Aber das geschah alles viele Jahrtausende nachdem die Wildschweine zu Hausschweinen geworden waren. Da ging es nur noch um züchterische Optimierung eines etablierten Nutztieres.

Es war nicht schwer für die Menschen der Jungsteinzeit, die sich in den ersten festen Siedlungen niedergelassen hatten, auch die Schweine sesshaft zu machen. Die Wildschweine waren geradezu prädestiniert dafür, sagen die Zoologen Wolf Herre und Manfred Röhrs: »Mehrere Eigenschaften machten die Wildschweine für den Übergang zum Haustier besonders geeignet: Omnivorie, welche die

Ernährung im Hausstand erleichtert, große Fruchtbarkeit, beträchtliche genetische Vielfalt, soziale Veranlagung und hohe ökologische Valenz«, also Anpassungsfähigkeit an die verschiedensten Lebensbedingungen.[38] Das heißt, unsere Vorfahren konnten den Schweinen so einiges zumuten. Ähnlich wie die Hunde können sie in kurzer Zeit viel fressen, kommen aber auch über lange Perioden mit wenig aus. Dennoch sind die Schweine für den Menschen in Zeiten, in denen es auch mit der eigenen Nahrungsversorgung hapern kann – und die dauern in vielen Weltgegenden bis heute an –, ein Risiko. Wie die Hunde fressen Schweine auch Lebensmittel, die Menschen essen können. Sie können zwar auch Gras und Wiesenkräuter fressen, aber das allein ernährt sie nicht. Also sind sie zu einem Gutteil Nahrungskonkurrenten des Menschen. So wie der Hund, nur zusätzlich auf dem Gebiet der nährstoffreichen Pflanzen wie Getreide und Hülsenfrüchte. Am Anfang des Neolithikums hatten die Menschen immerhin schon Einkorn und Emmer aus dem wilden Weizen gemacht, die erste Gerste und Felderbsen und Wicken domestiziert. Sie bestellten die ersten Felder und mussten dafür auch Saatgut bereithalten, also Getreide zurücklegen, das auch in Notzeiten nicht gegessen werden durfte. Aber auch die zur Sau gewordene Bache und der Keiler, der jetzt Eber war, durften – anders als deren Nachkommen – nicht gegessen werden in dürren Zeiten, wenn es danach hoffnungsvoll weitergehen sollte mit der Gemeinschaft von Mensch und Tier. Ein Zwiespalt, der in höchster Not sicher schlecht ausgegangen ist für die Tiere. Zuerst für die Schweine, denn sie bringen uns bis heute nur einen Nutzen: das Fleisch. Zumindest wenn wir mal eben von weiteren Verwertungen des Tierkörpers absehen, vom Leder zum Beispiel.

Schweine werden die Menschen wohl eher getötet haben als Ziegen oder gar Schafe. Die Ziegen geben Milch, die Schafe zusätzlich noch Wolle. Sie sind lebend wertvoller als geschlachtet und eingepökelt, luftgetrocknet oder gleich aufgegessen. Und sie sind keine Nahrungskonkurrenten für die Menschen. Sie fressen als Wiederkäuer hauptsächlich Pflanzen, die Menschen gar nicht verwerten können. Dennoch haben sich die Wildschweine zum Hausschwein entwickeln können; das Risiko, sie durchzufüttern, muss sich also für die Menschen gelohnt haben. Neben ihren Qualitäten als Allesfresser und Anpassungskünstler mag das an einem gravierenden Unterschied liegen, der sie von Schafen, Ziegen und Rindern abhebt, den anderen Paarhufern, die sehr früh von den Menschen im Neolithikum gehalten wurden: Schweine sind ungeheuer fruchtbar. Sie tragen nur knapp vier Monate – der Merksatz lautet: drei Monate, drei Wochen, drei Tage. Und sie gebären dann gerne mal ein Dutzend Frischlinge; heute ist die Ferkelzahl pro Sau noch viel höher. Schafe und Ziegen gebären bis zu zwei Junge, Rinder eines. Und die Ferkel wachsen dann auch noch sehr schnell, bei deutlich besserer Futterverwertung als die Wiederkäuer, zu ansehnlicher Größe heran. Das ist schon bei Wildschweinen so, bei den Hausschweinen aber noch viel klarer. Die wurden in der Jungsteinzeit zwar dann zunächst einmal nicht mehr so groß wie ihre wild lebenden Verwandten; ein Phänomen, das bei allen Tieren zu beobachten ist, die Haustiere wurden. Das kann bei den Schweinen daran gelegen haben, dass die Menschen aggressive Eber, die ihnen aufgrund ihrer Größe gefährlich werden konnten, eher getötet haben, weshalb sich die kleineren Tiere vermehren konnten. Und es lag sicher auch an zeitweiliger Mangelernährung. Die Hausschweine konnten ja nun nicht mehr, wenn es mal knapp war, wie die Wildschweine das Revier wechseln oder die Felder der Menschen heimsuchen. Aber die Schweine sind auch damit zurechtgekommen. Sie sind eben Anpassungsspezialisten, und das mit ganzem Körpereinsatz.

Die Hausschweine haben sich nicht nur äußerlich verändert, sie haben sich auch innerlich an das Leben im Hausstand angepasst. Ihr Darm ist gewachsen, andere innere Organe wie Leber, Milz und Herz sind es dagegen nicht. »Für eine verbesserte Stoffwechselleistung gewährleisten ein größeres Darmvolumen und ein längerer Darm eine bessere Futteraufnahme und -verwertung. Die effektive Verwertung selbst für den Menschen nicht mehr nutzbarer Nahrung erwies sich immer wieder als vorteilhaft«, schreiben die Schweineexperten Heinz Falkenberg und Horst Hammer.[39] Dass das Herz im Vergleich zum Wildtier kleiner ist, erweist sich wohl erst in jüngster Zeit für die stressanfälligen Hybridschweine als fatal.

In dem »Fruchtbarer Halbmond« genannten Gebiet von der Mittelmeerküste des heutigen Israel über Syrien, Anatolien und den Irak, entlang dem iranischen Zargosgebirge bis zum Persischen Golf, wurden die Schweine von den Menschen zuerst ans Haus geholt. Dort waren die Menschen auch zuerst sesshaft geworden. Aber die Vegetation der Region – obwohl damals weit üppiger und mit Wäldern durchzogen als heute – eignete sich nicht so sehr zur Schweinezucht wie die sumpfigen Flussniederungen Ostasiens und später die waldreichen Gebiete Europas. Deshalb sind die Schweine auch zunächst da die wichtigsten Nutztiere der Menschen geworden, wo sie etwas später domestiziert wurden: in Ostasien. Während sie im Fruchtbaren Halbmond neben Ziegen und Schafen und Rindern in vielen Siedlungen nur eine untergeordnete Rolle als Abfallverwerter spielten, waren sie in China und Südostasien alsbald unter den tierischen Nahrungsmitteln das wichtigste.

Nach Europa ist das Hausschwein mit der Neolithischen Revolution – also der Ausbreitung der sesshaften Lebensweise und des Ackerbaus – gekommen. Schon vor 8 500 Jahren wurden Schweine in Thessalien gehalten, dann ging es weiter auf den Balkan. Die ältesten Knochen vom Hausschwein auf Zypern sind 9 000 Jahre alt. Das heißt, die Verbreitung fand auch auf dem Seeweg auf den damals schon gepflegten Handelsrouten statt: durchs Schwarze Meer ins heutige Bulgarien und von dort nach Westen, durchs Mittelmeer nach Zypern, Italien, Korsika und ins heutige Südfrankreich und Nordspanien. Vor etwa 7 700 Jahren breitete sich dann die Bandkeramische Kultur entlang der großen Flüsse aus. Ihre Handelswege folgten der Donau, der Oder, der Elbe, dem Rhein – und dort gründeten sie auch ihre bäuerlichen Siedlungen. Mit den Bandkeramikern, die ihre Tongefäße mit Wellenlinien und Spiralen oder eckigen Mustern verzierten, kamen die Haustiere nach Mitteleuropa. Mit ihnen das Schwein, das aber zunächst offenbar nicht das wichtigste der Nutztiere war. Über die Hälfte der von den Bandkeramikern in Mitteleuropa gehaltenen Haustiere waren Rinder. Schweine machten, den archäologischen Befunden nach, nur etwas mehr als zehn Prozent aus. Das änderte sich, als vor rund 6 000 Jahren andere Kulturen entstanden. Bei den Menschen der Schussenrieder Kultur in

Süddeutschland zum Beispiel, bekannt durch die Rekonstruktion ihrer Pfahlbauten am Ufer des Bodensees, waren schon die Hälfte der gehaltenen Nutztiere Schweine. Offenbar war die Ernährungsgrundlage für die Allesfresser besser geworden, vielleicht hatten die Menschen die Waldweide in den moorigen Auwäldern für ihre Schweine entdeckt. Dort kamen Schweine besser zurecht als Rinder. Sicher wurden auch immer noch Wildschweine in die Populationen der Hausschweine eingekreuzt. Weil die Sauen in der Waldweide mit einem Keiler fremdgingen oder weil die Jäger ab und an einen Frischling lebend fingen und mitbrachten ins Dorf. Jedenfalls sahen die Hausschweine des Neolithikums in Europa noch ziemlich genau so aus wie die ersten Hausschweine im Nahen Osten. Auch die Schweine, die die Ägypter im Pharaonenreich hielten, gleichen auf ihren Bildern noch den Wildschweinen. Sie waren hochbeinig, schlank, mit flachen Rippen und hatten einen aufrechtstehenden Borstenkamm an Hals und Rücken. So wie auch noch das Deutsche Weideschwein aussah, bis es in den 70er Jahren des vergangenen Jahrhunderts ausgestorben ist. Das war zwar viel größer als die europäischen Schweine vom Neolithikum bis zum Mittelalter, aber es hatte noch den keilförmigen Kopf des europäischen Wildschweins, die flachen Rippen, die hohen Beine und den Borstenkamm. Das Deutsche Weideschwein war die letzte europäische Schweinerasse, in die kein asiatisches Hausschwein eingekreuzt worden war. Offenbar brauchte diese Schweine damals niemand mehr, und noch gab es die Institutionen nicht, die sich für ihre Erhaltung einsetzten. So kann man heute nur noch auf antiken Darstellungen, auf mittelalterlichen Gemälden und auf Fotos vom Deutschen Weideschwein die alte Form der Schweine des Fruchtbaren Halbmonds, Nordafrikas und Europas betrachten. Oder man geht dazu ins kulturhistorische Museum – zu den alten Kelten.

Schweinekultur

Die Schweine sind den Menschen von den Göttern gebracht worden, wussten die Kelten. Sie stammen aus der Anderswelt, der mythischen Parallelwelt, die sterbliche Menschen nur in Ausnahmefällen betreten können. Bisweilen können sich auch die keltischen Götter selbst – ähnlich wie der Hindugott Vishnu – in Schweine verwandeln. Der keltische Kriegsgott Teutates, im Nebenberuf Erfinder der Künste, wird als Keiler dargestellt, und die Waldgöttin Arduinna – Namensgeberin der Ardennen – reitet auf einem Keiler. Der keltische Gott Moccus hat wahrscheinlich sogar seinen Namen vom Schwein. Im Irischen heißt das Schwein Mucc, im Walisischen Mochyn, weshalb die Sprachforscher da die Herkunft des Namens sehen. Moccus ist von den Römern als der keltische Merkur interpretiert worden, wäre aber als Gott der Jagd wohl eher mit der Diana verwandt. Das würde auch die Herleitung des Gottesnamens vom Schwein erklären, denn den Kelten galten die Schweine nicht nur als göttliche Tiere, sondern bisweilen auch als unbesiegbar. Eine irische Sage erzählt von einem Keiler, der fünfzig Jäger niedermacht und ihre fünfzig Hunde gleich dazu.

Die Ausgrabungen keltischer Siedlungen und Grabstätten brachten vielfältige künstlerische Schweinedarstellungen zutage. Schweine als Anhänger und Amulette, auf Spangen und Schließen, als Statuetten und Statuen. Das Keltenmuseum im österreichischen Hallein beherbergt ein Feldzeichen, das einen Eber darstellt. Die keltischen Krieger zogen hinter einem goldenen Schwein mit ziseliertem Borstenkamm in die Schlacht. Und wenn sie ihren Heerführer ansprachen, dann klang das wohl auch nach Schwein: Das altirische Wort Torc steht zugleich für den Eber und für den Helden oder Fürsten. Die Schweine waren bei den Kelten aber nicht nur Figuren der Mythen und des Glaubens, sondern auch ihre wichtigsten Haustiere. Ganze Schweine, Ferkel oder Teile von Schweinen gab man den Toten als Wegzehrung mit.

Auch bei den Germanen haben die Götter mit Schweinen zu tun, vornehmlich mit Ebern. Auf den Kopf des Herdenebers wurden Gelübde abgelegt. Das ist der Eber, der mit Odin, dem südgermanischen Wotan, im wilden Heer umherzieht. Der Sturmgott Wotan reitet bei der Jagd auf dem Eber, dem »erdaufwühlenden, von Blitzen umleuchteten Wirbelwind mit seinen leuchtenden Hauern und flammendem Rachen«.[40] Gullinbursti heißt der riesige Eber, der das Fuhrwerk des Freyr, des nordischen Gottes des Ackerbaus über Land und Wasser und durch die Wolken zieht. Gullinbursti hat – wie der Name schon sagt – goldene Borsten und wurde von Zwergen erschaffen. Nachts sprühen die Borsten Funken; so leuchtet der Eber den Weg aus. Dem Freyr wurden auch Schweine geopfert. Auch dessen Schwester Freya, die nordische Liebesgöttin, die auch den ehrenvollen Beinamen »die Sau« trägt, hat einen von Zwergen geschaffenen goldborstigen Eber, auf dem sie reitet. Ihr Eber heißt Hildisvini, also Kampfschwein, was auch ein Hinweis darauf sein könnte, dass das wilde Tier eigentlich ihr Geliebter ist, der Held Ottar, der die Gestalt eines Ebers angenommen hat. Was wiederum an eine ganz andere Geschichte aus einer anderen Weltgegend erinnert.

»Und sie setzte die Männer auf prächtige Sessel und Throne,
Mengte geriebenen Käse mit Mehl und gelblichem Honig
Unter pramnischen Wein und mischte betörende Säfte
In das Gericht, damit sie der Heimat gänzlich vergäßen.
Als sie dieses empfangen und ausgeleeret, da rührte
Kirke sie mit der Rute und sperrte sie dann in die Kofen.
Denn sie hatten von Schweinen die Köpfe, Stimmen und Leiber,
Auch die Borsten; allein ihr Verstand blieb völlig wie vormals.
Weinend ließen sie sich einsperren; da schüttete Kirke
Ihnen Eicheln und Buchenmast und rote Kornellen
Vor, das gewöhnliche Futter der erdaufwühlenden Schweine.«[41]

So beschreibt Homer die Verwandlung der Gefährten des Odysseus in Schweine durch die Zauberin Kirke oder Circe, die Tochter des Sonnengottes Helios. Sie hätte die Männer auch in Löwen und Wölfe verwandeln können, denn diese Tiere hielt sie wie andere Hunde. Aber nein, es wurden Schweine. Obwohl sehr geschätzt als Haustiere und mehrfach gelobt in der *Odyssee*, ist es wohl eine besondere Demütigung, ausgerechnet in ein Schwein verwandelt zu werden. Odysseus selbst muss seine Gefährten aus dieser Lage befreien, wozu er göttliche Hilfe braucht. Hermes gibt ihm eine Heilpflanze mit, die ihn gegen den Zauber der Kirke schützt; schließlich geht er mit der Göttin ins Bett, da nicht sie ihn, sondern er sie becirct hat. Nachdem ihr Geliebter trotz aller Fürsorge um die Gefährten trauert, befreit Kirke diese aus ihrer misslichen Lage: »Männer wurden sie schnell und jüngere Männer denn vormals, / Auch weit schönerer Bildung und weit erhabneres Wuchses.« Scheint ihnen doch gutgetan zu haben, die zeitweilige Eichelmast. Sie bleiben dann aber noch ein ganzes Jahr, Odysseus im Bett der Kirke, seine Gefährten an ihrer Tafel. Danach haben sie sich offenbar von der Demütigung des kurzfristigen Aufenthalts im Schweinekoben erholt und versuchen erneut, nach Hause zu segeln.

Wenn es nicht um Haus-, sondern um Wildschweine geht, halten es die Griechen mit den Kelten – da sind sie voller Hochachtung. Wilde Schweine sind ersehnte Jagdbeute. Und auch die Mythologie steckt voller Geschichten von den wildesten Ebern. Einer der berühmten Eber ist der Kalydonische. Hier in Gustav Schwabs Nacherzählung aus seinen *Sagen des klassischen Altertums*:

»Öneus, der König von Kalydon, brachte die Erstlinge eines mit besonderer Fülle gesegneten Jahres den Göttern dar; der Demeter Feldfrüchte, dem Bakchos Wein, Öl der Athene und so jeder Gottheit die ihr willkommene Frucht, nur Artemis wurde von ihm vergessen, und ihr Altar blieb ohne Weihrauch. Dies erzürnte die Göttin, und sie beschloß, Rache an ihrem Verächter zu nehmen. Ein verheerender Eber wurde von ihr auf die Fluren des Königes losgelassen. Glut sprühten seine roten Augen, sein Nacken starrte; aus dem schäumenden Rachen schoß es ihm wie ein Blitzstrahl, und seine Hauer waren gleich riesigen Elefantenzähnen. So stampfte er durch Saaten und Kornfelder hin; Tenne und Scheuer warteten vergeblich auf die versprochene Ernte; die Trauben fraß er mitsamt den Ranken, die Olivenbeeren mitsamt den Zweigen ab; Schäfer und Schäferhunde vermochten ihre Herden, die trotzigsten Stiere ihre Rinder nicht gegen das Ungeheuer zu verteidigen.«[42]

Es hat den griechischen Göttern gefallen, unbezähmbare und schier unbesiegbare wilde Eber den Menschen als Heimsuchung zu schicken. Eine der unlösbar erscheinenden Aufgaben, die dem Herakles aufgegeben wurden, war die Überwältigung des Erymanthischen Ebers. Um den Kalydonischen Eber zu töten, ruft König Öneus gleich alle Helden Griechenlands zusammen und lässt seinen eigenen Sohn, Meleagros, die gefährliche Jagdgesellschaft anführen. Auch eine Jägerin ist mit von der Partie: »Die heldenmütige Jungfrau Atalante aus Arkadien, die Tochter des Iason. In einem Walde ausgesetzt, von einer Bärin gesäugt, von Jägern gefunden und erzogen, brachte die schöne Männerfeindin ihr Leben im Walde zu und lebte von der

Jagd.« Allerdings darf Atalante zu dieser Jagd erst mitgehen, nachdem Meleagros den Protest der Männergesellschaft gegen die weibliche Beteiligung erstickt hat. Die Ansicht des Königssohns über Atalante ist ganz klar – von Liebe getrübt: »Sie kam, ihr einfaches Haar in einen Knoten gebunden, über den Schultern hing ihr der elfenbeinerne Köcher, die Linke hielt den Bogen; ihr Antlitz wäre an Knaben ein Jungferngesicht, an Jungfrauen ein Knabengesicht gewesen. Als Meleager sie in ihrer Schönheit erblickte, sprach er bei sich selbst: ›Glücklich der Mann, den diese würdiget, ihr Gatte zu sein!‹«

Die Jagd selbst ist dann ein wüstes Durcheinander mit einigen Toten, nachdem das wilde Tier gefunden ist.

»Von den Hunden aufgejagt, durchbrach es das Gehölz wie ein Blitzstrahl die Wetterwolke und stürzte sich wütend mitten unter die Feinde. Jünglinge schrien laut auf und hielten ihm die eisernen Spitzen ihrer Speere vor; aber der Eber wich aus und durchbrach eine Koppel von Hunden. Geschoß um Geschoß flog ihm nach, aber die Wunden streiften ihn nur und vermehrten seinen Grimm. Mit funkelndem Auge und dampfender Brust kehrte er um, flog wie ein vom Wurfgeschosse geschleuderter Felsblock auf die rechte Flanke der Jäger und riß ihrer drei, tödlich verwundet, zu Boden. Ein vierter, es war Nestor, der nochmals so berühmte Held, rettete sich auf die Äste eines Eichbaumes, an dessen Stamm der Eber grimmig seine Hauer wetzte. Hier hätten ihn die Zwillingsbrüder Kastor und Pollux, die hoch auf schneeweißen Rossen saßen, mit ihren Speeren erreicht, wenn das borstige Tier sich nicht ins unzugängliche Dickicht geflüchtet hätte. Jetzt legte Atalante einen Pfeil auf ihren Bogen und sandte ihn dem Tier in das Gebüsch nach. Das Rohr traf den Eber unter dem Ohr, und zum erstenmal rötete Blut seine Borsten. Meleager sah die Wunde zuerst und zeigte sie jubelnd seinen Gefährten: ›Fürwahr, o Jungfrau‹, rief er, ›der Preis der Tapferkeit gebühret dir!‹«

Meleagros selbst ist es schließlich, der den Eber erlegt, ihm das Fell abzieht und dieses mitsamt dem Kopf der geliebten Jägerin übergibt, die den ersten Treffer erzielte. Und da beginnt der Streit um die Frau als Jagdgenossin mit den anderen Männern erst richtig. Er endet damit, dass Meleagros zwei seiner Onkel tötet. Solch ein von einer Göttin gesandter Rachekeiler bringt eben Unheil, auch nach seinem Tode noch.

Dass gefährliche Schweine glutsprühende Augen haben, ist übrigens keine auf die griechische Mythologie begrenzte Eigenschaft.

»In allen deutschen und ehemals deutschen Gegenden spuken meist zwischen elf und zwölf Uhr schwarze, weiße, schwarzweiße, graue, rote, feurige und feueratmende Schweine, manchmal mit Feueraugen«, schreiben Hanns Bächthold-Stäubli und Eduard Hoffmann-Krayer in ihrem *Handwörterbuch des deutschen Aberglaubens.* »Sie laufen den Leuten nach, zwingen sie, auf ihnen zu reiten und verschwinden dann plötzlich, verlocken den Wanderer und hetzen ihn, bis er sie durch den Namen Gottes, durch Fluchen oder des Teufels Namen vertreibt.«[43] Wie schon bei den Kelten sind auch im deutschen Volksglauben Schweine oftmals Wiedergänger, also Tote, die keine Ruhe finden, verwünschte Seelen, die zur Strafe in Schweine verwandelt wurden. »Zahlreich unter ihnen sind die Hartherzigen, Geizigen und Wucherer vertreten, die nun als hungrige Schweine mit den Schweinen fressen müssen, und die Unredlichen und Betrüger, unter letzteren vielfach Frauen; Kindesmörderinnen müssen als Säue mit Ferkeln umgehen. Pfaffenkellnerinnen müssen in Schweinegestalt ebenso umgehen wie zänkische Eheleute, die unversöhnt gestorben sind.«[44]

Manche Schweine sind also gar keine Tiere, sondern tiergestaltige Tote. In vielen Sagen sind es wiederum Eber, in denen die Seelen der Toten umgehen. »Hier haben wir es mit einem entschiedenen Übergang der naturdämonischen Vorstellung vom Wind als Eber zu der von der Seele als Eber zu tun«, konstatiert das *Handwörterbuch des deutschen Aberglaubens.* »Die naturdämonische und animistische Auffassung, außerdem christliche Seelenvorstellungen, schaffen die gespenstigen Eber, von denen der Volksglaube zu berichten weiß.«[45] Wobei es den Seelen der Toten in den Schweinen nicht gut geht, büßen sie doch meist ihre zu Lebzeiten begangenen Sünden als Schweinegespenst.

Von der Hochachtung der Kelten und Germanen den Schweinen gegenüber, die ihre wichtigsten Haustiere waren, ging es über die Griechen, bei denen nur noch die wilden Keiler geachtet waren, bis zur jüngeren Sagenwelt stetig bergab mit den Schweinen. Ganz aus war es mit ihnen dann bei den Israeliten, die sie mit einem Verzehr und obendrein einem Umgangsverbot belegten, das der Islam sehr viel später übernahm.

»Und der Herr redete mit Mose und Aaron und sprach zu ihnen: Redet mit den Kindern Israel und sprecht: Das sind die Tiere, die ihr essen sollt unter allen Tieren auf Erden. Alles, was die Klauen spaltet und wiederkäut unter den Tieren, das sollt ihr essen.« So steht es in der Bibel, und falls man es noch nicht kapiert hat, wenig später noch einmal explizit: »Und ein Schwein spaltet wohl die Klauen, aber es wiederkäut nicht; darum soll's euch unrein sein. Von dieser Fleisch sollt ihr nicht essen noch ihr Aas anrühren; denn sie sind euch unrein.«[46] Es ist viel darüber geredet, geschrieben und gerätselt worden, warum das Schwein den Juden unrein sein sollte. Eine der Erklärungen ist die Übertragung von Krankheiten auf den Menschen, aber was das angeht, stehen die anderen Haustiere des Menschen, die laut Bibel nicht unrein sind, den Schweinen nicht nach. Der Anthropologe Marvin Harris meint in seinem Buch über die »Rätsel der Nahrungstabus«, dass das Schweinetabu schlichte ernährungsökonomische Gründe hatte:

»Unter den Haustieren, die die alten Israeliten hielten, gibt es drei Wiederkäuerarten: Rind, Schaf und Ziege. Diese drei Tierarten waren die wichtigsten Nahrungsquellen im Alten Orient, und zwar nicht, weil die Völker damals es sich in den Kopf gesetzt hatten, ihr Fleisch – und ihre Milch – für bekömmlich zu halten, sondern eben, weil sie Wiederkäuer waren: jene Sorte Pflanzenfresser, die bei pflanzlicher Nahrung mit hohem Zelluloseanteil am besten gedeihen. (…) Die außergewöhnliche Fähigkeit der Wiederkäuer, mit Zellulose fertig zu werden, war für die Menschen im Orient ausschlaggebend. Indem sie Tiere hielten, die wiederkäuten, konnten die Israeliten und ihre Nachbarn sich mit Fleisch und Milch versorgen, ohne die für den menschlichen Verzehr bestimmten pflanzlichen Ernten mit dem Vieh teilen zu müssen.«[47]

Die Schweine sind zwar viel bessere Futterverwerter als Wiederkäuer, aber eben auch Nahrungskonkurrenten des Menschen, wenn sie denn gut gefüttert werden sollen. Bei zellulosereicher Kost nehmen sie nicht zu. Wo die Wälder für die Eichelmast fehlen, wo die Weideschweine sich ihr Futter nicht selber suchen können und wo Wasser kostbar ist, sollte man keine Schweine halten. Es könnte schlecht ausgehen – für Schwein und Mensch. Dass die Bibel das Schwein zum Tabu macht, lässt sich also mit den klimatischen Bedingungen am Ort und zur Zeit ihres Entstehens begründen. Ein paar tausend Jahre früher waren an der gleichen Stelle die klimatischen Bedingungen noch deutlich besser für die Schweinehaltung, sonst wären nicht genau dort, in der neolithischen Siedlung zum Beispiel, aus der die heutige Stadt Jericho entstanden ist, Schweine gehalten worden. Dass die Bibel das Schweinetabu mit der Unreinheit begründet, hat dem Verhältnis von Mensch und Schwein nicht gutgetan. Wobei die Bibel bei genauem Lesen nicht einmal sagt, dass das Schwein selbst unrein sei. Sie sagt, es solle den Israeliten unrein sein. Aber für solche spitzfindigen Interpretationen bräuchte es Schriftgelehrte, die das so lesen wollen; die Volksreligion nimmt's nicht so genau. Und also ist das Schwein seit damals unrein. Und das in vielerlei Hinsicht.

Erschreckende Nähe

»Die Schweine sind Allesfresser in des Wortes vollster Bedeutung. Was nur irgend genießbar ist, erscheint ihnen recht«, schrieb Alfred Brehm und meinte es mal wieder abschätzig, ohne die unschätzbare Funktion der Schweine als Resteverwerter auf den Bauernhöfen noch zu seinen eigenen Lebzeiten zu sehen oder sehen zu wollen. Die Schweine fräßen neben Pflanzen auch »Larven, Schnecken, Würmer, Lurche, Mäuse, ja selbst Fische, und mit Vorliebe Aas«.[48] Wer in Brehms Bemerkungen zu ihrer Nahrungsaufnahme Schweine durch Menschen ersetzt, kommt den Ernährungsgewohnheiten der eigenen Spezies recht nah, auch wenn nicht überall auf der Welt von den Menschen Larven und Würmer gegessen werden und das mit dem Aas gerne als Hautgout umschrieben wird. Wenn Schweine ein Vogelnest finden, fressen sie den Inhalt, aber nicht das Nest. Menschen dagegen zahlen Höchstpreise für gegarte Vogelnester. Wenn man sich genauer anschaut, was Menschen so alles verspeisen, dann sind wir wohl die »Allesfresser in des Wortes vollster Bedeutung«. Schweine sind durchaus wählerisch bei ihrer Kost, wenn man ihnen die Wahl lässt. Die Menschen hätten die Wahl, es ist ihnen aber meist schon zu anstrengend, das Kleingedruckte auf den

Lebensmittelverpackungen zu lesen; es könnte ihnen ja den Appetit verderben.

Schweine sind uns als Omnivore also ähnlich. Weshalb dann die Ablehnung, die sich nicht nur bei Brehm offenbart, der feststellt, dass »ihre Eigenschaften nicht eben ansprechend genannt werden dürfen«? Bei genauerem Hinsehen sind diese Eigenschaften, die wir in den Schweinen erkennen wollen, durchaus menschliche Verhaltensweisen, allerdings die gesellschaftlich weniger geachteten oder gar geächteten. Gute Futterverwertung zum Beispiel, negativ ausgedrückt Gefräßigkeit, oder noch sündhafter: Völlerei. Schweine in der Suhle, die sie brauchen, um sich abzukühlen, weil sie nicht richtig schwitzen können, und um Parasiten zu bekämpfen oder um sich mit dem Schlamm Sonnenschutz aufzutragen, solche Schweine sehen wir gerne im bildlichen gesellschaftlichen Morast. Dass Schweine behäbig wirken, auch wenn sie es nicht sind, dass sie tagsüber gerne schlafen, dass sie dabei Körperkontakt zu ihresgleichen suchen, lässt uns Faulheit vermuten. Vielleicht auch das, was sich mancher Mensch im Stillen wünschen dürfte: die Lebenskunst, das Savoir-vivre oder Dolce Vita. Was wir aber anderen gerne mal nicht gönnen und dann als Lotterleben einordnen. Dass die Sauen ihr Geschlecht nicht, wie andere Tiere, unter einem langen Schwanz oder Fell verbergen, lässt uns zudem noch sexuelle Obsession vermuten. Obwohl wir es waren, die ihnen die Haare weggezüchtet haben und den Ringelschwanz hin, der die Scham nicht mehr verdeckt.

Die Liste der Schimpfworte und Flüche, die sich aus diesen Unterstellungen und Interpretationen ergeben, ist in vielen Sprachen äußerst lang – wahrscheinlich die umfangreichste sprachliche Misshandlung einer Tierart. Allerdings hat manche sprachliche Zuordnung womöglich einen anderen historischen Hintergrund als wir Heutigen vermuten. Das Sauwetter zum Beispiel dürfte vom stürmischen Wildschwein der germanischen Götter stammen. Im Bayerischen heißt ein Wirbelsturm bis heute Sauwedel oder Windsau. Und es gibt auch die gegenteiligen Zuordnungen, die von Bewunderung für die säuische Lebensart zeugen: wenn es jemandem saugut geht oder er sich's sauwohl sein lässt oder er gar die Sau rauslässt.

In seinem Porträt der Schweine schreibt der Kulturwissenschaftler Thomas Macho:

>Schweine sind uns nah und fern zugleich. Manchmal scheinen sie geradezu als Doppelgänger der Menschen aufzutreten, aber diese Doppelgänger sind Botschafter des Fremden. Sie verkörpern – im Sinne Freuds – das Unheimliche, das in den Winkeln des Heimischen nistet: verdrängt, verborgen, versteckt. Schweine sind uns nah und fern zugleich. Wer seinem Doppelgänger begegnet, empfängt nach verbreitetem Volksglauben eine Ankündigung des baldigen Todes.«[49]

Schon die alten Anatomen wussten um die physiologische Ähnlichkeit des Schweins mit dem Menschen. Galenos von Pergamon sezierte im zweiten Jahrhundert nach Christus in Rom Schweine und übertrug die Erkenntnisse auf den Menschen. Und die Anatomen der Renaissance probierten ihre Vivisektionen – die Operationen am lebenden Tier – aufgrund der physiologischen Ähnlichkeit von Schwein und Mensch auch an Schweinen. Allein, sie ließen es dann doch wieder bleiben und griffen auf die Hunde zurück, weil sie sich bei diesen nicht erst durch die Schwarte und darunterliegende Fettschichten schneiden mussten, vor allem aber, weil die Hunde sich weniger wehrten und auch weniger kräftig waren. »Wir haben auch darinn unser erwünschtes End erlanget, aber das Schwein widersperrete sich zuviel«, stellt Realdo Colombo in seinem 1599 veröffentlichten Buch *De Re Anatomica* fest.[50]

Es gibt einen anderen Grund als den der erkannten Ähnlichkeit für das Zurückschrecken vor dem Schwein, einen geschichtlich sehr frühen, quasi antiken Grund: Schweine haben wohl in vielen Kulturen das bis dahin übliche Menschenopfer ersetzt. »Bei den Südsee-Insulanern waren sie der einzig zulässige Ersatz für das Menschenopfer«, berichtet der Wissenschaftstheoretiker Franz Wuketits in seinem Buch über *Schwein und Mensch*. »Dazu passt die Beobachtung, dass bei einigen Völkern, die die Kopfjagd und kannibalische Rituale praktizierten, Frauen und Kinder sich nicht an der ›Kannibalen-Mahlzeit‹ beteiligen durften, sondern ersatzweise Schweinefleisch zu essen bekamen, und dass auch derjenige, der den zu opfernden Menschen getötet hatte, nicht von dessen Fleisch essen durfte, sondern ein Schwein als

Entschädigung bekam.«[51] Das Schwein ist dem Menschen nicht nur physiologisch nah, sein Fleisch soll auch so ähnlich schmecken. Mit Schweineblut konnte man in der Antike auch seine Sünden abwaschen. Wer bei den alten Griechen in die Eleusinischen Mysterien eingeweiht werden wollte, also in die religiösen Riten zu Ehren der Fruchtbarkeitsgöttin Demeter, der musste Schwein haben.»Denn jene, die sich in ihre Mysterien einweihen lassen wollten, mußten sich mit einem rosa Ferkel am Arm an den Toren des Tempels präsentieren, um eingelassen zu werden«, schreibt der Schweineverehrer Franco Bonera.»Das sogenannte ›Läuterungsferkel‹ mußte der Neuling opfern zum Zeichen der Sühne, bevor er sich im Meer reinwusch. Selbst dem wunderschönen Apoll war das Schwein nicht gleichgültig. Als Orest im Heiligtum von Delphi für den Mord an seiner treulosen Mutter um Vergebung bat, läuterte ihn der Gott mit dem Blut eines schnellstens erstochenen Schweinchens, das wieder einmal für alle zu zahlen hatte.«[52] Die Römer besiegelten mit Schweineblut wichtige Verträge, sogar Staatsverträge und Friedensschlüsse wurden mit einem rituellen Schweineopfer abgeschlossen.

Der Geschichtsschreiber Herodot erzählt auch aus dem alten Ägypten von regelmäßigen Schweineopfern. Die Ägypter sahen in den Sternen am Himmel Ferkel, die jeden Morgen im Rachen der Himmelssau verschwinden und jeden Abend von ihr wiedergeboren werden. Auch den Mond verschluckt die schwarze Sau zu jedem Monatsende.»Der Selene und dem Dionysos opfern sie zu derselben Zeit, an demselben Vollmond, Schweine und essen von dem Fleisch«, schreibt er, wobei sein Dionysos der ägyptische Osiris ist. Seltsam kommt dem Griechen Herodot dieses Opferritual vor, weil die Schweine im Ägypten seiner Zeit, dem vierten Jahrhundert vor Christus, schon keinen guten Ruf mehr hatten.

»Das Schwein aber halten die Ägypter für ein unreines Tier. Wenn daher einer von ihnen im Vorbeigehen ein Schwein berührt hat, so geht er an den Fluss und taucht mitsamt den Kleidern unter. Es treten aber auch die Schweinehirten, welche eingeborene Ägypter sind, allein unter allen in keinen Tempel in Ägypten ein, und niemand will ihnen eine Tochter zur Ehe geben oder aus ihnen eine Tochter aufnehmen, sondern die Schweinehirten verheiraten sich nur untereinander.«[53]

Sie müssen aber ganze Schweineherden als Opfertiere halten, denn am Vorabend des Osiris-Festes schlachtet jeder Ägypter, der es sich leisten kann, ein Schwein. Die Ärmeren formen Schweine aus Teig und backen diese zu Ehren des Osiris. Und das alles mit einem verachteten Tier, das den Rest des Jahres als unrein gilt.

Unrein ist uns das Schwein gerne auch in übertragenem Sinne: Die Völlerei, die Faulheit, die Wollust sind schweinische Unterstellungen. Was den alten Germanen und den Griechen gefallen hat und eine Göttin zur Sau machte, ist dem prüden Bürgertum der Neuzeit ein Naserümpfen und eine Kanonade von Schimpfwörtern wert. Selbst die den katholischen Italienern so heilige Madonna wird mit dem Vorsatz *porco* zum Fluch. Die Judensau ist der Gipfel des Hasses. Eine Kultur, die das Schwein als unrein ansieht, wird mit ihm sexuell in Verbindung gebracht. Am Portal der Kirche in Wittenberg, in der Luther gegen die Juden predigte, nährt die Sau im Relief Judenkinder, während ein Mann ihr in die Vulva schaut. Der »Saujud« avancierte zum beliebten Schimpfwort der Nazizeit. In George Orwells *Animal Farm* sind die Schweine die faschistoiden Herrscher, die nicht mehr vom Menschen unterscheidbar sind.

Den Gegenpart spielt das Glücksschwein, das als Sparschwein die Vulva am Rücken trägt, oder – wie der Kulturwissenschaftler Thomas Macho vermutet – sinnbildlich die antike Amme Baubo, die gerne mal auf einem Schwein reitend und ihre Scham präsentierend dargestellt wird. Baubo war die Amme der Demeter. Sie soll die trauernde Göttin zum Lachen gebracht haben, indem sie sich auszog und der Demeter ihren offenbar rasierten Venushügel zeigte. Jedenfalls soll sich das Geld im Sparschwein vermehren; eine sehr profane Anbetung der Fruchtbarkeit der Schweine. Aber auch ein Sparschwein wird am Ende geschlachtet.

Sautod

Das Schwein ist das Tier unter den Haustieren des Menschen mit dem eindeutigsten und einseitigsten Nutzen: Fleisch und Fett. Das Ziel des Schweinelebens ist also der Tod. Und das beim Mastschwein zu einem gesetzten Zeitpunkt: wenn das eingesetzte Futter den höchsten Zuwachs an Fleisch gebracht hat. Eine Kosten-Nutzen-Rechnung.

Wer kein Schweinefleisch isst, glaubt vielleicht, sich keine Gedanken darüber machen zu müssen, wie unsere Schweine leben und wie sie sterben, dabei enthebt auch fleischlose Kost keinen Menschen der gesellschaftlichen Verantwortung. Wie also bringt man das Leben der Schweine so zu Ende, dass sie keinen Stress haben? Zynischerweise ist das auch im Interesse der fleischverzehrenden Menschen. Karl Ludwig Schweisfurth hat beschrieben, wie das in den Herrmannsdorfer Landwerkstätten vonstattengeht:

»Die Schweine liegen in vertrauten Gruppen ruhig auf dem Stroh in einer stallähnlichen Umgebung, fast bis zum letzten Augenblick. Dann holt sich unser erfahrener Schlachter Alex Tier für Tier, einzeln, eines nach dem anderen, begleitet es Schritt für Schritt beim neugierigen Erkunden einer neuen Situation und zwickt im richtigen Augenblick mit der elektrischen Zange. Kein Laut ist zu hören, kein Klappern, kein Scheppern, kein Zischen irgendwelcher Technik, nur das leise ruhige Reden von Alex mit den Tieren. Für Fachleute ist das kaum zu glauben: Kein Schrei, kein panisches Quieken ist zu hören.«[54]

An dieser Beschreibung ist nichts geschönt. Das kann ich aus eigener Anschauung sagen. Warum sollte ein auf sein Handwerk stolzer Metzgermeister auch an dieser Stelle sich und andere belügen? Diese Schweine sind vertraut mit den Menschen. Sie haben – bis zu diesem Zeitpunkt – nichts Böses von ihnen erfahren. Im Gegenteil: Diese Schweine hatten in menschlicher Obhut ein gutes Leben. Sie folgen den Menschen gerne, so wie in früheren Zeiten die Schweine ihrem Hirten. Dass sie am Ende doch Opfer unserer machiavellischen Intelligenz werden, liegt in der Art unseres Verhältnisses zu ihnen begründet.

Eine Unart ist dagegen das komplette Ausblenden des Schlachtens beim Einkaufen. Vor allem da, wo das Fleisch abgepackt im Kühlregal liegt, wird möglichst jeder Zusammenhang mit seiner Herkunft negiert; aber auch in den modernen Metzgerläden, die eher Fleischboutiquen sind.

Dass ein Metzger den hauchfein geschnittenen Schinken vor dem rotierenden Messer mit einem edelstählernen Greifer abnimmt und mit gekonntem Schwung auf das bereitliegende Wachspapier legt – das habe ich vor vielen Jahren zum ersten Mal in Italien gesehen. In einer kleinen Macelleria, einer Dorfmetzgerei, allerdings im Norden, im Einzugsgebiet des feinen Tessins, am Lago Maggiore. Und es war wirklich der Metzger selbst, der da an der Maschine stand. Er selbst hatte diesen Schinken gemacht. Er selbst hatte das Schwein geschlachtet. Er selbst hatte die Keule ausgebeint, das Fleisch eingelegt, täglich gewendet, dann in die Form gegeben und gegart. Seine Hände hatten es wieder herausgenommen. Seine Hände hatten den Schinken in die Theke gelegt und wieder herausgeholt und auf die Maschine gelegt. Und dann – nach dem finalen Schnitt – fasste er den Schinken plötzlich nicht mehr an, sondern benutzte einen eigens dafür gestalteten edelstählernen Greifer in italienisch schlichtem Design, dessen kühles Material Hygiene und Distanz signalisierte.

Was war geschehen in dem Moment des letzten Schnitts am geschliffenen Stahl der Maschine? Was hatte dieser besondere Schnitt, nach all dem Messereinsatz zuvor, aus dem Schinken gemacht, der eben noch ein handwerkliches Produkt aus Fleisch war – und der nun ein kostbares Genussmittel wurde, das Scheibe für Scheibe sorgsam nebeneinandergelegt und Schicht für Schicht mit feiner Folie voneinander getrennt wurde, um dann endlich noch einmal in glänzendes Stanniol verpackt zu werden? Der Akt schuf Distanz. Das getötete Tier gab es nicht mehr. Der Schinken war zum eigenständigen Produkt geworden – ohne Vergangenheit. So wie viele andere Produkte ihre Geschichte verschweigen oder vergessen machen, so nun auch das Fleisch.

Dazu passt, dass wir schon die Tiere nicht mehr zu Gesicht bekommen. Freilaufende Weideschweine gibt es nicht mehr. Ebenso wenig wie den Hahn auf dem Mist. Bald werden auch die Kühe von den Weiden verschwunden sein, wenn wir die Entwicklung der Landwirtschaft zur Industrie nicht im letzten Moment doch noch beenden und wenden.

3 Nur Muht

»Du sollst dem Ochsen, der da drischt, nicht das Maul verbinden.«

5. Mose 25, 4

Das Tier an sich

Es ist ein schönes Bild. Wie die junge Schwarzbunte da in der Box ihr erstes Kalb leckt. Gestern geboren. Kuhkopf über Kalbskopf, Kuhzunge über Kälberohren. Das Kalb liegt im Stroh, die Mutter steht dicht bei ihm und pflegt es. Ein friedliches Bild. Wahrscheinlich eines, das uns im Gemüt sitzt, weil die Kühe, die Rinder, ein Gutteil unserer Menschwerdung begleitet haben. Irgendwo tief drinnen wissen wir noch, dass wir ohne sie nichts wären, dass sie zu unserer Kultur gehören, dass wir unsere Kultur auf ihrem Rücken aufgebaut haben.

Kopf hoch – Blick nach vorne. Dies hier ist kein allegorisches romantisches Gemälde. Dies hier ist ein landwirtschaftlicher Betrieb, der Gewinn machen muss. Und fast jeder landwirtschaftliche Berater wird sagen, dass dieses Bild mit Kuh und Kalb die Karikatur eines Bauernhofidylls sei, mit moderner Landwirtschaft aber nichts zu tun habe. Bei der geht es alles andere als romantisch zu. Direkt nach der Geburt werden die Kälber von der Mutter getrennt. Die meisten Landwirte werden sagen: Mach es sofort! Wenn du es erst nach drei Tagen oder einer Woche machst, gibt es ein Riesengeschrei. Das Kalb schreit nach der Mutter, die Mutter klagt um das Kalb. Die Kälber müssen zwar zunächst mit der Milch der eigenen Mutter versorgt werden, aber das geht dann aus dem Nuckel, dem Tränkeimer mit Kunststoffzitze.

Die Kälber brauchen vor allem die allererste Milch nach der Geburt von ihrer Mutter, denn sie werden fast ohne Immunsystem geboren. Das bauen sie dann mit Hilfe des Kolostrums auf, mit der sogenannten Erst- oder Biestmilch. Ohne die kein funktionierendes Immunsystem und also sehr schnell kranke Kälber. Das hat sich herumgesprochen, nachdem die Versuche, die Kälber von Anfang an mit Milchpulver aufzuziehen, den Tierarzt zum Dauerbesucher in den Ställen machten. Am Anfang des Kälberlebens also gibt es die Milch von der Mutter. Aber die Mutter gibt's nicht dazu. Liegen neben der Mutter, gepflegt werden von der Mutter und selber saugen an den Zitzen der Mutter – das gehört nicht zur modernen Milchwirtschaft.

Beim Hof Klostersee aber schon. Der Biobetrieb in Cismar an der Ostsee versucht, die Kälber in den ersten Tagen nach der Geburt ganz bei den Müttern zu lassen. Und danach, wenn die Mütter wieder zurück in der Herde sind, kommen sie zweimal täglich in der Melkzeit mit ihren Kälbern zusammen. Es gibt bisher nur wenige Milchviehbetriebe, die den Kälbern und den Kühen diese Chance des Zusammenseins geben. Das Verfahren ist so unüblich, dass dafür sogar ein eigener Begriff erfunden worden ist: muttergebundene Kälberaufzucht. Wie soll man ein Säugetier eigentlich sonst aufziehen, wenn nicht mit der Milch der Mutter? Könnte man fragen. Eine rhetorische Frage, die durch die moderne Milchwirtschaft längst beantwortet ist: mit Kolostrum aus der Tiefkühltruhe und MAT – Milchaustauscher aus Magermilchpulver und Molkepulver, mit oder ohne Zusatz pflanzlicher Eiweiße.

Bis zur Milchabsatzkrise war der Milchaustauscher für die Bauern preiswerter als die Vollmilch von der eigenen Kuh. Das war für die meisten Milchbauern eine einfache Gleichung mit einem Unbekannten, dem Kalb. Der Verkauf der Milch brachte mehr ein, als für den Milchaustauscher aus Magermilchpulver und Molke ausgegeben werden musste. In den Landwirtschaftsforen im Internet tauschten sich die jüngeren Milchbauern regelmäßig darüber aus, was MAT kostet und wie sie Kälber füttern. Und vor allem darüber, wie schnell sie die »abgetränkt« haben, also der Milch ganz entwöhnt. Und sie lästerten über die eigenen Eltern, die noch mitarbeiten auf dem Hof und eben oft diejenigen sind, die sich um die Kälber kümmern. »Dass die Vollmilch anscheinend nix wert ist und man sie förmlich in die Kälber schüttet«, regte sich da ein Jungbauer bei *Agrarheute*, einem Nachrichtenportal für die Landwirtschaft, über seine Eltern auf. So mit der Vollmilch umzugehen sei absurd, »aber nicht aus den Köpfen rauszubringen«. Außerdem würden die Kälber eben nicht damit beginnen, Heu und Gras zu fressen, wenn sie von der Milch satt sind, und also müsse man sie immer weiter tränken. »Dann gibt man ihnen eben weniger Milch, damit sie Hunger bekommen«, rät ein anderer Bauer im Forum und betont, er habe mit der Entwöhnung keine Probleme: »bei den Kälbern«. Aber wohl auch bei den Eltern, die er zitiert: »Wern ja so scheene Kaibe!« Stimmen gegen die Fütterung mit Milchaustauscher sind selten in den Internetforen. Bezeichnenderweise sind es, wenn überhaupt, die Bäuerinnen, die den Kollegen raten, nicht alles vom Preis abhängig zu machen: »Mach mal zwei Kälbergruppen, füttere eine mit Vollmilch, die andere mit MAT. Das Ergebnis dieses Kälberversuchs wird dich überzeugen, bei Vollmilch zu bleiben, zumindest war das bei mir so.« Davon, die Kälber tatsächlich selber an der eigenen Mutter saugen zu lassen, ist in solchen Foren höchstens die Rede, wenn sich mal ein Bauer zu Wort meldet, der keine Milch produziert, sondern Mastrinder aufzieht. Da geht es dann darum, wie schlecht die Akzeptanz des Milchaustauschers bei den Kälbern ist, die richtige Milch kennengelernt haben. »Wir nehmen nur die teuerste Sorte Milchaustauscher, weil Kälber, die schon an der Kuh gesoffen haben, besonders anspruchsvoll sind«, schreibt eine Bäuerin, »die anderen Sorten spucken die dir ins Gesicht.«

Auf Hof Klostersee wird Milch produziert, und dennoch werden die Kälber von der Mutter gesäugt. Wie lange aber die Kälber nach der Geburt ganz bei der Mutter bleiben und ab wann Kuh und Kalb dann nur noch zu den Melkzeiten zusammenkommen sollten, das musste ausprobiert werden. »Wir haben es mit fünf Tagen, mit einer Woche und mit zehn Tagen probiert«, sagt Knut Ellenberg, einer der beiden Bauern der Hofgemeinschaft, »aber das tut nicht gut.« Wenn die Kühe zu lange aus der Herde weg sind, verlieren sie ihren Rang in der Hackordnung. Dann muss der neu ausgehandelt werden, was mit viel Geschubse und auch einigen ernsthafteren Kämpfen vonstattengehen kann. Und Kühe, die gerade erst gekalbt haben, sind nicht die kräftigsten. Sie stecken alle Kraft in die Milch für das Kalb. Wissenschaftlich ausgedrückt: Nach dem Kalben hat die Kuh eine negative Energiebilanz. Sie kann gar nicht so viel fressen und trinken, wie ihr Körper in die Milchproduktion steckt. Sie lebt von der eigenen Substanz, das Kalb saugt die Mutter aus – im Verbund mit der Melkmaschine, versteht sich. Also würden die Kühe nach dem Kalben wohl die meisten Rangkämpfe verlieren und sich ganz hinten einordnen müssen. »Meiner Beobachtung nach«, sagt Ellenberg, »ist es nicht umso besser für Kuh und Kalb, umso länger die beiden ausschließlich zusammen sind. Für die Kuh zumindest ist das Leben ruhiger, wenn sie sich weiter an der Herde orientiert und zu den Melkzeiten ihrem Kalb begegnet.«

Wie lange sollen Kalb und Mutter also zusammenbleiben? Wann muss die Kuh zurück in die Herde, um dort ihren Rang zu behalten? Wie lange brauchen die Kälber danach noch die Nähe zur Mutter? Was bedeutet das alles für die Milchproduktion? »Wir wissen es nicht«, sagt Ellenberg, »wir experimentieren.« Wir wollen es den Tieren bessergehen lassen, wissen aber noch nicht so genau wie. Wir leben seit gut 12 000 Jahren mit ihnen zusammen und müssen – nach kaum dreißig Jahren »moderner Milchwirtschaft« mit der Zucht von Turbokühen – neu lernen, was gut für sie ist.

Drei Tage bleiben Mutter und Kalb zusammen, bevor die Mutter wieder zurück in die Herde geht und das Kalb in eine Kälbergruppe kommt: Das ist nach vielen Testläufen die Kompromissformel auf Hof Klostersee. Danach wurde – nach dem zunächst optimal erscheinenden System – beim Melken darauf geachtet, dass für die Kälber in den Eutern noch genügend Milch bleibt. Die Kühe, die ihre Kälber noch säugen, sind markiert, sie tragen ein Band an der Fessel. Die Melker fühlen mit geübtem Griff an das Euter, ob da noch genügend Milch geblieben ist. Ein einzelnes Kalb kann das Euter einer Milchkuh heute nicht mehr leer trinken. Da ist einfach zu viel drin, zumal ein paar Wochen nach der Geburt, wenn die Kuh am meisten Milch hat.

Von Frühjahr bis Herbst sind die Kühe auf den Weiden rund um den Hof Klostersee. Morgens nach dem Melken geht es hinaus. Am

Abend, wenn es Zeit wird zum zweiten Melken, schwingt sich einer der Melker aufs Fahrrad, pfeift dem Hund und fährt raus zu den Weiden. Viele Kühe muss der Hund nicht holen, die meisten kommen von selbst zu dem Tor im Weidezaun. Dann geht es einen mit Rindenmulch ausgestreuten Feldweg entlang. Hinter der letzten Kuh der Hund, vorne der Melker, der eine kleine Straße absperren muss, die im Sommer immer frequentiert ist, da sie zum Ostseestrand führt. Geduldsprobe für die Urlauber. Die knapp siebzig Kühe lassen sich nicht beschleunigen, sie gehen schön langsam hintereinander – ihrer Rangordnung entsprechend. Wer da treiben wollte, würde nur Unordnung in die Herde bringen. Das weiß auch der Hund. Er hält immer gleichen Abstand zu den letzten Kühen. Nur wenn sie ganz stehen bleiben, kommt er mal etwas näher heran. Dann setzen sie sich wieder in Bewegung.

Am Hof angekommen gibt es dann doch Gedrängel. Vor dem Eingang zum Melkstand nämlich läuft eine Sprinkleranlage. Dort wollen die Kühe nun duschen. Die Wassertropfen vertreiben die Fliegen; ohne die geht es besser beim Melken. Außerdem braucht die Hofgemeinschaft saubere Kühe, da ein Gutteil der Milch in die eigene Käserei geht. Da ist besonders viel Hygiene gefragt.

Nach dem auf Hof Klostersee zuerst entwickelten System der muttergebundenen Kälberaufzucht gingen die Kühe, die ihre Kälber noch säugen, als erste in den Melkstand und danach durch einen separaten Ausgang auf die Spielwiese. Das ist ein abgetrennter Teil des großen Laufstalls, hinter dem die Kälberboxen liegen. Dort kommen die Kühe zu ihren Kälbern. Wieder so ein Postkartenmotiv vom Bauernhofidyll: wie die Kühe ihre Kälber begrüßen. »Die himmeln sie an«, hat eine Bäuerin dazu gesagt. Die Kälber dürfen saufen, sie werden geleckt. Das dauert etwa eine Dreiviertelstunde, dann fangen die Kälber an, miteinander zu spielen und auch mal bei der Nachbarin zu saufen. Irgendwann interessieren sie sich nicht mehr für die Mütter. Dann ist die Zeit der Kühe mit ihren Kälbern vorbei, bis zum nächsten Melken. Den Melkern fällt es jetzt leicht, satte und müde Kälber in ihre Boxen zurückzubugsieren und die zufriedenen Mütter zurück in die Herde.

Das Schauspiel sehen sich ganz gerne auch mal Besucher des Hofladens an. So stellt sich der Städter schließlich das Leben der Kühe vor. Und genau so ist es normalerweise nicht; aber hier ist eben nicht normal. Knut Ellenberg arbeitet schon sehr lange mit Kühen. Und er hat die Kälber immer in den ersten Tagen von ihren Müttern getrennt. So wie das auch sein Kollege Jonathan Kraul schon in der landwirtschaftlichen Lehre gelernt hatte. Als dann aber vor ein paar Jahren ein neuer, offener Kuhstall gebaut wurde auf Hof Klostersee, dachte die Hofgemeinschaft noch einmal neu über die Milchwirtschaft nach. Damals entstand die Idee der muttergebundenen Kälberaufzucht. Die Bauern sind weit gereist, um sich darüber zu informieren – unter anderem zu einem Hof an den Bodensee, ebenfalls biologisch-dynamisch bewirtschaftet wie Hof Klostersee. Dort konnten sie das damals einzige Seminar zu ihrem neuen Thema besuchen und sich gleich noch drei andere Höfe anschauen, die verschiedene Formen der muttergebundenen Kälberaufzucht ausprobierten. Darunter auch ein Hof, der einen Teil der Kühe als Ammen einsetzte. Eine Kuh zieht dabei jeweils das eigene und mehrere andere Kälber auf.»Das wollten wir nicht«, sagt Knut Ellenberg.»Wir versprachen uns mehr von der direkten Mutter-Kalb-Bindung.«

Dann wurde experimentiert auf Hof Klostersee. Zuerst sind die Kälber mit auf die Weide gegangen. Keine sehr praktikable Idee, da Kälber sehr neugierig sind und alles anschauen wollen und ihnen die Mütter dann bei allen Abstechern nachlaufen, auch auf dem Weg zur Weide. Wenn viele Kälber gleichzeitig in der Herde sind, lässt sich das für die Menschen, die sie immerhin über eine Straße begleiten müssen, nicht mehr kontrollieren. Außerdem haben die Kälber in den ersten Tagen nach der Geburt den Drang, sich zu verstecken. Sie legen sich abseits der Herde hinter einen Busch oder ins höhere Gras. Ein angeborener Selbstschutz: Sie machen sich für Räuber unsichtbar. Auf den Weiden gibt es aber meist keine Büsche und kein hohes Gras. Also hatten die Kälber den Drang, durch die Weidezäune zu schlüpfen und sich in den Knicks zu verstecken. Kälbersuchen war angesagt, wenn die Kühe zum Melken sollten. Auch keine praktikable Sache.

Am Ende – nach mehrjähriger Versuchsphase – sind die Kälber nun die ersten drei Tage ganz bei der Mutter, manchmal auch vier oder fünf, je nach Kondition von Mutter und Kind. Dann waren sie zunächst zwölf Wochen lang immer eine Stunde nach dem Melken mit den Müttern zusammen. Aber auch dieses Verfahren ist noch einmal experimentell verändert worden. Jetzt kommen die Kälber zuerst mit ihren Müttern zusammen – vor dem Melken. Das hat zwei Vorteile, stellt Knut Ellenberg fest: Für die Kälber ist die erste Milch, die mehr Eiweiß enthält, besser als die letzte Milch im Euter, die fetter ist. Und die Zitzen der Kühe bleiben gesünder, weil die Kälber viel Milch zur Verfügung haben und sich weniger am Euter abarbeiten, um noch den letzten Tropfen herauszuholen. So weit, so viel besser – nur stellte sich auch bei diesem neuen Vorgehen eine unerwartete Schwierigkeit ein: Nachdem die Kälber gesoffen hatten und satt waren, wollten die Mütter gerne in den Melkstand, um ihre restliche Milch loszuwerden. Dort aber ging dann erstmal gar nichts mehr. Die Zitzen blieben zu, keine Milch floss. Was fehlte, war das Oxytocin, ein Hormon aus der Hypophyse, das ausgeschüttet werden muss, um den Milchfluss zu stimulieren. Diese Ausschüttung hatten aber gerade erst die Kälber verursacht, und so kurze Zeit später schaffte die Hand des Melkers am Euter das offenbar nicht noch einmal. Die Lösung war schließlich doch ganz einfach: Jetzt bleiben die Mütter auf dem Kälberspielplatz, bis zum Schluss des Melkens aller anderen Kühe. Dann ist genügend Zeit vergangen, dass auch wieder Oxytocin und also Milch fließen kann. Das geht so drei Monate lang. Dann kommen die Kälber in eine eigene Gruppe ohne weiteren Kontakt zu den Müttern.

Zoologen sehen übrigens in der zeitweiligen Trennung der Kälber von den Müttern nach den ersten Tagen keine unnatürliche Haltungsform. Auch in wilden Rinderherden bilden sich Kälbergruppen. Die Mütter kommen in freier Wildbahn vier oder auch fünfmal täglich zum Säugen zu ihren Kälbern. In der restlichen Zeit werden die Kälbergruppen von einem Stier oder einer Kuh bewacht. Auf Hof Klostersee hat ein großer alter Ochse die Aufsicht über die Kälber. »Der Ochse ist allen ans Herz gewachsen, der kommt nie zum Schlachter«, sagt Knut Ellenberg. Er sieht die muttergebundene Kälberaufzucht von Hof Klostersee auch durch Untersuchungen bestätigt, die festgestellt haben, dass die Kühe ihre Milch ganz individuell dem Gesundheitszustand ihres Kalbes anpassen. Da passiert offenbar viel mehr als nur das sichtbare Säugen, da werden noch andere Botschaften ausgetauscht, so dass das Kalb genau die Inhaltstoffe in der Milch bekommt, die es braucht. Außerdem stellten inzwischen diverse Untersuchungen fest, dass Kühe, bei denen die Kälber saugen dürfen, gesündere Euter haben und dass sich das Saugen offensichtlich auch auf die Rückbildung der Gebärmutter nach der Geburt positiv auswirkt. Die Kühe werden dadurch auch leichter wieder trächtig. Ebenfalls nachgewiesen wurde, dass die Kälber gesünder sind, ja sogar, dass sie einen Gewichtsvorteil mitnehmen aus der Phase des Säugens, der bei jungen Kühen noch bis zum eigenen ersten Kalb messbar ist.[1]

Auch bei Elke und Heinrich Breckling in Nordfriesland, auf ihrem konventionell bewirtschafteten Hof mit achtzig Kühen, sind die Kälber die ersten drei Tage mit den Müttern zusammen. Im Sommer auf einer separaten Weide, im Winter in eigenen Boxen neben dem großen Laufstall der Kühe. »Die Kälber stehen viel besser da, sie sind kräftiger, als wenn ich sie gleich von den Müttern trenne«, sagt Heinrich Breckling. Auch der Tierarzt bestätigt ihm, dass seine Kälber und auch die Mutterkühe gesünder sind als auf vergleichbaren Höfen. Einen Kollegen, der das auch so macht wie er, kennt er dennoch nicht. Nach dem dritten, manchmal – wenn das Kalb nicht so kräftig ist – auch erst nach dem vierten Tag, trennt er die Kälber dann aber von den Müttern. Eine Spielwiese für ein Stelldichein nach dem Melken hat sein Stall nicht. Dazu wäre auch gar kein Platz, zumindest im Winter nicht. Und um- oder anbauen können die Brecklings nicht mehr. Im Gegenteil, sie denken ans Aufhören, zumindest mit der Milch.

Es werden die kleineren Milchbauern sein, die aufgeben – mal wieder. Die kleineren, das sind jetzt die mit achtzig Kühen; diese Betriebsgröße galt vor zwanzig Jahren noch als ideal. Jetzt ist sie zu klein, sagen die Berater. »Unsinn«, sagt Heinrich Breckling, »für das bisschen Milchgeld kann keiner mehr kostendeckend arbeiten, auch nicht in den großen Ställen mit 400 Kühen. So viel kann man gar nicht rationalisieren und automatisieren, dass man bei dem Milchpreis keinen Verlust macht. Es würden auch große Betriebe dichtmachen, wenn sie könnten. Die meisten haben nur zu viele Schulden, um aufhören zu können.« Wenn die kleineren Milchbauern aufhören, dann wird das die Landschaft verändern. Denn gerade sie sind es, die ihren Kühen noch den Weidegang gestatten. Bei vielen der größeren Betriebe leben die Kühe das ganze Jahr über in den offenen Laufställen. Bei den Brecklings dagegen geht jeden Morgen das Stalltor auf, und die Kühe laufen – zusammen mit ihrem Bullen – auf die Wiesen. Der Hof liegt erhöht auf einer Warft, einem künstlich aufgeworfenen Hügel in der flachen Marschlandschaft an der Nordsee, und von dem großen Stalltor aus überblickt man eine weiträumige, kilometerlange Landschaft aus Weiden. Oft sind die Kühe am Abend so weit weg vom Hof, dass Elke Breckling mit dem Hund auf einem kleinen Traktor hinausfährt, um sie einzusammeln.

Wenn das Milchvieh wegkommt, wird das Land verpachtet. In anderen Gegenden verwalden die Hänge, wenn die Weidewirtschaft eingestellt wird, hier in der Marsch – auf dem teuersten Ackerboden Deutschlands – werden sicher einige der Wiesen »schwarz« gemacht, also umgebrochen und zu Ackerland. Dabei dürften die Bäume stören, die am Rand der Weiden stehen und den Kühen Schatten bieten. Außerdem sind die Weideflächen kleinräumiger aufgeteilt als Äcker und durch Gräben und Hecken getrennt. Das stört alles beim Bearbeiten der Felder. Wo die Weidewirtschaft beendet wird, da wird sehr häufig die gewachsene Kulturlandschaft ausgeräumt. Wo Wiesen erhalten bleiben, müssen sie zu den Mähwerken und Grashäckslern und den Arbeitsbreiten der Gülleverteiler passen.

Aber nicht nur die Landschaft wird ihr Gesicht verändern, wenn die kleinen Bauern aufgeben, besonders wenn diese Kleinen Milchbauern sind. In einer Landschaft wie Nordfriesland stirbt damit eine ganze Kultur. Hier sind Milchwirtschaft und Rinderzucht eine jahrhundertealte Tradition. Von Norden führt der sogenannte Ochsenweg durchs Land bis nach Hamburg. Früher wurden die Rinder aus Dänemark in die Nordseemarschen getrieben, wo sie grasten, bis sie als Schlachtvieh verkauft werden konnten. Dann ging es – wieder über den Ochsenweg – weiter zum Markt nach Hamburg oder zum Husumer Hafen. Von dort wurden die Ochsen in die Niederlande und sehr viele auch nach England verschifft: Fleisch für die Insel. Mancher der alten Höfe in den Marschen ist mit englischem Schiefer gedeckt, manche der Häuser sind noch mit alten englischen Möbeln ausgestattet, weil schon die Hanse ihre Schiffe nicht gerne leer zurückfahren ließ. Bis ins 19. Jahrhundert hinein ging das so. Und noch heute ist die Tradition spürbar, bis in die Sprache. Bei den friesischen Bauern im Norden gibt es viele Bezeichnungen für verschiedene Tiere – aber das Wort »Tier« selbst, das wird nur für das wichtigste aller Nutztiere auf dem Hof benutzt. Wenn der Bauer am Abend sagt: »Ich geh nochmal zu den Tieren«, dann geht er in den Kuhstall. Nicht zu den Kälbern, nicht zu den Bullen, nicht zu den Schweinen oder Schafen. Der Ehrentitel »Tier« gebührt hier nur den Kühen. Sie sind die eigentlichen Tiere, ohne die es früher nicht ging, ohne die es im Bewusstsein – oder sagen wir: im Gemüt – vieler Bauern auch heute nicht geht. Die Rinderherde war die Keimzelle, um die die Höfe gebaut waren, und der Nukleus dieser Zelle, das waren die Kühe.

»Die Kuhherde ist das zentrale Organ in unserem Hoforganismus«, schreibt die Hofgemeinschaft Klostersee auf ihrer Internetseite. »Nach innen wirken die Kühe über den Dünger, der die Fruchtbarkeit der Felder begründet. Der Weidegang und ihr Tritt regulieren die Pflanzengesellschaften des Grünlandes. Der Rhythmus unserer Arbeit orientiert sich an ihren Bedürfnissen und wird durch sie geformt.« Und nach außen repräsentieren die Produkte der Kühe das Bild des Hofes: Die Milch, der Quark, der Joghurt, der Käse sind wichtige Bestandteile des Angebots im Hofladen von Klostersee. Wirtschaftlich gesehen ist der Hofladen der wichtigste Teil des Gutes. Die hohe Verarbeitungstiefe der angebotenen Produkte macht den Hofladen attraktiv und die Gewinnmarge größer. Über die eigene Meierei und Käserei wird die Milch veredelt, über die eigene Bäckerei das Getreide. Und das Obst aus den eigenen Gärten ist Zutat in beiden Produktlinien. Mit den Kühen allein könnte Hof Klostersee nicht überleben. Dennoch dreht sich das Leben der Hofgemeinschaft um die Kühe. Dass es noch Schweine und ein paar Ziegen gibt, bestimmt jedenfalls nicht den Arbeitsrhythmus.

Wiederum in Nordfriesland, aber auf dem Geestrücken zwischen Nord- und Ostsee, bewirtschaftet Klaus Schmidt mit seinem Sohn und den beiden Familien einen konventionellen Hof mit achtzig Kühen. Auch er hat sich eine kleine Meierei gebaut und vermarktet seinen Joghurt und Frischkäse als »Klintumer Frische« zum Teil direkt, zum Teil über die Supermärkte in der Nähe. Das ist ein wenig Unabhängigkeit vom Milchpreis. Außerdem betreiben die Familien einen Reiterhof: Sie stellen Pferde ein, bieten eine Reitanlage, Koppeln und Futter. Auch hier sind die Kühe also nur ein Teil des Betriebs; nicht der einträglichste, und doch der wichtigste, zumindest historisch. Klaus Schmidt erzählt, dass sein Urgroßvater mit der Rinderhaltung angefangen hat. Mitten auf dem sandigen Geestrücken, wo eigentlich nicht viel wuchs, noch nicht einmal genügend Gras. Unten in den Marschen waren die Höfe groß, die Bauern reich. Hier oben – nur ein paar Kilometer und ein paar Höhenmeter entfernt – mussten sie zwar keine Sturmfluten fürchten, dafür aber den Hunger. »Die Nachbarn haben den Urgroßvater für verrückt erklärt, als der mit Kühen anfing«, sagt der Urenkel, der längst selber Enkel hat. »Aber es war die richtige Entscheidung, die Grundlage für unser Überleben.« Es muss schwierig gewesen sein, die Kühe und deren Nachkommen über die ersten Winter zu bekommen, sicher war es auch schwierig, die Herde wachsen zu lassen und immer genug zum Wiederkäuen für sie zu haben. »Plackerei«, sagt Klaus Schmidt, »aber für das Land hat es sich gelohnt.« Heute sind seine Wiesen saftig und auf seinen Äckern pflanzt er Kartoffeln – sein drittes Standbein neben der Milch und den Reitpferden. Drei Generationen Menschen – die vierte übernimmt gerade – haben Rinder weiden lassen und deren Mist aus den Ställen auf die Felder gebracht. Das hat Humus aufgebaut und guten Ackerboden geschaffen. Die Kühe haben die Landschaft verändert, sie haben eine Gegend fruchtbar gemacht, in der einst nur ein paar Kiefern, Wacholder, Sanddorn und Heidekraut wuchsen. War auch eine schöne Landschaft, ernährte nur die Menschen nicht.

Der Ur

In einem lichten Eichenhain beim Dörfchen Jaktorów im polnischen Masowien, südwestlich von Warschau, liegt auf einem schrägen Betonsockel ein großer Findling. Eingemeißelt am oberen Ende des ovalen Steins ein Stierkopf wie aus einer Höhlenmalerei. Am unteren Rand des Findlings die Inschrift: »Der Ur – *Bos primigenius Bojanus*, Ahn aller domestizierten Rinder, lebte im Wald von Jaktorów bis ins Jahr 1627«. Als am Ende des 16. Jahrhunderts die letzten wildlebenden Auerochsen in diesem Wald unter den Schutz des Landesherrn gestellt wurden, war es zu spät. Die Population zu klein, der Schutz halbherzig, das Gebiet von weidenden Haustieren umzingelt. Die letzten Auerochsen starben. Die Menschen hatten die Ahnen ihrer Hausrinder ausgerottet.

Dass diese Hausrinder vom Ur abstammten, schienen die Menschen gewusst zu haben. Der Name des Wildrindes verrät es. Nicht umsonst ist der auch eine aus dem Althochdeutschen stammende Vorsilbe, die bezeichnet, was am Anfang stand, was ursprünglich war. Im Altnordischen stand *ur* für Feuchtigkeit und für den Besamer. Den Ur schrieben die Germanen mit einer eigenen Rune. Die Römer latinisierten den Namen in *urus*, im Spanischen wurde ein *uro*, im Polnischen der *tur* daraus. Der Ox daran bezeichnete später das Wildrind. Im Zuge der Lautverschiebung wurde im Deutschen aus dem Ur der Aur. Fertig war der Aurochs, der so von den Engländern übernommen wurde, von den Dänen als *urokse*. Bezeichnungen für eine urtümliche Erscheinung von großer Kraft und Wendigkeit, der man im Wald wohl eher nicht allein begegnen mochte.

»Tertium est genus eorum, qui uri appellantur. Hi sunt magnitudine paulo infra elephantos, specie et colore et figura tauri.« Fast so groß wie ein Elefant. So beschreibt Julius Caesar in seinem *Gallischen Krieg* den Auerochsen, nach dem Rentier und dem Elch als dritten großen Bewohner der nördlichen Wälder:

>»Die dritte Tierart sind die sogenannten Ure, die in ihrem ganzen Äußeren, besonders an Gestalt und Farbe, dem Stier nahekommen, aber fast so groß sind wie ein Elefant. Diese Tiere besitzen eine gewaltige Stärke und Schnel-

ligkeit; jeder Mensch und jedes Tier, das sie erblicken, ist verloren. Man gibt sich deshalb viel Mühe, sie in Gruben zu fangen und zu töten: ein mühevolles Jagdgeschäft, in dem sich die jungen Leute üben und abhärten; großes Lob erhält deshalb, wer die meisten erlegt hat und zum Beweis der Tat die Hörner der Tiere dem Volk aufweist. Der Auerochse wird übrigens nie zahm und gewöhnt sich nicht an die Menschen, auch wenn man ihn ganz jung einfängt; seine Hörner sind an Weite, Gestalt und Aussehen von den Hörnern unsere Ochsen sehr verschieden; man sucht sie eifrig, fasst den Rand mit Silber ein und verwendet sie bei glänzenden Festmählern als Becher.«[2]

Hier irrte Caesar, sowohl bei der Größe des Urs als auch bei dessen Unbezähmbarkeit. Elefanten kommen auf Widerristhöhen von deutlich über drei Metern, der Auerochse des nördlichen Europas konnte es im Holozän immerhin auf 1,80 Meter Widerristhöhe bringen, in der ausgehenden Eiszeit davor auch auf zwei Meter und mehr. Aber da gab es noch lange keine Römer.

Ein beeindruckendes Tier war das wilde Rind der germanischen Wälder und Auen sicher auch noch zu Caesars Zeiten. Im Habitus unterschied sich der Auerochse sehr von den meisten heutigen Rindern. Er war hochbeinig, wie die meisten Wildtiere mit einem muskulösen, sehr kompakten Körper ausgestattet, der kaum länger als hoch war. Das machte den Ur äußerst beweglich. Er hatte weit ausholende, nach vorn geschwungene helle Hörner mit schwarzer Spitze. Die konnten bei den Stieren bis zu einem Meter lang und am Kopf zwanzig Zentimeter dick werden. Die Kälber hatten rötliches Fell, die Kühe rotbraunes, und das Fell der mächtigen Bullen, die deutlich größer als die Kühe wurden, war schwarzbraun mit einem hellen Aalstrich am Rückgrat. Sie hatten starke Nackenmuskeln, die etwas über die Kopfhöhe aufragten, einen Muskelbuckel über der Schulter bildend, ähnlich heute noch sichtbar bei den spanischen Kampfrindern. Die auf Aggressivität gezüchteten Kampfstiere entsprechen, bis auf die unterschiedliche Färbung, dem Phänotyp des Urs, sind aber deutlich kleiner und aufgrund der Zuchtselektion sicher auch wesentlich angriffslustiger, als es der Auerochse gewesen sein dürfte. Dem Bild des Auerochsen, wie es uns aus dem 16. und 17. Jahrhundert überliefert ist, noch näher kommen manche der portugiesischen Maronesa-Rinder, auch in der Fellzeichnung mit abgesetzter heller Schnauzenpartie.

In den 20er Jahren des vergangenen Jahrhunderts unternahmen die Brüder Heinz und Lutz Heck den Versuch, durch züchterische Maßnahmen ein dem ursprünglichen Auerochsen möglichst ähnliches Rind zu erhalten. Heinz Heck war langjähriger Direktor des Münchener Zoos Hellabrunn, sein Bruder Lutz – anders als Heinz Mitglied der NSDAP – wurde dann während des Nationalsozialismus Zoodirektor in Berlin. Mit Kreuzungen deutscher, korsischer, schottischer und ungarischer Rinder haben die Brüder letztlich ein Hausrind geschaffen, das nach ihnen benannt ist. Die Heckrinder werden heute in Zoos und Tierparks gehalten. Manche von ihnen haben einige Ähnlichkeit mit dem Ur, andere wiederum nicht. Alle sind aber deutlich kleiner, als es die Auerochsen waren. Ende des vergangenen Jahrhunderts begannen dann erneut Versuche, mit den Heckrindern weiter in Richtung des Phänotyps des Auerochsen zu kommen. Mit der Einkreuzung ursprünglicherer Hausrindrassen aus Südeuropa ist auch einiges gelungen. Die neuen Kreuzungen werden jetzt Taurusrinder genannt; eigentlich ein Pleonasmus, werden doch alle vom europäischen und vorderasiatischen Ur abstammenden Hausrinder ohnehin als taurine Rinder bezeichnet. Andererseits ist die Namensgebung aber auch eine Verbeugung vor dem Stier, dem Taurus, der zum bedrohlichen Minotaurus wurde oder zur Kunst – von den Höhlenmalereien bis zu Picasso. 2008 startete dann eine niederländische Stiftung das Taurus-Programm, dessen Ziel die Zucht eines Rindes ist, das dem Auerochsen gleicht und das in Naturschutzgebieten dessen ehemalige ökologische Funktion übernehmen kann. Inzwischen gibt es einige hundert der Taurusrinder, sie sind etwas größer geworden als die Heckrinder, sie sehen den Auerochsen ähnlicher, aber sie haben weder die tatsächliche Größe noch die hochbeinige Kompaktheit des Urs erreicht.

Etwas kleiner und graziler als die Auerochsen in den Wäldern Mittel- und Nordeuropas waren vor etwa 12 000 Jahren auch die Ure in Südeuropa und dem Nahen Osten. Sie hatten sich einfach dem regionalen Klima und dem Nahrungsangebot angepasst. Dort, bei einer archäologischen Grabung am mittleren Euphrat-Tal im heutigen Syrien, fanden sich dann auch Knochen der genetischen Vorfahren unserer heutigen Rinder, soweit sie dem europäischen

Typ der taurinen Rinder entsprechen, der heute auf der ganzen Welt verbreitet ist.[3] Diese ältesten Funde eindeutig domestizierter Rinder aus der rund 10 500 Jahre alten Siedlung Tell Dscha'dat al-Mughara sind genetisch am engsten verwandt mit den Auerochsen Südeuropas und des Nahen Ostens. Im frühen Neolithikum, der Jungsteinzeit, nahmen die Menschen in der Region des Fruchtbaren Halbmonds, also zwischen Jordan, Euphrat und Tigris und dem Persischen Golf, die ersten Rinder zu sich. Kaum 250 Jahre später kamen die dann schon domestizierten Rinder auf dem Seeweg bereits in Zypern an.

Und wieder gibt es – wie beim Schwein – einen zweiten Ort der Domestizierung: Auch am Indus wurden Wildrinder zu Hausrindern. Der indische Auerochse unterschied sich nicht nur in der Größe vom europäischen Ur und dem des Nahen Ostens. Er wurde aufgrund seiner äußerlichen Unterschiedlichkeit von den Taxonomen lange als *Bos namadicus* geführt und damit als eigene Art dargestellt. Heute heißt er *Bos primigenius namadicus* und ist also eine Unterart der Ure, ebenso wie der eurasische Auerochse, der *Bos primigenius primigenius*, und der ebenfalls ausgestorbene Auerochse Nordafrikas, der *Bos primigenius africanus*. Der indische Auerochse war kleiner als der eurasische, hatte weiter ausladende, aufrecht stehende Hörner und wohl auch schon den deutlichen Buckel, den er den heutigen Zebus und vielen zebuinen Rinderrassen vererbt hat. Dafür spricht, dass es sich bei dem Muskel- und Fettberg über der Schulter um ein sekundäres Geschlechtsmerkmal der Bullen handeln könnte, das sich nicht erst bei den Haustiernachkommen des Wildtieres gebildet haben dürfte.

Während sich die im Nahen Osten domestizierten Nachfahren des eurasischen Auerochsen über die Handelswege nach Norden ausbreiteten und bald in ganz Europa verbreitet waren, kamen die Nachfahren des indischen Auerochsen schon in altägyptischer Zeit nach Afrika. Dort wurden die Zebus mit taurinen Rindern gekreuzt, und es entstanden die zebuinen Rinder Afrikas, die das Leben in den Tropen und Subtropen deutlich besser aushalten. Ihre oft helle Farbe, die aufrecht stehenden, weit gespreizten Hörner und der Buckel verraten ihre Verwandtschaft mit den indischen Rindern.

Ähnlich wie beim Schwein wird auch die Geschichte der Domestizierung des Auerochsen vor sich gegangen sein. Keiner unserer frühen Vorfahren wird auf die Idee gekommen sein, den wilden Stier zu fangen und zu zähmen, auch die Kühe waren wehrhaft und schnell. Und die mythologischen Helden, die wilde Eber und Stiere mit der bloßen Faust niederrangen, wurden erst später erfunden. Eine der Jagdmethoden bei größeren Beutetieren war aber das Ausheben von Gruben als lebensgroße Fallen auf den Wildwechseln, den immer wieder begangenen Wegen der Herdentiere. So fingen schon die Neandertaler das Mammut: Sie hoben eine mammutgroße, tiefe Grube mit steilen Wänden aus und tarnten sie sorgsam mit einer Abdeckung aus Stangen, Ästen und Laub. Dann warteten sie auf ihr Glück, oder sie trieben auch, zum Teil mit brennenden Fackeln bewaffnet, die Tiere auf die Fallen zu. Diese Jagdmethode dürfte sich über die Jahrtausende gehalten haben, war sie doch eine, die bei großen, wehrhaften Beutetieren den Jägern relativ große Sicherheit bot.

Fiel nun eine Urkuh in die Fallgrube, so könnten die Jäger durchaus ein verstörtes Kalb bei ihr gefunden haben, das bei der Mutter blieb, als die Herde flüchtete. Oder ein Kalb fiel selbst in eine Grube und blieb dabei unverletzt. Vielleicht hielten die Menschen schon Schafe, Ziegen, Schweine und hatten Erfahrung mit dem Einfangen und Aufziehen von Jungtieren. Dann kannten sie auch den Nutzen der beim Haus gehaltenen Tiere, wussten vielleicht sogar schon Ziegen und Schafe zu melken. Hier bot sich nun ein ungleich größeres Tier, das viel mehr Milch geben würde und am Ende auch viel mehr Fleisch und größere Felle, mehr Leder und Horn.

Wenn das Kalb schon älter war und nicht mehr angewiesen auf die Milch der Mutter, dann konnten sie es mitnehmen und weiter aufziehen. Im Gegensatz zum Schwein hat das Rind, ebenso wie Schaf und Ziege, den unschätzbaren Vorteil, dass es Futter verwerten kann, das für den Menschen unverdaulich ist. Das Rind war eine große Bereicherung der wachsenden menschlichen Gemeinschaften, zumal die Menschen sehr bald lernten, es als Last- und Zugtier einzusetzen. Und wenn auch Julius Caesar recht haben mag mit der Unbezähmbarkeit der erwachsenen Auerochsen, so gilt das eben nicht für die Jungtiere. Kälber von Wildrindern gewöhnen sich rasch an den Menschen, das kann man in Aufzuchtstationen afrikanischer Nationalparks beobachten, wo bisweilen Büffelkälber aufgepäppelt werden.

Nun lässt sich mit einem Kalb allein keine Rinderzucht begründen. Aber wenn das erste eingefangene Kalb weiblich und in seinem zweiten Lebensjahr zur Kuh geworden war, dann genügte es, sie für eine gewisse Zeit an einem langen Strick auf der Waldweide zu fixieren und auf einen allein reisenden Stier zu warten. Womöglich hat der Hirte vor dem erotisierten Auerochsen auch die Flucht ergriffen und die brünstige Kuh ihrem Schicksal überlassen. Was die gerne annahm. Etwas mehr als neun Monate später war dann das nächste Kalb da – und mit ihm gab die Kuh die erste Milch. Vielleicht brachte auch das Jagdglück ein weiteres Kalb ins Dorf, das sich zum Bullen entwickelte. Als die Rinderzucht dann aber einmal begründet war – sicher in mehreren neolithischen Dörfern im Fruchtbaren Halbmond zur gleichen Zeit –, da wurden die Tiere wohl sehr bald von den wilden Verwandten separiert. Die Dörfer tauschten ihre Rinder untereinander, hielten sie aber offenbar so, dass es keinen Kontakt mehr gab zu der Population der Auerochsen in den Wäldern. Das legen die Untersuchungen der DNA der Auerochsen und der ersten domestizierten Rinder aus der Jungsteinzeit nahe.[4] So entstanden sehr schnell regionale Schläge von Hausrindern. Wie bei den anderen Wildtieren, die zu Haus- und Nutztieren wurden, waren die domestizierten Formen zunächst deutlich kleiner als die wilden Ahnen. Das kann mit zeitweiliger Mangelernährung zu tun haben, aber auch mit der Auswahl kleinerer und damit weniger gefährlicher Bullen zur Zucht.

Spätere Vermischung von Hausrindern mit wilden Auerochsen gab es dann auch, dies aber nur im Norden Europas, was wiederum eine andere Genuntersuchung belegt. Die stellte anhand der Y-Chromosomen die Einkreuzung einer ganzen Reihe männlicher Auerochsen in die Population der Hausrinder fest.[5] Im heutigen Norddeutschland und Dänemark geschah das wohl absichtsvoll aus Gründen der Zucht; wahrscheinlich sollten die aus dem Süden eingeführten Hausrinder dem nordischen Klima angepasst werden und wurden deshalb mit dem robusten Ur gekreuzt.

Der heilige Stier

»Kein Ereignis in frühgeschichtlicher Zeit war von ähnlich weitreichender Bedeutung für die Entstehung menschlicher Kultur wie die Haustierwerdung des Rindes«, stellt Grzimeks *Tierleben* fest. »Das Hausrind ermöglichte den Schritt vom primitiven Hackbau der Jungsteinzeit zur hochentwickelten Ackerbaukultur und wurde damit zur Grundlage der asiatisch-europäischen Kultur überhaupt.«[6] Entsprechend wurde das Rind zum heiligen Tier, und es entwickelten sich verschiedene Kulte um Rinder, bis hin zum Goldenen Kalb der Bibel.

Wie wichtig die Rinder sehr bald schon für die Menschen in einigen neolithischen Zentren der Besiedlung geworden sind, das zeigt die frühe Kultstätte in Çatal Höyük im heutigen Anatolien. 9000 Jahre vor unserer Zeit bauten die Menschen dort einen Tempel, dessen innere Stirnwand mit Stierschädeln dekoriert war, die, mit Ton und Gips übermodelliert, zu lebensechten Darstellungen wurden. Davor eine Reihe kubischer Lehmbänke, wie Rinderköpfe seitlich mit Hörnern bestückt, an einer Seitenwand als Wandgemälde ein stilisierter Stier. Auch Widderköpfe zierten die Wände, Keilerhauer, Fuchszähne und Geierschnäbel waren in sie eingelassen; zentral aber waren die Rinder, die Stiere. Wobei die meisten der freigelegten Fresken von Çatal Höyük Jagdszenen mit Auerochsen, Hirschen, Wildschweinen und Bären darstellen, obwohl diese Wildtiere – wie die Archäologen in den Abfallgruben der Siedlung leicht feststellen konnten – für die Ernährung der Menschen damals schon keine große Rolle mehr spielten. Die Jagd war wohl, bald nachdem die Menschen sich in der festen Siedlung niedergelassen hatten, schon zum kultischen Ritus geworden. Die Ernährung dagegen basierte weitgehend auf domestizierten und bereits durch Zucht veränderten Pflanzen und Tieren.

Stierschädel waren auch in noch älteren Siedlungen an herausragenden Stellen angebracht, oder es waren Säulen mit Halbreliefs von Stierschädeln, den Bukranien, verziert. So auf dem Göbekli Tepe, einem vor 12000 Jahren erstmals und in der Folge dann mehrfach besiedelten Felsplateau in Anatolien, oder in der ebenso alten, an einem Nebenfluss des Tigris gelegenen und inzwischen in einem Stausee untergegangenen Siedlung Hallan Çemi, in der die Menschen noch mehr von der Jagd als von Ackerbau und Viehzucht lebten. Dort war ein mächtiger Auerochsenschädel im Eingangsbereich eines öffentlichen Gebäudes angebracht, das dem Totenkult diente.

Gab es also damals schon einen Stiergott oder heilige Stiere, wie später in Ägypten oder auf Kreta? Manche Archäologen wollen in den vielfach verbreiteten Stierschädeln, Bukranien, Rinderreliefs und Stierfiguren des Neolithikums von Anatolien bis nach Südosteuropa einen ausgeprägten Stierkult erkennen. Ausgegangen wäre dieser dann wohl von Çatal Höyük in Anatolien. Die von Anfang an sehr dicht bebaute Großsiedlung wurde 800 Jahre lang bewohnt. Dabei entstanden zwölf aufeinanderfolgende Bauphasen mit häuslichen und öffentlichen Kultstätten. In dieser Zeit entwickelten die Menschen die Tonbrennerei, das Neolithikum trat von der präkeramischen in die keramische Phase ein. In der Folge entstanden viele tönerne Figurinen. Die häufigsten Darstellungen in Çatal Höyük sind Frauenfiguren und Boviden, also Hornträger, und darunter zumeist Stiere. In den Wandmalereien tauchen die Stiere zwar nur selten auf, dann aber in herausragender Position. Und ab der sechsten der zwölf Bebauungsschichten der Siedlung krönen mächtige Stiergehörne die Lehmpfeiler der Kultstätten, und echte Hörner sind auch in die in Reihen aufgebauten Lehmbänke eingelassen.

Der britische Archäologe James Mellaart, der in den 1960er Jahren die ersten Ausgrabungen in Çatal Höyük leitete, ging von einer dualen Religion der Menschen dort aus. Neben einer Muttergöttin, als Herrscherin über Natur und Symbol der Fruchtbarkeit, verkörperte nach seiner Auslegung der Stier das männliche Prinzip. Der jüngste Grabungsleiter von Çatal Höyük, der britische Anthropologe Ian Hodder, interpretiert die Funde allerdings anders. Vor allem die Tatsache, dass die Figurinen der häuslichen Kultstätten immer wieder zerstört und durch neue ersetzt wurden, führte ihn zu der Theorie, dass die Darstellungen mit den Lebenszyklen der in den Häusern lebenden Großfamilien zusammenhängen. Starb ein Familienoberhaupt – egal ob Mann oder Frau –, so wurde es unter dem Haus beigesetzt, und die ihm zugeordneten Figuren wurden entfernt und zerstört. Der deutsche Prähistoriker Frank Falkenstein sieht die besondere Hervorhebung des Stieres im Kult dieser neolithischen Siedlung schlicht in der Wirtschaftsweise der Menschen begründet. Rund um Çatal Höyük wurden die Felder bereits bewässert und mit domestizierten Getreidesorten und Hülsenfrüchten bestellt. Die Tierhaltung war weit entwickelt und die Jagd stark zurückgegangen. »Bemerkenswert erscheint die Tatsache, dass das Hausrind von Çatal Höyük sich bereits in einem fortgeschrittenen Stadium der Domestizierung befand, wohingegen Schaf und Ziege, sofern sie überhaupt domestiziert waren, noch dem Phänotyp der Wildarten verhaftet waren«, schreibt Falkenstein.[7] Entsprechend einseitig war die fleischliche Ernährung der Bewohner: sie bestand zu 90 Prozent aus Rindfleisch, eine regionale Besonderheit dieses Ortes. Und entsprechend sieht Falkenstein den Stierkult von Çatal Höyük ebenfalls als regional begrenzte Erscheinung. Er lässt sich in anderen Siedlungen der gleichen Zeit und Region jedenfalls nicht nachweisen.

Allerdings gibt es ein ähnliches Heiligtum mit Stierköpfen und Figuren in einer ebenfalls mehrschichtigen Siedlung aus der späteren Jungsteinzeit im westrumänischen Banat. Das dortige Parţa gehörte im Neolithikum zur südosteuropäischen Vinča-Kultur, die – wie andere neolithische Siedlungen Südosteuropas – deutlich von den ersten Kulturen im heutigen Anatolien beeinflusst war. In der Mitte der Siedlung Parţa stand damals ein großes, freistehendes Heiligtum mit mehreren Räumen. Der Bau war mit zahlreichen Stierköpfen ausgestattet, den Eingang flankierten Säulen mit Stierköpfen aus Lehm, in die echte Hörner eingesetzt waren. Eine in Fragmenten gefundene Lehmstatue, von der nur der Sockel gut erhalten ist, wird von den Ausgräbern als Doppeldarstellung einer schwangeren Frau und eines Stieres interpretiert, womit wir wieder die von James Mellaart eingeführte Muttergöttin nebst Stiergott gefunden hätten. »Auch wenn man der Interpretation der Autoren nicht in jedem Punkte folgen mag«, konstatiert Falkenstein, der der Theorie vom »Stierkult« des Neolithikums skeptisch gegenübersteht, »scheint doch die besondere Behandlung von Tierschädeln im

Ritual und die Ausgestaltung der Innenräume im Heiligtum von Parța mit Bukranien evident.«[8] Ähnliche Funde von plastisch gestalteten Stierschädeln gab es auch in einem anderen, kleineren Kultgebäude der Vinča-Kultur und an Hausfassaden.

Richtig zum Kult wurden die Rinder spätestens im alten Ägypten. Seit der Ersten Dynastie, also etwa 5 100 Jahre vor unserer Zeit, lebte in Memphis der heilige Stier Hep, in der Sonnenstadt Heliopolis etwas später sein Pendant, der heilige Stier Mnevis. Hep ist besser bekannt unter seinem griechischen Namen Apis. Der Stier galt als Verkörperung des Hauptschöpfergottes Ptah oder auch als dessen Herold. Der Gott soll den Apis mit einer jungfräulichen Kuh gezeugt haben. Nach Herodot tat er dies mit jedem Apis-Stier erneut.

Der griechische Geschichtsschreiber berichtet auch, wie der Apis auszusehen hatte: »Er ist ganz schwarz und hat nur auf der Stirn ein weißes Viereck sowie auf dem Rücken das Bild eines Adlers, an seinem Schwanz hat er beiderlei Haare und an der Zunge einen Käfer.«[9] In manchen Beschreibungen und bildlichen Darstellungen ist die Blässe auf der Stirn des Apis ein Dreieck, die Fellzeichnungen am Rücken oder den Flanken symbolisieren Schwingen, aber nicht unbedingt die des Adlers, wie Herodot annimmt. Als Statue, auf Reliefs und in Malereien wird Apis meist mit der Sonnenscheibe zwischen den Hörnern abgebildet, seltener auch mit der Mondsichel. Der heilige Stier der Ägypter lebte in einem abgetrennten Gelände mit Stallungen direkt am Tempel des Gottes Ptah. Mit ihm auf dem Gelände lebten die Apismutter und weitere Kühe. Apis hatte also einen Harem, und auch die Kälber, die Apis zeugte, wurden verehrt. Zu bestimmten Zeiten zeigte der Stier sich in einem Hof dem Volk. Sein Verhalten wurde als Orakel gedeutet. Zum jährlichen Apis-Lauf ging der Stier mit dem Pharao über die Felder, offenbar ein Fruchtbarkeitskult.

Maximal 25 Jahre dauerte eine Apis-Periode, verbunden mit der Mondphase, die nach dieser Zeit wieder auf die gleichen Tage fiel. Spätestens dann musste ein neuer Apis-Stier gefunden werden; bereits früher, wenn der Stier zwischenzeitlich starb. Wie bei den alten Ägyptern üblich war das Totenfest, die Beisetzung des Apis, das größte der Stierfeste.

Anders als der schwarze Apis-Stier durften normale Opferstiere nicht schwarz sein. Die Tiere wurden von Priestern geprüft und zur Opferung zugelassen. Und nur diese durften geopfert werden. Herodot beschreibt, was nach der rituellen Tötung am Altar eines Heiligtums geschah:

>»Wenn sie dem Stier die Haut abgezogen haben, so nehmen sie unter Gebeten den Magen ganz heraus, die Eingeweide aber lassen sie dort zurück in dem Leibe, sowie das Fett; dann schneiden sie die Schenkel, den äußersten Teil der Hüfte, die Schultern und den Hals ab. Haben sie dies getan, so füllen sie den übrigen Leib des Stieres mit reinen Broten, Honig, Rosinen, Feigen, Weihrauch, Myrrhen und anderem Räucherwerk. Und wenn sie damit den Leib gefüllt, verbrennen sie ihn, unter reichlichem Zuguss von Öl. Sie bringen aber das Opfer erst, nachdem sie vorher gefastet haben; bei dem Verbrennen schlagen sie sich alle auf die Brust; wenn sie damit zu Ende sind, setzt man die Überreste vom Opfer zur Mahlzeit vor.«[10]

Es hat schon seine Richtigkeit mit der Aufteilung des Opferstieres: dem Gott – hier geht es wohl um Osiris, den höchsten der ägyptischen Götter – die Rippen und die Innereien, mit allerlei Süßigkeiten und Gewölk schmackhaft gemacht, der Festgesellschaft Nacken, Hals und Bug, die Beinscheiben, die Schalen, das Roastbeef, die Hüfte und das Filet.

>»Die reinen Stiere und Stierkälber also opfern alle Ägypter; dagegen ist es nicht erlaubt, die Kühe zu opfern, weil sie der Isis heilig sind. Denn das Bild der Isis, welches eine weibliche Gestalt zeigt, ist mit Rinderhörnern versehen, gerade wie die Hellenen die Io abbilden. Die Kühe nämlich verehren auf gleiche Weise alle Ägypter unter allen Tieren bei weitem am meisten.«[11]

Auch eine regelrechte Kuhgottheit kannten die Ägypter: die Muttergottheit Hathor. Anfangs wird sie als Kuh dargestellt, die die Sonnenscheibe zwischen den Hörnern trägt, später dann in Menschengestalt mit Kuhgehörn und Sonnenscheibe.

Nicht verehrte Kühe oder Kuhgötter, aber einen göttlichen Stier gab es auch auf Kreta. Mit dem allerdings ging es nicht gut aus. Obwohl doch das ganze Königsgeschlecht der Minoer von einem Stier ins Land getragen und dort gezeugt wurde. Der Göttervater Zeus hatte sich in einen blendend weißen Stier verwandelt, um am phönizischen Strand – im heutigen Libanon – die schöne Europa, bei Homer die Tochter des Königs Phoinix, bei Ovid die Tochter des Agenor, zu becircen und zu entführen.

>»Er, der Vater und Herr der Unsterblichen, dem in der Rechten
> Zuckt dreispitziger Strahl, der winkend erschüttert den Erdkreis,
> Kleidet sich jetzt in des Stieres Gestalt, und gesellt zu den Rindern,
> Brüllt er und wandelt umher gar stattlich im üppigen Grase.
> Weiß ist die Farbe wie Schnee, den weder mit drückender Sohle
> Trat ein schreitender Fuß noch löste der wäßrige Südwind.
> Muskelgeschwellt ist der Hals, dem Bug enthangen die Wampen.
> Klein zwar ist das Gehörn, doch möchtest du sagen, von Händen
> Sei es gemacht und mehr durchscheinend als reine Juwelen.
> Nicht ist drohend die Stirn noch Furcht einflößend das Auge;
> Sanftmut spricht das Gesicht. Es erstaunet die Tochter Agenors,
> Daß er von Wuchs so schön und nichts Feindseliges drohe.«[12]

Mit dem eher kleinen Gehörn des fabelhaften weißen Stieres spricht Ovid eine besondere Eigenschaft dieses Tieres an, das es für Griechen und Römer prädestiniert zum Heiligen. Der Stier ist eindeutig männlich, seine nach außen gebogenen Hörner aber, wenn sie nicht mehr die nach vorne gerichteten Dolche der Auerochsen sind, bilden eine liegende Sichel auf dem Kopf. Und das verweist – zumal in der durchscheinend juwelenen Art, wie sie hier beschrieben ist – auf die Mondsichel und damit auf das weibliche Prinzip der Mondgöttin. Der göttliche Stier ist ein Zwitter und im Falle des verwandelten Zeus ein sanfter dazu. Entsprechend interessant und anziehend wirkt er. Erst traut sie ihren Augen nicht, die Jungfrau Europa, dann aber kommt sie doch heran, umkränzt schließlich die Hörner des Stieres mit Blumen und lässt sich auf seinem schneeweißen Rücken nieder.

>»Da schleicht sachte der Gott vom Land und vom trockenen Ufer
> Und setzt vorn in die Flut die betrüglichen Schritte der Füße,
> Geht dann weiter und trägt quer über des mittleren Meeres
> Fläche den Raub. Sie erbebt, und zurück zum verlassenen Strande
> Schaut sie und hält mit der Rechten ein Horn, auf den Rücken die andre
> Stemmend; das lose Gewand ist geschwellt vom Hauche des Windes.«[13]

Auf Kreta angekommen zeugt Zeus mit Europa die Brüder Minos, Rhadamanthys und Sarpedon; später dann heiratet die Schöne, nach der der ganze Kontinent benannt ist, den kretischen König Asterios, der ihre Söhne adoptiert. Nach dem Tod des Königs streiten die Brüder um den Thron. Minos obsiegt, weil er Poseidon um Hilfe gebeten hat, wobei er dem Meeresgott versprach, ihm das erste Tier zu opfern, das nach seinem Sieg dem Meer entsteigen würde. Dieses Tier ist – wie kann es im minoischen Reich anders sein – ein herrlicher Stier. Der dem mit göttlicher Hilfe zum König gewordenen Minos aber so gut gefällt, dass er ihn versteckt und statt seiner einen anderen Bullen opfert.

Götter betrügt man freilich nicht straflos. Die Rache Poseidons für die Missachtung des Minos fällt besonders vielschichtig und hinterhältig aus. Zunächst lässt er Minos' Gattin Pasiphaë dem schönen Stier in Liebe verfallen. Um sich mit ihm vereinigen zu können, bringt die Königin den Baumeister Dädalus dazu, eine künstliche Kuh zu formen, in der sich Pasiphaë in Position bringt. Und die trojanische Kuh wird auch prompt von dem Stier besprungen. Die Gattin des Minos gebiert daraufhin ein menschenfressendes Mischwesen: den Minotaurus, der einen Stierkopf auf einem menschlichen Körper trägt. König Minos lässt wiederum den Dädalus ein Labyrinth bauen, aus dem es kein Entrinnen gibt. In diesem verbirgt er den Minotaurus, der allerdings immer wieder Menschenopfer fordert.

Unterdessen wächst sich der zweite Teil der Rache Poseidons zur Landplage aus: Der schöne Stier, den Minos nicht opfern mochte und der mit seiner Frau den Minotaurus zeugte, verwüstet in wilder Raserei die Felder Kretas. Erst der Held Herakles kann ihn bezwingen. Das Einfangen des Kretischen Stiers ist die siebte der ihm gestellten Aufgaben. Herakles nimmt den Stier mit, um ihn seinem Auftraggeber, dem König Eurystheus in Mykene vorzuführen. Danach wird der Stier aber wieder freigelassen – und verwüstet nun den Peloponnes. Ausgerechnet ein Sohn des Minos, der sich in Athen aufhält, versucht nun, den Stier erneut zu bändigen, kommt aber dabei ums Leben. Minos macht die Athener für den Tod des Sohnes verantwortlich, ruft seinen Vater Zeus um Hilfe an und zieht gegen Athen in den Krieg. Mit göttlicher Unterstützung gelingt ihm der Feldzug. Danach legt Minos den Athenern einen schrecklichen Tribut auf: Alle neun Jahre müssen sie sieben Jünglinge und sieben Jungfrauen nach Kreta entsenden, wo diese dem Minotaurus geopfert werden.

Erst der attische Held Theseus kann den Fluch durchbrechen. Er bezwingt den Kretischen Stier und bringt ihn nach Athen, wo ihn sein Vater, der König Aigeus, dem Apollon opfert. Dann macht sich Theseus als einer der sieben zu opfernden Jünglinge auf nach Kreta, um den Minotaurus zu erlegen. Ariadne, eine Tochter des Minos, verliebt sich in den jugendlichen Helden und gibt ihm mit dem berühmten Faden den Schlüssel, um das Labyrinth des Minotaurus nach erfolgreicher Tat wieder verlassen zu können. Der siegreiche Theseus besteigt schließlich sein Schiff, nimmt nicht nur die sechs anderen Athener Jünglinge und die sieben Jungfrauen mit zurück, sondern auch die beiden Töchter des Minos: Ariadne und ihre jüngere Schwester Phädra. Erst mit dem Verlust auch noch dieser beiden Kinder ist die Rache Poseidons am wortbrüchigen Minos beendet. Und der Stierkult der Kreter ist ein für alle Mal in die Geschichte eingegangen. Anders betrachtet: Ohne den minoischen Kult würden nicht so viele Stiere durch die Mythologie schnauben.

Wie die Perser und die Griechen kannten auch die Kelten einen Himmelsstier. Ihrem Deiotaros, dem Stier des Himmels, stand der Stier des Landes gegenüber, der Brogitaros. Nachdem 279 vor Christus keltische Krieger auf dem Balkan eingefallen waren und sich dort festgesetzt hatten, wurden sie vom bithynischen König Nikomedes I. als Söldner angeheuert, um ihm im Kampf gegen seinen Bruder zu helfen. Zehntausend keltische Krieger und ihr Anhang zogen daraufhin nach Kleinasien und halfen dem Nikomedes, sich gegen den in sein Reich eingedrungenen Bruder zu behaupten. Nach dem Krieg ließen sich die Kelten im Gebiet des heutigen Ankara nieder, blieben aber über Jahrhunderte, was sie waren: Krieger. Die Nachbarn nannten die eingefallenen Gallier Galater, bekämpften sie oder versuchten es mit Friedensschlüssen. Letztlich wurde Galatia römische Provinz. Und die Römer nahmen von den Galatern den Stier mit in den aus Kleinasien stammenden Mysterienkult um die »Große Göttermutter« Kybele und ihren Geliebten Attis. Die Eunuchenpriester des Kultes hießen Galli, benannt wohl nach den Galatern, sie trugen bei den sakralen Festen einen mit den Hoden eines geopferten Stieres gefüllten Behälter umher und versetzten sich durch Musik und Tanz, und wohl auch einiges mehr, in Trance.

Auch andernorts hinterließen die Kelten Stiere. Nicht zu übersehen die Toros de Guisando bei El Tiemblo in der spanischen Provinz Ávila: vier nebeneinanderstehende Granitfiguren, jede über zwei Meter lang und fast anderthalb Meter hoch, seitlich an den Köpfen trotz aller Verwitterung deutlich erkennbar die Höhlungen, in die früher die echten Stierhörner eingelassen waren. In der irischen Mythologie wird um zwei Stiere sogar Krieg geführt. Der Stier von Ulster und der von Connacht kämpfen am Ende selbst gegeneinander. Und es gewinnt der Stier Donn Cuailnge aus Ulster über den Findbennach aus Connacht, so wie zuvor schon die Krieger aus Ulster gegen die aus Connacht. Der Stier Donn Cuailnge übertrifft die menschlichen Krieger allerdings an Grausamkeit. Er zerfetzt seinen Gegner und verstreut dessen Teile über ganz Irland. Dann jedoch, bei der Rückkehr nach Ulster, bricht auch er selbst tot zusammen.

Freundlich waren sie eher nicht, die mythischen Stiere, es sei denn, ein Gott schlüpfte in ihre Gestalt, aber auch das geschah ja nicht in lauterer Absicht. Für die Sanftmut standen hingegen die Kühe. Sie zogen den Schrein der Göttin Kybele zur rituellen Waschung, sie zogen den Wagen der friedensstiftenden germanischen Muttergöttin Nerthus, sie waren den alten Ägyptern heilig und sind es den Hindus.

Profane Rinder

Wie heilig die Tiere aber auch immer waren, genutzt wurden sie doch. Schon bald nachdem die Menschen die Rinder zu sich in die Dörfer geholt hatten, bauten sie ihre gesamte Gesellschaft auf deren Nutzung auf. Und das war nicht allein die Produktion von Fleisch und Milch aus für Menschen unverdaulichem Gras und Heu. Das konnten auch die kleinen Wiederkäuer, die Ziegen und Schafe. Wozu die aber nicht taugten, das war das Tragen und Ziehen von Lasten.

Aus der Jungsteinzeit stammen die ersten Figurinen von Rindern, die Lasten tragen, aus dem alten Ägypten und aus Mesopotamien sind vielfältige Darstellungen der Nutzung von Rindern als Zug- und Tragtiere überliefert. Die in Khuzestan im Iran gefundenen Spuren von Pflügen sind 7000 Jahre alt. Auf ägyptischen Halbreliefs wird zweispännig gepflügt, die Rinder sind im Widerristjoch eingespannt. Gefunden wurden solche Joche auch bei den Grabungen im mesopotamischen Ur. Die frühesten Zuggeschirre für Rinder waren zusammengesteckte Hölzer. Vor dem Widerrist der Tiere lag oben das dem Hals möglichst angepasste, gebogene Jochholz, seitlich eingesteckt wurden zwei Zapfenstäbe, die sogenannten Spillen, und den unteren Abschluss bildete das gerade oder nach unten gebogene Schlundholz. Um zweispännig anzuschirren, wurde das obenliegende Jochholz entsprechend verlängert und fixierte so die beiden Rinder in einem festen Abstand zueinander. An den Seiten dieser Konstruktion saßen die Ringe, in die Zugketten oder Riemen eingelegt wurden. Die in der Haltung viel teureren und aufwendigeren Pferde spannte man nicht als Arbeitstiere ein. Sie zogen vornehmlich die Streitwagen, später trugen sie auch die Krieger. Das eigentliche Arbeitstier war bis ins Mittelalter das Rind. Es zog den Pflug, den Karren, es lief zum Dreschen über die Tenne, als Antrieb im Kreis um die Achsen von Mühlen, Hammerwerken, Sägen und Wasserschöpfern. »Du sollst dem Ochsen, der da drischt, nicht das Maul verbinden«[14], ist eine der Anweisungen Moses in der Bibel. So sehr ist der Ochse das Arbeitstier, dass er für alle Arbeiter steht, auch die menschlichen. Noch einmal klargestellt wird das später von Timotheus: »Denn es spricht die Schrift: ›Du sollst dem Ochsen nicht das Maul verbinden, der da drischt‹; und ›Ein Arbeiter ist seines Lohnes wert.‹«[15]

Sehr bald in der Rinderhaltung trennten die Menschen die Tiere nach deren Nutzung. Ägyptische Darstellungen zeigen die Kastration von Bullenkälbern. Die Ochsen waren leichter zu halten und zu mästen und noch besser als Zugtiere zu nutzen als Kühe. Auf die

Idee, Stiere einzuspannen, war wohl niemand gekommen. Falls doch, dürfte es beim Versuch geblieben sein. Aus einem ägyptischen Grab der Elften Dynastie, also um 2000 vor Christus, stammt ein dreidimensionales Modell eines Rindermaststalles, darin stehen vier Tiere an einem Trog, während zwei weitere gerade von Menschen mit der Hand gefüttert werden. Die Ägypter hielten die Kühe mit ihren Kälbern und den Zuchtstieren auf den Weiden des Nildeltas, die Mastochsen separat in Stallungen. Es gab auch schon mehrere Rinderrassen oder Landschläge. Sowohl auf bildlichen Darstellungen als auch aus schriftlichen Bestandsverzeichnissen geht hervor, dass ein Teil der Rinder damals schon hornlos war. Ein Verzeichnis aus der Fünften Dynastie, um 2400 vor Christus, listet neben 835 langhornigen 220 hornlose Tiere auf.[16] Daneben gab es auch kurzhornige Rinder. Wobei die Ägypter die Rassen offenbar nicht auseinander hielten und wohl auch nicht gezielt züchteten. Es gibt zwar Darstellungen ganzer Herden von hornlosen Rindern, ebenso wie solche mit nur horntragenden Tieren. Aber auf einem Wandbild in einem Grab der Sechsten Dynastie ist ein hornloser Stier zu sehen, der eine Langhornkuh deckt. Ebenfalls aus der Sechsten Dynastie stammen Reliefs, auf denen das Einfangen und Melken von Kühen gezeigt wird. Viel Milch dürften diese Kühe aber noch nicht gegeben haben. Erst rund 200 Jahre später, in der Elften Dynastie, aus der auch das Modell des Maststalles stammt, gibt es die erste Abbildung einer Kuh mit größerem Euter, die vom Habitus her einem heutigen Milchrind ähnelt.

Das Melken der Schafe, Ziegen und Rinder und die Verarbeitung der Milch haben allerdings schon die Menschen der Jungsteinzeit begonnen. Aus den bandkeramischen Siedlungen Mitteleuropas sind über 7000 Jahre alte Siebgefäße erhalten, wie sie zur Milchverarbeitung gebraucht werden. Auf einem Fries in einem 5000 Jahre alten Tempel der sumerischen Mutter- und Gebirgsgöttin Ninḫursanga im heutigen Irak ist eine Meierei dargestellt. Kühe werden gemolken und Milch verarbeitet. Sowohl auf den sumerischen als auch auf den ägyptischen Darstellungen vergaßen die Künstler nie, neben den gemolkenen Kühen deren Kälber darzustellen. Die sind schließlich die Voraussetzung dafür, dass die Kuh überhaupt Milch gibt und der Mensch davon etwas abbekommt. Ohne Kalb keine Milch – das gilt bis heute. Auf einigen Halbreliefs der alten Ägypter sind die Kälber ganz akkurat an ein Vorderbein der Kuh gebunden, wohl damit sie beim Melken nicht stören. Vielleicht auch, weil schon die Ägypter gelernt hatten, dass die Anwesenheit des Kalbes die Kuh animiert, die Milch fließen zu lassen, dass es der Melker mit seiner Hand am Euter dann zumindest leichter hat. Das kann man aus Erfahrung lernen, ganz ohne etwas vom Hormon Oxytocin und der Hypophyse zu wissen.

Deutlich weiter entwickelten die Viehhaltung zunächst die Griechen. Der römische Offizier und Gelehrte Plinius der Ältere lobt in seiner 37 Bücher umfassenden Naturgeschichte *Naturalis historia* im ersten Jahrhundert nach Christus die Rinderzucht des griechischen Königs Pyrrhos in Epirus, der da schon 350 Jahre tot war. Die epirotischen Rinder waren auch zu Plinius' Zeiten offenbar noch besonders groß und kräftig, brachten entsprechend mehr Fleisch und eigneten sich gut für die Arbeit vor Pflug und Wagen. Schon vor Plinius hatte der etwas ältere römische Schriftsteller Lucius Iunius Moderatus Columella ein zwölfbändiges Werk über die Landwirtschaft, den Gartenbau und die Baumzucht vorgelegt. In den Kapiteln über die Viehzucht findet sich ein eigener Abschnitt über die eigentlichen Arbeitstiere unter den Rindern: die Ochsen. Darin eine sehr genaue Anweisung, worauf man beim Kauf von Ochsen zu achten habe, egal zu welchem Landschlag sie gehören:

»Die Ochsen, welche man kaufen will, müssen jung und vierschrötig seyn, große Gliedmaßen, lange, schwärzliche und starke Hörner, eine breite und krause Stirne, rauhe Ohren, schwarze Augen und Lippen, eingebogene und weite Nasenlöcher, einen langen und fleischigen Hals, große und fast bis auf die Knie herabhängende Wammen, eine große Brust, breite Schultern, einen weiten und gleichsam mächtigen Bauch, breite Lenden, einen geraden und ebenen, aber auch etwas eingebogenen Rücken, runde Hintertheile, feste und gerade Schienbeine, doch mehr kurze als lange, keine allzugroße Knie, große Klauen, einen langen borstigen Schwanz, dichtes und kurzes Haar am ganzen Leibe, rothe oder gelbe Farbe haben, und sehr weich anzufühlen seyn.«[17]

Die Römer mochten es offenbar fett, wenn sie Rindfleisch aßen. Sonst hätte Columella nicht so sehr viel Wert auf die bis auf die Knie herabhängenden Wammen der Ochsen gelegt. Diese Wammen sind eigentlich nur Hautfalten mit Fettgewebe. Sie gelten heute bei einigen Haustieren, denen sie übertrieben angezüchtet wurden, als eine Form der Qualzucht.

Nachdem Columella detailliert beschrieben hat, nach welchen Kriterien ein Ochse auszusuchen ist, folgt eine ebenso detailreiche Anweisung, wie mit den Kälbern zu verfahren ist, die einmal Arbeitsochsen werden sollen. Man soll sie daran gewöhnen, angefasst und angebunden zu werden. Und das nicht mit Gewalt, sondern mit Ruhe und Geduld. Nicht zu früh soll man sie dann an das Ziehen gewöhnen, nicht bevor sie drei Jahre alt sind, weil sie dann noch zu schwach seien, aber auch nicht nachdem sie fünf Jahre geworden sind, weil sie dann zu halsstarrig würden, was hier wohl wörtlich gemeint ist. Columella beschreibt, wie man ihnen, wenn es dann so weit ist, den Strick um die Hörner legt und mit Fell umwickelt, damit sie sich nicht an der Kopfhaut verletzen. Dann führt man sie – an einem Morgen mit gutem Wetter, auf den kein Feiertag folgen sollte, falls sich die Sache in die Länge zieht – nach draußen vor den Stall. Auch wie dieses Draußen beschaffen sein sollte, ist genau beschrieben: Es sollte ein großer Hof oder eine Weide ohne Hindernisse sein, an denen sich die Tiere stoßen könnten, falls sie sich nicht gleich im Zaum halten lassen. Dann bindet man die Jungochsen dort draußen kurz an, weit genug voneinander entfernt, und lässt sie in Ruhe. Falls sie sich gegen den Strick wehren, wartet man, bis sie sich beruhigt haben, dann versucht man ein erstes Mal, sie zu führen. Noch einmal kurz angebunden werden sollen sie sodann, damit sie weder sich noch den Mann verletzen können, der nun zu ihnen geht, sie anspricht und auch anfasst.

»Dann nahet man sich sanft und mit schmeichelhaften Worten zu den angebundenen Ochsen, und zwar nicht von hinten, noch von der Seite, sondern von forne, um sie zu gewöhnen, daß man zu ihnen kommt. Auch reibt man ihnen die Nase, damit sie einen Menschen am Geruch kennen lernen. Nicht weniger ist es gut, wenn der Hirte den ganzen Rücken streichelt, und mit der Hand sie unter dem Bauch und inwendig an die Lende betastet, damit sie hernach nicht erschrecken, wenn man ihnen dahin greift, und die Würmer, welche an der inwendigen Lende zu sitzen pflegen, wegnimmt.: bey dieser Verrichtung muß man sich an die Seite stellen, damit man bey dem Ausschlagen nicht getroffen werde.«[18]

Zu erstaunlicher Sanftmut rät der römische Landwirtschaftslehrer. Seine Werke sind bis ins Mittelalter und die Neuzeit hinein rezipiert worden, seine Handlungsanweisung im Umgang mit Ochsen als Zugtieren, den vielfältigen Berichten von Schlägen und Misshandlungen nach zu urteilen, eher nicht. Der Römer wollte »stille, aber nicht träge« Ochsen, die »voll Vertrauen auf ihre Kräfte sich durch nichts, was sie hören oder sehen, erschrecken lassen, und nicht furchtsam sind, wenn sie durch Wasser, oder über Brücken gehen sollen«. Und er wusste auch, dass man es mit einem Rinderfuhrwerk nicht eilig haben sollte, denn »es ist niemals gut, am wenigsten aber im Sommer, wenn man die Ochsen zum Laufen antreibt«, weil sie schnell ins Schwitzen kommen und ihnen das nicht guttut. »Es erregt den Durchlauf oder das Fieber.«

Wer mit dem Rindergespann unterwegs ist, muss Zeit haben. Wer's eilig hat, muss Pferde anspannen, dann aber auch den Wagen leichter machen und auf seinen Äckern Kraftfutter anbauen. Das Pferd gehört von jeher zu den Eiligen, zu den Vorstoßenden, zum Krieg; die Kuh gehört zum Haus, zum Hof. Bestenfalls den Wagen der Furage oder der Marketenderin zieht ein Ochse hinter den Truppen her. Aber auch der steht dann eher für die Ruhe hinter der Front.

Rinder wurden wohl auch geritten. Aus Südasien sind Bilder von Zebus mit Sattel überliefert. Aber auch da wird die Fortbewegung eher eine gemächliche gewesen sein. Einen Angriff mit Ochsen vorzutragen, ist niemandem in den Sinn gekommen. Und der schnaubende und reizbare Teil der Rinderfamilie, der Stier, kämpft höchstens für sich oder um die Vorherrschaft bei der Brunst. Er verteidigt wohl auch die eigene Familie, die Herde, streitet aber nie für einen fremden Herrn.

Gute Kühe

Im Gegensatz zu den Langhornrindern der Ägypter waren bei den Hausrindern der Germanen und Kelten die Hörner im Laufe der Zeit immer kürzer geworden, ab dem späten Neolithikum gab es auch in Europa gänzlich hornlose Rinder. Die Skythen sollen sogar extra einen eigenen hornlosen Schlag gezüchtet haben, womöglich weil sich hornlose Rinder gefahrloser treiben ließen, ein großer Vorteil bei nomadisch lebenden Stämmen. Aber nicht nur die Hörner, auch die Tiere selbst waren im Vergleich zum Ur immer kleiner geworden. Am Ende der Eisenzeit war der Tiefpunkt erreicht. Von den stattlichen 1,80 Meter Stockmaß der nordeuropäischen Auerochsen waren im Durchschnitt nur noch 1,10 Meter geblieben. Viele Kühe erreichten nur noch Widerristhöhen von 95 Zentimetern, also fast nur noch die Höhe eines großen heutigen Schafbocks oder einer groß geratenen Dänischen Dogge. Auch die großen Bullen der Eisenzeit waren nur noch 1,35 Meter hoch.

Das änderte sich erst, als sich die Römer der Rinderzucht annahmen. Plinius der Ältere erklärt in seiner Naturgeschichte, wie es der Griechenkönig Pyrrhos in Epirus geschafft hatte, besonders große Rinder zu züchten: »Er erhielt diese, da er sie vor dem vierten Jahre nicht rindern ließ, daher wurden sie vorzüglich groß und man hat bis jetzt noch Überbleibsel der Zucht.«[19] Fast so wie Pyrrhos machten es dann auch die Römer. Sie hielten die Bullen separiert und ließen sie zum ersten Mal mit den Kühen zusammenkommen, wenn die mindestens zwei und die Stiere selbst mindestens vier Jahre alt waren. Nur in der Deckzeit zwischen Mitte Juni und Mitte Juli durften die Zuchtstiere zu den Kühen. Nach Plinius kam ein Bulle auf zehn Kühe, nach der Agrarlehre von Lucius Columella sollten es fünfzehn Kühe pro Bulle sein. Columella fasst außerdem zusammen, was an verschiedenen Rindern damals überhaupt zur Verfügung stand. Er unterscheidet grundsätzlich in indische, gallische und – wie Plinius – in Rinder aus Epirus, die von der Gestalt sehr unterschiedlich seien. Aber auch die schon deutlich verschiedenen italienischen Landschläge unterscheidet er: die kleinen weißen Rinder Kampaniens, die großen Weißen aus Umbrien, die untersetzten, aber starken Rinder Etruriens und des Latiums, die harten Rinder des Apennins. Plinius fügte noch die Rinder der Alpen hinzu, die zwar niemals dick würden, dafür aber umso mehr Milch gäben.

Die Stiere haben sich nach Columella von den Ochsen dadurch zu unterscheiden, dass sie lebhafter sind und kürzere Hörner haben. Stark sollen sie sein, aber »nicht wild und stößig«. Der Hals müsse fleischiger und größer sein als beim Ochsen, der Bauch dagegen schlanker und gerader, »damit er zum Bespringen der Kühe geschickt sey«. Und bei den Kühen wird das römische Zuchtziel schließlich ganz deutlich:

> »Gute Kühe müssen hoch und lang seyn, große Leiber, breite Stirnen, schwarze und große Augen, zierliche, glatte und schwärzliche Hörner, haarige Ohren, eingedruckte Backen, große Wammen, Schwanz, Klauen und Schienbeine von mäßiger Größe haben. Uebrigens siehet man bey den Kühen fast auf eben die Stücke, als bey den Ochsen, vornehmlich aber müssen sie jung seyn, denn wenn sie über zehn Jahr sind, kalben sie nicht mehr. Doch darf man sie auch nicht zum Stier lassen, ehe sie zwey Jahre alt sind.«[20]

Mit ihrer ausgeklügelten Haltungsform, dem Anbau besonderer Futterpflanzen und strenger Auswahl der zur Zucht verwendeten Tiere schafften es die Römer, die Rinder wieder wachsen zu lassen. Auch in den römischen Provinzen im Norden waren die Rinder bald deutlich größer, schwerer und als Arbeitstiere auch kräftiger als die Rinder der Kelten und Germanen. Die römischen Bullen erreichten nun eine Widerristhöhe von bis zu 1,50 Metern, die meisten Kühe waren immer noch größer als der Durchschnitt der keltischen Rinder mit 1,10 Meter Stockmaß. Die besten Kälber ließen die Römer von Ammenkühen großziehen.

Die Germanen importierten alsbald die größeren römischen Rinder, so zum Beispiel in das heutige Thüringen. Gleichzeitig hatten sie im Norden durch die inzwischen genetisch nachgewiesene Einkreuzung wilder Urstiere selbst ihre Rinder wieder größer und stärker gemacht. Anders als die Römer legten die Germanen aber mehr Wert auf die Milch der Kühe. Also bevorzugten sie die Kälber von Kühen mit guter Milchleistung; für das Fleisch hielten sie auf den Waldweiden Schweine. Entsprechend waren die Rinder im heutigen Norddeutschland und Dänemark dann zwar relativ groß, blieben aber schlank und gaben dafür viel Milch – ganz ähnlich wie heutige Milchviehrassen, die letztlich auch Nachfahren dieser damals schon herausgezüchteten Landschläge sind.

Trotz der römischen und der nordischen Zuchterfolge blieb das Hausrind als wichtigstes Haustier in Europa bis zum Spätmittelalter im Allgemeinen eher ein vergleichsweise kleinwüchsiges, kurzhorniges Tier. Im Südosten Englands fanden sich dann offenbar noch einmal Rinderzüchter mit einem anderen Zuchtziel zusammen. Aus den kleinen, kurzhornigen Rindern entstand dort im frühen 14. Jahrhundert lokal eine größere Rasse mit langen Hörnern.[21]

Auch in dem zweiten Ursprungsgebiet der Domestikation des Auerochsen – am Indus und vor allem im heute pakistanischen Belutschistan – war inzwischen eine neue Form von Rindern entstanden: ein Zebu mit versetztem Buckel. Der Buckel der jüngeren Züchtung hatte sich nach hinten verschoben, weg von der Halsregion mehr über den Brustraum. Diese Zebus kamen noch besser mit tropischen Krankheiten klar und waren vor allem resistenter gegen die Rinderpest, außerdem gaben sie offenbar mehr Milch. Bereits ab dem zweiten Jahrtausend vor Christus hatte die neue Form des Zebus die alte mit dem Halsbuckel mehr und mehr verdrängt – auch auf dem Weg nach Westen, bis nach Ägypten und ins südliche Afrika. Dort existieren heute noch Rinderrassen der ersten neben solchen der zweiten Kreuzung von taurinen Rindern des europäischen Typus mit Zebus. Als ursprünglich gelten die Sangarinder, zu denen das vor allem durch seine gewaltigen Hörner auffallende Watussirind gehört, entstanden wohl durch eine Kreuzung altägyptischer Langhornrinder mit der alten Form des Zebus.

Erst am Ende des Spätmittelalters und in der frühen Neuzeit entstanden dann die Vorläufer der heutigen Rinderrassen. Als hätten die Züchter Columella wiederentdeckt, wurden die Rinder größer und länger, sie nahmen an Gewicht zu – und die Spezialisierung auf Fleisch- oder Milchviehrassen wurde deutlicher. Wobei auch die sogenannten Zweinutzungsrinder mit kombinierter Fleisch- und Milchnutzung sich herausbildeten. Oder besser herausgebildet wurden, denn hier ging es ganz sicher um gezielte Züchtung.

Im frühen 17. Jahrhundert brachten Kolonisten aus Nordeuropa ihre Rinder mit nach Nordamerika, die aus den Niederlanden Ausgewanderten friesische Rassen, die aus Norddeutschland das Holsteiner Vieh. Um die Jahrhundertwende zum 18. Jahrhundert entstand in den heutigen USA aus Kreuzungen verschiedener nordeuropäischer Rinderrassen die Holstein-Friesian, die von Anfang an vor allem Milchvieh sein sollte. Ähnlich wohl das Zuchtziel der 1643 zum ersten Mal erwähnten Rinder der Kanalinsel Jersey, die sich dadurch auszeichnen, dass ihre Milch mit bis zu sechs Prozent Fettgehalt deutlich fetter ist als die der Holstein-Friesian und anderer Milchrassen. In England wurden dagegen Rinder für die Fleischproduktion gezüchtet; Hereford, Angus und Shorthorn entstanden. Zu den ursprünglichen Zweinutzungsrassen gehören das norddeutsche Schwarzbunte Niederungsrind, das vom Alpenrand stammende Fleckvieh und aus den Alpen das Braunvieh.[22]

Nie so wichtig wie die Hausrinder waren die von Menschen domestizierten Büffel. Sie blieben meist nur von regionaler Bedeutung. So das Gayalrind als Nachfahre des südostasiatischen wilden Gaur, das Balirind, die domestizierte Form des heute mit der größten Population auf Java lebenden Banteng, der tibetische Yak, das aus dem Wildyak gezogene Haustier. Am weitesten verbreitet ist der domestizierte asiatische Wasserbüffel, der schon von den Römern in Kampanien gehalten wurde und dessen besonders fetter Milch wir den echten Büffel-Mozzarella verdanken. Laut Statistik der FAO, der Ernährungs- und Landwirtschaftsorganisation der Vereinten Nationen, werden derzeit weltweit rund 195 Millionen domestizierte Büffel, aber rund 1 480 Millionen Hausrinder gehalten.[23]

Allein in Deutschland leben über zwölf Millionen Rinder. Über drei Viertel der Tiere gehören zu nur zwei Rassen: 29 Prozent der Rinder in Deutschland sind Fleckvieh und 47 Prozent sind Holsteins.

Die Turbokuh

Die schwarzbunten Holstein-Friesian sind das Milchvieh an sich. Seine Reise in das Land der unbegrenzten Möglichkeiten hat das schwarz- oder rotbunte ursprüngliche Holsteiner Rind mit den Vettern aus dem niederländischen Teil Frieslands zusammengebracht. Auf den Schiffen der Auswanderer reisten im 17. Jahrhundert nicht nur Menschen. Wer es sich leisten konnte, nahm sein Vieh mit in die Weiten der amerikanischen Prärie oder holte es nach von den in Europa zurückgebliebenen Verwandten, sobald der neue Hof in der neuen Welt gegründet war. Die Viehhalter im Norden Europas wollten ihre Rinder immer schon dreifach nutzen: als Arbeitstiere, als Fleisch- und eben auch als Milchlieferanten. Deshalb achteten sie schon sehr früh darauf, dass die Kühe viel Milch gaben. Das unterschied die nordeuropäischen Rinderrassen deutlich von denen aus dem Süden, ausgenommen die schon von den Römern gerühmten Alpenkühe, das heutige Braunvieh und Fleckvieh. Nicht in Europa, sondern im fernen Amerika verheirateten die Einwanderer aus Deutschland und den Niederlanden nun ihre Milchrassen. Sie verbanden die Gene und die Namen zum leicht amerikanisierten Holstein-Friesian.

Von einer zweiten Importwelle niederländischer und deutscher Rinder erzählt der US-amerikanische Zuchtverband der Holstein-Friesian. Danach kaufte ein Winthrop Chenery aus Massachusetts im Jahr 1852 eine Kuh vom Kapitän eines holländischen Frachtschiffs. Die Kuh hatte dessen Mannschaft während der Überfahrt mit Milch versorgt. Der Bauer war so begeistert von der Milchmenge und -qualität dieser Kuh, dass er weitere Kühe aus Holland importierte. Andere taten es ihm nach, und so wurden um die Mitte des 19. Jahrhunderts knapp 9000 Kühe aus den Niederlanden und Deutschland in die USA geholt und miteinander gekreuzt. 1885 gründeten die Züchter dann dort die Holstein Association USA, die schon zwei Jahre später bei einem Wettbewerb der Milchviehzüchter im New Yorker Madison Square Garden den Preis für die beste Milch- und Butterleistung einer Kuh gewann. Der Preis ist ein in Silber gefasster Becher aus Horn, in dessen Seite eine Jersey-Kuh eingraviert ist; so sicher waren sich die Preisgeber damals, welcher Rasse die Gewinnerkuh angehören werde.

Der richtige Durchbruch für die Zucht des heutigen Milchviehs kam aber erst, als Ende der 40er Jahre des vergangenen Jahrhunderts die Technik der künstlichen Besamung so weit war, dass der Samen der Bullen verlustfrei eingefroren und verschickt werden konnte, und seitdem ein einzelner Bulle mehr als 50000 Töchter zeugen kann: »A single Holstein bull can sire as many as 50,000 daughters«, wie es die Holstein Association stolz verkündet.[24] Dass da ebenso viele Söhne, also Bullenkälber, dabei sind, wird von einem modernen Milchvieh-Zuchtverband dann tunlichst nicht extra erwähnt. Die Bullenkälber der Holstein-Friesian sind nämlich fast nichts mehr wert. Sie taugen nicht wirklich für die Mast. Die Brüder der Milchkühe werden aber in Deutschland nicht sofort nach der Geburt getötet wie die Brüder der Legehennen. Die Bullenkälber werden stattdessen zumeist in die Niederlande und nach Belgien transportiert und dort von Kälbermästern übernommen, die oft bei den Molkereien unter Vertrag stehen; bei denen also, die wiederum das Magermilchpulver für die Kälberaufzucht der Milchrassen liefern. Die zahlen den Milchbauern, die ihre Bullenkälber abgeben, je nach Marktlage fünfzig Euro oder weniger. Auch zehn Euro wurden schon geboten. Das ist deutlich weniger, als die mindestens 14-tägige Aufzucht des Kalbs bis zur Abgabe an die Viehhändler und Mäster gekostet hat. Immerhin scheint den Molkereikonzernen klar zu sein, dass die Brüder der Milchkühe ein Problem sind, das man nicht durch Massentötung aus der Welt schaffen kann. Es sei denn, es findet sich ein Grund dafür.

Als 2008 in Großbritannien die Rindertuberkulose ausbrach, wollte die niederländische SKV die Bestände auf dem Festland schützen. SKV steht für Stichting Kwaliteitsgarantie Vleeskalversector, also Stiftung Qualitätsgarantie für Fleischkälber; das von ihr vergebene Qualitätssiegel für Kalbfleisch ist für die Mäster überlebenswichtig. Die Stiftung drohte den belgischen und holländischen Bauern mit dem Entzug ihres Siegels, wenn sie weiter Bullenkälber aus Großbritannien übernehmen sollten. Daraufhin kam es zu einer Tötungswelle auf der Insel. Alsbald berichtete der britische *Farmers Guardian*, dass tausende Bullenkälber der Milchrasse Holstein-Friesian in Großbritannien direkt nach der Geburt getötet wurden. Wie viele, lässt sich an der im Halbjahr vor der Blockade aufs Festland exportierten Zahl von 40 000 Bullenkälbern ermessen. Die offizielle Begründung für die Tötungen: Es fehle auf der Insel an einem aufnahmefähigen Markt für die Tiere. Sie sind Wegwerfkälber geworden.[25] 2015 berichtete dann *Der Spiegel* in einer Reportage von illegalen Tötungen von Bullenkälbern direkt nach der Geburt auch in Deutschland.[26] Vielleicht noch schlimmer: Manche Landwirte vernachlässigen ihre Bullenkälber einfach, sie kümmern sich nicht, holen bei Durchfall oder sonstigen Komplikationen keinen Tierarzt, so dass die Tiere dann einfach verenden. Ähnliches wird aus Italien über die für die Mozzarella-Produktion nutzlosen männlichen Kälber der Wasserbüffel berichtet.

In Australien ist es generell erlaubt, die Bullenkälber der Milchviehrassen nach der Geburt sofort zu töten. In der Europäischen Union war das zeitweilig sogar erwünscht. In der BSE-Krise war der Absatz von Rindfleisch eingebrochen, und die EU reagierte 1996 mit der sogenannten Herodes-Prämie. So wurde die »Sondervergütung für frühzeitiges Schlachten von bis zu zwanzig Tage alten Kälbern« von Tierschützern und Presse genannt. In Deutschland, Österreich und anderen EU-Ländern führte das zu einem parteiübergreifenden Aufschrei. Die Tötungsprämie widerspreche dem deutschen Tierschutzgesetz, das grundloses Töten verbietet, das war sehr bald Mehrheitsmeinung. Und also wurde die Prämie in Deutschland nicht gezahlt. In Großbritannien, Irland, Frankreich und Portugal wurde dagegen prämiert getötet. Bis die Prämie im Jahr 2000 wieder abgeschafft wurde, waren es über drei Millionen Kälber.

Die Praxis des Tötens von Bullenkälbern der Milchviehrassen geht aber auch ohne Prämie offensichtlich weiter. In Dänemark beispielsweise werden so gut wie alle männlichen Kälber der Milchrasse Jersey getötet. Deren Bullenkälber eignen sich noch weniger zur Mast, da die Jersey-Rinder generell kleiner sind als die Holstein-Friesian. Der Zuchtkoordinator des dänischen Rinderzuchtverbands Viking Genetics, Peter Larson, erklärte 2015 dem Magazin *Foodculture*, dass er nun dafür eintrete, die Jerseys mit Holsteinbullen zu besamen, um die Bullenkälber größer zu machen. Außerdem schlug er vor, »gesextes Sperma« zu verwenden. Beim »Sexen« werden die Spermien mit dem weiblichen X-Chromosomensatz von denen mit dem männlichen Y-Chromosom getrennt. Laut Larson mit einer Trefferquote von neunzig Prozent. Mit den beiden von ihm vorgeschlagenen Maßnahmen könnte die Zahl von 30 000 Tötungen von Jersey-Bullenkälbern jährlich binnen fünf Jahren mehr als halbiert werden. Durch seine offenbar revolutionären Vorschläge zur Verbesserung des Images der Milchviehhalter hat der dänische Zuchtkoordinator die Öffentlichkeit ganz nebenbei darüber informiert, wie es die Dänen mit der Ethik halten.

In Deutschland ist das Töten von Tieren ohne »vernünftigen Grund« laut Tierschutzgesetz verboten, was männliche Küken von Legehennenrassen, für die es eine Ausnahmeregelung gibt, nicht schützt, aber bislang noch die Bullenkälber des Milchviehs. Was das Leben eines frisch geborenen Bullenkalbs von dem eines frisch geschlüpften Hähnchens unterscheidet, ist eine Frage, die zu diskutieren wäre. Wobei es keine Garantie dafür gibt, dass am Ende einer entsprechenden Debatte nicht eine EU-Verordnung über die Tötung von Kälbern steht, so wie es sie bereits für die Brüder der Legehennen gibt. Noch aber werden die Bullenkälber der Milchkühe hierzulande immerhin aufgezogen, zumindest bei den Bauern, bei denen der Marktdruck noch nicht Fühllosigkeit und kriminelle Energie wachsen ließ; und das ist die überwiegende Mehrzahl. Sie sind nicht Bauern geworden, weil sie sich in ein System begeben wollten, das Leid erzeugt, sondern weil sie diesen Beruf und weil sie die Tiere mögen, ganz besonders die Kühe.

Überleben die Bullenkälber die ersten vierzehn Tage und werden bis dahin um die vierzig Kilo schwer, dann haben sie eine Chance auf ein kurzes Leben, allerdings nur im engen Maststall. Bei Weidegang würden sie noch langsamer wachsen, noch weniger zunehmen, bis sie dann endlich Kalbfleisch werden. Das lohne sich nicht, sagen die Mäster. Man sieht das den Kühen an, dass sie und ihre Kälber nicht mehr für die Fleischproduktion taugen. Vor allem direkt nach dem Kalben sehen die Kühe aus wie »Kleiderständer mit Haut und Euter«, wie es Knut Ellenberg vom Hof Klostersee ausdrückt. Seine genauso gezeichneten Schwarzbunten dagegen bleiben auch in den Zeiten ihrer höchsten Milchleistung rundlich.

Milchleistung – das ist nicht nur ein technischer Begriff aus der industrialisierten Landwirtschaft. Milch ist tatsächlich Leistung, Höchstleistung für die Kühe. Wer sich einmal das Euter einer Holstein-Friesian angeschaut hat, die riesigen Adersträngen gesehen hat, vielleicht sogar gefühlt hat, wie das warme Blut hindurchströmt, wie die Milch in die Zitzen schießt, gleich nachdem das Euter stimuliert wurde, ob vom Kalb oder vom Melker – wer das gesehen und gespürt hat, ahnt auch, was das Wort Milchleistung bedeutet. Die ganze Kuh lebt für diesen Moment, in dem das Kalb an ihren Zitzen trinkt. Wobei wir das Kalb heute durch vier Melkbecher ersetzt haben, die an einer hydraulischen Maschine hängen, die die Bewegungen des Kalbs nachahmt, rhythmisch saugt, aber ungleich viel mehr säuft als jedes Kalb.

Rund 500 Liter Blut müssen für einen Liter Milch durch das Drüsengewebe des Euters fließen. Bei 30 Litern Milch pro Tag muss die Kuh also 15 000 Liter Blut durch ihr Euter pumpen. Die fingerdick, manchmal fast armdick hervortretenden Adern, die die Kühe um ihre riesigen Euter bilden, zeugen davon. Manche Hochleistungskühe, vor allem die mit Wachstumshormonen vollgepumpten in den USA, schaffen auch 60 Liter Milch am Tag und mehr, müssen dann also mindestens 30 000 Liter Blut durch das Euter zirkulieren lassen. Der Deutsche Holstein Verband gibt die Durchschnittsleistung der registrierten Milchkühe der Rasse Holstein-Friesian für 2015 mit fast 9 300 Kilogramm im Jahr an. Das sind, nach dem derzeit von der deutschen Milchgüteverordnung vorgeschriebenen Umrechnungsschlüssel von 1,020 Kilogramm pro Liter, über 9 100 Liter für die Durchschnittskuh. Wenn man jetzt noch weiß, dass eine Milchkuh rund acht Wochen, bevor sie ihr nächstes Kalb bekommt, nicht mehr gemolken wird, dann bedeutet das: Die statistische Durchschnittskuh der Milchrasse Holstein-Friesian gibt eben jene 30 Liter am Tag. Der US-amerikanische Zuchtverband Holstein Association gibt die Durchschnittsleistung der bei ihm registrierten Kühe mit umgerechnet 10 400 Litern an. Stolz verweist er auf Spitzenkühe, die nicht mehr zwei-, sondern dreimal täglich gemolken werden und es so auf rund 32 000 Liter bringen. Das sind bei einer Melkzeit von zehn Monaten im Jahr über hundert Liter Milch täglich. Das Kalb, für das diese Milch von der Mutter eigentlich einmal produziert wurde, bräuchte davon bestenfalls acht bis zehn Liter am Tag. Und es ginge wohl noch etwas mehr, wenn man nicht nur drei- statt zweimal täglich melken, sondern einen Melkroboter anschaffen würde. Dann könnten die Kühe im Laufstall selbst in den Robotermelkstand gehen, wenn sie die Milch drückt oder sie Lust auf die besondere Futterbelohnung haben, die der Computer ihnen dort, passgenau auf jede einzeln abgestimmt, zuteilt.

Wie lange kann ein einzelner Organismus solche Hochleistung durchhalten? Die Antwort gibt wiederum die Statistik: keine vier Jahre. Das hat der Deutsche Holstein Verband selbst in einer Erhebung im Jahr 2013 festgestellt.[27] In den größten Milchviehbetrieben werden die Kühe nicht alt. Bei den Höfen mit über 500 Kühen liegt die Milchnutzung, also die Zeit nach dem ersten Kalb, gerade mal bei 39 Monaten. Nach dem dritten Kalb ist Schluss. In den kleinsten Betrieben mit bis zu vierzig Kühen werden die Tiere immerhin fast 60 Monate gemolken. Gemessen an der Lebenserwartung einer Kuh von rund zwanzig Jahren ist auch das nicht viel. Wenn die Kuh in ihrem zweiten Lebensjahr zum ersten Mal gedeckt wird und mit rund 26 Monaten ihr erstes Kalb bekommt, dann ist sie 39 Monate später gerade mal fünf oder sechzig Monate später sieben Jahre alt.

Das muss nicht so sein. Die älteste Kuh in der Herde von Hof Klostersee war im Jahr 2016 immerhin vierzehn, die der Brecklings in Nordfriesland fünfzehn Jahre alt. Wobei Knut Ellenberg vom Hof Klostersee sagt, dass es nicht sein Ziel sei, die Kühe besonders alt werden zu lassen. Es komme auch nicht so sehr auf die Milchmenge, vielmehr auf die Qualität der Milch an; schließlich stellt die eigene Käserei des Hofs da besondere Ansprüche. Jasper Metzger-Petersen vom Backensholzer Hof bei Husum, der mit der Milch seiner 300 Kühe ausschließlich Käse herstellt, setzt auf die Lebensleistung. Schließlich ist eine Milchkuh in der Zeit der Aufzucht über zwei Jahre lang für den Betrieb ein reiner Kostenfaktor. Erst mit dem ersten Kalb kann sie gemolken werden und trägt damit zu den Einnahmen bei. Die Rechnung ist einfach, sagt er: »Wenn eine Kuh alt wird, verdient sie Geld.« Daraus resultiert für ihn eine ganz einfache Handlungsanweisung: Die Kühe müssen ein gesundes, zufriedenes Leben haben. Das haben sie nur, wenn sie möglichst natürlich gehalten werden.

Dazu gehört beim Backensholzer Hof der tägliche Weidegang. Andere Milchbauern mit ähnlich vielen Kühen haben den längst abgeschafft. Bioland, der Anbauverband, dem sich die Backensholzer angeschlossen haben, schreibt den Weidegang aber ohnehin vor, und mit der richtigen Organisation, sagt Metzger-Petersen, geht das auch mit 300 Tieren. Die Kühe sind, um sie besser lenken zu können, in Herden von je hundert Tieren aufgeteilt, die jeweils gemeinsam zum Melken und gemeinsam auf eine Weide gehen. Natürlich sind die Wege zu diesen Weiden sehr bald schwarz; da wächst nichts mehr, wo jeden Tag zweimal mindestens 400 Kuhfüße laufen. Natürlich müssen diese Wege dann auch gepflegt werden: Ausgetretene Pfützen werden mit Sand aufgefüllt, aufgeworfene spitze Steine abgelesen, möglichst bevor sie sich eine Kuh in die Klauen getreten hat. Das ist Mehrarbeit, eindeutig; die Kühe ihr ganzes Leben in den offenen Laufställen zu halten, ist einfacher. Ob es auch effektiver ist, wie landwirtschaftliche Berater, Bauernverbandsvertreter und die Hersteller der entsprechenden Haltungssysteme und Melkanlagen gerne behaupten, das darf bezweifelt werden. Der Merksatz von Metzger-Petersen umgedreht heißt nämlich: Eine Kuh, die nicht alt wird, verdient kein Geld! Wenn die Kühe aus den großen Stallanlagen aber nach drei Jahren bereits zum Schlachter geschickt werden, dann haben sie nicht einmal ihre höchste Leistung erreicht. Die kommt erfahrungsgemäß erst mit dem fünften oder sechsten Kalb. Eine Erfahrung, die ein Landwirt mit den meisten Kühen gar nicht erst machen kann, wenn sie nach dem dritten Kalb schon ausgelaugt sind und nicht mehr trächtig werden. Denn das ist der häufigste Grund für das frühe Ausmustern der Kühe: Sie werden nicht mehr schwanger. Sie nehmen nicht auf, wie die Besamer sagen.

Um den derzeit als optimal geltenden Laktationszyklus – also die Zeit, in der die Kuh Milch gibt – zu erreichen, muss die Kuh etwa sechzig, spätestens neunzig Tage nach dem Kalben wieder schwanger werden. Das heißt, die Kuh gibt gleichzeitig Milch und ernährt den Fötus in ihrer Gebärmutter. Das ist auch bei Fleischrindern so, die mit ihren Kälbern zusammenleben können, wobei die nur ihr Kalb ernähren müssen und nicht noch den Milchbauern dazu. Die Kühe werden also weiter gemolken, bis etwa zwei Monate vor der nächsten Geburt. Dann werden die Kühe »trocken gestellt«, das heißt, das Melken wird eingestellt. Die dann noch im Euter befindliche Milch wird vom Körper abgebaut und das Eutergewebe hat Zeit, sich zu regenerieren. Allerdings sind die Zitzen der Hochleistungskühe durch die monatelang hindurchgepumpte Milch jetzt offene Kanäle für mögliche Entzündungen. Deshalb bekommen viele »Trockensteherinnen« routinemäßig ein Antibiotikum, das Euterentzündungen vorbeugen soll. Das zeigt, dass auch der Vorgang des Trockenstellens nicht der natürliche ist. Ein saugendes Kalb hätte allmählich immer weniger Milch getrunken, die Milchmenge im Euter wäre ebenso allmählich geringer geworden.

Bei der Milchleistungskontrolle werden die Landwirte auch gefragt, weshalb sie Kühe abgegeben haben, ob sie an andere Betriebe zur Zucht verkauft wurden oder zum Schlachter kamen. Der Landeskontrollverband Schleswig-Holstein sammelt die Daten regelmäßig für das eigene Bundesland und für Hamburg. Für 2014 wird als häufigste »Abgangsursache« mit 23 Prozent die Unfruchtbarkeit angegeben, danach folgen mit 13 Prozent Eutererkrankungen, mit zehn Prozent Erkrankungen von Klauen und Gliedmaßen – und dann erst, mit sechs Prozent, eine zu geringe Milchleistung.

Aber wann gilt eine Kuh für den Landwirt als unfruchtbar und muss also weg aus dem Stall? Die Antwort könnte wiederum in einer Statistik stecken. Nach einer Auswertung der Vereinigten Informationssysteme Tierhaltung (VIT) nimmt die Zahl der erfolglosen künstlichen Besamungsversuche mit der Milchleistung der geprüften Herden zu. Das Lehrbuch *Tierproduktion* stellt fest: »Bei Kühen mit hoher Milchleistung haben Betriebsleiter und Tierbetreuer mehr Mühe, sie wieder tragend zu bekommen, als bei niedriger Milchleistung.« Und woran liegt das nun wieder? »Eine der häufigsten Ursachen für gestörte Fruchtbarkeit ist die ›stille Brunst‹. Dabei laufen zwar die Zyklen der Eierstöcke regulär ab, dennoch ist (...) keine Brunst zu beobachten.«[28] Will sagen: Der Tierbetreuer sieht nicht, dass die Kuh rindert, sie zeigt es ihm nicht deutlich genug, und da er ein Mensch und kein Bulle ist, merkt er nichts. Das Ganze kann eine eigentlich harmlose Hormonstörung sein, womöglich verursacht durch zu viele pflanzliche Östrogene, wie sie beispielsweise in Futterleguminosen vorkommen, also in Hülsenfruchtpflanzen wie Weißklee. Vielleicht ist es aber auch keine Hormonstörung, sondern schlicht Selbstschutz, wenn die Kuh erst einmal nicht zeigt, dass sie schon wieder brünstig ist. Wenn das Tier noch zu sehr ausgelaugt ist von Schwangerschaft und Geburt und dann vor allem von der höchsten Milchleistung, die bald nach dem Kalben einsetzt, könnte dann der Organismus der Kuh nicht einfach beschließen, den eigenen Eisprung lieber ganz still zu übergehen, um nicht schon wieder ein Kalb austragen zu müssen? Dass dieser Selbstschutz in vielen Milchviehbetrieben mit dem Tod geahndet wird, kann sich eine Kuh nicht vorstellen. Das übersteigt auch das Vorstellungsvermögen mancher Bauern.

Es gibt Landwirte, auch solche mit vielen Kühen, die geben auch den Tieren, die nicht gleich wieder trächtig werden, noch zwei oder drei weitere Chancen. Sie versuchen es immer wieder mit der künstlichen Besamung, und wenn das nicht hilft, dann lassen sie den Bullen ran. Auf vielen Höfen gibt es den Deckbullen noch. Der läuft gemeinhin bei den Färsen, den Jungkühen, mit und verschafft denen ihr erstes Kalb. Und mit dem sogenannten Natursprung – so nennt die Gesellschaft der künstlichen Besamer das, wenn ein echter lebendiger Bulle zur Kuh darf – klappt es dann eben oft doch noch. Ist auch nicht weiter verwunderlich. Schließlich riecht der Bulle den richtigen Moment, ganz ohne Brunstdatenprogramm und Computer, er kann ihn sogar herbeiführen, weil sich die Kuh auf ihn einlässt, und schließlich verabreicht er der Kuh dann auch noch eine Menge an Sperma, aus der die Zuchtstationen gerne mal 400 Besamungsrationen machen. Diese Geduld mit einer scheinbar nicht mehr trächtig werdenden Kuh aufzubringen und diesen Aufwand zu betreiben, das ist aber nicht der Normalfall in Deutschlands Großställen, sonst wäre die Statistik über die Lebenszeit der Kühe eine andere.

Das alles hat einmal damit angefangen, dass die Menschen vor über zehntausend Jahren aus dem Wald ein paar Urkälber mitgebracht haben, dass diese Kälber als erwachsene Kühe und Stiere dann wieder Kälber produzierten. Und dass dann, als die Kühe ihre Kälber säugten, die Menschen versucht haben, etwas von der Milch für sich abzuzweigen. Und siehe, die Kühe gaben mehr Milch, als die Kälber brauchten, und sie gaben vor allem auch dann noch Milch, wenn die Kälber schon viel weniger davon soffen. Sie mussten nur regelmäßig gemolken werden.

Mit der Milch hatten die Menschen dann nicht nur ein neues Lebensmittel, sondern gleich eine ganze Reihe davon. Bald nach dem ersten Melken einer Kuh, einer Ziege oder eines Schafes werden unsere Vorfahren festgestellt haben, dass sich die Milch quasi von selbst in zwei Zustände aufteilt, wenn man sie eine Weile stehen lässt. Dann schwimmt der Rahm auf, den man abschöpfen kann. Schon hat man neben der reinen Milch die ersten beiden Milchprodukte: den aufschwimmenden Rahm und die unter ihm zurückbleibende Magermilch. Nun kann man aus dem Rahm Butter schlagen. Eine fortgeschrittene Technik, die aber den alten Griechen und Römern bereits bekannt war. Lässt man die Milch etwas länger stehen, dann wird sie sauer. Die vielerorts natürlich vorkommenden Milchsäurebakterien wandeln den Milchzucker in Milchsäure um, das Casein flockt aus; das Ergebnis ist Dickmilch. Das nächste Milchprodukt, schon etwas länger haltbar. Jetzt kann man aus der Dickmilch auch Quark und Molke herstellen. Oder man füllt die Dickmilch nun in ein Gefäß, zum Beispiel die gesäuberte Blase eines erbeuteten Wildschweins, und bewahrt diese mit Dickmilch gefüllte Blase dann nicht kühl auf, sondern wärmt sie an der Sonne oder am Feuer – dann entsteht Sauermilchkäse; bis heute bekannt als Harzer, Quargel, Handkäs, Kochkäse. Jetzt ist die Milch schon deutlich länger haltbar.

Für den nächsten Schritt könnte dann die Erfahrung der Jäger von Nutzen gewesen sein. Die hatten sicher nicht erst in der Jungsteinzeit auch die Mägen von jungen Beutetieren geöffnet und darin seltsame weißliche Klumpen gefunden. Im Labmagen der Wiederkäuer fermentiert das Lab, ein Enzymgemisch aus der Magenwand, die aus den Zitzen der Mutter gesaugte Milch zu einer Vorstufe von Käse, der für die Tiere leichter zu verdauen ist. Gibt man solch einen Labquark in frische Milch, dann lässt er diese gerinnen; es entsteht Käse, der dann als Hartkäse für lange Zeit haltbar ist. Natürlich kann die Wirkung des Labs auch entdeckt worden sein, indem statt einer gesäuberten Saublase ein ausgespülter Kälbermagen zur Aufbewahrung der Milch benutzt wurde. Es geht aber auch ohne Kälberlab: mit den in den gemäßigten Breiten gedeihenden mannigfachen Arten von Labkräutern, die eben wegen ihrer fermentierenden Wirkung auf Milch so heißen.

Die ältesten bekannten Geräte zur Käseherstellung sind im polnischen Kujawien an der Weichsel gefunden worden. Sie wurden dort vor 7500 Jahren benutzt. Das sumerische Halbrelief mit der Darstellung einer Meierei aus dem heutigen Irak ist 5000 Jahre alt. Richtig spezialisiert auf die Käseherstellung haben sich über die Jahrtausende allerdings eher die Völker in Europa. Dort haben die Menschen dann auch bald über das Kindesalter hinaus Milch getrunken. Das führte dazu, dass das Enzym Laktase, das Kleinkindern hilft, die Muttermilch aufzuspalten und zu verdauen, auch im Erwachsenenalter immer weiter produziert wurde. Eine Mutation, die vielen Asiaten und Afrikanern fehlt, weshalb dort die meisten Erwachsenen Verdauungsprobleme bekommen, wenn sie unverarbeitete Milch trinken. Wobei es auch in Europa in den letzten Jahren zu einer der Ernährungsmoden geworden ist, laktosefreie Milch zu trinken. Die wird produziert, indem durch die Zugabe künstlich hergestellter Laktase die Verdauung sozusagen vorweggenommen wird. Das macht die Milch gleichzeitig süßer im Geschmack, weil der Milchzucker jetzt aufgespalten in zwei Zuckerarten vorliegt, als Galaktose und als Glukose.

Eine große Vielfalt von Lebensmitteln, vor allem auch solche, die haltbar und transportabel waren, kam mit den Rindern und den kleineren Wiederkäuern, den Schafen und Ziegen, zu den Menschen. Und das alles, ohne dass für die Ernährung dieser Tiere viel Aufwand getrieben werden musste, und ganz ohne Nahrungskonkurrenz zum Menschen. Die Wiederkäuer verwerteten einfach, was für Menschen ohnehin nicht zur Nahrung taugt: Gras, Wiesenkräuter, Blattwerk. Aber auch die Wiederkäuer haben es nicht leicht mit ihrer Nahrung. Sie müssen viel Zeit und – nach menschlichem Maßstab – ungeheuer viel Geduld dafür aufbringen, sich mit derart karger Nahrung durchzubringen.

Die Evolution hat dazu ein ausgeklügeltes System entwickelt: den vierteiligen Wiederkäuermagen. Wenn wir sie lassen, sind die Rinder stundenlang entweder mit Fressen beschäftigt oder mit Wiederkäuen, was auch nichts viel anderes ist, als eine noch kontemplativer erscheinende Form des Fressens. Sanftmütig und ruhig, wie unser Umgang mit ihnen sein sollte, wenn wir antiker Anweisung folgen wollten, so sind auch die Kühe selbst. Sie sind das vor allem deshalb, weil sie sich keine andere, hektischere, in unseren Augen aktivere Lebensform leisten können. Sie brauchen Zeit, um mit ihrer schwierigen Nahrung zurechtzukommen, sie brauchen Zeit, um das Verdauliche vom Unverdaulichen zu trennen und die Nährstoffe zu extrahieren. Kühe, die sich von Gras und Heu ernähren und nicht mit Kraftfutter zu Höchstleistung getrieben werden, brauchen gerne mal acht bis zehn Stunden täglich allein zum Wiederkäuen.

Sie liegen auf der Weide, gerne in Gruppen zusammen, und kauen das Gras und die Kräuter noch einmal durch, die sie eine Stunde zuvor gefressen haben, tatsächlich aber eben noch nicht ganz. Sie haben das Gras nur abgerupft, kurz gekaut, geschluckt und bis in den ersten Vormagen befördert, den sogenannten Schleudermagen. Von dort geht es in den Pansen. Der ist eigentlich zweiteilig, besteht aus dem Pansen und dem Netzmagen, der sogenannten Haube. Schleudermagen, Haube und Pansen vollführen nun rhythmische Kontraktionen und werfen damit das Futter hin und her. Spätestens eine Stunde nach dem eigentlichen Fressen ist der Futterbrei gut durchgerührt und dabei das Grobe vom Feineren getrennt. Das nur grob zerkaute Futter wird nun erneut ins Maul befördert und dann noch einmal gründlich durchgekaut und wieder geschluckt. Vom Pansen geht es dann weiter in den nächsten Vormagen, den sogenannten Psalter oder Blättermagen, und dann erst in den eigentlichen Labmagen. Ein kompliziertes System, das es den Wiederkäuern erlaubt, Zellulose aufzuspalten und Pflanzen besser zu verdauen, die andere Tiere nicht oder nicht ausreichend ernähren würden. Die Bakterien, die im Pansen leben, bilden dabei Vitamine, die andere Pflanzenfresser mit der Nahrung von außen aufnehmen müssen. Die Wiederkäuer produzieren sie in ihrem Magensystem selbst. Gelangen die Bakterien mit dem Speisebrei in den Labmagen, werden sie verdaut, und das Tier nimmt die Vitamine auf. Unterdessen sind im Pansen längst neue Bakterien nachgewachsen, die wieder neue Vitamine produzieren.

Eigentlich ein Wunderding, der Magen der Wiederkäuer. Nur war den Menschen dieses Wunderding irgendwann zu langsam. Sie wollten das eine Produkt schneller, das mit dieser Art der Nahrungsaufnahme und Verwertung eben auch produziert wird: die Milch. Und sie wollten mehr davon. Also musste die Kuh nicht nur auf Milch gezüchtet werden, sie musste außerdem mehr Nährstoffe, mehr Energie aufnehmen, als sie beim einfachen Grasen aufnehmen konnte, sie musste dafür zusätzliches, besonders aufbereitetes Futter fressen.

Milch besteht aus Wasser, Proteinen – also Eiweiß –, Milchzucker und Milchfett. Proteinreichere, fettere und zuckerhaltigere Kost müsste den Kühen also eine höhere Milchproduktion erlauben. Sojaschrot ist solch ein Zusatzfutter, aber auch Mais, Melasse, also Zuckersirup, Luzerne, also Klee. Tatsächlich erhöht solches Zusatzfutter die Milchleistung der Kühe, allerdings nur bis zu einer natürlichen Grenze. Und die liegt da, wo im Pansen der Kuh von den Mikroorganismen mehr Protein in Aminosäuren und Ammoniak umgebaut wird, als am Ende wieder in bakterielles Protein umgewandelt und dann verdaut werden kann. Enthält das Futter mehr als 15 Prozent Protein, entsteht im Pansen ein Ammoniaküberschuss, der über die Leber und den Urin ausgeleitet werden muss. Zu viel davon belastet also die Leber der Tiere. Enthält das Futter weniger als etwa 13 Prozent Proteine, wird Harnstoff zurück in den Pansen geleitet, der die Bakterien mit zusätzlicher Energie versorgt, um die vorhandenen Proteine besser auswerten zu können. Die Kuh holt dann also mehr aus dem Futter heraus. Gleichzeitig macht sie aber oberhalb von etwa 15 Prozent Eiweißgehalt im Futter Schluss mit der Verwertung. Der natürliche Kreislauf der Futterverwertung würde dann bei etwa 25 Liter Milch am Tag enden, sagt das Lehrbuch *Tierproduktion*.[29]

Es sei denn, die Proteine oder Teile von ihnen würden gar nicht im Pansen abgebaut werden, sondern unverdaut bis in den Darm gelangen. Dann könnte der Dünndarm das Eiweiß doch noch aufnehmen, und die Milchproduktion würde weiter angekurbelt werden. Genau das erreichen die Landwirte mit dem sogenannten UDP. Das Kürzel steht für *undegraded dietary protein* und bezeichnet den Anteil der Proteine im Futter, die im Pansen nicht abgebaut werden, auf Deutsch auch »pansenbeständiges Protein« oder »Durchflussprotein« genannt. Vorvergorenes Futter wie Silage aus Gras oder Mais enthält einen höheren Anteil solcher pansenbeständiger Proteine: Grassilage um die 15, Maissilage um die 25 Prozent. Aber auch das ist noch nicht genug, um den Proteinbedarf heutiger Turbokühe zu decken. Das Nährstofflexikon auf der Homepage des Futtermittelherstellers Deuka stellt fest, dass »für eine bedarfsdeckende Versorgung der frischlaktierenden Kuh«, also einer Kuh direkt nach der Geburt des Kalbs, wenn die höchste Milchleistung ansteht, das Futter etwa 35 Prozent pansenbeständige Proteine haben muss. Solches Futter kann der Landwirt allein mit seiner Silage aber nicht mehr herstellen. Das muss er zukaufen. Beim Futtermittelhersteller wird das eiweißreiche Futter, etwa Raps- oder Sojaschrot, technisch aufbereitet, durch thermische Behandlung unter hohem Druck, oder auch chemisch, zum Beispiel durch die Zugabe von Formaldehyd oder Ligninsulfonat, einem Abfallprodukt der Zellstoffproduktion.

Spätestens jetzt ist die Ernährung der Kuh zu einer komplizierten Rechenaufgabe geworden. Aus den entsprechenden Listen lässt sich ablesen, wie viel Futter eine Kuh braucht, um sich am Leben zu erhalten und wie viel zusätzlich für die Milch. Die ersten zehn Liter Milch gibt es für rund zwölf Kilogramm zusätzliches Futter, wobei die Trockenmasse angegeben ist, der Wassergehalt also herausgerechnet werden muss. Die nächsten zehn Liter Milch gibt es dann schon für fünf Kilo Futter mehr, die übernächsten zehn Liter Milch schon für vier Kilo zusätzliches Futter. Solche Tabellen sehen ganz so aus, als ob es immer günstiger wird, je mehr Milch aus dem Euter gesaugt werden kann. Die doppelte Menge Futter, mit der es zehn Liter Milch gibt, bringt schon 45 Liter pro Kuh in die Melkmaschine. So steht dann auch im Lehrbuch, dass die Hochleistungskuh deutlich weniger Futter für die Erzeugung von einem Liter Milch braucht als eine Kuh mit weniger Milchleistung. »Betrachtet man die Milchproduktion unter dem Gesichtspunkt der optimalen Energieverwertung, so ist es sinnvoller, eine bestimmte Milchmenge mit Hochleistungskühen als mit mehreren milcharmen Kühen zu erzeugen, immer vorausgesetzt, die Kühe sind gesund.«[30] Immer vorausgesetzt, sie *bleiben* dabei gesund, müsste der Satz vielleicht enden. Denn das scheint bei sehr vielen Kühen eben nicht lange der Fall zu sein. Die Statistik über die kurze Lebensdauer der Hochleistungskühe und die Gründe für ihren »Abgang« zeigt, dass sie das Produktionssystem, in das sie gesteckt wurden, eben nicht lange aushalten. Dieses System hat im Übrigen noch ein paar Tricks in petto, mit denen noch mehr Leistung aus den Eutern gesaugt werden kann. Die Tabelle, die zeigt, dass mehr Futterkilo und mehr Energiegehalt des Futters mehr Milch bedeuten, ist nämlich endlich. Sie wird begrenzt durch den Faktor Zeit. Eine Kuh kann nicht immer mehr fressen, um aus immer mehr Futter immer mehr Milch zu machen. Wiederkäuer sind ja eben gemächliche Wesen, die Zeit brauchen, um ihre Verdauung in Gang zu halten. Zeit fürs Wiederkäuen nämlich. Es sei denn, man füttert sie mit etwas, was sie nicht wiederkäuen müssen. Und natürlich gibt es auch das. »Um höhere Milchleistungen zu erfüttern, muss die Grobfutterration durch Zugabe von Kraftfutter, das rohfaserarm und deshalb leicht verdaulich und energiereich ist, ergänzt werden«, sagt das Lehrbuch. Gemeint sind mit Kraftfutter energiereiche, proteinhaltige Futtermittel, meist industriell hergestellte Mischfutter aus Getreide, Soja, Melasse, Maiskolbenschrot, getrockneter Luzerne. Mit solchem Zusatzfutter erhöht der Landwirt die sogenannte »Passagegeschwindigkeit«, er verkürzt die Zeit, die die Nahrung im Vormagensystem der Kuh bleibt. Das Tier braucht weniger Zeit zum Wiederkäuen und kann also mehr fressen. Aber das Lehrbuch warnt auch: »Für die Höhe der Kraftfutterzulage gilt es allerdings Grenzen einzuhalten, denn auch eine Hochleistungskuh bleibt ein Wiederkäuer und muss entsprechend ernährt werden.«[31] Die Frage ist nur, ab wann die Kuh eben nicht mehr wie ein Wiederkäuer ernährt wird, und ob dieser Zeitpunkt nicht längst erreicht ist, wenn mit aufbereitetem Futter ihr Verdauungssystem überlistet wird. Oder andersherum gefragt: Was passiert eigentlich, wenn der Kraftfuttereinsatz versuchsweise wieder zurückgefahren wird? Die Antwort auf diese Frage ist verblüffend. Eine Studie über den verringerten Gebrauch von Kraftfutter stellt fest:

»Milchkühe reagieren auf eine reduzierte Verfütterung von Kraftfutter nicht mit einem proportionalen Abfall der Milchleistung. Selbst bei einer Hochleistungsrasse wie den Deutschen Holsteins sank die Milchleistung bei einer um

40 Prozent reduzierten Kraftfuttergabe nur um 23 Prozent. Zudem setzen Milchkühe nur bei einer insgesamt sehr geringen Kraftfuttergabe, unter zwei Kilo, ein Kilo Kraftfutter auch in deutlich mehr als ein Kilogramm Milch um. Je höher die insgesamt an eine Kuh verfütterte Kraftfuttermenge, desto geringer ist die Verwertung in Milch.«[32]

Einige Bauern, die ihre Kühe auf Hochleistung getrimmt hatten, die mit zugekauftem Industriefutter den letzten Tropfen Milch aus ihnen gepresst hatten, haben das erkannt und – auch angesichts der Absatzkrise der Milch, hauptsächlich aber wegen der Gesundheit und des Wohlbefindens der Tiere – wieder einen Gang heruntergeschaltet. Sie haben das Kraftfutter immer mehr reduziert, teilweise dann irgendwann auch ganz darauf verzichtet. Und siehe, ihre Kühe haben sich erholt, der Tierarzt war weniger häufig im Stall. Die Milchleistung ging zurück, mit ihr sanken aber auch die Kosten; am Ende war das System ohne Spitzenleistung für die Kühe gesünder und für den Bauern auskömmlicher.

Die Universität Kiel führt auf ihrem Hofgut einen Versuch durch, der genau das testen soll: ob es nicht wirtschaftlich günstiger ist, ohne Kraftfutterzukauf weniger Milch zu produzieren. Nichts gegen wissenschaftliche Belege für gesunden Menschenverstand und artgerechteren Umgang mit Tieren, aber eigentlich ist das auch schon untersucht: zum Beispiel vom Kasseler Agrarwissenschaftler Onno Poppinga und der Agrarsoziologin Karin Jürgens in ihrer Studie zur *Wirtschaftlichkeit einer Milchviehfütterung ohne oder mit weniger Kraftfutter*. Deren Fazit:»Dass es unter dem Strich rechnerisch stimmt, macht nur einen Teil der Zufriedenheit der befragten Landwirte und Landwirtinnen aus. Das verbesserte Wohlbefinden der Tiere, aber auch eine Entlastung von zahlreichen Arbeitsgängen, erleben sie insgesamt als Entlastung für sich und den gesamten Betrieb.«

Eine Umstellung auf kraftfutterfreie Milchproduktion wird vielleicht nicht für die ganze Branche und vor allem nicht von heute auf morgen funktionieren. Man kann einer Hochleistungskuh nicht von jetzt auf gleich gar kein Kraftfutter mehr geben. Sie würde erst einmal weiter zumindest fast genauso viel Milch produzieren wie zuvor und dafür von der eigenen Substanz zehren. Kühe können das, sie machen das jedes Mal direkt nach der Geburt eines Kalbs. Es geht also nur langsam, behutsam, sanftmütig, wie es mit Kühen ohnehin gehen sollte. Am Ende aber, so die Erfahrung der Bauern und die Studie, führt die Reduktion oder der völlige Verzicht auf Kraftfutter zu gesünderen Kühen. Die Bauern schaffen damit auch ein System, »in dem das Grünland als Ressource erhalten bleibt. Gleichzeitig setzen sie eine an die Bedürfnisse von Wiederkäuern angepasste und artgerechte Fütterung um und tragen dazu bei, Getreide als eine wichtige menschliche Nahrungsmittelressource zu erhalten.«

Ja, es gibt diese Bauern, von denen hier die Rede ist, es gibt das Umdenken auf dem Land. Das Zurück vor die Zucht der Hochleistungskuh und den Einsatz von teilweise pansengängigem Mischfutter und reinem Kraftfutter ist noch keine Bauernbewegung, die die Milchwirtschaft wesentlich verändern würde. Aber zumindest haben die Verbraucher wieder die Wahl zwischen solcher Milch und solcher Milch. Es gibt in Nordhessen seit nun schon zwanzig Jahren die Upländer Bauernmolkerei, die von einem Verbund von Biobauern geführt wird, die sich selbst eine freiwillige Obergrenze bei der Milchmenge gesetzt haben. Nach einigen Turbulenzen stehen die Upländer inzwischen wirtschaftlich gesichert da und gelten als Vorzeigemodell. Die angeschlossenen Höfe kommen auch gut durch die Milchkrise, obwohl der Preis für Biomilch ebenfalls etwas gefallen ist. Und sie haben Nachahmer gefunden: Nach dem gleichen genossenschaftlichen Modell haben sich Bauern aus Norddeutschland zur Gemeinschaft Hamfelder Hof zusammengeschlossen und sich ihre eigene Meierei in Holstein aufgebaut. Angesichts der Milchmenge auf dem Markt und der Anzahl der gemolkenen Kühe sind das aber immer noch Nischen. Die dominierende Wirtschaftsweise ist, allen Statistiken, Meldungen und Erfahrungen über kranke Kühe und sterbende Höfe zum Trotz, noch immer die der höchstmöglichen Milchproduktion unter größtmöglicher Ausbeutung aller Ressourcen: von Land, Landwirt und Kuh.

Die Evolution hat den Wiederkäuern einen wunderbaren Bioreaktor mitgegeben. Wir Menschen haben uns den zunutze gemacht, indem wir die Tiere zu uns genommen haben und durch ihre

Hilfe nun aus Grünzeug Nahrungsmittel machen, das für uns ohne sie völlig wertlos wäre. Und nun, nach über zehntausend Jahren Zusammenleben und gemeinsamer Entwicklung, haben wir begonnen, die Kühe mit Dingen zu füttern, die ihrer Natur widersprechen. Wir haben aus dem gemächlichen Tier eine Turbokuh mit beschleunigter Verdauung gemacht. Das ist genau das, was die Tiere nicht aushalten.

Das Menetekel

Das Verfüttern von Nahrungsmitteln, die die Tiere nie für sich selbst gewählt hätten, hat den bislang größten Betriebsunfall der europäischen Industrielandwirtschaft verursacht. Genauer: das Verfüttern von tierischen Nährstoffen an Tiere, die von Natur aus niemals Fleisch fressen. Die Rinder, reine Pflanzenfresser, waren jahrzehntelang mit Tiermehl gefüttert worden, also mit getrockneten und gemahlenen Schlachtabfällen oder Abfällen aus der Lebensmittelproduktion. Natürlich stammten die Abfälle zum Teil auch von Rindern. Sie waren also zu Kannibalen gemacht worden – bis nicht mehr zu übersehen und zu verleugnen war, dass sie davon krank wurden. Wieder war das in Großbritannien, wo besonders sorglos oder auch besonders machiavellistisch mit den Tieren, den Menschen und jedweden Ressourcen umgegangen wird, wo nicht die Denktradition Immanuel Kants und dessen »kategorischer Imperativ«[*], sondern ein anderer Aufklärer, Adam Smith, das marktliberale Denken und die Ethik prägt.[**] Die bovine spongiforme Enzephalopathie, kurz BSE, wurde dort zur Epidemie. 1985 zum ersten Mal in der Grafschaft Kent bei einigen Rin-

---

[*] »Handle nur nach derjenigen Maxime, durch die du zugleich wollen kannst, dass sie ein allgemeines Gesetz werde.« Diese Kurzfassung des Kategorischen Imperativs manifestiert sich in Festland-Europa bis heute in Hinweisen wie: »Verlassen Sie diesen Raum bitte so, wie Sie ihn vorzufinden wünschen.«

[**] Adam Smith ging – vereinfacht gesagt – davon aus, dass die »unsichtbare Hand« des Marktes alles zum Besten regelt, indem nur jeder Marktteilnehmer nach seinem eigenen Vorteil strebt. Dieser Vorteil sei am Ende derjenige aller.

dern festgestellt, starben 1992, auf dem Höhepunkt dieser Krise, allein in Großbritannien über 36 000 Rinder an BSE oder wurden deshalb getötet. So viele Tiere konnten die Tierkörperbeseitigungsanlagen im Mutterland der Seuche nicht bewältigen. Mit Schaufelladern karrten die Briten tote Rinder zusammen und warfen sie auf Scheiterhaufen. Die Tierleichen wurden verbrannt. Der Qualm stank zum Himmel, die Bilder gingen um die Welt.

Die Medien hatten schnell einen griffigeren Namen für die Seuche als das Kürzel BSE für die medizinische Beschreibung des Befunds am befallenen Rinderhirn. Bovine spongiforme Enzephalopathie heißt nämlich: schwammartiges Gehirnleiden bei Rindern. Die Medien nannten die Krankheit schlicht Rinderwahnsinn. Obwohl den meisten Journalisten wohl klar gewesen sein dürfte, dass nicht die Rinder wahnsinnig waren, sondern die Menschen, die an Wiederkäuer tierische Abfälle verfütterten. Es war der Machbarkeitswahn, dem sie verfallen waren: *anything goes*. In den Abfällen der Abdeckereien stecken Nährstoffe, warum sollten die nicht verfüttert werden? Vielleicht, weil damit Krankheiten verbreitet werden, die Krankheiten, an denen die »gefallenen Tiere« verendet sind zum Beispiel. Als gefallen werden Tiere bezeichnet, die Unfallopfer wurden, an Krankheiten gestorben sind oder aus Gründen des Seuchenschutzes getötet wurden.

Im Falle von BSE war es noch etwas anders, als zu erwarten gewesen wäre: Es entstand eine neue Krankheit. Und das, obwohl die Tierkadaver und Lebensmittelreste – zumindest theoretisch – so hoch erhitzt wurden, dass Bakterien und Viren hätten abgetötet sein sollen. BSE wird dann auch nicht von diesen bekannten Erregern ausgelöst, sondern von einem neuartigen, erst 1982 entdeckten: dem Prion. Das ist der Name, den der US-amerikanische Arzt und Biochemiker Stanley Prusiner seiner Entdeckung gegeben hat, für die er 1997 den Nobelpreis erhielt. Ein Prion ist sprachlich eine Zusammenziehung aus Protein und Infektion, biologisch ein Protein, das sich krankhaft verändern kann und das – anders als Viren, Bakterien oder Pilze – keine DNA oder RNA enthält. Prionen sind also keine Lebewesen, sondern – so sie in pathogener Form vorliegen – organische Gifte. Leider kann ein Prion seine krankhafte Veränderung dennoch an andere Prionen weitergeben. Und da im Gehirn viele körpereigene Prionen vorhanden sind, verursachen veränderte Prionen gerne Hirnkrankheiten. Zu ein und demselben Formenkreis von Prionenkrankheiten gehören die schon lange bekannte sogenannte Traberkrankheit Scrapie beim Schaf, die ebenfalls schon lange bekannte sporadische Creutzfeldt-Jakob-Krankheit, kurz CJK, beim Menschen, außerdem ähnliche bekannte Erkrankungen bei Nerzen und Hirschen und das von uns wohl neu geschaffene BSE beim Rind. Wobei sich nach bisherigen Erkenntnissen nur BSE durch den Verzehr von befallenem Fleisch, vor allem Hirn und Knochenmark, auf Menschen übertragen kann und dann dort als vCJK, als neue Variante der Creutzfeldt-Jakob-Krankheit bezeichnet wird. Die Erreger der sehr selten auftretenden menscheneigene CJK-Erkrankung beschränken sich auf das Zentralnervensystem, während die durch BSE übertragene neue Variante auch das Lymphsystem befällt. Das Ergebnis ist allerdings immer dasselbe: Alle Varianten der Krankheit verlaufen tödlich. So war das auch bei der ebenfalls menscheneigenen spongiformen Enzephalopathie, der Kuru-Krankheit, die die Eingeborenen des Fore-Stammes in Neuguinea sich selbst durch ihren rituellen Kannibalismus zugefügt hatten. Seit es den nicht mehr gibt, ist auch die Krankheit verschwunden, anders als BSE.

Im Zuge der Ausbreitung von BSE bei Rindern müssen sich wohl sehr viele Menschen – vor allem in Großbritannien – mit den Erregern infiziert haben, die Rede ist von tausenden; ausgebrochen ist die Krankheit aber nur bei wenigen. Bis zum Jahr 2015 sind 177 Menschen im Vereinigten Königreich daran gestorben. Außerdem gab es 52 Todesfälle außerhalb Großbritanniens, die Hälfte davon in Frankreich. Für Deutschland gibt das Robert-Koch-Institut 114 Fälle für das Jahr 2013 und 86 Fälle für 2014 an, allerdings allesamt von sporadischer Creutzfeldt-Jakob-Krankheit, die gemeinhin erst ältere Menschen entwickeln. Einen der durch BSE verursachten Fälle der neuen Variante, die vor allem junge Menschen ansteckt, hat es hier noch nicht gegeben. Glücksache, denn auch in Deutschland ist BSE-verseuchtes Rindfleisch in den Handel gekommen, und das nicht nur durch Importe aus Großbritannien.

Es sind auch Rinder geschlachtet und verwertet worden, die offensichtliche Symptome der Erkrankung zeigten.

Die Tierärztin Margrit Herbst, die für den Kreis Segeberg in Schleswig-Holstein bei der Lebenduntersuchung des Viehs in einem Schlachthof arbeitete, stellte 1990 mehrere BSE-Verdachtsfälle fest. Sie gab die Rinder nicht zur Schlachtung frei und forderte weitergehende Untersuchungen an. Die verhinderten ihre Vorgesetzten. Sie ließen die Rinder trotz der diagnostizierten Symptome schlachten, und das Fleisch wurde ganz normal verkauft. Als die Tierärztin dann 1994 in einem Fernsehinterview von inzwischen 21 BSE-Verdachtsfällen berichtete, denen nicht nachgegangen worden war, wurde sie zunächst von der Lebenduntersuchung der Schlachttiere abgezogen und einen Monat später entlassen, weil sie gegen ihre Verschwiegenheitspflicht verstoßen habe. Es folgten eine Reihe von Arbeitsgerichtsprozessen, die für Margrit Herbst allesamt verloren gingen. Fast zwanzig Jahre später schrieb die ehemalige Präsidentin des Schleswig-Holsteinischen Landesarbeitsgerichtes dann, dass es sich hier offensichtlich um Fehlurteile gehandelt habe, aber ein Wiederaufnahmeverfahren an »prozessualen Hindernissen« scheiterte. Der Kreistag des Landkreises Segeberg verweigerte Margrit Herbst noch 2014 die Rehabilitierung und eine Entschädigung. Da hatte sie allerdings längst den Whistleblower-Preis der Vereinigung Deutscher Wissenschaftler erhalten. Auch war der Schlachthofbetreiber schon 1997 mit einer Klage auf Unterlassung ihrer Aussage über die BSE-Verdachtsfälle gescheitert. Das Oberlandesgericht Schleswig äußerte in seinem Urteil dazu den Verdacht, dass »den staatlichen Stellen durchaus im Einklang mit den fleischerzeugenden und -verarbeitenden Betrieben sehr daran gelegen war, einen amtlichen BSE-Nachweis wenn irgend möglich zu verhindern«.[33] 2002 lehnte Margrit Herbst das Bundesverdienstkreuz ab, weil das Land Schleswig-Holstein für die Verleihung ihren Verzicht auf alle Ansprüche forderte.

Es gab schon vor BSE viele gute Gründe, die Abfälle von gestorbenen oder getöteten Tieren aus Schlachthöfen und Abdeckereien nicht zu Futtermitteln zu machen, und vor allem, sie nicht an Pflanzenfresser zu verfüttern. Und es gibt einen guten Grund, es doch zu tun: den Profit. Der Abfall ist da, er enthält Nährstoffe und Mineralien, er kann verwertet werden. Seitdem die Verwertung von Tiermehl in der BSE-Krise teilweise verboten wurde, funktioniert das notfalls auch illegal. Das steigert den Profit noch einmal und wird durch unzureichende Kontrollen gefördert, wie das Foodwatch in einer Dokumentation aufgezeigt hat.[34]

1994 wurde zuerst in Deutschland, dann in der gesamten Europäischen Union, die Verwendung von Tiermehl als Futtermittel oder Beimischung zu Futtermitteln verboten. Bis dahin wurden allein in der Bundesrepublik jedes Jahr 390 000 Tonnen Tiermehl verfüttert. Was nicht viel ist, gemessen an den 68 Millionen Tonnen Futtermittel, die hierzulande jährlich verfüttert werden. Von denen stammen zwanzig Millionen Tonnen aus industriellen Mischfutterwerken, neun Millionen Tonnen – hauptsächlich Soja – werden importiert. Die aus den USA, Kanada und Lateinamerika kommende Soja ersetzte dann auch das Tiermehl. Soja verursacht keine Tierseuchen, ist aber inzwischen fast durchweg gentechnisch verändert, und für ihren Anbau werden ganze Regionen mit Monokulturen überzogen und immer noch Regenwälder zerstört.

Acht Jahre nach dem Verbot der Verwendung von Tiermehl und ein Jahr nach einem noch einmal verhängten expliziten Verbot der Verfütterung an Nutztiere machte die Europäische Union dann einen Teil der Abfälle aus Schlachtereien und Abdeckereien doch wieder zum Handelsgut. In der »Verordnung Nr. 1774/2002 mit Hygienevorschriften für nicht für den menschlichen Verzehr bestimmte tierische Nebenprodukte« führte die EU eine »Kategorie 3« ein, die nun doch nicht mehr entsorgt werden muss, sondern zu Tierfutter verarbeitet werden kann. Unter die beiden ersten Kategorien fallen kranke und mit Medikamenten verseuchte Tiere oder tierische Abfälle. Zur dritten Kategorie der handelbaren Abfälle gehören seitdem Küchen- und Speiseabfälle, für den menschlichen Verzehr nicht mehr geeignete tierische Lebensmittel, aber auch Teile von Schlachtvieh, die nicht anders verwertet werden können. Diese Abfälle durften, gemahlen und erhitzt, als Tiermehl seit 2002 zum Beispiel ins Heimtierfutter, allerdings noch nicht ins Futter von Nutztieren. Fünf Jahre nach dem Inkrafttreten dieser Verordnung und einige Lebensmittelskandale mit Gammelfleisch später stellten die deutschen Verbraucherschutzminister von Bund und Ländern fest, dass die EU mit der Erhebung dieser ehemals beseitigungspflichtigen Abfälle zum Handelsgut »einen schwer kontrollierbaren Markt eröffnet hat, der das Einschleusen ungeeigneter Materialien in die Lebensmittelkette begünstigt. Dies zeigen die bekannt gewordenen Fälle (…) der vergangenen Jahre.«[35] Die Verbraucherschutzorganisation Foodwatch, gegründet im Zuge der BSE-Krise, nennt es das BSE-Paradox, »dass ausgerechnet die erfolgreiche Bekämpfung einer neuartigen Epidemie in europäischen Rinderherden zu einem unsicheren, intransparenten und unkalkulierbaren Fleisch- und Fleischabfall-Markt geführt hat«.[36]

Zwölf Jahre nach der Verhängung des generellen Verbotes der Tiermehlverfütterung an Nutztiere war es dann auch mit dieser Regelung wieder vorbei. Jetzt darf Tiermehl erneut verfüttert werden, allerdings nur an nicht wiederkäuende Tiere, beispielsweise an Schweine oder Hühner. Außerdem ist Tiermehl in der Aquazucht als Fischfutter zugelassen. Es darf auch weiterhin im Tierfutter für Zoo- und Heimtiere verwendet werden. Und das, obwohl es Fälle von BSE bei Katzen gegeben hat, sowohl bei Großkatzen im Zoo als auch bei Hauskatzen, vor allem in Großbritannien. Die bei Katzen FSE genannte feline spongiforme Enzephalopathie wurde 1990 zum ersten Mal in Großbritannien diagnostiziert, 1994 folgte der Nachweis, dass FSE der BSE nicht nur in den Auswirkungen, sondern auch in der Inkubationszeit gleicht. »Diese Ähnlichkeiten liefern, zusammen mit dem Zeitpunkt des ersten Auftretens von FSE, Gründe zur Annahme, dass der BSE Erreger einen Sprung vom Rind auf die Spezies Katze vollzogen hat«, stellt der Prionenexperte Beat Hörnlimann in einer Veröffentlichung des Schweizerischen Bundesamtes für Gesundheit fest.[37] Außerdem hat noch im Jahr 2001 das deutsche Bundesinstitut für gesundheitlichen Verbraucherschutz und Veterinärmedizin* darauf hingewiesen, dass bei experi-

---

* Das Bundesinstitut für gesundheitlichen Verbraucherschutz und Veterinärmedizin (BgVV) wurde 2002 aufgelöst und in das Bundesinstitut für Risikobewertung (BfR) und das Bundesamt für Verbraucherschutz und Lebensmittelsicherheit (BVL) überführt.

mentellen Versuchen BSE auch auf Schweine, Nagetiere und Affen übertragbar war. Und auch das deutsche Bundesinstitut folgert aus der Übertragung von BSE auf Hauskatzen und Zootiere:»Dies zeigt, dass der BSE-Erreger auch auf natürlichem Weg über die Nahrungsaufnahme auf ein weites Spektrum von Tierspezies übertragen werden kann.«[38]

Das generelle Tiermehlverbot in Futtermitteln von Nutztieren ist dennoch Mitte 2013 ausgelaufen. Zwei Jahre zuvor hatte die EU-Kommission schon einmal prüfen lassen, ob das Verbot nicht gelockert werden könne. Angeblich ging es ihr darum, die Abhängigkeit von importierter Soja zu verringern, aber das ist bei 390 000 Tonnen verfüttertem Tiermehl vor der BSE-Krise und acht Millionen Tonnen importierter Soja allein in Deutschland wohl eher ein vorgeschobenes Argument, um den Handel mit Tiermehlen weiter zu erleichtern.

Aber die EU-Kommission hatte immerhin ein Problem angesprochen: den Import von Soja. Dann muss den Kommissaren doch noch aufgefallen sein, dass es viel eleganter ist, eine Regelung stillschweigend auslaufen zu lassen als ein Verbot zu kippen. Dabei wäre sonst sicher gefragt worden, ob das Verbot nicht doch immer noch sinnvoll sein könnte. Und falls dann auch noch mit der Soja argumentiert worden wäre, hätte es sehr schnell noch viel grundsätzlicher werden können. Denn natürlich wurde nicht geprüft, was es bedeuten würde, die Abhängigkeit von Soja wirklich maßgeblich zu verringern oder gar gleich ganz abzuschaffen.

Die Methode dafür ist bekannt: die flächengebundene Tierhaltung, wie sie die Bioanbauverbände vorschreiben. Wenn die Landwirte nur so viele Tiere halten dürften, wie ihr eigener oder der von ihnen gepachtete Boden ernähren kann, wäre das allerdings das Aus für viele der Großstallanlagen, die nur deshalb zumeist im Norden liegen, weil die preiswerten Futtermittelimporte über den Seeweg kommen. Und hinter diesen Großstallanlagen stehen nicht ein paar Bauern, sondern da steht eine ganze Industrie. Schon deshalb dürften sich sowohl für die Agrarkommissare in Brüssel als auch für die bisherigen Bundeslandwirtschaftsminister in Berlin solche Überlegungen erübrigen.

Wer eine echte Agrarreform durchsetzen wollte, müsste sich auf einen jahrelangen Lobbykampf einrichten – nichts, was sich in einer Legislaturperiode durchstehen lässt. Einmal war in Berlin zwar für kurze Zeit eine Grüne Ministerin und dann auch gleich von einer Agrarwende die Rede. Die aber bestand hauptsächlich aus einem propagierten Ziel: Bis 2010 sollten zwanzig Prozent des deutschen Agrarlandes ökologisch bearbeitet werden. Die Voraussetzungen dafür wurden allerdings nicht geschaffen. Aber dem bis heute nicht erreichten großen Ziel wurde der notwendige Umbau der ganzen Branche geopfert. Statt einer Agrarreform kam ein neues Biolabel, das war's. Wobei die Imagekampagne für Bio durchaus erfolgreich war: Ein größer werdender Teil der Verbraucher zog mit. Die Folge waren aber nicht etwa wesentlich mehr Biobauern in Deutschland, sondern mehr Bioimporte aus dem Ausland. Das verhilft den Tieren bei uns nicht einmal zu einem etwas besseren Leben.

Glückliche Kühe

Das bessere Leben unter den Rindern haben manchmal die Tiere, die nicht gemolken werden. Meist stehen auch die Mastkälber und Mastbullen ihr ganzes, möglichst kurz gehaltenes Leben im Stall. Wie es anders sein könnte, das kann man sich zum Beispiel da anschauen, wo extensive Landschaftspflege statt intensiver Landwirtschaft angesagt ist. Zum Beispiel im Naturschutzgebiet Rickelsbüller Koog, dem nördlichsten Zipfel des deutschen Festlands.

Weites flaches Land hinter dem Nordseedeich, zwischen dem Hindenburgdamm, über den die Züge nach Sylt fahren, und der dänischen Grenze. Über 500 Hektar groß ist der Koog, 85 Hektar davon, abgeteilt durch breite Gräben, beweiden die rund fünfzig Rinder von Oke Ebsen, seine 25 Kühe mit ihren Kälbern und dem Bullen, der für weiteren Nachwuchs sorgt. Die Kühe sind hellbraun, der Bulle ist etwas dunkler und deutlich rötlicher. Auch die Bullenkälber sind meist dunkler als die Kuhkälber. Alle haben sie hell umrandete Augen und Mäuler und hellere Beine. Es sind kompakte, rundliche Rinder der Rasse Limousin, benannt nach der Region um

Limoges in Frankreich. In der zweiten Hälfte des 19. Jahrhunderts wurden sie dort als Arbeits- und Masttiere gezüchtet. Heute müssen sie weder Pflug noch Wagen ziehen. Die Limousin sind reine Fleischrinder, gerne gehalten von Biobauern wie Oke Ebsen, weil sie genügsam sind und sich deshalb gut für die extensive Landwirtschaft eignen.

Eigentlich möchte der Naturschutz etwas mehr Rinder im Rickelsbüller Koog haben, eines pro Hektar wäre ideal, aber Ebsens Stall für die Winterzeit ist dazu nicht groß genug. Erst wenn im Juni die Brutzeit zu Ende geht, kann er seine kleine Herde hier weiden lassen, wenn es gut geht mit dem Wetter bis Mitte oder Ende Oktober. Von November bis Juni gehört das Naturschutzgebiet allein den Vögeln, zuerst den Zugvögeln, dann den dort brütenden Arten, den Gänsen und Enten, Reihern, Brachvögeln und Schnepfen, Kampf- und Strandläufern, Seeschwalben, Kiebitzen und Regenpfeifern. Wenn ihre Brut dann großgezogen ist, teilen sie sich das Gebiet mit den Rindern und ein paar Schafen, wobei der Naturschutz lieber Rinder im Koog sieht als Schafe. Die sollen eher den Deich beweiden und dadurch pflegen. Der festere Tritt der Rinder und ihr größerer Futterbedarf sollen Kräuter und Gras im Koog kurzhalten. Außerdem sind die Rinder ruhigere Gesellen als Schafe. Sie laufen gemächlicher und nicht so viel herum, ruhen beim Wiederkäuen über Stunden, besser für die Vogelwelt.

Besonders ruhig sind Oke Ebsens Limousins, auch wenn er einen Besucher mitbringt. Eigentlich ist die Rasse dafür bekannt, etwas adrenalingesteuert zu sein, ihre Kälber heftig zu verteidigen, aber diese Herde hier ist »tiefenentspannt«, wie Ebsen das nennt. Wir können langsam durch die Herde hindurchgehen, ohne dass die Tiere groß auseinanderlaufen. Wenn sich die Kühe und Kälber uns zuwenden, dann scheint das eher aus Neugier zu sein. Eine der Kühe kommt sogar auf den Bauern zu und lässt sich streicheln. »Meine Lieblingskuh«, sagt er, »sie hatte mal eine Euterentzündung. Da mussten wir sie täglich pflegen. Seit sie wieder gesund ist, ist sie sehr anhänglich.«

Mich allerdings, den Fremden, beäugen die Kühe etwas länger und genauer, drehen mir den Kopf zu, schauen mit dem linken

Auge, ob da Gefahr droht. Das linke Auge der Rinder ist mit der rechten Gehirnhälfte vernetzt, und die ist für das Erkennen und Einschätzen von Gefahren zuständig. Bei Pferden ist das genauso. Auch ohne von der Funktion der Gehirnhälften und der Augen zu wissen, hat sich deshalb eingebürgert, dass man sich Pferden und Rindern von links nähert, um sie nicht zu erschrecken. So ist das auch hier: Der Fremde wird mit links begutachtet und als ungefährlich akzeptiert. Der kräftige Bulle, ein dunkelrotes Muskelpaket, ignoriert die beiden Besucher gänzlich, er hat Besseres zu tun. Eine Kuh scheint gerade zu rindern, bei der ist er zum Schmusen.»Er wird's wissen«, sagt Ebsen,»ich erkenne das nicht gut, selbst wenn ich die Kühe länger beobachte.« Künstliche Besamung wäre schon deshalb nicht seine Sache. Der Bulle versucht es mit einem Sprung, die Kuh bleibt auch stehen, ein sicheres Zeichen dafür, dass der Zeitpunkt stimmt. Aber vielleicht auch noch nicht ganz, oder er mag keine Zuschauer; jedenfalls steigt er wieder ab und legt noch eine Runde Schmusen ein.

Der Bulle trägt keine Hörner, auch die meisten Kühe in Ebsens Herde sind hornlos. Aber keines der Tiere wurde extra enthornt. Der Bulle ist genetisch hornlos und sollte dieses Merkmal auch vererben.»Tut er manchmal aber doch nicht«, sagt Ebsen. Einige der Kühe in seiner Herde haben Hörner, bisweilen setzt sich wohl auch deren Erbanlage durch, obwohl von den Zuchtexperten immer behauptet wird, Hornlosigkeit würde sich dominant vererben, also durchsetzen.»Wenn eine Kuh trotzdem Hörner entwickelt, dann hat sie eben welche«, sagt Oke Ebsen. Eine künstliche Enthornung kommt für ihn nicht in Frage.

Bei der Enthornung werden die Hornanlagen der Kälber ausgebrannt oder verätzt, was in Deutschland bis zu einem Alter von sechs Wochen ohne Betäubung erlaubt ist, obwohl das Tierschutzgesetz Eingriffe ohne Betäubung eigentlich grundsätzlich verbietet. Die Liste der Ausnahmen von dieser Regel ist allerdings lang, darunter findet sich nicht nur das Enthornen, sondern unter anderem auch die Kastration männlicher Rinder, Schafe und Ziegen ohne Betäubung, bis zu einem Alter von vier Wochen. Bei männlichen Schweinen ist die Kastration dagegen nur bis zum siebten Lebenstag erlaubt und das ab 2019 nur noch mit Betäubung. Das Betäubungsgebot, dem die Zuchtverbände bereits mit einer Empfehlung vorgreifen, verdanken die Ferkel der vehementen öffentlichen Diskussion über die schmerzhafte Kastration. Ähnliches erwarten viele Landwirte auch bei der Enthornung der Rinder, weshalb sie schon jetzt auf genetisch hornlose Bullen setzen. Noch aber schreibt sogar die Unfallverhütungsvorschrift der Landwirtschaftlichen Berufsgenossenschaft die Enthornung von Rindern vor, wenn eine »zusätzliche Gefahr« von der Art der Tierhaltung ausgeht. Solch eine Zusatzgefahr kann laut Berufsgenossenschaft schon die Haltung in modernen Laufställen oder die Haltung von Mastbullen sein.

Enthornt wird auch, weil Rinder ohne Hörner weniger Platz beanspruchen. Sie stehen und liegen enger beieinander, also können die Ställe enger sein oder mehr Rinder aufnehmen. Außerdem wird enthornt, wenn schon einige hornlose Rinder in einer Herde sind, damit die mit Hörnern bewaffneten Tiere die anderen bei Rangkämpfen nicht stets übertrumpfen können oder auch verletzen, falls die Hornlosen nicht klein beigeben. Jasper Metzger-Petersen vom Backensholzer Hof will seine drei Kuhherden nach und nach auf genetisch hornlose Tiere umstellen. Er achtet beim Bullenkauf auf genetische Hornlosigkeit, auch wenn er nicht das Tier, sondern nur dessen Samen kauft. Für die Zwischenzeit wollte er gerne bei noch Hörner entwickelnden Kälbern auf die Enthornung verzichten und hat deshalb bei diversen landwirtschaftlichen Beratungen nachgefragt, ob er nicht behornte Kühe zusammen mit hornlosen halten kann. Die Antwort war immer eindeutig: Vergessen Sie das! Oke Ebsen hat mit seiner kleinen Limousin-Herde allerdings nicht die Erfahrung gemacht, dass seine hornlosen Kühe unter den behornten leiden. Er enthornt aber auch die Bullen nicht, die er separat beim Hof und nicht im Naturschutzgebiet hält. Die Kälber, die trotz hornloser Eltern doch Hörner entwickeln, die dürfen sie behalten. Beim Hof Klostersee gehören die Hörner der Kühe dagegen zum Konzept. Der Ökoanbauverband Demeter, dem sich der Hof angeschlossen hat, verbietet die künstliche Enthornung.

Das Forschungsinstitut für Biologischen Landbau in der Schweiz hat, zusammen mit den deutschen Bioanbauverbänden Demeter und Bioland und dem luxemburgischen IBLA, eine Broschüre über *Die Bedeutung der Hörner für die Kuh* herausgegeben. Darin findet sich die einfache und dennoch verblüffende Feststellung:»Wenn wir ein Tier mit zwei symmetrisch angeordneten Hörnern betrachten, wissen wir, dass es ein Wiederkäuer mit einem differenzierten Verdauungssystem mit vier Mägen und einem langen Darm ist. Verdauung und Stoffwechsel sind in seinem Leben zentral.«[39] Nur was das mit den Hörnern zu tun hat, das wissen wir nicht. Es gibt zwar sehr genaue Kenntnisse der Anatomie von Rindern, wir wissen auch, dass sie sich mit Hornstößen zur Wehr setzen, aber von den sonstigen Funktionen der Hörner haben wir nicht so viel Ahnung. Bauern mit freundlichen Kühen, die sich gerne anfassen lassen, wissen, dass sich die Temperatur der Hörner fühlbar erhöht, wenn die Tiere wiederkäuen. Die Forscher vermuten, dass die Hörner der Wiederkäuer auch der Wärmeregulation dienen. In wärmeren Gebieten haben die Tiere die größeren Hörner entwickelt oder behalten. In den kühleren Gebieten der Erde sind die Körper der Rinder massiger, die Hörner dagegen kleiner oder auch gar nicht mehr vorhanden. Große Hörner beim afrikanischen Kaffernbüffel, kleine Hörner beim europäischen Wisent. Noch deutlicher der Vergleich von Hausrindern wie dem horndominierten schlanken Watussirind Afrikas und dem hornlosen kompakten Deutschen Angus. Ist das bei den Wildtieren eine Laune der Evolution und bei den Haustieren Ergebnis von Zuchtwahl? Sind die Angus im Nachteil, weil sie keine Hörner mehr haben? Wir wissen es nicht. Weshalb wir auch nicht wissen, was wir den Tieren antun, wenn wir sie enthornen, nicht einmal, ob wir ihnen überhaupt etwas antun, wissen wir.

»Demeter-Kühe haben Hörner«, schreibt der ökologische Verband, »denn biodynamische Bauern lassen den Tieren ihre Würde, wahren die Integrität und beobachten in ihren Herden, wie wichtig die Hörner für die Kommunikation der Tiere sind.«[40] Wie die Nachbarinnen in der Herde gerade ihren Kopf halten, wohin die Hörner zeigen, das würde einer Kuh anzeigen, wie sich die anderen derzeit fühlen. Das Forschungsinstitut FiBL stellt fest, dass bei horntragenden Rindern die sogenannten Individualdistanzen deutlich größer sind. Eine rangniedrige Kuh hält in einer behornten Herde zu einer ranghöheren einen Abstand von ein bis drei Metern. In hornlosen Herden beträgt der Abstand höchstens einen Meter. Auch deshalb gibt es in engen Laufställen unter behornten Rindern eher mal Ärger. Tätliche Auseinandersetzungen sind in unbehornten Herden allerdings generell etwas häufiger, dank fehlender Hörner aber ungefährlicher. Und was die Richtung angeht, in die die Hörner der Nachbarkuh zeigen, so hat es mit der Bemerkung von Demeter insofern wohl seine Richtigkeit, als mit der Kopfhaltung Dominanz und Unterwerfung angezeigt werden. Ein gerader, senkrecht gehaltener Kopf, Stirn voran, signalisiert Dominanz oder Angriffshaltung; ein gestreckter Hals, Maul nach vorne, zeigt die Unterlegenheit. Wer Kühen aus der Hand Futter reicht, sollte das etwas oberhalb des Kuhmauls tun, dann muss sie unweigerlich in die Unterwerfungshaltung. Besser für Mensch und Kuh, mit oder ohne Hörner. Aber dass Kühe diese Gesten bei den Nachbarinnen nur wahrnehmen, solange sie Hörner haben, weil sie so schlecht sehen, wie das Demeter behauptet, ist wenig wahrscheinlich. Die Köpfe und Hälse dürften auch ohne Hörner immer noch groß genug sein, um ihre Haltung wahrzunehmen. Aber, so Demeter: »Die Pioniere der zukunftsfähigen Agrarkultur wissen: Die Natur irrt nicht.«

Der letzte Satz ist insofern richtig, als zum Irrtum eine Annahme, eine Meinung oder ein Glaube gehört und die Natur weder etwas annimmt, noch eine Meinung hat oder einem Glauben anhängt. Deshalb kann sie sich auch nicht irren. Da er wohl anders gemeint sein dürfte, ist dieser Satz eher Unsinn, wenigstens aus evolutionsgeschichtlicher Sicht. Vorsichtiger ausgedrückt: Der Satz ist Ausdruck eines animistischen Naturverständnisses, nachdem alles beseelt ist und von einem tieferen Sinn bewohnt; inklusive Wind und Wetter, Wasser und Fels, Meer und Magma, denn auch das gehört zur Natur. Dann wäre ein Vulkanausbruch eine gezielte Handlung der Natur. Wenn das so wäre und die Natur sich nicht irren würde, hätte es in der Evolution keine Sackgassen geben dürfen, dann wären Lebewesen immer weiterentwickelt, an alles angepasst worden – selbst an den Auftritt des Menschen – und niemals ausgestorben. Das war aber nicht so. Die Entwicklung der Arten ist nicht geradlinig, sondern zufällig. Was nicht heißt, dass es gut wäre, selbst Zufall zu spielen und den Rindern ihre Hörner zu nehmen. Wenn wir nicht wissen, was die Folgen unseres Handelns sind und es zumindest die Vermutung gibt, sie könnten negativ sein, dann sollten wir die Handlung besser unterlassen. Das wäre vernünftig. Aber mit der Vernunft und dem Handeln nach ihr hatten wir ja schon immer unsere Probleme.

Keine Probleme haben Oke Ebsens Rinder. Ihnen geht es sichtlich gut. Auch auf Hof Klostersee bin ich auf der Weide mit Knut Ellenberg durch seine tiefenentspannte Kuhherde gelaufen. Auch denen ging es sichtbar gut; eine ruhige, zufriedene Atmosphäre strahlten sie aus. Die Schwarzbunten haben uns interessiert betrachtet, es aber nicht für nötig befunden, zur Begrüßung aufzustehen oder gar zur Seite zu gehen. Sie sind einfach liegengeblieben und haben wiedergekäut. Das ist ja auch eine der wichtigen Beschäftigungen der Kühe, bei der wir besser nicht stören sollten. Und die wir vielleicht auch nicht mit pansengängigem Spezialfutter verkürzen sollten, falls es darum geht, gesunde Kühe zu halten. Leider kann man sich da allerdings nicht mehr so sicher sein, hier braucht's inzwischen den Konjunktiv: Leider muss man inzwischen sagen, dass es darum gehen müsste, wieder zurückzukommen zur Haltung gesunder Kühe.

Und darum sollte es auch gehen, denn kaum ein Verbraucher dürfte Milch von ausgelaugten, kranken Kühen trinken wollen. Genau die ist aber derzeit eben auch auf dem Markt. Und auch den Bauern sollte es darum gehen, ihre Kühe wieder gesünder zu bekommen und länger leben zu lassen, denn wie war der Merksatz ohne die Milchmädchenrechnung vom kurzfristigen Profit: Eine Kuh, die nicht alt wird, verdient kein Geld!

4 Puttputt kaputt

»Etwas Besseres als den Tod findest du überall.«
Die Bremer Stadtmusikanten

Bruder Hahn

Der Bauer klopft an, bevor er die Stalltür öffnet. »Sie sollen sich nicht erschrecken«, sagt er. Sie sind seine Masthähnchen, er ist Carsten Bauck vom ältesten der Bauckhöfe bei Uelzen. Schon 1932 hat sein Großvater den Hof auf biologisch-dynamische Landwirtschaft umgestellt. Heute ist der Bauckhof in Klein-Süstedt einer der am längsten nach Demeter-Richtlinien bewirtschafteten Höfe Deutschlands. »Voll heute«, sagt Bauck nach dem Öffnen der Stalltür, bleibt in der Tür stehen und geht in die Hocke. Sofort kommen die Hühner auf ihn zu. Von dort unten kann man den Stall überblicken. Vom mittleren Teil unter einem runden Kuppeldach gehen an den Seiten niedrigere Vordächer ab: die sogenannten Wintergärten. Das sind überdachte, auch seitlich geschützte, aber nicht wärmegedämmte Außenklimabereiche. Von dort aus geht es dann ins Freie, auf die Wiese, auf der der Stall steht. Während der mittlere Teil mit Stroh eingestreut ist und mit erhöhten Sitzstangen versehen, ist der Boden der Wintergärten offen zum Scharren und um den Hühnern das Staubbad zu ermöglichen, mit dem sie Parasiten wie Federmilben bekämpfen. Die Wintergärten sind für die Hühner stets durch einige geöffnete Luken zu erreichen, in das Freiland drumherum können sie nur tagsüber. Heute wird das Angebot, draußen nach Futter zu suchen und zu scharren, allerdings nicht gut angenommen. Es hat geregnet, über der Lüneburger Heide hängen dunkle Wolken. »Die sind wasserscheu«, sagt Bauck, »Hühner sind Waldrandbewohner, sie suchen gerne Schutz.« Und das offensichtlich nicht nur, wenn ein Greifvogel am Himmel ist, sondern auch, wenn es nur mal regnet.

Wir gehen über die nasse Wiese zum nächsten Stall. Einige der Masthähnchen folgen uns am Zaun entlang. Sie sind vielleicht wasserscheu, ganz sicher aber sind sie neugierig. Auch der Stall nebenan ist wieder ein Kuppelbau mit Anbauten. Von ferne sieht er aus wie ein kleiner Flugzeughangar. Der Mittelteil steht auf Kufen. Wenn die Wiese abgefressen ist, kommt ein Traktor und zieht den Stall ein Stück weiter auf frisches Gras. Hier aber wird derzeit gar nichts abgefressen, die Außenluken des Stalls sind dicht. »Die dürfen erst nächste Woche raus.« Wieder das Anklopfen vor dem Eintreten. Und dann ein reichlich leer wirkender Stall mit kleinen Hühnern, die noch sehr jugendlich aussehen: schlanke, fast dürre Gestalten. »Das sind die Bruderhähne, genauso alt wie die Masthähnchen nebenan, und genauso viele Tiere im Stall wie dort.« Der Unterschied ist frappierend, kaum zu glauben, dass die Tiere gleich alt sein sollen. Aber die Hähnchen nebenan sind für die Mast gezüchtet, und diese schmächtigen Kerle hier sind männliche Tiere einer Legehennenrasse. Wobei Rasse nicht der richtige Begriff ist, denn es handelt sich um Hybriden.

Wie bei den Schweinen werden auch bei den Hühnern die Tiere, die am Ende beim Hähnchenmäster oder beim Legehennenhalter landen, aus sogenannten Reinzuchtlinien zusammengekreuzt. Wieder geht es dabei um den Heterosis-Effekt: Die so »erzeugten« Legehennen legen mehr Eier als ihre Eltern, die so erzeugten Masthähnchen setzen mehr und schneller Fleisch an als ihre Eltern. Wobei die Masthähnchen nur Hähnchen heißen – oder amerikanisch Broiler[*], wie die Züchter sagen –, aber durchaus auch Hennen sein können.

---

[*] Der englische Begriff »Broiler« (*to broil*: grillen) für das Brathähnchen ist über eine US-amerikanische Firma in die ehemalige DDR gelangt. Die lieferte eine ursprünglich aus Westdeutschland stammende, schnell Fleisch ansetzende Hühnerrasse in den Ostblock, nachdem entsprechende sowjetische Zuchtversuche gescheitert waren.

Da sie in der konventionellen Haltung nur einen Monat, in der Bio-haltung nur gut zwei Monate alt werden, fällt das Geschlecht – im ursprünglichen Wortsinn – nicht sehr ins Gewicht. Eigentlich würden die Hähne schwerer und größer werden als die Hennen, so lange leben sie in der Kurzmast aber nicht. Bei den Legehennen ist das Geschlecht natürlich maßgeblich. Und für die männlichen Tiere aus gleich zwei Gründen das Verhängnis: Hähne legen nun mal keine Eier, und die Brüder der Legehennen setzen auch kein Fleisch an, jedenfalls lange nicht so schnell wie die Tiere aus den Broiler-linien.

In den letzten Jahrzehnten sind die Züchtungen immer speziali-sierter geworden. Das machte die Brüder der Legehennen zu Weg-werfküken. 21 Tage, nachdem das Ei gelegt ist, schlüpfen die Kü-ken. Und dieser 21. Tag ist für die Hälfte aller Küken aus den Legehennenlinien dann auch ihr Todestag. Denn die Hälfte sind eben keine Hennen, sondern Hähne. Direkt nach dem Schlüpfen werden die Küken »gesext«: Spezialisierte Arbeiter sortieren die männlichen Tiere aus. Diese Eintagsküken werden dann sofort ge-tötet; sie sind also nur geboren worden, um zu sterben.

»So funktioniert das System«, sagt Carsten Bauck,»und wer sol-che Legehennen hält und deren Eier verkauft, ist Teil dieses Sys-tems. Er wirft Leben weg.« Auch wenn es der Halter der Legehen-nen nicht selbst tut, weil das System ähnlich spezialisiert und arbeitsteilig organisiert ist wie bei den Schweinen. Ein Betrieb hält die von den Zuchtkonzernen gekauften Elterntiere, ein zweiter brü-tet die Eier aus und tötet die Brüder der Legehennen. Und erst von der Brüterei kommen die Tiere zu den Mästern und auf die Eierhöfe. Wer Legehennen hält, muss also die Küken nicht selbst töten, weiß aber, dass er tausendfachen Tod mitbestellt, wenn er tausend Hen-nen ordert. Genau dabei wollte Bauck nicht mehr mitmachen. Des-halb hat er auf seinem Hof seit 2009 damit experimentiert, die Brü-der der Legehennen doch irgendwie durchzufüttern, ihnen ein gutes Hähnchenleben zu verschaffen. Und er hat es nach viel Über-zeugungsarbeit auch geschafft, ein paar andere für seine Idee zu erwärmen, die Brüder der Legehennen nicht mehr zu töten, son-dern aufzuziehen.

»Nun haben wir allerdings ein Problem«, sagt er:»Wir ziehen hier Tiere auf, die wir nicht brauchen, mit Futter, das wir anderswo abzweigen, und in Ställen, die wir eigentlich mit anderen Tieren besetzen müssten.« Doch genau dafür hat er jahrelang gekämpft und schließlich 2012 zusammen mit drei Naturkostvermarktern die »Bruderhahn Initiative Deutschland« gegründet, der sich inzwischen zwei Dutzend weitere Bauern, einige Großhändler und die Anbauverbände Bioland und Demeter angeschlossen haben. Wer bei den Höfen oder in den Bioläden und Supermärkten Eier der Initiative kauft, zahlt für jedes Ei vier Cent mehr und subventioniert damit das Leben der Hähne. In der Brüterei Hockenberger in Eppingen, die sich ebenfalls der Initiative angeschlossen hat, müssen jetzt nicht mehr alle Brüder der Legehennen getötet werden. Schon im ersten Jahr konnte die Initiative zehntausend Hähne vor dem sofortigen Tod retten. Nicht viel, angesichts der rund 45 Millionen Eintagsküken, die allein in Deutschland jedes Jahr mit Kohlendioxid vergast und zu Tiermehl zermahlen werden, aber der Anfang ist gemacht.

Fragt sich nur, wovon das der Anfang ist.»Wir doktern am Symptom«, sagt Carsten Bauck,»wenn wir Bruderhähne aufziehen und dabei draufzahlen, ändern wir noch nichts an dem System, das sie produziert.« Er dürfte einer der bestgehassten Männer unter den Hühnerhaltern sein. Er ist der Nestbeschmutzer, der die ganze Branche in Verruf gebracht hat, indem er die Praxis der Kükentötung publik machte. Öko war ihm nicht genug, es sollte auch noch ethisch korrekt sein oder wenigstens etwas korrekter. Eine Tierschutzorganisation lieferte dazu spektakuläre Bilder von Eintagsküken, die über einem Fließband aussortiert und lebend in einen Schredder gekippt wurden. Die Bilder stammten zwar aus den USA, aber die Diskussion nahm in Deutschland Fahrt auf. Gerade deshalb, weil es hier Hühnerhalter gab, die nicht mehr mitmachen wollten.

Die auf schnelle Fleischzunahme gezüchteten Masthähnchen werden von konventionell wirtschaftenden Betrieben meist nach vier bis maximal fünf Wochen geschlachtet.»Die Mastküken, die in der Regel von der Schlachterei zur Verfügung gestellt werden«, schreiben die Autoren des Lehrbuchs *Tierproduktion*, »sollen vital und frühreif sein, sich rasch und mit Rücksicht auf den Verkaufswert hell befiedern, fleißig fressen und die Nährstoffe vorzugsweise in der Brust- und Schenkelmuskulatur ansetzen.«[1] Der Hinweis, dass die Küken meist von der Schlachterei zur Verfügung gestellt werden, zeigt die Struktur der Hähnchenindustrie. Es sind die Großschlachtereien, die sich die meisten konventionellen Hähnchenmäster in wirtschaftlicher Bindung und Abhängigkeit halten, die für sie die Tiere großziehen.

Marktführer bei Geflügelfleisch in Deutschland ist die zur PHW-Gruppe gehörende Marke Wiesenhof, die rund 700 Mäster als Zulieferer hält und in acht Schlachtereien jede Woche durchschnittlich 4,5 Millionen Hähnchen schlachtet. PHW steht für Paul-Heinz Wesjohann. Bruder Erich Wesjohann ist der Besitzer der EW Group, zu der Lohmann gehört, der deutsche Marktführer bei der Legehennenzucht, und Aviagen, die weltweite Nummer zwei bei Mastgeflügel. Erich Wesjohann liefert die Elterntiere der Hähnchen, die sein Bruder Paul-Heinz aufziehen und schlachten lässt. Was den Hühnerindustriellen die Tiere wert sind, zeigte der als »Lohmann-Skandal« in die Geschichte der Tierquälerei eingegangene Fall, der 2011 mit dem höchsten Strafbefehl zu Ende ging, der bislang nach dem deutschen Tierschutzgesetz erlassen wurde. Lohmann zahlte 100 000 Euro, weil in der Hühnerzucht jahrelang Hähnen Kämme und Zehen amputiert wurden, ohne Betäubung und nur zum Zweck der Markierung. Der damalige Geschäftsführer entging den Medienberichten zufolge nur deshalb einer Haftstrafe, weil die niedersächsischen Behörden die Tierquälerei mitwissend geduldet hatten. Die Tiere, die aus diesem Zuchtkonzern stammen, sind die weltweit am meisten verbreiteten.

Die Masthähnchen, die auch -hennchen sind, wachsen 21 Tage im Ei heran, wiegen beim Schlüpfen um die 40 Gramm und sind nach rund 30 Tagen Turbowachstum über anderthalb Kilo schwer und damit schlachtreif. Das ist die sogenannte Kurzmast. Es gibt auch Hähnchen, die schwerer werden sollen und deshalb länger gemästet werden, wobei sich dann die unterschiedliche Gewichtszunahme von Hennen und Hähnen auswirkt. Dabei sollen – wie das

Lehrbuch sagt – die Brustbereiche und die Schenkel deshalb am schnellsten wachsen, weil dies die Teile sind, die am Ende am gewinnbringendsten auch einzeln zu vermarkten sind. Um solch schnelles Wachstum zu erreichen, müssen nicht nur die züchterisch optimierten Broiler eingesetzt werden, sondern auch die auf jede Wachstumsphase abgestimmten speziellen Futtermischungen.

Hühner sind die wohl am besten erforschten Nutztiere. Nicht verhaltensbiologisch, da wissen wir sehr wenig, aber physiologisch. Wie viel Rohprotein, wie viel der Aminosäuren Methionin, Zystin und Lysin, wie viel Zucker, Calcium, Phosphor, Natrium ein Huhn in welcher Lebensphase für das optimale Wachstum braucht, das ist bestens bekannt. Auch wie die Temperatur im Stall sein sollte und wie lange dort das Licht brennen muss, damit die Tiere möglichst schnell zunehmen, kann man im Lehrbuch nachlesen: »Das Wärmeprogramm unterscheidet sich von dem des Legekükenstalles dadurch, dass zur Futtereinsparung ständig eine hohe Raumtemperatur gehalten werden muss.«[2] Die Masthähnchen sollen es warm haben, damit ihr Körper nicht unnötig selbst Wärme produzieren muss, sondern alle Energie ins schnelle Wachstum stecken kann. Dazu gibt es täglich zwanzig Stunden Licht im Stall, ein verlängerter Tag für verlängerte Fresszeiten. Wobei da im Lehrbuch etwas anderes steht als im Gesetz. Die Tierschutz-Nutztierhaltungsverordnung schreibt eine an die natürlichen Verhältnisse angepasste, mindestens sechsstündige Nachtruhe ohne Kunstlicht vor.[3] Dafür lässt dieselbe Verordnung aber eine Besatzdichte von maximal 39 Kilogramm Lebendgewicht der Tiere pro Quadratmeter Stallboden zu[4], während das Lehrbuch hier maximal 35 Kilo Hähnchen pro Quadratmeter empfiehlt. Das wären dann, bei einem Gewicht von 1 500 Gramm gegen Ende der Kurzmast, 26 oder 23 Hähnchen pro Quadratmeter Stallboden, also zwischen 384 und 434 Quadratzentimeter Platz pro Tier. Das ist wenig mehr als die Hälfte bis knapp zwei Drittel der Größe eines DIN-A4-Briefbogens. Masthähnchen in Biobetrieben haben deutlich mehr Platz. Nach EU-Öko-Verordnung müssen sich nur vierzehn Hähnchen unseres Beispielgewichts einen Quadratmeter teilen, in Demeterbetrieben wie dem Bauckhof müssen nur zehn Tiere auf einem Quadratmeter Stallboden zurechtkommen, in Mobilställen maximal elf, außerdem haben die Biobroiler vier Quadratmeter Auslauf pro Tier. Wobei es bei Demeter auch erhöhte Sitzstangen geben muss und zusätzlich zum Freiland den überdachten Außenklimabereich, den Wintergarten.

Dass auch Hühner eine Individualdistanz haben, die sie mit Dominanzgebärden, Drohungen und letztlich auch Schnabelhieben verteidigen, ist schon lange bekannt. Dass das bei drangvoller Enge im Stall und fehlendem Auslauf ins Freie – der üblichen Form der Intensivhaltung von Hühnern – zu gegenseitigen Verletzungen führt, ist schon vielfach beobachtet worden. Dass außerdem eine hohe Besatzdichte, also eine größere Menge Tiere in einem Stall, eine schnellere Ausbreitung von Krankheiten bedeuten kann, ist ebenfalls bekannt und unmittelbar einleuchtend. Dazu kommen Krankheiten, die den Tieren mit der Orientierung der Zucht auf schnellstmögliche Fleischproduktion wohl teilweise angezüchtet wurden, oder die durch die Turbomast entstehen: Wirbelsäulenverkrümmungen und Beinschwächen durch gestörtes Knochenwachstum, Muskelkrankheiten und Brustblasen aus Lymphflüssigkeit durch Entzündungen im Körper. Was das alles bedeutet, ist ebenso klar: den Einsatz von Medikamenten.

Das Landesamt für Natur, Umwelt und Verbraucherschutz in Nordrhein-Westfalen hat 2011 die erste Studie über den Einsatz von Antibiotika in den Masthähnchenställen eines Bundeslandes veröffentlicht. Danach waren über neunzig Prozent der in den Verkauf gelangten Broiler mit Antibiotika belastet. Ein Jahr später hat Nordrhein-Westfalen seine Ergebnisse noch einmal extern überprüfen lassen, mit demselben Befund. Die Ergebnisse sind niederschmetternd: Von 17,9 Millionen im Studienzeitraum erfassten, geschlachteten und verkauften Masthähnchen waren 16,4 Millionen, also 91,6 Prozent, mit Antibiotika behandelt worden. »Bei den erfassten Mastdurchgängen (…) kam eine Vielzahl von Wirkstoffen zum Teil zeitgleich zum Einsatz«, fassen die Autoren zusammen. Bis zu acht verschiedene Antibiotika wurden registriert. Und was noch schlimmer ist: »Die jeweilige Behandlungsdauer eines Wirkstoffes lag bei vierzig Prozent der Behandlungen mit ein bis zwei Tagen deutlich unter den Zulassungsbedingungen der verabreichten Wirkstoffe.«[5]

Werden Antibiotika kürzer eingenommen, als dies beim jeweiligen Medikament vorgesehen ist, sind am Ende mit hoher Wahrscheinlichkeit nicht alle Keime abgetötet, und die überlebenden Mikroorganismen haben gute Chancen, Resistenzen gegen die eingesetzten Mittel zu entwickeln. Auf diese Weise züchten die Hähnchenmäster und ihre Tierärzte die gefürchteten antibiotikaresistenten Keime, die dann in Krankenhäusern auch Menschen töten. Tatsächlich sind solche Keime auch auf Masthähnchen festgestellt worden.

Das Bundesamt für Verbraucherschutz und Lebensmittelsicherheit teilte im März 2016 lapidar mit, dass die Ergebnisse des Zoonosen-Monitorings – also der Beobachtung der von Tieren auf Menschen übertragbaren Krankheiten – zeigen, »dass bei der Verringerung von *Campylobacter* in den Lebensmittelketten Mastpute und Masthähnchen in den letzten Jahren keine Fortschritte erzielt wurden. 26,5 Prozent der Proben von frischem Putenfleisch und sogar über die Hälfte (54 Prozent) der Proben von frischen Hähnchenschenkeln waren mit *Campylobacter* kontaminiert.«[6] Diese Bakterien lösen bei Menschen entzündliche Durchfallerkrankungen aus, die für ohnehin geschwächte Patienten im Krankenhaus tödlich sein können, wenn die Keime auf ein Antibiotikum nicht mehr reagieren. Wobei das Bundesamt einen ganz kleinen Fortschritt bei der »Resistenzlage« der Keime sieht: Bei den auf Masthähnchen gefundenen Kolibakterien waren nicht mehr 87 Prozent resistent, wie in vorhergegangenen Monitorings, sondern nur noch achtzig Prozent. In ländlichen Gegenden mit vielen Geflügelmastanlagen oder auch vielen Schweinemästern ist es eine bekannte und dennoch selten zugegebene Praxis der Krankenhäuser, Patienten, die in solchen Mastbetrieben arbeiten, sofort nach Einlieferung erst einmal in Quarantäne zu stecken, um sie auf multiresistente Keime zu untersuchen.

Nach Vorstößen der Bundesländer Niedersachsen und Nordrhein-Westfalen ist im April 2014 eine Novellierung des Arzneimittelgesetzes in Kraft getreten, die zum Ziel hat, den exorbitanten Einsatz von Antibiotika in der Tiermast einzudämmen. Im Gesetz steht jetzt auch ein mögliches Therapieverbot für die Tierärzte. Das meint nicht, dass sie die Arzneimittel gar nicht einsetzen dürfen, sondern, dass sie sich an die Vorschriften des Herstellers bezüglich Dosis und Dauer der Behandlung halten müssen. Das soll den Kurzbehandlungen und damit der Bildung von Resistenzen vorbeugen. Außerdem gibt es jetzt bundesweite Vergleichszahlen über die Häufigkeit der medikamentösen Behandlungen in den Ställen, und die Betriebe müssen sich an den Mittelwerten orientieren. Wer darüber liegt, ist zum Handeln verpflichtet. Das Bundeslandwirtschaftsministerium verkündete 2016 stolz, dass dadurch der Verbrauch von Antibiotika als Tierarzneimittel um 51 Prozent abgenommen habe, von über 1 700 Tonnen im Jahr 2011 auf 837 Tonnen im Jahr. Allerdings berichtete gleichzeitig das Bundesamt für Verbraucherschutz und Lebensmittelsicherheit in seinem »Antibiotika-Atlas«, dass sich in der Veterinärmedizin der Einsatz von sogenannten Fluorchinolonen um mehr als die Hälfte erhöht habe.[7] Auch der Verbrauch von Cephalosporinen stieg an. Das sind moderne Antibiotika, bei denen nur noch ein Bruchteil der Dosierung nötig ist. Eine Dosis von achtzig Milligramm der klassischen Tetracycline lässt sich jetzt durch weniger als drei Milligramm Fluorchinolone kompensieren. Das liest sich in Gramm so, als sei der Verbrauch von Antibiotika um das 80fache zurückgegangen.

So viel geringer ist der Einsatz der Antibiotika in der Tiermedizin also nicht geworden. Die Tierärzte sind nur auf andere Mittel umgestiegen. Das hilft der Statistik, und am Ende wahrscheinlich auch neuen resistenten Erregern. Genau das ist aber eine fatale Entwicklung, die die in Tonnen von Medikamenten und nicht in Gefährlichkeit gemessenen Erfolge bei der Einsparung von Antibiotika nicht nur statistisch fraglich machen, sondern auch zu einem Problem für kranke Menschen. Fluorchinolone und Cephalosporine gehören nämlich zu den sogenannten Reserve-Antibiotika, die bei Menschen erst dann eingesetzt werden, wenn andere Mittel wegen resistenter Keime nicht mehr wirken. Wenn die Tierärzte im Verbund mit den Pharmakonzernen, die diese modernen Antibiotika explizit für Tiere anbieten, für neue resistente Keime sorgen – und genau das zeigen die jüngeren Untersuchungen –, dann wird es für viele menschliche Patienten eng. Außerdem häufen sich seit der Novellierung des Arzneimittelgesetzes die Berichte über die Apotheken im Kofferraum von illegalen Arzneimittelhändlern, die auf den Höfen vorfahren und alles bieten; auch eigentlich besonders geschützte Reserve-Antibiotika für Menschen, die auf keinen Fall als Tierarzneimittel zum Einsatz kommen sollen, weil wir uns Resistenzen gegen diese Mittel nicht leisten können. Da werden Arzneimittel gehandelt, die nicht aus Deutschland stammen, sagen die Landwirte, die in diese Kofferräume geschaut und kyrillische Buchstaben auf den Packungen gesehen haben.

Offenbar leiden in der industrialisierten Mast nicht nur die Hähnchen unter Stress, sondern auch die Hähnchenmäster, sonst würde es wohl keinen Schwarzmarkt für Antibiotika geben; es sei denn, es ginge mal wieder nur um die Profitmaximierung. Ein Blick in die Beispielrechnung des Lehrbuchs *Tierproduktion* zeigt, dass es eher um Verlustvermeidung gehen dürfte. Nach den Daten der Landwirtschaftskammern Niedersachsen, Bayern und Baden-Württemberg aus den Jahren 2007 und 2008 haben die konventionellen Mäster für ihre Hähnchen zwischen 1,57 Euro und 1,94 Euro pro Stück erlöst. Die Kosten für Küken, Futter, Stall, Energie, Fremdarbeit und Tierarzt abgezogen, blieben ihnen zwischen 19 und 26 Cent pro Hähnchen. Davon gehen noch die unbedingt nötigen Rückstellungen für künftige Investitionen ab. Bleibt ein Gewinn von neun Cent pro Tier, wobei die Arbeitskosten von Familienangehörigen nicht berücksichtigt sind.[8] Kein Wunder, dass die Stallgrößen in den letzten Jahren auf 40 000 Masthähnchen gewachsen sind und die Mastzeiträume immer kürzer wurden. Nur mit hohem Durchsatz und vielen Mastdurchgängen im Jahr lässt sich bei diesen Gewinnmargen etwas erwirtschaften, was auch eine Familie ernährt. Um bei der genannten Stallgröße zu bleiben: Wenn von einem fünfwöchigen Mastdurchgang 95 Prozent der Tiere überleben – und das ist eine sehr gute Marge –, bleiben weniger als 3 500 Euro Gewinn. Der Arbeitslohn für den Landwirt und alle Mitarbeiter zusammen: weniger als 2 800 Euro im Monat. Und dabei sind noch keine Steuern, Rentenbeiträge und Versicherungen abgezogen. Das heißt, dass ein einzelner Hähnchenmaststall die Familie eben nicht ernährt. Da müssen noch zwei, drei, vier danebengestellt werden. Falls das Land da ist, um den anfallenden Hühnermist zu entsorgen.»In den letzten Jahren war es in der Hähnchenmast so, dass die anfallenden Kosten durch die Auszahlungspreise im Durchschnitt der Betriebe gedeckt werden konnten«, schreibt die Landwirtschaftskammer Niedersachsen in einem Überblick über die wirtschaftliche Situation der Betriebe in dem Bundesland, in dem über die Hälfte aller deutschen Hähnchen gemästet werden.[9] Der statistische Durchschnitt der Betriebe setzt sich dann in der Realität zusammen aus einem oberen Viertel, das Geld verdient hat, einem unteren Viertel, das draufgelegt hat, und einem mittleren Bereich, der gerade so überlebt hat.

Es geht allerdings auch ohne den Turbo, ohne Stress für die Tiere und mit deutlich weniger Stress für die Menschen. So wie auf dem Bauckhof in Klein-Süstedt zum Beispiel. Biohähnchen sollen langsamer wachsen, damit die bekannten negativen Nebenwirkungen der Turbomast vermieden werden: geschmackloses Fleisch von kranken Hühnern, die mit Medikamenteneinsatz am Leben gehalten werden. Und natürlich auch, damit die Tiere ein angenehmeres Leben haben. Ob das dann gleich artgerecht ist, werden wir noch betrachten müssen. Mit den Tieren für die Turbomast jedenfalls können die Biobetriebe nichts anfangen. Sie kaufen andere »Genetiken«, wie auch sie das nennen. Gemeint sind Hühner mit anderen Anlagen, die nicht so sehr auf Gewichtszunahme getrimmt, dafür ungleich robuster sind. Dadurch wird die Freilandhaltung möglich, und es sind deutlich weniger Krankheiten im Stall. »Antibiotika für alle gibt's hier nicht«, sagt Carsten Bauck. Auch er hat mal ein krankes Huhn, das behandelt werden muss, dafür reicht aber meistens die Tier-Homöopathie. Flächendeckenden Einsatz von Medikamenten, weil einige Hühner krank sind, oder gar, damit sie es nicht werden, kommt nicht in Frage. Seine Tierverluste fügen ihm zumeist nicht Krankheiten im Stall zu, sondern Greifvögel und Marder draußen. Er garantiert seinen Kunden, dass er keine Antibiotika einsetzt.

Biohähnchen brauchen mindestens die doppelte Zeit, um so schwer zu werden wie die konventionellen. Und die Brüder der Legehennen, die im Bruderhahn-Projekt großgezogen werden, brauchen die fünffache Zeit. »Am Anfang hat es 25 Wochen gedauert, bis wir sie groß hatten«, sagt Bauck, inzwischen pendele es sich um die zwanzigste Woche ein, »weil wir jetzt besser wissen, welches Futter sie brauchen«. Im Eingang des Stalls der Bruderhähne ist er wieder in die Hocke gegangen, wieder kommen die Hühner langsam und neugierig näher. Die Masthähnchen im Stall auf der Wiese nebenan sind seit ihrer vierten Lebenswoche im Freiland und bald schlachtreif. Diese hier kann er erst nächste Woche zum ersten Mal rauslassen, erst in ihrer achten Lebenswoche sind sie groß und robust genug für das Leben im Freien. »Wenn ich sie früher rauslasse, sind sie eine zu leichte Beute, dann züchte ich Habichte und nicht Hühner«, sagt er.

Und dann rechnet er vor: Ein Biomasthähnchen wird im Alter von acht bis neun Wochen geschlachtet und dann im Hofladen für 27 Euro verkauft. Durch die Bruderhahn-Initiative verdient die Schwester der nicht vergasten Hähne vier Cent mehr mit jedem Ei, das sie legt. Das werden in ihrem Hennenleben ungefähr 300 sein, macht zwölf Euro Zuschuss für das Leben des Bruders. Der Hahn lebt aber mehr als doppelt so lange wie ein Masthähnchen und frisst weit mehr als doppelt so viel, müsste entsprechend fast doppelt so viel einbringen, um wenigstens kostendeckend aufgezogen zu sein. Das wären dann um die fünfzig Euro. Selbst abzüglich des schwesterlichen Zuschusses müsste der Bruderhahn im Hofladen immer noch fast vierzig Euro kosten. Da dürfte auch bei den Kunden, die aus Überzeugung Bio kaufen, weil sie eine andere Landwirtschaft fördern wollen, die Schmerzgrenze längst überschritten sein. »Es ist ein Zuschussgeschäft«, sagt Carsten Bauck und zuckt mit den Schultern, »aber wir haben es so gewollt.«

Eigentlich waren die wenigen Bauern und Händler, die sich der Bruderhahn-Initiative und ähnlichen Aktionen angeschlossen haben, ungeheuer erfolgreich. Sie haben eine Diskussion in Gang gesetzt, die die Politik zum Handeln zwang. Nur dass der Bundeslandwirtschaftsminister, bekannt als die Speerspitze des Nichtstuns, einen kleinen Umweg eingelegt hat. Statt das Kükentöten zu verbieten, wie das Nordrhein-Westfalen und Niedersachsen im Bundesrat gefordert haben, fördert der Bund nun die Forschung der Universitäten Leipzig und Dresden, die schon länger eine Abtreibungstechnik für Hühner erarbeiten. Seit 2004 wird diese

Forschung vom Land Hessen finanziell unterstützt, jetzt soll mit einem Millionenanschub vom Bund alles schneller gehen. Die Leipziger Forscher lasern ein kleines Loch in das befruchtete Ei, um dann mit Infrarot-Spektroskopie das Geschlecht bestimmen zu können. Ist das Küken, das sich im 72 Stunden bebrüteten Ei zu entwickeln beginnt, weiblich, wird das Ei wieder zugeklebt und weitere achtzehn Tage ausgebrütet. Ist das Küken männlich, wird das Ei weggeworfen. »Die spektroskopische Geschlechtsbestimmung macht sich dabei die unterschiedliche Größe der Geschlechtschromosomen von männlichen und weiblichen Hühnern zunutze. Bereits nach dreitägiger Bebrütung entwickeln sich kleine Blutgefäße, die sich für eine Geschlechtsdiagnose nutzen lassen«, schreibt die Universität Leipzig in einer Pressemitteilung zum Besuch des Bundeslandwirtschaftsministers in den Labors der Universitätsklinik für Vögel und Reptilien.[10] In-Ovo-Geschlechtsbestimmung nennen die Forscher ihr Verfahren, »staatlich geförderte Abtreibung«, nennt das Carsten Bauck. Anders als viele Tierschützer hält er nichts von der neuen Methode, weil sie – wenn sie tatsächlich marktreif und alltagstauglich wird – das System zementiere. Die Zuchtkonzerne können dann, nachdem sie sich ihres ethischen Problems mit einer technischen Lösung elegant entledigt haben, immer weiter Hühner optimieren. Sie müssen sich die für die Aussortierung des überflüssigen Lebens nötigen Geräte nicht einmal selbst anschaffen, das erledigen die Brütereien.

»Auf den Tierfreund wirkt diese bis zur höchstmöglichen Vervollkommnung gesteigerte Ausnutzung einer Haustierart erschreckend.« So steht es in *Grzimeks Tierleben* von 1969 zu dem schon damals am weitesten industrialisierten Tier: dem Haushuhn, *Gallus gallus domesticus*. Auf das Verständnis für die Tierfreunde lässt der Tierkundeklassiker die Bitte um Akzeptanz der Zustände in der Intensivtierhaltung folgen: »In Anbetracht der Tatsache, daß schon heute mehr als drei Milliarden Menschen auf unserer Erde leben und ernährt werden müssen, läßt sich eine gewisse ›Rationalisierung‹ der Haustierhaltung wohl nicht vermeiden.« Inzwischen leben über sieben Milliarden Menschen auf der Erde, und es werden in Deutschland nicht mehr 75 Millionen Masthühner jährlich geschlachtet und 76 000 Tonnen Hühnerfleisch »erzeugt«, wie das bei Grzimek für 1966 angegeben wird, sondern es werden jährlich 716 Millionen Hühner geschlachtet und daraus 1,5 Millionen Tonnen Hühnerfleisch gemacht.[11] »Um so mehr müssen alle am Tier interessierten Kreise darauf achten, daß die Hühner in den ›Legebetrieben‹ und ›Mastfabriken‹ so gut wie möglich gepflegt und behandelt werden«, forderten Grzimeks Autoren vor fast fünfzig Jahren.[12] Daraus ist leider nichts geworden. Ganz im Gegenteil: Das Haushuhn ist in den letzten Jahrzehnten noch einmal »optimiert« worden. In den 60er Jahren brauchte ein Masthuhn etwa sechzig Tage, um ein Kilo schwer und damit »schlachtreif« zu werden. Heute wird es nach der Hälfte der Zeit mit fünfzig Prozent mehr Gewicht geschlachtet. Und eine Legehenne legte in den 60er Jahren bestenfalls 180, wenn es sehr gut ging 200 Eier im Jahr. Heute sind es über 300, und selbst die Biohennen auf dem Bauckhof schaffen schon 280 vermarktbare Eier im Jahr.

Das Erstaunlichste an der »Mastleistung« und der »Legeleistung« der heutigen Hühner ist die Futterverwertung. Die Broiler nehmen zwischen fünfzig und sechzig Gramm täglich zu und haben am Ende aus rund zweieinhalb Kilogramm Futter über anderthalb Kilo Hähnchen gemacht. Eine Hochleistungshenne der Linie »Lohmann Selected Leghorn Ultra Lite« frisst täglich höchstens 110 Gramm Futter und legt dafür ein 60 Gramm schweres Ei. Solche Tiere eignen sich allerdings nicht für die Freilandhaltung. Der weltgrößte Legehennenzüchter, Lohmann in Cuxhaven, bietet sie für die Käfighaltung an. Wobei die kleinen Käfige für nur sechs bis sieben Hennen in Deutschland seit dem Jahr 2010 verboten sind. Bis 2025 sollen auch die die größeren, sogenannten »ausgestalteten Käfige« mit Sitzstangen und Legenestern für jeweils bis zu sechzig Hennen verschwunden sein. Eine weitere Übergangsregelung soll es nur für Härtefälle geben; gemeint ist die von Juristen so genannte »unbillige Härte« gegen einen armen Landwirt, der sich keinen neuen Stall leisten kann, nicht etwa Härte gegen die Tiere. Wenn die Käfige irgendwann tatsächlich weg sind, kann Lohmann seine LSL Ultra Lite wohl nur noch exportieren, in die Nachbarländer, in die auch die ganz großen Legebetriebe umziehen. Der Import von Käfigeiern nach Deutschland ist nicht verboten. Und welche Art von Eiern aus welcher Haltungsform die Lebensmittelindustrie und die handwerklichen Betriebe verarbeiten, müssen sie nicht deklarieren, anders als die Händler, die die Eier in der Schale direkt an die Verbraucher verkaufen.

Auch bei den Legehennenlinien, die nicht für die Biohaltung geeignet sind – und das sind mehr als neunzig Prozent der Hennen –, schlüpfen aus rund der Hälfte der Eier Hähne. Für sie gibt es aber keine Bruderhahn-Initiative. Sie werden allesamt getötet. Und nicht einmal für alle Bio-Legehennen gibt es eine Bruderhahn-Initiative oder ein Gockelprojekt. »Wir haben jetzt zwei Qualitäten von Bio-Eiern«, stellt Carsten Bauck fest. Eines mit Ethikbonus und eines ohne – beide aber im Prinzip noch im selben System. Auch die meisten Biohühner kommen von Lohmann.

Nur acht Prozent der in Deutschland verkauften Eier stammen überhaupt aus Bioproduktion, und nur ein winziger Bruchteil von denen kommt aus den Bruderhahn-Projekten. Aber auch für die restlichen Bioeier – ohne den kleinen Ethikbonus – gilt das Sprichwort nicht, dass ein Ei dem anderen gleiche, denn auch in der Biobranche hat die Industrialisierung eingesetzt. Investoren haben in Ostdeutschland ehemalige landwirtschaftliche Produktionsgenossenschaften der DDR gekauft und die alten LPG von Kollektivwirtschaft auf Bio umgestellt. Darunter gibt es auch Großbetriebe mit zehntausenden von Tieren. »Wir sollten nicht immer nur in konventionell und bio unterscheiden«, sagt Carsten Bauck, »der eigentliche Unterschied ist der zwischen industrieller und bäuerlicher Landwirtschaft.« Ihm ist ein gut geführter konventioneller bäuerlicher Freilandbetrieb lieber als die industriellen Großbetriebe in Brandenburg oder Mecklenburg-Vorpommern, die nach Biorichtlinien arbeiten, aber 30 000 Hühner halten. »Mit denen habe ich nix am Hut«, sagt der Bauer aus der Lüneburger Heide. Eher geht ihm der Hut hoch, wenn er über die Hühnerindustriellen spricht: »Dass da Bio draufstehen darf – einfach widerlich!«

Schwester Henne

Wir gehen über die Wiese zum nächsten Mobilstall, weg von den Masthähnchen und den Bruderhähnen hin zu den Legehennen. Da bringen gerade zwei von Carsten Baucks Mitarbeitern Schalen und Reststücke von Mohrrüben hin, Abfälle aus der Naturkostproduktion eines anderen der insgesamt vier Bauckhöfe. Einer der Hähne hat die Männer mit den großen Eimern als erster gesehen und stößt das laute Kollern aus, mit dem er seinen Hennen sagt, dass er Futter gefunden hat. Sofort kommen die Hennen angerannt und verfolgen die Männer am Zaun entlang bis zur Stalltür – und huschen dann durch den Wintergarten hinein, um innen zu den Eimern zu kommen. Schon kurz hinter der Stalltür können sich die Männer mit den Eimern kaum noch bewegen. »Ist ja gut«, sagt einer der beiden, »so lasst uns doch erstmal reinkommen!« Sie heben die Eimer hoch, um ihre Füße sehen zu können, dann schieben sie sich langsam durch die aufgeregte Hühnerschar, um schließlich ihre Last loszuwerden. »So toll ist das gar nicht, Mohrrüben sind nicht gerade ihr Leibgericht«, sagt Carsten Bauck, »aber sie sind ungeheuer futterneidisch, deshalb muss jetzt jede unbedingt etwas abbekommen.« Es dauert eine Weile, dann hat wohl jede etwas abbekommen, denn das aufgeregte Gegacker der Hennen und das Futter-Kollern der Hähne nimmt langsam ab und weicht einem leisen Singsang, der in meinen Ohren ausgeglichen und zufrieden klingt. »Ja, zufriedene Hühner singen«, bestätigt Bauck und erzählt eine kleine Geschichte. Einmal hat er einer Gruppe von konventionellen Hennenhaltern, die ihm der Bauernverband geschickt hatte, seinen Betrieb gezeigt, und auch damals haben sich die Legehennen an den Männern in ihrem Stall nicht lange gestört und alsbald ihren zufriedenen Singsang hören lassen. Als Bauck dann mit der Erklärung der Stalleinrichtung fertig war und sich zu seinen Kollegen umdrehte, standen einem der Älteren aus der Gruppe die Tränen in den Augen. »Das habe ich viele Jahre nicht mehr gehört«, sagte er, »meine Hennen singen nicht mehr.«

Einige der singenden Legehennen von Carsten Bauck nähern sich jetzt, vernehmlich gurrend, mit gravitätischen Schritten der Stalltür, wo der Bauer wieder in die Hocke gegangen ist. Leise kollernd laufen die großen Hähne durch die Hennenschar. Mit diesem, melodischer klingenden Kollern halten sie akustischen Kontakt zu »ihren« Hennen. Ein Hahn für vierzig Hennen ist hier die Faustregel. »Ohne Hähne geht es nicht«, sagt Bauck, »denn die strukturieren den Hennen den Tag – vom Weckruf bis zum Schlafengehen.« Die Hähne bringen überhaupt Struktur in das ganze Federvieh. Sie scharen ihre Hennen um sich, bilden dadurch eine abgegrenzte Gruppe, in der die Rangordnung nicht ständig neu ausgefochten werden muss. Ohne Hähne in einer so großen Hühnerschar gäbe es andauernde Streitigkeiten unter den Hennen. Und die können zu harten Hackattacken und bösen Verletzungen führen. Ohne Hähne gäbe es in der Freilandhaltung auch deutlich höhere Verluste durch Greifvögel, denn die Hähne sind es, die aufpassen und warnen. Auf ihren Warnschrei hin – ein hohes, hartes Girren – suchen die Hennen Schutz unter Bäumen oder den draußen aufgestellten niedrigen Tunneln aus Tarngeflecht, oder sie flüchten in den Stall. Sie hören auch am Ton des Warnrufs, ob der Feind aus der Luft kommt oder sich am Boden anschleicht und es klüger ist, auf eine Sitzstange oder einen Ast zu fliegen. Vor allem im Freiland können die Hähne auch Futter suchen für ihre Hennen. Das ist eines ihrer typischen Verhaltensmuster: Sie gehen aktiv auf die Suche nach Leckerbissen, die sie dann mit den Hennen teilen. Draußen ist das vor allem tierische Nahrung, Getreideschrot und Körnerfutter gibt es im Stall genug. Da Hühner aber keine reinen Pflanzenfresser sind, sondern Omnivore, also Allesfresser wie Schwein und Mensch, fehlen oft die tierischen Eiweiße. Deshalb hat ein Hahn, der Schnecken findet und Würmer, Insekten oder gerne auch mal eine Maus, einen guten Stand bei seinen Hennen. Den Fund zeigt der Hahn den Hennen optisch an, indem er große Pickbewegungen ausführt und dabei mit seinem roten Kehlsack und dem großen Kamm wackelt; die akustische Meldung ist das laute Kollern.

Auch die Hennen geben Laut, sie singen, wenn sie zufrieden sind, sie gackern, wenn sie ein Ei gelegt haben, und auch sie girren bisweilen leise, wenn sie sich abends auf der Sitzstange niederlassen. Dazu erklimmen sie eine der vier Volieren-Etagen, die im Mittelteil des Stalls fast bis zum Dach aufragen. Die wichtigsten Sitzplätze sind die ganz oben, aber dort hinauf werden nur die wenigsten Hennen gelassen. Denn hier gibt es nicht nur die sprichwörtliche Hackordnung, hier gibt es auch eine Sitzordnung.»Streng hierarchisch geregelt«, erklärt Carsten Bauck: Ganz oben sitzen nur die ranghöchsten Hennen und Hähne.

Seine Legehennen sind ruhige, freundliche, zutrauliche Wesen. Sie sind alles andere als scheu. Sie kommen neugierig auf ihren Bauern zu, laufen aber auch vor Fremden nicht weg.»Warum auch«, sagt Bauck,»sie haben noch nie von einem Menschen etwas Schlechtes erfahren.« Alle Mitarbeiter des Hofs haben gelernt, ruhig und umsichtig mit den Tieren umzugehen. Keine hektischen Bewegungen, keine Rennerei im Stall, niemals werden Hühner gescheucht, auch dann nicht, wenn sie mal da sind, wo sie nicht sein sollen, außerhalb der Umzäunung zum Beispiel.»Dann machen wir den Zaun halt auf und locken sie herein«, sagt Bauck,»das klappt immer.«

Alle seine Hennen sind einheitlich braun befiedert, mit hellerem Daunen-Unterkleid und ein paar helleren Flügel- und Schwanzspitzen. So sieht Lohmann Brown Plus aus, keine Hühnerrasse, sondern eine der Hybridlinien vom Legehennenmarktführer. Die Zuchtkonzerne – vier sind es nur noch, die den Weltmarkt für Hühner beherrschen – haben es geschafft, das Huhn zur Marke zu machen. Und natürlich lässt sich ein Konzern wie Lohmann den wachsenden Markt der Bioeier nicht entgehen. Deshalb gibt es die Lohmann Brown Plus, die Legehennenmarke für die Biobauern. Das Plus steht für einen größeren Vaterhahn als bei den anderen braunen Legehennenlinien Lohmann Brown Lite und Classic. Der größere Hahn sorgt dafür, dass auch die Hennen etwas schwerer und größer werden und dadurch auch robuster, weniger anfällig für Krankheiten und besser geeignet für die Freilandhaltung, die von Lohmann als eine der»alternativen Haltungsformen« geführt wird; wobei der Hühnerkonzern darunter alles subsumiert, was nicht in Käfigen stattfindet. Die alternative Haltungsform der Bauck'schen Legehennen, in den großen Mobilställen mit Wintergärten und Auslauf, sorgt dafür, dass die Hennen auch nach gut einem Jahr Eierlegen noch bestens befiedert und gesund sind – so wie die Herde, die gerade vernehmlich singend vor uns durch den Stall ins Freie paradiert. Draußen sind die Regenwolken abgezogen, und die ersten Sonnenstrahlen trocknen die Wiese. Die Hähne sind hinausstolziert, haben das Terrain sondiert und es für gut befunden. Jetzt rufen sie ihre Hennen. Carsten Bauck schaut den Hühnern nach und stellt zufrieden fest, dass es ihnen gut geht, dass es kein Gehacke und Gepicke gibt, nicht einmal den Ansatz des berüchtigten Federpickens, das in der industriellen Intensivtierhaltung gefürchtet ist.

Bekannt sind die Bilder von zerrupften Tieren mit blutigen Hälsen und kahlen, federlosen Hinterteilen, die durch enge Käfigstangen schauen, auch von toten Tieren, die am Boden liegen und von ihren Mitinsassen im Käfig noch gehackt werden. Nicht weil die Hennen wie besessen noch auf die einhacken, die sie schon zu Tode gebracht haben, sondern weil sie in der drangvollen Enge der Käfige zu Kannibalen werden.

In den früheren Legebatterien hatten die Hennen 550 Quadratzentimeter Platz, weniger als ein DIN-A4-Blatt. In den derzeit noch genehmigten größeren Käfigen – gerne auch als »Kleingruppenvolieren« semantisch beschönigt – sind es pro Henne 800 Quadratzentimeter, gerade etwas mehr als ein Briefbogen. Eigentlich sollen es pro Henne 1 100 Quadratzentimeter sein; das ist dann eine Fläche von etwas mehr als anderthalb DIN-A4-Bögen. Neun Hennen teilen sich in konventioneller Bodenhaltung einen Quadratmeter Stallboden, bei Freilandhaltung kommen noch einmal vier Quadratmeter Außenfläche pro Tier dazu, wobei nicht vorgeschrieben ist, wie diese Außenfläche auszusehen hat. Bei Biohennen nach EU-Ökoverordnung dürfen es nur sechs Hennen pro Quadratmeter sein, bei Demeter nur vier. Außerdem ist da auch vorgeschrieben, dass es draußen grün sein und dass es dort Schutz vor Greifvögeln geben muss, also Sträucher und Bäume oder Tarntunnel. Ohne diese Fluchtzonen bleiben die Hühner furchtsam immer nah am Stall und nutzen die Fläche nicht. Wenn die Außenfläche aber nicht richtig genutzt wird, steigt der Stress in der Herde; Stress führt zu Aggression – und schon könnte das Federpicken wieder beginnen, so wie oft in der engen Bodenhaltung im geschlossenen Stall.

Wobei die Ursachen für das Federpicken nicht nur im Stress der Enge liegen müssen. Schon 1873 hat der Begründer der deutschen Rassegeflügelzucht, der Görlitzer Kaufmann und Hühnerzüchter Robert Oettel, das gegenseitige Federpicken und Federfressen der Hühner beschrieben, das bis zum Tothacken und zu Kannibalismus führen kann.[13] Aber bis heute sind die möglicherweise vielfältigen Gründe für dieses Verhalten nicht eindeutig geklärt, wenigstens nicht so, dass eine einzige Ursache ausgemacht wäre, die man einfach abstellen könnte. Denkbar wäre auch eine genetische Fehlsteuerung, die das Federpicken unterstützt. Dann wären die Züchter gefragt, die Federpicker wieder auszusortieren. Viele Untersuchungen zeigen allerdings, dass das aggressive Verhalten häufiger vorkommt, wenn die Enge im Stall größer und die Haltung eintöniger ist. In Legebetrieben treten Federpicken und Kannibalismus häufig dann auf, wenn die Hennen von der Aufzucht in den Legestall umgezogen sind. Sie beginnen jetzt Eier zu legen, eine Tätigkeit, bei der sie gerne allein sind, was sie jedoch in vielen der großen Ställe nicht wirklich sein können. Außerdem können sie sich nirgendwo verstecken, was sie aber auch zum Ruhen gerne tun würden. Dann rücken ihnen die anderen Hennen zu nah auf den Leib, sie sind nicht mehr in der Lage, ihre Individualdistanzen einzuhalten und durchzusetzen; die Rangniederen haben nicht einmal Platz genug für eine richtige Demutsbekundung den Ranghöheren gegenüber. Außerdem rattert das Futter für alle computergesteuert zu bestimmten Zeiten auf Förderbändern durch den Stall; dann müssen alle sofort dorthin. All das führt zu Stress, der leicht in Aggression umschlagen kann. Und wenn dann einmal mit dem Federpicken begonnen wurde und es am Ende bis aufs Blut geht, dann – so die vielfache Beobachtung von Landwirten, Tierärzten und Forschern – haben die Wunden eine Art Signalwirkung für andere Tiere, die sich nun an den Attacken beteiligen.[14]

So weit, so vermutbar und so auch vielfältig belegt. Es kann sich beim Federpicken aber auch um Futtermängel handeln, die die Tiere auszugleichen suchen. Noch eine mögliche Ursache, die dazukommt. Für ihre Doktorarbeit an der Universität Hohenheim hat die Tierärztin Isabel Benda 2008 einen großangelegten Fütterungsversuch mit Legehennen aus ein und derselben Hybridlinie und gleichen Alters durchgeführt und dabei festgestellt, dass diejenigen Hennen am wenigsten Federn pickten, die kleingehackte Federn ins Futter gemischt bekamen. Für den Versuch wurden die Hennen in Einzelkäfigen gehalten und mussten die Federn aus gelochten Plastikplatten ziehen, also nicht aus dem Federkleid ihrer Artgenossen. Einer Kontrollgruppe wurden statt der Federn Holzspäne ins Futter gemischt, und auch da zeigte sich, dass deutlich weniger Federn gezogen wurden.[15] Schon frühere Untersuchungen hatten festgestellt, dass ein erhöhter Rohfasergehalt des Futters – wiewohl eigentlich nicht oder nur sehr schwer verdaulich für die Tiere – zu einer signifikanten Verringerung des Pickens am Federkleid der anderen Hennen führt. Vermutet wird von den Forschern, dass die erhöhte Pickfrequenz bei der Aufnahme des widerspenstigen, mit Rohfasern angereicherten Futters ein Grundbedürfnis der Tiere befriedigt, nämlich schlicht das Bedürfnis nach Picken. Das wird ihnen womöglich beim Fressen von vorgemischtem Schrot oder gepressten Pellets nicht genügend abgefordert; sie sind einfach statt, bevor sie genügend gepickt haben. Also picken sie an der Nachbarin weiter. Und dieses Picken am Federkleid der Anderen wird dann dummerweise erlernt, was zu einem gestörten Sozialverhalten führt und am Ende in Kannibalismus ausarten kann.

Einiges weiß man also doch über die Ursachen von Federpicken, Federfressen und Kannibalismus unter Legehennen. Entsprechend liegt auf der Hand, wie Abhilfe geschaffen werden kann: mehr Platz, mehr Beschäftigung und mehr Möglichkeiten, das arteigene Verhalten auszuleben. Also schlicht artgerechte oder – falls das schon zu viel verlangt ist – etwas artgerechtere Haltungsformen. Bauern wie Carsten Bauck zeigen, dass das geht.

Die industrialisierte Landwirtschaft hat eine andere Lösung für das Problem des Federfressens und des Kannibalismus: Sie passt das Tier an die Haltungsform an. Den Hühnern werden ganz einfach die vorderen Enden der Schnäbel abgeschnitten. Beim sogenannten Kupieren oder Touchieren werden meist mit heißen Klingen, bisweilen auch mit Laser, die vorderen drei bis vier Millimeter des Schnabels abgetrennt. Damit ist das Huhn seines wichtigsten

Werkzeugs teilweise beraubt, denn der Schnabel ist ja nicht nur der Mund des Vogels, sondern auch seine Hand. Er dient nicht nur zum Aufnehmen, sondern auch zum Finden und Sortieren des Futters, aber auch zur Gefiederpflege. Außerdem ist der Schnabel hinter der harten Schicht Keratin bis in die Spitze durchblutet und mit feinen Nerven durchzogen. Ein Huhn ohne Schnabelspitze dürfte ähnlich behindert sein wie ein Mensch, der mit den Fingerkuppen in die Säge geraten ist. Ähnlich könnte sich auch diese Amputation anfühlen. Entsprechend steht im deutschen Tierschutzgesetz:»Verboten ist das vollständige oder teilweise Amputieren von Körperteilen oder das vollständige oder teilweise Entnehmen oder Zerstören von Organen oder Geweben eines Wirbeltieres.«[16] Ausnahmen gelten, wenn es aus therapeutischen Zwecken oder zum Schutz des Tieres selbst doch nötig ist. Weiter unten im Text heißt es dann allerdings, dass die zuständige Behörde, abweichend vom Grundsatz, das Kürzen der Schnabelspitzen bei Legehennen und Nutzgeflügel erlauben darf. Aber:»Die Erlaubnis darf nur erteilt werden, wenn glaubhaft dargelegt wird, dass der Eingriff im Hinblick auf die vorgesehene Nutzung zum Schutz der Tiere unerlässlich ist. Die Erlaubnis ist zu befristen.«[17] Offenbar ist die nicht tiergerechte Haltung der Hühner, die dazu führt, dass sie sich selbst verletzen, ein glaubhaft dargelegter Grund dafür, sie durch einen eigentlich verbotenen Eingriff vor sich selbst zu schützen. Und offenbar ist die seit Jahrzehnten fortgesetzte und immer weiter gesteigerte Form der Intensivtierhaltung ein ausreichender Grund für das bis heute fortgesetzte Aufeinanderfolgen von Befristungen.

Wenn die Ausnahme zur Regel wird, ist die Einhaltung des Gesetzes zur Ausnahme geworden. Eine solche Praxis dürfte der landläufigen Auffassung vom Umgang eines Rechtsstaates mit den eigenen Gesetzen widersprechen. Dennoch ist das die bundesdeutsche Realität, wenn es um den Paragraphen sechs des Tierschutzgesetzes geht. Es hat sehr lange gedauert, bis dies von der deutschen Öffentlichkeit und dann auch einigen Politikern zur Kenntnis genommen wurde. Schließlich hat sich das Bundesland Niedersachsen aufgemacht, diesen serienweisen Gesetzesbruch zu beenden. Allerdings ohne das System, das ihn produziert, grundsätzlich zu verändern.

Stattdessen hat im Auftrag des Landes die Tierärztliche Hochschule Hannover in einem zweijährigen Versuch Systemmodifikationen erprobt, die den Legehennen Beschäftigung bieten und sie so vom Gefieder ihrer Nachbarinnen ablenken. Die industrialisierte Landwirtschaft steckt ein intelligentes Tier in eine völlig denaturierte, reizarme Umgebung und versucht dann, Beschäftigungstherapien zu entwickeln, die die Probleme mildern. Was bei den Schweinen die Beißspielzeuge sind, das sind bei den Legehennen die Hackblöcke. Am besten bewährt haben sich nach dem Abschlussbericht der Untersuchung gepresste Ballen aus Kleeheu.[18] Ganz verhindern konnte das Federpicken aber keine der Maßnahmen.

Dennoch soll es nun vorbei sein mit den immerwährenden Ausnahmegenehmigungen für das Schnabelkürzen. Niedersachsen und Mecklenburg-Vorpommern haben das Kupieren der Schnäbel verboten und für das restliche Bundesgebiet gibt es zumindest eine freiwillige Vereinbarung mit dem Zentralverband der Deutschen Geflügelwirtschaft, die Ähnliches erreichen soll.

Das Niedersächsische Landesamt für Verbraucherschutz und Lebensmittelsicherheit zeigt in einem »Erfahrungsbericht zum Informationsaustausch mit Österreich« – wo der Verzicht auf das Schnabelkürzen schon länger praktiziert wird – Bilder von Hennen nach einem Jahr Legebetrieb. Man sieht Lohmann-Brown-Hennen, die der Konzern so sicher nicht vorzeigen würde: recht kahle Hälse und an vielen Stellen eigentlich nur noch das hellere Untergefieder. Das Landesamt schreibt dazu: »Trotz intakter Schnäbel zeigen die Hennen auch in der 69. Lebenswoche noch einen vergleichsweise guten Gefiederzustand.«[19] Vergleichsweise stimmt das sicher, andererseits beginnen die Hennen erst um die 19. oder 20. Lebenswoche mit dem Eierlegen. Die abgebildeten Tiere sind also noch kein Jahr dabei und sollten es noch ein paar wenige Monate aushalten. Wie sie dann aussehen, darf man sich vorstellen. Immerhin werden sie noch nicht ganz kahl sein. Auch das gibt es: Hennen, die am Ende der »Legeperiode«, sprich: ihres Lebens, eigentlich schon komplett gerupft aussehen, wie das Suppenhuhn, das sie allerdings nicht werden, weil an den Hybridlegehennen dafür zu wenig dran ist.

Input – Puttputt – Output

Dann schauen wir uns doch lieber nicht die leicht gerupften österreichischen Vorzeigehennen, sondern die gleichaltrigen, aber voll
befiederten, zufrieden singenden Hennen auf dem Bauckhof in der
Lüneburger Heide an. Dort, wo die Tiere Auslauf haben, wo alles in
Ordnung ist und wir mit gutem Gewissen unser Frühstücksei und –
für den siebenfachen Preis des Discounterhähnchens – auch Geflügel kaufen können. Und lassen uns sogleich vom Bauern selbst aus
der vermeintlichen Idylle stürzen. »Nichts ist in Ordnung«, sagt
Carsten Bauck. Das Huhn ist das am perfektesten industrialisierte
Tier unter den Nutztieren des Menschen. Am besten zu erkennen ist
das am Grad der Mechanisierung all dessen, was um das eigentliche
Lebewesen herum passiert.

Die modernen Ställe sind klimatisiert. Lüftung und Wärme werden
automatisch geregelt. Der Tag beginnt, wenn sich das Licht einschal-
tet, er dauert so lange, bis die Lichtanlage ihn programmiert beendet.
Lichtstärke und Lichtfarbe, mit mehr oder weniger UV-Anteil, sind
abgestimmt auf das jeweilige Alter der Tiere, berechnet nach Licht-
einheiten in Lux pro Quadratmeter Stallboden. Das Futter wird an
Lebensalter und Leistungssoll – Fleischzunahme oder Eierproduktion – genau angepasst, berechnet nach dem Anteil an Proteinen,
Aminosäuren, Vitaminen, computergesteuert gemischt, geschrotet
oder in Pellets gepresst. Die Futterbänder werden vollautomatisch
aus den Futtersilos beladen und zeitgesteuert angefahren und abge-
stellt. Wenn es Sitzstangen gibt, so liegen die über der Kotgrube, die
automatisch gereinigt wird. Der Boden der Nester zur Eiablage ist
schräg, die Eier rollen nach hinten ab und werden vom Förderband
zur Sortierung gebracht. Es gibt industriell gefertigte Vergasungskäs-
ten für die männlichen Küken der Legelinien, es gibt Automaten zur
Schnabelkürzung und schließlich Fließbänder im Schlachthof. Die
Maschinenwelt der Industrielandwirtschaft endet direkt vor dem ma-
schinell gekürzten Schnabel des Huhns und beginnt direkt an seinem
Hinterteil wieder, egal ob dort Kot oder Eier herauskommen.

»Input – Puttputt – Output«, nennt Carsten Bauck das. Näher ist
die Mechanisierung nirgendwo an das Tier herangeführt worden.

Und mehr auf das industrialisierte System zugerichtet worden ist kein anderes Tier. Das Huhn ist das perfekte Industriewesen. Auch wenn es nur mit Hilfe der Pharmaindustrie unter den Lebensbedingungen der Industrielandwirtschaft gehalten werden kann, auch wenn das nur funktionieren mag, weil sein Leben so kurz ist – diese mechanisch-industrielle »Produktionstiefe« ist mit anderen Nutztieren nicht vorstellbar. *Noch* nicht. Die Industrielandwirtschaft arbeitet daran, auch andere Tiere entsprechend einzuspannen. Auf dem Weg zu ähnlichen Produktionssystemen für Schweinefleisch und Milch mehren sich aber die Opferzahlen, im Industriejargon »Produktionsausfälle«. »So wie die Hühner lassen sich Schweine und Rinder nicht zurichten«, sagt Carsten Bauck, »unter solchen Lebensbedingungen werden die krank.« Die Hühner natürlich auch, aber es gibt ja Medikamente, wenn die Hähnchen schwächeln, was offenbar über neunzig Prozent tun. Und die Legehennen kann man ja »ausstallen« – sprich: schlachten –, bevor sie sich selbst umgebracht haben. Dann haben sie ein Jahr und noch ein, zwei, vielleicht drei Monate mehr fast jeden Tag ein Ei gelegt. Wenn man ihnen jetzt eine Ruhepause gönnen würde und sie durch die Mauser brächte, die dann einsetzen würde, dann würden sie danach ohnehin nie wieder so viele Eier legen wie vor der Mauser. Auch viele Biobetriebe lassen das mit der Mauser deshalb doch lieber sein.

Obwohl es hilfreich wäre, die Legehennen einmal oder auch zweimal durch die Mauser gehen zu lassen. Sie würden dadurch älter, müssten viel später erst ausgestallt, also geschlachtet werden. Und das bedeutet: Es müssten nicht so viele neue Küken ausgebrütet werden, um die Hennen zu ersetzen – und also würden auch weniger der Bruderhähne aus dem Ei schlüpfen, die zum Problem geworden sind, weil sie entweder getötet oder mit Verlust aufgezogen werden müssen. Nach der Mauser würden die Hühner dann weniger Eier legen, dafür müssten aber keine neuen Küken gekauft werden. Daraus könnte man vielleicht noch eine Rechnung mit wenig Verlust machen. Es ist allerdings nicht ganz einfach, eine ganze Hühnerherde gleichzeitig in die Mauser zu schicken. Und das müsste in den großen Ställen wohl geschehen.

Zwei Möglichkeiten gibt es, um den Hühnern zu signalisieren, dass jetzt die Zeit dafür ist: die Reduktion des Futters oder des Lichts, oder von beidem. Das also, was natürlicherweise im Herbst passiert: Die Tage werden kürzer, es gibt weniger Insekten, die Hühner beenden das Eierlegen. Sie legen die Eier ja nicht für unsere Lebensmittelproduktion oder unseren Frühstückstisch, sondern eigentlich zur Arterhaltung; sie wollen Nachkommen produzieren, nicht Lebensmittel für Menschen. Und das ist ihnen auch noch nicht ganz abgezüchtet worden. Also würden die Hennen eigentlich im Herbst mit dem Eierlegen aufhören, weil sie in einem natürlichen Winter – ohne Stallheizung, Fertigfutter und Kunstlicht – kaum Chancen hätten, die Küken großzuziehen. Das geht aber nicht, so viel Natur ist beim Geflügel nicht mehr drin, denn genau in der Zeit, in der die Hühner eigentlich keine Eier legen, werden die meisten Eier verkauft: zwischen Weihnachten und Ostern. Im Sommer, wenn die Hennen von sich aus eigentlich fleißig legen würden, sinkt der Eierabsatz. Die Menschen sind im Urlaub; wenn es warm ist, essen sie außerdem weniger Eier. Deshalb müssten die Legehennen eben genau nicht im Herbst in die Mauser, sondern idealerweise im Sommer, wenn die wenigsten Eier gebraucht werden. Bei Freilandhaltung ein eher schwieriges Unterfangen, man müsste also wohl die Außenklappen am Stall dichtmachen, den Ausgang für eine Weile streichen und innen abdunkeln. Das heißt, die Mauser der ganzen Hühnerherde muss sich in den Produktionsablauf einpassen, sie muss dem Markt angepasst werden und kann nicht dem natürlichen Lebensrhythmus der Tiere folgen. So hat sich der Markt entwickelt, weit fort von dem ehemaligen Wissen um die winterliche Eierknappheit.

»Ehemals« ist noch gar nicht so lange her. Noch vor ein paar Jahrzehnten gab es im Winter keine Eier, vor Jahrhunderten schon gar nicht. Damals haben die Menschen sich noch nach der Natur richten müssen und sich entsprechend angepasst. Die alten Kuchen- und Plätzchenrezepte für die Weihnachtsbäckerei kommen deshalb ohne Eier aus. Und dass der Osterhase heute Eier bringt – ein eigentlich unglaublicher Vorgang –, hat mit dem Glauben zu tun. Im

Frühjahr gab es die ersten Eier mit etwas Glück zu Ostern, der christlichen Feier der Auferstehung Jesu. Die katholischen Priester färbten deshalb gekochte Eier, als Symbole des Lebens, rot ein, Symbol für das Blut Christi, und schenkten diese Eier ihren Gemeindemitgliedern. Im 12. Jahrhundert führte die Kirche das *benedictum ovorum* ein, die Eiersegnung. Überliefert ist der Segensspruch der Priester aus dem 17. Jahrhundert:»Segne, Herr, wir bitten dich, diese Eier, die du geschaffen hast, auf dass sie eine bekömmliche Nahrung für deine gläubigen Diener werden, die sie in Dankbarkeit und in Erinnerung an die Auferstehung des Herrn zu sich nehmen.«[20] Die Protestanten wollten auch gefärbte Eier und erfanden sich das Osternest samt Suchaktion für Kinder und Osterhase. So die Erzählung.

Alles das stand aber noch in direktem Zusammenhang mit dem natürlichen Lebensrhythmus der eierlegenden Haushühner. Erst als dann die Legehenne zunehmend industrialisiert wurde, konnte mit künstlichem Licht in den Ställen der Natur ein Schnippchen geschlagen werden. Jetzt gab es auch im Winter Eier – und die Konsumenten griffen zu. Inzwischen dürfte sich das Bewusstsein für die Künstlichkeit dieses Angebots aus den meisten Konsumentenköpfen vollständig verflüchtigt haben, und keiner der Legehennenhalter kann mit seinen Hühnern wieder zurück zur Natur. Wenn die Konsumgewohnheiten der Menschen den natürlichen Abläufen zuwiderlaufen, müssen halt die Tiere, die die Lebensmittel liefern, dem Markt angepasst werden. Wir wollen im Winter Eier kaufen, also brauchen die Legehennenhalter im Winter viel Strom, um ihren Hennen Sommer vorzugaukeln. Außerdem wird die Einstallung so geplant, dass die Zeit, wenn die Hennen die meisten Eier ihres kurzen Lebens legen, genau zwischen Weihnachten und Ostern fällt. Dann, wenn die Hennen nach der Uhr der Natur die meisten Eier legen würden – im späten Frühjahr und frühen Sommer, sind die Menschen eiersatt. Ostern liegt hinter ihnen, die Frühjahrsdiät funktioniert auch ohne Ei. Zu viele Eier sollen ja gar nicht so gesund sein …

Gallus

Die Natur, aus der die Vorfahren unserer heutigen Haushühner stammen, ist nicht nur von unseren modernen Hühnerställen meilenweit entfernt, sondern auch von der ursprünglichen mitteleuropäischen Natur. Unsere Haushühner, *Gallus gallus domestica*, stammen – ob Hybriden oder Rassegeflügel – sämtlich aus den Regen- und Mangrovenwäldern Südasiens und Südostasiens. Wobei die Perlhühner nicht zu den Haushühnern gehören, auch wenn sie aussehen, als seien sie nur eine besondere Zuchtform, und obwohl es getupfte Haushühner gibt, die die Zeichnung der Perlhühner quasi nachahmen. Perlhühner sind aber eine eigene afrikanische Hühnervogelfamilie, die *Numididae*. Eine der sechs Arten dieser biologischen Familie wurde domestiziert: das Helmperlhuhn, *Numida meleagris*. Portugiesische Seefahrer sollen es 1455 an der Guineaküste entdeckt haben, ob bereits domestiziert oder nicht, ist unklar.[21]

Die Ahnen der eigentlichen Haushühner stammen dagegen aus der Familie der *Phasianidae*, der Fasanenvögel. Dort gehören sie zur Gattung *Gallus*, zu den Kammhühnern. Lange dachten die Zoologen, dass alle unsere Haushühner von nur einer der vier Kammhuhnarten abstammen; allein das Bankivahuhn, *Gallus gallus*, galt als die Stammform von *Gallus gallus domestica*. Die Annahme ist verständlich, denn die Bankivahähne haben sehr viel Ähnlichkeit mit einigen unserer alten Haushuhnrassen. Die Hähne der Sulmtaler, Altsteirer, Italiener zum Beispiel tragen die für die Bankivahähne typischen großen, blutroten, gezahnten Kämme und Kehllappen, die goldfarbenen Halsfedern, die blaugrün schimmernden Schwingen und die metallisch glänzenden, schwarzgrünen Schwanzfedern. Die Geflügelzüchter nennen sie deshalb »wildfarben«. Die Hennen der Bankivahühner hingegen sehen noch schlichter aus als die meisten Hennen unserer alten Hühnerrassen. Da scheinen die Züchter im Laufe der vergangenen acht Jahrtausende – so lange ungefähr ist das Huhn bei den Menschen – einigen Gestaltungswillen investiert zu haben. Die Bankivahühner, wegen des auffälligen Kopfschmucks der Hähne und der goldenen Halsfedern auch Rote Dschungelhühner genannt, bewohnen in ihrer Heimat

Südostasien die Waldränder und lichteren Baumbestände. Von Indien über Kaschmir und China bis zu den Philippinen leben bis heute fünf Unterarten.

Allerdings überschneidet sich der natürliche Lebensraum der Bankivahühner an manchen Stellen mit dem anderer Kammhühner. Aber nicht diese Tatsache hat eine Suche nach einem weiteren Ahnen unserer Haushühner ausgelöst. Gefunden wurde er bei der Suche nach der Ursache für einen genetisch bedingten Unterschied heutiger Haushuhnrassen, der verschiedenartigen Färbung der Füße und bisweilen auch der Schnäbel. Eine Forschergruppe um die Mikrobiologen Leif Andersson und Jonas Eriksson von der Universität Uppsala untersuchte die Gensequenzen der Hühner, die für die Farbe der Füße zuständig sind, um herauszufinden, ob eine Mutation dafür verantwortlich ist, dass aus dem ursprünglich bläulichen Hautton der Bankivahühner bei vielen Haushühnern ein gelber Grundton geworden ist. Was sie fanden, war aber ein zweiter Urahn der Haushühner: das Sonnerathuhn, *Gallus sonneratii*.[22] Der Lebensraum des Sonnerathuhns ist bis heute der Südwesten Indiens. In einigen Gebieten leben dort auch Bankivahühner, und es gibt durchaus Kreuzungen beider Arten in freier Natur, ohne dass sie sich deshalb dauerhaft vermischt hätten. Norbert Benecke bemerkt in seiner Geschichte der Haustiere, dass auf Java häufig die Männchen des Grünen Dschungelhuhns oder Gabelschwanzhuhns, Gallus varius, in Gefangenschaft gehalten werden, um sie mit Haushühnern zu paaren. »Die Hähne, die aus diesen Kreuzungen hervorgehen, werden wegen ihres durchdringenden, langgezogenen und einsilbigen Krähens geschätzt.«[23] In deutschen Dörfern und Stadtrandlagen wäre das eine sichere Indikation für mannigfaltige Zivilprozesse, für Zoologen und Genetiker könnte es dagegen ein freundlicher Hinweis für die Suche nach weiteren genetischen Spuren bei unseren Haushühnern sein.

Im Fall der Haushühner gibt es also mehrere Ahnen, aber keine zweite Domestikationsregion auf der Welt, anders als bei Schweinen und Rindern. Das ist sowohl zoologisch als auch genetisch geklärt. Von Indien und China aus wurde das Huhn um die Welt getragen. Was wahrscheinlich wörtlich zu nehmen ist, denn gewandert sind die Hühner nicht mit den Menschen. Ein Tier, das fliegen kann und von Natur aus ängstlich und scheu ist, taugt weniger für wandernde Nomaden. Die Hühner dürften also schon sehr früh Handelsware gewesen und entsprechend entlang der Handelswege verbreitet worden sein. Soweit alte Hühnerhaltungsformen belegt sind, dürften die Haushühner außerdem, wiewohl sie sich schon deutlich von den Wildformen unterschieden, im Verhalten lange den wilden Bankiva- und Sonnerathühnern ähnlich geblieben sein. Selbst in der Eisenzeit – 5000 Jahre nach der Domestizierung – wurden die Haushühner in Mitteleuropa noch in geschlossenen Ställen und Gehegen gehalten, waren also wahrscheinlich nicht besonders häuslich. Unser Bild vom Hahn auf dem Mist und der friedlich im offenen Hof scharrenden Hühnerschar, die freiwillig beim Haus bleibt, ist offenbar jüngeren Datums – und gehört doch schon wieder der Vergangenheit an.

Wie die anderen alten Nutztiere, haben es auch die Hühner in die Religion, die Mythologie und die Heraldik geschafft. Vor allem Hähne flattern und krähen durch die Sagenwelten und prangen auf Schilden und Wappen. In dem zur Indus-Kultur gehörenden Mohenjo-Daro im heutigen Pakistan, der größten erhaltenen Stadt der Bronzezeit, wurde eine Vase gefunden, die auf Bäumen sitzende Hähne zeigt, neben denen Sonnen dargestellt sind. Ähnliche Motive finden sich auf fast 5000 Jahre alter persischer Keramik und rund 3500 Jahre alten assyrischen Gefäßen. Womöglich war der Hahn damals schon Teil eines Sonnenkultes. Auf keinen Fall hielt der Kultstatus die Menschen aber davon ab, ihre Haushühner zu verspeisen. In Mohenjo-Daro wurde auch die Tonstatuette eines ziemlich fetten Huhns gefunden, das vor einem Futternapf sitzt, sowie eine Menge Hühnerknochen ausgegraben, die aufgrund ihrer Größe eindeutig nicht mehr den wilden Kammhühnern zugeordnet werden konnten. Die Hühner der Indus-Kultur waren deutlich größer als ihre wilden Ahnen, was auf eine Fleischnutzung deutet. Eier finden sich in den damaligen Darstellungen dagegen noch nicht.

Natürlich hatten auch die Germanen einen heiligen Hahn in ihrer mythologischen Menagerie: Widofnir. Der leuchtet golden und sitzt auf dem Weltenbaum. Der Hahn wacht über die Unversehrtheit dieses Baums des Lebens. Jacob Grimm vermutete, dass die christliche

Kirche sich dieses heidnischen Hahns annahm und ihn auf ihre Maibäume und als Wetterfahne auf die Kirchtürme pflanzte, um ihn unschädlich zu machen:

»Die wenden errichteten kreuzbäume, brachten aber, heimlich noch heidnisch gesinnt, zu oberst auf der stange einen wetterhahn an. (…) Ich weiß nicht, wann die goldnen hähne auf kirchthürmen eingeführt wurden, bloße wetterfahnen sollten sie ursprünglich kaum sein. (…) Zwar ist der hahn symbol der wachsamkeit, und dem wächter, damit er alles überschaue, gebührt der höchste standpunkt; möglich aber wäre, daß die bekehrer einen heidnischen brauch, hähne auf gipfeln heiliger bäume zu befestigen, schonend ihnen auch eine stelle auf kirchthürmen einräumten, und dem zeichen hernach nur allgemeine bedeutung unterlegten.«[24]

Wobei die Bedeutung, die die Kirche hernach dem Wetterhahn auf dem Kirchturm gab, eine mahnende war. Der Hahn ist der Künder des Morgens und des Lichts, eine positive Gestalt, aber die Nacht davor kann schwarz sein. Der Apostel Petrus gelobte Jesus die Treue in dessen letzter Nacht vor der Kreuzigung. Und Jesus antwortete ihm mit den berühmten Sätzen:»Wahrlich ich sage dir: In dieser Nacht, ehe der Hahn kräht, wirst du mich dreimal verleugnen. Petrus sprach zu ihm: Und wenn ich mit dir sterben müsste, so will ich dich nicht verleugnen.«[25] Und er tat es natürlich dennoch wie vorhergesagt. Daran soll der Hahn auf den Kirchtürmen gemahnen und erinnert so doch auch an den heiligen Hahn der Germanen, der über den Lebensbaum wacht.

Der gallische Hahn der Franzosen wachte dagegen eher über ihre Freiheit. Vielleicht haben sich die Gallier das Wappentier aus der römischen Bezeichnung für ihr unterworfenes Volk geholt, sind doch die *galli* Gallier und Hähne zugleich. In der Französischen Revolution jedenfalls, Jahrhunderte nach der Herrschaft der Römer, wurde der Hahn zum Symbol des Aufstands. Sein Weckruf wurde weltweit gehört. Heute ist der gallische Hahn noch das Wappentier von Wallonien, jenes französischsprachigen Teils Belgiens, der sich gegen die Unterzeichnung des sogenannten Freihandelsabkommens mit Kanada wehrte, unter anderem interessanterweise, um seine Bauern vor der amerikanischen Industrielandwirtschaft zu schützen. Zumindest war das eines der Argumente.

Die Hühnerhaltung indes – abgesehen von heiligen Hähnen auf heiligen Bäumen und diversen Wappentieren – erreichte Gallien und Germanien in historischer Zeit erst spät. Sie kam aus Persien ins antike Griechenland, von dort gelangten die Haushühner ins ebenfalls griechisch dominierte und zum Teil kolonisierte Italien und von dort weiter nach Norden. In Griechenland verdrängten die eingeführten Hühner zum Teil die bis dahin gehaltenen halbzahmen Gänse, Enten und Tauben. In den griechischen Schriften wird das eingeführte Haushuhn alsbald mit der Mythologie verknüpft und gewinnt schon dadurch an Bedeutung. Es heißt nicht mehr nur »persischer Vogel«, was auf die Herkunft hinweist, sondern »Alektryon«. Das ist der Name eines mythologischen Jünglings, der vor der Tür des Kriegsgottes Ares Wache halten soll, sich stattdessen aber mit der Liebesgöttin Aphrodite einlässt. Am Morgen werden die beiden vom Sonnengott Helios auf dem Liebeslager überrascht – und Ares verwandelt den Alektryon in einen Hahn, auf dass er nie wieder den Sonnenaufgang versäume. Dass der Kriegsgott mit dem Hahn zu tun hat, kommt nicht von ungefähr. Weit verbreitet war schon bei den Griechen die Leidenschaft für Hahnenkämpfe. Sie schätzten das aufbrausende Wesen der Gockel und ergötzten sich daran, wenn in den kleinen Arenen Hahnenblut floss. Das hat sich bis heute erhalten – über viele Kulturen und Jahrhunderte hinweg. Entsprechend sind die Rassen der Kampfhühner wohl die ältesten durch bewusste Zuchtwahl des Menschen entstandenen Hühnerrassen, die es bis heute gibt.

Die wirtschaftliche Hühnerzucht mit dem Ziel, Lebensmittel zu produzieren, haben aber erst die Römer systematisiert. Im ersten Jahrhundert nach Christus schreibt der römische Landwirtschaftslehrer Lucius Iunius Moderatus Columella im achten Band seiner *Zwölf Bücher von der Landwirtschaft*:

»Wer meinen Vorschriften folgen will, muß zuerst überlegen, wie viel Hühner er anschaffen will, und von welcher Art, wie er sie halten und futtern muß; zu welcher Jahreszeit man die Küchlein auskommen läßt; wie man sie zum sitzen und ausbrüten bringt; und endlich, wie die Küchlein gehörig auferzogen werden. Diese Sorgfalt und verschiedene Aufsicht wird bey dem Hühnerhalten erfordert.

Die rechte Zahl der Hühner, welche man anschaffen muß, ist zweyhundert, denn diese können einen Wärter beschäftigen. Man muß ein emsiges Weib oder Knaben haben, sie zu hüten, wenn sie sich verlaufen, damit sie nicht eine Beute der Diebe oder Raubthiere werden.«[26]

Es folgen – ähnlich wie bei den Ochsen – ausführliche Beschreibungen über die Art der Hühner, ihr Aussehen, ihren Zustand, die es anzuschaffen gilt, wenn man eine Hühnerzucht aufbauen möchte. An Deutlichkeit lässt der Römer nichts zu wünschen übrig, wenn er sagt:»Wenn die Hähne Nutzen schaffen sollen, müssen sie sehr geil seyn.« Groß sollen sie außerdem sein, die Hähne, und kräftig die Hennen. Eindeutig, dass es hier nicht um die Eier geht, sondern ums Fleisch; ähnlich wie es den Römern bei den Kühen nicht um die Milch ging. Von Ziergeflügel hält Columella nicht viel. Das wird deutlich, wenn er rät, falls man solche Tiere doch halten wolle, ihre Eier»gewöhnlichen Hennen« unterzuschieben, weil die das Brutgeschäft besser verstehen.»Die Zwerghühner können wegen ihrer Niedrigkeit vielleicht jemand vergnügen«, schreibt er, sonst aber kämen sie für eigentlich nichts in Betracht.

Ähnlich wie den Rindern erging es auch den Hühnern im römischen Einflussbereich: Sie wurden größer. Jenseits von dessen Grenzen blieben sie kleiner, und nach dem Ende des Römischen Reiches wurden sie auch dort kleiner, wo zuvor systematische Zucht betrieben wurde. Wieder gibt es eine Ausnahme im hohen Norden. Die Wikinger im heutigen Schleswig-Holstein betrieben offenbar eine differenziertere Hühnerzucht. Funde aus dem frühmittelalterlichen Haithabu an der Schlei lassen erste Unterschiede zwischen Lege- und Fleischhühnern erkennen. Dort fanden sich auch vermehrt Eierschalen in den Speiseabfällen. Das bleibt zunächst ein regionales Phänomen, und es könnte ein Hinweis darauf sein, dass – ähnlich wie bei der Milch – die Nutzung der lebenden Tiere eine nordische Idee war. Den Römern und ihren Nachfolgern im Süden Europas ging es offensichtlich sehr lange vorwiegend um das Fleisch der Tiere. Für sie war die lebende Henne nicht so wichtig, außer als Muttertier. Umso erstaunlicher, dass es nach den Römern bergab ging mit der Zucht auf Fleisch. Wie die Rinder, so wurden auch die Hühner wieder kleiner.

Obwohl im Übergang zum Mittelalter die Hühnerhaltung immer mehr an Bedeutung gewann, lassen sich signifikant größere Hühner nur in einzelnen Regionen finden. Die frühmittelalterlichen Haushühner liegen im Durchschnitt zwischen der Größe heutiger Zwerghühner und leichter Legerassen; der Römer Columella hätte die Nase gerümpft. Erst im späten Mittelalter kann man wieder so etwas wie eine züchterische Bemühung erkennen, stellt Norbert Benecke fest.[27] Es tauchen auch Rassemerkmale auf, die es schon bei den Römern gab, die dann aber offenbar wieder verloren gegangen waren, etwa Haubenhühner, also Tiere, die statt eines Kamms eine Federhaube tragen. Es entstehen Landschläge und dann später die an unterschiedlichen Orten weiter gezüchteten »Rassen«. Heutige alte Hühnerrassen wie Thüringer, Rheinländer, Hamburger oder Altsteirer haben ihren Ursprung im Spätmittelalter.

Damals begann also die Zucht der Hühner, die wir heute noch kennen. Bis auf die hybriden Masthähnchen und Legehennen, die nicht mehr zu Zuchtrassen, sondern zu Markenlinien der Konzerne gehören. Die kamen erst mit der Industrialisierung der Landwirtschaft nach dem Zweiten Weltkrieg dazu, also hunderte Jahre später. Und für die gilt am ehesten, was der Esel, im Grimm'schen Märchen von den *Bremer Stadtmusikanten* bereits unterwegs mit Hund und Katze, dem Hahn rät:

»Darauf kamen die drei Landesflüchtigen an einem Hof vorbei, da saß auf dem Thor der Haushahn und schrie aus Leibeskräften. ›Du schreist einem durch Mark und Bein‹, sprach der Esel, ›was hast du vor?‹ ›Da hab ich gut Wetter prophezeit‹, sprach der Hahn, ›weil unserer lieben Frauen Tag ist, wo sie dem Christkindlein die Hemdchen gewaschen hat und sie trocknen will; aber weil Morgen zum Sonntag Gäste kommen, so hat die Hausfrau doch kein Erbarmen, und hat der Köchin gesagt, sie wollte mich Morgen in der Suppe essen, und da soll ich mir heut Abend den Kopf abschneiden lassen. Nun schrei ich aus vollem Hals, so lang ich noch kann.‹ ›Ei was, du Rothkopf‹, sagte der Esel, ›zieh lieber mit uns fort, wir gehen nach Bremen, etwas besseres als den Tod findest du überall; du hast eine gute Stimme, und wenn wir zusammen musicieren, so muß es eine Art haben.‹ Der Hahn ließ sich den Vorschlag gefallen, und sie giengen alle viere zusammen fort.«[28]

Doppelnutz

Wenn Ralf Hantusch den niedrigen Zaun zu seiner Hühnerwiese übersteigt, laufen die Hähne und Hühner nicht fort, sie kommen angerannt. Eben noch verstreut auf der Wiese, immer in der Nähe der Deckung – neben den Mobilställen, unter den Sträuchern am Rand des Geländes –, vergessen die Hühner jetzt ihre Angst vor Greifvögeln. Sie wissen: Wenn der Bauer da ist, kann nichts passieren; oder doch, vielleicht gibt es ein paar Extrakörner aus der Hand. Gibt es, weil Hantusch seine Hühner vorzeigen will. Dazu soll ich zwei von ihnen in die Hand nehmen. Eine Lohmann Brown Plus und eine von den weißen Bressehennen. Auf den ersten Blick sind die Hühner etwa gleich groß. Sie sehen auch gleich gesund aus, mit vollem Gefieder und vollem Einsatz beim Streit um die Körnergabe, die der Bauer ausgeworfen hat. Er greift sich eines der weißen Hühner, das protestiert kurz, lässt es sich dann aber gefallen. Dann eine Hybridhenne, da ist das Zupacken kein Problem, es gibt auch keinen Protest. Und nun der Vergleich. Man braucht keine Waage, der Test mit beiden Händen reicht, der Unterschied ist eklatant. Die Hybridhenne wiegt im Vergleich zum Bressehuhn fast nichts. »Sie sind gleich alt«, sagt Ralf Hantusch.

Sein Hof liegt am Rand eines Wäldchens, seine Hühnerwiesen sind eigentlich Lichtungen am Ende des Dorfes. Auf einer großen Wiese hält er die Legehennen mit ihren Hähnen, daneben die Masthähnchen. Seine Mobilställe sind so klein, dass sie noch auf ein Fahrwerk mit Rädern passen. Wenn er die ganze Hühnergesellschaft verlegen will, lässt er die Klappen morgens zu und zieht den Stall mit dem Schlepper weiter. Die Küken wachsen in einem festen Stall am Haus auf und haben dann da Auslauf, wo andere Leute ihren Freizeitgarten anlegen würden. Ralf Hantusch nicht, bei ihm ist fast überall rund ums Haus Hühnerland. Er züchtet Geflügel, seit er vierzehn Jahre alt wurde. Die Leidenschaft für die Tiere kam nicht vom Vater, der zwar Schweine und Schafe hielt, aber eigentlich lieber nur Ackerbau betrieben hätte. »Die Liebe zum Federvieh«, sagt der Geflügelzüchter, »habe ich vom Großvater.« Wegen dieser Liebe reichen ihm die Hühner auch nicht; auf einem vollwertigen Geflügelhof muss mehr flattern. Bei Hantusch sind das schwarzgrüne Pommernenten und weiße Diepholzer Gänse und auf einer etwas weiter vom Hof entfernt liegenden Wiese eine alte, vom Aussterben bedrohte Hühnerrasse: die gelben Ramelsloher. Sie stammen aus dem Örtchen Ramelsloh in der Lüneburger Heide und waren Anfang des 20. Jahrhunderts eine begehrte Landrasse, weil sie auch im Winter Eier legen und eine anständige Größe erreichen. Und sie sehen so aus, wie sich Verbraucher Hühner auf einem Bauernhof gerne vorstellen: stattliche Hähne mit aufrechtem Gang, großen tiefroten Kämmen und Kehllappen, einem auffallenden weißen Fleck am Ohr und hellem rehbraunem Federkleid mit dunkleren Schwanzfedern; die Hennen schlichter im hellen Braun, aber auch ziemlich groß. Seit der Umstellung der Geflügelzucht auf Masse und Geschwindigkeit in den 60er Jahren des vergangenen Jahrhunderts sind die Ramelsloher Hühner ohne wirtschaftliche Bedeutung. Und das hätten sie fast nicht überlebt. Die Gesellschaft zur Erhaltung alter und gefährdeter Haustierrassen führt sie auf der Roten Liste als stark gefährdet.

Auf seinem kleinen Geflügelhof im Norden Schleswig-Holsteins hält Ralf Hantusch aber hauptsächlich die weißen Bressehühner, die hier nicht so heißen dürfen, weil das *Bresse gauloise* in Frankreich ein AOC-Siegel trägt. Das Kürzel steht für Appellation d'Origine Contrôlée, ist also eine kontrollierte Herkunftsbezeichnung. Bresse darf ein Huhn nur genannt werden, wenn es aus der gleichnamigen Region nordöstlich von Lyon kommt und nach den dortigen Haltungsvorschriften aufgezogen wurde. Die deutschen Bresse-Züchter nennen ihre Hühner deshalb »Les Bleues« – die Blauen. Blau sind die Beine und Füße der Bressehühner, die Geflügelzüchter sagen Ständer, genau wie bei den wilden Bankivahühnern. Das Gefieder der Bressehühner soll rein weiß sein, der vergleichsweise kleine Kamm blutrot. Blau – weiß – rot, voilà: die französischen Nationalfarben.

In Frankreich haben die Bressehühner eine lange Tradition. Bereits 1862 gewannen die Züchter aus der Bresse mit ihren Hühnern einen Geflügelwettbewerb gegen die Hühnerzüchter anderer Regionen. Zwei Jahre später schlugen sie die gesamte französische Konkurrenz beim zentralen Wettbewerb in Paris aus dem Feld. Seitdem ist das Bressehuhn in Frankreich in aller Munde. In den 30er Jahren des vergangenen Jahrhunderts wurden die Bressehühner dann als Regionalmarke geschützt. Seitdem kämpft der Zuchtverband gegen Missbrauch und Betrug und hält die Reihen geschlossen. Heute ist die gesamte »Produktionskette« in der Bresse unter einem Verbandsdach organisiert: von der Brüterei über die Aufzucht bis zum Schlachthof und dem Vertrieb. 1,2 Millionen echte Bressehühner werden jedes Jahr vermarktet, angesichts der französischen Geflügelproduktion von rund 650 Millionen jährlich ein überschaubar kleiner Anteil, dafür aber weltberühmt.

In Deutschland hat sich der »Zuchtring für weiße *Bresse gauloise*« erst 2012 im Rahmen der »Initiative zur Erhaltung alter Geflügelrassen«[29] gegründet. Noch jünger ist der Verband, dem sich auch Biobauer Ralf Hantusch angeschlossen hat: die »Initiative Zweinutzungshuhn«. Sie möchte zurück zur alten Form der Hühnerzucht. Legehennen sollen ihr Leben als Suppenhuhn beenden und nicht in der »Kadaverwanne« landen, um dann zu Tiermehl verarbeitet zu werden oder in die Biogasanlage zu wandern. Und ihre Bruderhähne sollen nicht vergast, sondern ganz normal – ohne Zuschuss – aufgezogen werden und richtige Hähnchen abgeben. Wobei die Initiative, zu der sich inzwischen rund zwanzig Höfe zusammengeschlossen haben, nicht »am System doktern« will, wie das Carsten Bauck nennt; sie will aussteigen aus dem System. Sie schreibt auf ihrer Internetseite:

»In verschiedenen Teilen Deutschlands haben sich Landwirte und Erzeuger auf den Weg gemacht, um das Problem der Küken-Tötung zu lösen. Manche hoffen auf ein technisches Verfahren, welches das Geschlecht am Brutei bestimmen kann, um die männlichen Eier gezielt vor dem Schlüpfen aussondern zu können. Andere nehmen die langsamere Entwicklung des Kükens hin und ziehen sie auf. Oder man steigt aus dem System der Hybridzüchtung aus. Einige Bauern haben seit wenigen Jahren wieder begonnen, mit Rassehühnern zu arbeiten. Ihr Ziel ist es, Hühner in einem geschlossenen Kreislauf zu halten.«[30]

Anders ausgedrückt: Die Zukunft des Huhns ist seine Vergangenheit! Das Bressehuhn, so die Initiative Zweinutzungshuhn, erfülle die Kriterien, die sie für die Wahl des Rassehuhns aufgestellt hat, mit dem sie den Weg zurück aus der industriellen – oder über die Konzernhybriden zumindest industriegebundenen – Hühnerhaltung in die bäuerliche Hühnerzucht versuchen will. Das Bressehuhn oder Les Bleues sei »weltweit bekannt und beliebt«, es habe unter den Rassehühnern eine bessere Futterverwertung und Leistung als andere Rassen, ja es sei »bezogen auf Eier und Fleisch nicht so weit entfernt vom Hybridhuhn«, es habe ein ruhiges, sozialverträgliches Wesen, und »Fleisch und Eier schmecken hervorragend«. Unter dem Dach des Ökoanbauverbands Naturland hat sich im weiteren Umland von Berlin die Initiative »ei Care« zu einem »Regionalprojekt Zweinutzungshuhn« zusammengetan. Die Biobetriebe in Brandenburg und Mecklenburg-Vorpommern haben sich ebenfalls auf das Les Bleues geeinigt. Unter dem Dach von Demeter organisiert das Hofgut Rengoldshausen – das schon die muttergebundene Kälberaufzucht vorangebracht hat – die Zucht der Bressehühner. Seit 2013 werden in Überlingen am Bodensee und von mehreren Partnerbetrieben Les Bleues gehalten und kontrolliert weitergezüchtet.

Auch seit Jahren bei der Zucht von Bressehühnern engagiert ist die Hessische Staatsdomäne Mechthildshausen, ein Bioland-Betrieb mit mehreren Standorten und insgesamt 650 Hektar Land, gepachtet und betrieben von der Wiesbadener Jugendwerkstatt, die mit dem Hof ein soziales Projekt für Arbeitslose und schlecht Qualifizierte verbindet. Die Hessen haben schon vor über zwanzig Jahren Hühner und Hähne aus zwei verschiedenen Zuchtlinien direkt in der französischen Bresse gekauft und nach Deutschland gebracht. Aus diesen Hühnern haben sie ihre Elterntiere gezüchtet und eigene Masthähnchen entwickelt. Eine Kreuzung der Bressehühner der Domäne mit New-Hampshire-Hühnern aus den USA ergab eine eigene Legehennenlinie, also ein Hybridhuhn aus Biozucht, das die Züchter »Domäne Gold« genannt haben. In jüngerer Zeit sind die Wiesbadener jetzt auch in Richtung Zweinutzungshuhn unterwegs, indem sie Domäne-Gold-Hähne mit Bressehennen kreuzen. Herausgekommen sind Hennen, die über 250 Eier im Jahr legen, und Hähne, die nach vier Monaten über drei Kilo wiegen. Die Biogeflügelzucht und Brüterei Hetzenecker im oberbayerischen Neumarkt-

Sankt Veit züchtet seit 2009 Bressehühner, die als Zweinutzungshuhn Les Bleues vermarktet werden. Christian Hetzenecker hat seine Hühner einem »unabhängigen Praxistest« unterziehen lassen und gibt an, dass die Hennen 250 Eier im Jahr legen, die Hähne nach etwas mehr als drei Monaten 2,3 Kilogramm wiegen.

Der Agrarwissenschaftler Bernhard Hörning von der Hochschule für nachhaltige Entwicklung im brandenburgischen Eberswalde hat die Initiativen für die Entwicklung eines modernen Zweinutzungshuhns und ihre Zuchtergebnisse mit den gängigen Hybridhühnern der Zuchtkonzerne verglichen. Mit dabei im Vergleich ist auch eine relativ junge »Marke« des Zuchtkonzerns Lohmann, der mit Lohmann Brown Plus nicht nur eine schwerere Legehenne für die Freilandhaltung der Biobauern anbietet, sondern nun auch ein Hybridhuhn als Zweinutzungshuhn. Dieses Lohmann Dual wird aber von den Hühnerhaltern nicht gut angenommen. Aus dem Vergleich geht hervor, dass die deutschen Züchter, die sich dem Bressehuhn verschrieben haben, inzwischen zwar weiter in Richtung Doppelnutzen vorangekommen sind als die Franzosen selbst. Die echten Bressehühner nehmen zwar etwas schneller zu als die Les Bleues, legen dafür aber deutlich weniger Eier. Die Hähne der Hybriden von Lohmann allerdings nehmen noch schneller zu als die Bressehühner, und ihre Schwestern legen genauso viele Eier wie Les Bleues.[31] Der Zuchtkonzern ist also wieder besser als die Biobauern, dennoch scheint Lohmann Dual nicht so recht akzeptiert zu werden. Das könnte daran liegen, dass sich die meisten Bauern, die in Richtung Zweinutzungshuhn unterwegs sind, gleichzeitig von den Zuchtkonzernen abwenden.

Ralf Hantusch lässt auf seinem kleinen Geflügelhof noch ein paar Lohmann Brown Plus »mitlaufen«, damit er im Winter genügend Eier für seine Stammkunden hat. Im Prinzip aber will er ganz umsteigen auf Les Bleues. Das ist für ihn eine Frage der Haltung – dem Huhn an sich gegenüber. »Man merkt das schon im täglichen Umgang, dass die Lohmanns degeneriert sind«, sagt er. Wenn er mit dem kleinen Traktor, mit dem er bisweilen frisches Futter von einer der umliegenden Wiesen oder einem Acker holt, auf die Hühnerwiese fährt, muss er sehr aufpassen, dass er seine Lohmann Browns nicht überfährt. »Die sind zu blöd, um aus dem Weg zu gehen, die lassen sich in Zeitlupe überfahren«, sagt er. Solch eine Zucht, die die Landwirte auch noch dazu zwingt, immer neue Elterntiere nachzukaufen, will er eigentlich nicht unterstützen. Außerdem seien die Hybriden, obwohl extra für die Freilandhaltung gezüchtet, immer noch deutlich anfälliger als Les Bleues.

Schon 1963, also recht kurze Zeit nachdem die industrielle Nutzung der Hühner und mit ihr die heute übliche Aufteilung in Mastlinien und Legelinien begonnen hatte, schrieb der Agrarwissenschaftler Jobst Nagel in seiner Dissertation:

> »Die Verwendung von Zweinutzungsrassen böte einen entschiedenen Vorteil: Mit Hilfe solcher Rassen könnten bei der Erzeugung von Eintagsküken für die Legehennenhaltung die fünfzig Prozent männlichen Tiere, die beim Brüten anfallen und die bei Einnutzungslegerassen ungenutzt bleiben, einer sinnvollen Verwertung durch die Junghähnchenmast zugeführt werden. In Anbetracht der relativ hohen Preise, die gerade für Hybrideintagsküken bezahlt werden müssen, würde den Zweinutzungsrassen hier ein Vorteil erwachsen.«[32]

Wenn auch die Umschreibung »ungenutzt bleiben« für das Töten der männlichen Küken direkt nach dem Schlupf auf die rein ökonomische Sichtweise des Autors hinweisen mag, so ist doch das Problem schon sehr früh erkannt gewesen. Und es ist sogar eben jener Ausweg angedeutet worden, der heute versucht wird. Wobei das Problem ein ökonomisches offenbar nicht war. Finanziell können wir es uns leisten, die Hälfte der Küken aus den Legehennenlinien wegzuwerfen. Größere ethische Probleme scheint es damit in den vergangenen fünfzig Jahren auch nicht gegeben zu haben. Sonst wäre der Weg der züchterischen Ausrichtung allein auf weibliche Merkmale nicht weiter beschritten worden, weder bei den Hennen noch später dann bei den Kühen.

Carsten Bauck hat, wie bereits erwähnt, mit seiner Bruderhahn-Initiative inzwischen viele Nachahmer gefunden wie das Gockelprojekt oder Initiativen wie »Kombihuhn«, »Haehnlein« oder »Rette meinen Bruder«, die ebenfalls die Hähne aus den Legehennenlinien aufziehen. Außerdem gibt es auch einige einzelne Biobetriebe, die

regional vermarkten und eigene Labels für die Aufzucht der Bruderhähne gewählt haben. Bauck ist das aber alles nicht genug, er will
mehr, als nur die Bruderhähne der industriell optimierten Legehennen zu retten. Er möchte – wie die Initiative Zweinutzungshuhn –
raus aus dem ganzen System. Wie diese Initiative möchte auch er
das Huhn den Konzernen entreißen, glaubt aber nicht daran, dass
man mit bäuerlichen Zuchtmethoden eine Hühnerrasse züchten
kann, die verlässlich zur unnatürlichsten Jahreszeit die höchste Legeleistung bringt und gleichzeitig ein gutes Suppenhuhn abgibt,
während die Hähne ebenso verlässlich gute Futterverwerter sind.
Nur um klarzumachen, was erreicht werden müsste mit dem alternativen Zweinutzungshuhn, zählt er auf, was die heutigen Hybrid-
hennen können: Sie sind ruhig und wesensstabil, sie legen uner-
reichbar viele Eier von vermarktbarer Qualität mit stabiler Schale,
bei ausgezeichneter Futterverwertung. Wenn die Hühner ihr Futter
draußen selbst suchen dürfen und ansonsten Biokorn bekommen,
dann schmecken die Eier sogar. »Zu diesem Superhuhn werden wir
niemals kommen«, sagt er, »das Zweinutzungshuhn wird ein wirtschaftlich massiver Rückschritt.« Dieser Schritt zurück müsse aber
dennoch gegangen werden. Der derzeitige Umgang mit dem Thema
Bruderhähne sei ein Kompromiss auf Zeit. »Wir brauchen aber eine
Lösung des Problems, die für alle Beteiligten erkennbar kein Kompromiss mehr ist!«

Dafür setzt Bauck auf eine eigene, wissenschaftlich fundierte
ökologische Zucht, die am Ende das reproduzierbare stabile Zweinutzungshuhn bringen soll. Ob das auf der Basis bestehender alter
Hühnerrassen oder auf der Basis einer neuen Hybridzucht passiert,
ist für ihn eine offene Frage. Keine Frage dagegen ist, dass es sehr
teuer werden wird, den Konzernen die Macht über die Hühnergenetik teilweise zu entreißen oder auch nur streitig zu machen. Und es
wird dauern. Die Zuchtkonzerne hatten über fünfzig Jahre Zeit und
haben viele Millionen investiert, um die Landwirte zu Abhängigen
ihrer Zuchtergebnisse zu machen. Solange Hähnchenfleisch ein Bil-
ligprodukt beim Discounter ist und es nicht darauf ankommt, dass
es nach irgendetwas schmeckt, und solange die Eier Massenware
sind, die gerne auch mal nach Fischmehl oder Sägespänen schme-

cken dürfen oder wahlweise auch nach gar nichts, bleibt der Druck auf die Landwirte im industrialisierten Produktionssystem hoch.

Ihr Verdienst liegt bei Eiern und – für die konventionellen Mäster auch beim Hühnerfleisch – im Cent-Bereich, weshalb sie es sich nicht leisten können, auf Hennen umzusteigen, die weniger legen und dafür mehr fressen, und auf Hähnchen, die langsamer wachsen und ebenfalls entsprechend mehr Futter brauchen. Zumal das genau auf die Lebensphasen der Tiere abgestimmte Futter für die Turbomast und die Legeleistung meist ebenfalls industriell hergestellt ist und die Abhängigkeit weiter erhöht. Für die Hybriden sind die Dosierungen bekannt, bei anderen Hühnern muss aufwendig experimentiert werden.

Die wenigsten Bauern leisten sich wie der Bauckhof in der Lüneburger Heide eine eigene Getreidemühle mit eigener Mischfutteranlage für das selbst hergestellte Futter von den eigenen Äckern. Die eigene Futtermischanlage war für Carsten Bauck ein Schritt heraus aus der Abhängigkeit von der Industrie, die natürlich auch bedarfsgerechtes Biofutter liefert. Jetzt soll der nächste Schritt folgen: weg von der Hühnergenetik der Zuchtkonzerne.

Aus der Initiative Bruderhahn, die Bauck und drei Naturkosthändler gegründet haben, ist inzwischen auch ein Zuchtprojekt erwachsen. Die ökologisch orientierte Zukunftsstiftung Landwirtschaft, die unter anderem die artgerechte Tierhaltung fördern will, hat einen eigenen Geflügelzüchtungsfonds aufgelegt. Demeter, Bioland und die Naturkostgroßhändler haben sich daran auch finanziell beteiligt und sammeln Spenden und Zustiftungen. Einige hunderttausend Euro sind zusammengekommen, aber Bauck geht davon aus, dass für die Zucht und die zugehörige Forschung eine Anschubfinanzierung von gut zehn Millionen Euro nötig sein wird. »Wir haben weder die Struktur noch das Geld noch die Menschen, die das können, noch den Betrieb, auf dem das alles stattfinden soll«, sagt er. Das Ganze sei noch im Stadium der Idee, es gebe bestenfalls ansatzweise den Thinktank, der diese Idee vorantreibt und die nötige Struktur entwirft.

Um klarzumachen, worum es geht, kommt er noch einmal auf das existierende Hybridhuhn zurück. Das nämlich sei grundsätzlich anders als ein Rassehuhn. Was er beschreibt, ist letztlich wie ein Klon. Die Legehenne Lohmann Brown, um beim bekannten Beispiel zu bleiben, »funktioniert« auf der ganzen Welt. Egal, ob in Australien, Asien, Afrika oder Amerika, ob man zwanzig oder 20 000 bestellt – die Tiere sind immer gleich. Und sie legen unter gleich guten Bedingungen hier wie dort ihre 300 Eier im Jahr und mehr. »Wer würde auf die Idee kommen, eine Hühnerrasse aus Afrika oder Lateinamerika hierherzubringen, und glauben, die funktioniere hier so wie dort, wo sie herkommt?«, fragt Bauck und antwortet gleich selbst: »Niemand! Aber mit Lohmann Brown funktioniert das. Erschreckend gut, dieses Huhn.« Erschreckend auch in anderer Hinsicht, zeigt es doch, wie sehr wir das Tier industrialisiert haben. Wie die Fließbandfertigung von Autos oder Handys funktioniert die Eierproduktion weltweit mit ein und demselben »Produkt«. Wobei das Fließband in der industriellen Fertigung technischer Produkte noch eher Probleme bereiten dürfte, denn daran arbeiten in den unterschiedlichen Weltregionen unterschiedlich kulturell geprägte Menschen, die sich nicht ganz so einfach einpassen lassen in die getakteten Abläufe. Mit dem Huhn geht das, es ist offenbar unendlich anpassungsfähig und – anders als der Mensch – auch noch in der bedrückendsten Situation »leistungswillig«, um beim Vergleich mit menschlichen Eigenschaften zu bleiben. Der nächste logische Schritt der Tierzucht, der zum geklonten Tier, das tatsächlich komplett dem anderen gleicht, weil es genetisch identisch ist, muss beim Huhn offenbar gar nicht gegangen werden, um ein verwechselbar identisches Tier zu erzeugen.

Auf diesen immer gleichen Tieren ist nun das ganze System der Eierproduktion und der Broilermast aufgebaut. »Und wir wollen den kompletten Rollback«, sagt Carsten Bauck, »und damit auch zurück zu all den Nachteilen, die wir früher hatten.« Zu Tieren, die nicht alle gleich sind und also auch nicht alle gleich behandelt werden können, zu Schwankungen in der Legeleistung, zu geringeren Gewichtszunahmen und schlechterer Futterverwertung. Denn alles das werden sie sich einhandeln mit dem Zweinutzungshuhn, prophezeit er. Und er weiß nicht, ob seine Kunden und die der anderen Biobauern das noch mitmachen werden. Denn nachdem das Hähnchenfleisch aus ökologischer Erzeugung das Siebenfache des Discounterhähnchens kostet, dürfte auch das Ei des zukünftigen Zweinutzungshuhns deutlich teurer werden. Noch sind die ökologisch erzeugten Eier preislich recht nah an den konventionellen. Das würde sich dann ändern. Die Bruderhahn-Initiative hat die Eier vier Cent teurer gemacht, und die Kunden sind mitgegangen. Die Bauern, die sich der Initiative angeschlossen haben, waren deshalb mächtig stolz auf ihre Kunden. Aber was wäre, wenn das Ei dann irgendwann fünfzig Cent kosten würde, nur weil ein paar Bauern keine faulen Kompromisse mehr machen wollen?, fragt sich Bauck. Das Hähnchen haben die Biobauern schon zum Luxusgut gemacht, zum Sonntagsbraten. Wer fast dreißig Euro für ein Brathähnchen zahlt, der wird nicht jeden Tag Hühnerfleisch essen wollen, und er wird wissen, warum er nicht zum Discounter geht und einen Broiler für 3,99 aus der Tiefkühltruhe nimmt. Einmal probieren, und man ist für das geschmacklose Discounterhähnchen auf alle Zeit verdorben. Aber wenn dann auch das so alltäglich gewordene und jederzeit verfügbare Hühnerei zum Luxusgut wird – lässt sich das noch vermitteln?

Derzeit sind Bauck und die anderen Hühnerhalter, die ihre Ställe nicht verschließen vor den Blicken ihrer Kunden, mit dem Erklären ganz anderer Dinge beschäftigt. Er nennt das »den grauen Bereich«, die Lücke zwischen Anspruch und Wirklichkeit. Nein, die Hühner werden nicht in ihrem natürlichen Jahresrhythmus gehalten. Es wird ihnen mit künstlichem Licht und beheizten Ställen ewiger Frühling vorgegaukelt. Nein, die Hennen, die die Eier legen, sind nicht die Eltern der nächsten Kükengeneration. Die stammen von speziellen Elterntieren, die ganz woanders leben. Und nein, diese Elterntiere werden nicht von Biobauern gezüchtet. Sie werden von der Industrie gekauft. Nein, die Elterntiere brüten die Eier auch nicht selbst aus. Die werden in Brutschränken ausgebrütet. Die Glucke auf den Eiern gibt es bestenfalls noch bei Hobbyzüchtern. Und die Legehennen, von denen das Frühstücksei stammt, die glucken auch gar nicht mehr. Der Trieb zum Brüten ist ihnen weitgehend weggezüchtet worden. Ach ja – und die Küken lernen ihre Eltern auch niemals kennen. Wenn es so weit ist, werden sie in ihren Eiern aus den Brutschränken geholt und in Schlupfrondells gelegt. Dort arbeiten sie sich aus den Eierschalen und werden danach gewärmt, aber nicht von den Federn der Mutter, sondern vom Rotlicht. Und das erste Lebewesen, das sie kennenlernen, neben ihren Nachbarküken, das ist der Mensch, der sie sortiert – nach Weibchen und Männchen. Und sofern die Männchen die Bruderhähne der künftigen Legehennen sind, ist dieser Mensch meist auch zugleich das letzte fremde Wesen, das sie je gesehen haben.

Das ist die graue Realität, die mit bunten Bildern von Hühnern im Grünen auf Eierkartons und diversen Siegeln auf plastikverpacktem Hühnerfleisch überklebt wird. Das ist die Realität, die die wenigen Bauern, die versuchen, aus dem industrialisierten Hühnersystem auszubrechen, nicht mehr hinnehmen wollen. Zumindest teilweise nicht. Denn eines wird auch Carsten Bauck nicht versuchen: Er wird seinen Kunden nicht erklären, dass sie zwischen Weihnachten und Ostern keine Eier mehr kaufen sollen, weil seine Hühner nicht mehr betrogen werden und also keine legen. »Das«, sagt er, »könnte ich nicht mal meiner Familie erklären.« Da gibt es kein Zurück zur Natur.

Epilog
Der Mensch für seine Tiere

Am Ende

Natürlich geht es weiter mit dem Fortschritt in der industrialisierten Landwirtschaft. Auch wenn das Wort »natürlich« hier deplatziert klingt, weil diese Art Fortschritt von der Natur immer weiter fortgeführt hat – von der Natur der Tiere zumal, die in den industrialisierten Haltungssystemen leben müssen. Gentechnisch veränderte Tiere gibt es bereits, 2016 wurde Gen-Lachs mit eingebautem Wachstumshormon für den US-Markt zugelassen. Auch das Klonen ist eine ernsthafte Option, diskutiert und auch schon durchgeführt in der Tierzucht, um bestimmte Zuchtschritte zu bewahren, auf die man notfalls zurückgreifen möchte. Ein chinesisches Konsortium baut mit südkoreanischer Beteiligung in Tianjin eine Klonfabrik für Kühe und soll schon den zwölf Jahre alten Dackel einer reichen Britin geklont haben, auf dass sie ihr Gefährtentier nicht etwa durch dessen natürlichen Tod verlieren muss. Die Zurichtung der Tiere geht also immer weiter. Auch die Haltungssysteme werden stetig optimiert. Die Tierwohl-Initiative schafft den Schweinen Fenster in den Stall, vielleicht schafft es Lohmann auch, den Hühnern den Pickreflex wegzuzüchten, mit dem Glucken hat's ja schon geklappt. Und die Konditionierung der Verbraucher war ebenfalls erfolgreich. Die meisten glauben heute, dass Schweineschnitzel nach Panade schmeckt und Hühnerbrust nach Salatdressing.

Die Nutztiere, von denen es noch nie in der Geschichte der Menschheit so viele gegeben hat wie heute, sind gleichzeitig mit ihrer Vermehrung aus unserem Blickfeld verschwunden. Selbst wenn wir übers Land fahren, sind kaum noch Nutztiere zu sehen, vor allem in den Regionen, in denen die intensivste Landwirtschaft betrieben wird und die meisten Nutztiere gehalten werden. Das aber eben nicht mehr draußen. Nach den Hühnern und den Schweinen und den Mastbullen sind nun auch die Kühe dabei, in Großställen zu verschwinden. Bestenfalls die Färsen dürfen noch raus, maximal bis zum ersten Kalb.

Aber nicht nur die Tierhaltung ist aus unserem Blickfeld entfernt worden, auch das Ende der Tiere ist verschwunden. Noch vor wenigen Jahren gab es in vielen Städten große kommunale Schlachthöfe an den Einfallstraßen. Dort, wo die Tiere leicht angeliefert werden konnten, fuhren auch die Pendler durch. Die Schlachttiere waren sichtbar, ähnlich wie bei den Hausschlachtungen auf dem Land. Inzwischen ist der Tod der Tiere aus den direkten Lebensbereichen der Menschen verschwunden, verlegt in anonyme Industriegebiete, in Schlachtfabriken irgendwo im Nirgendwo.

All die Entwicklungen und Prozesse, die dazu geführt haben, dass wir uns von den Tieren immer weiter entfernt haben, dass sie von uns entfernt wurden, lassen sich rational erklären: mit Rationalisierung. Die Industrialisierung ist sehr spät über die Landwirtschaft gekommen. Und das wohl auch deshalb, weil die Mechanisierung dieses Bereichs nicht eben einfach war. Es gab schon früh mit Dampf getriebene Schlepper, mit denen konnte aber niemand ernsthaft auf dem Acker herumfahren; wenigstens bei feuchtem Wetter wäre das nach dem ersten Versuch vorbei gewesen, weil der Boden danach von den tonnenschweren Ungetümen auf Stahlrädern betonhart verdichtet gewesen wäre, der Acker auf Jahre zerstört. Es gab Dampfpflüge, die mussten aber an den Rändern der Äcker aufgestellt werden und zogen dann Pflugscharen an Drahtseilen hin und her. Nur, wer hatte am Rand seines Ackers so viel nutzlosen Platz, dass er dort Dampfmaschinen platzieren konnte. Also musste erst der dieselgetriebene leichte Schlepper entwickelt und bezahlbar werden, um die Pferde und die Ochsen zu ersetzen. Und erst die Zapfwelle am Schlepper machte ihn zum vielseitig einsetzbaren Traktor, der mehr als ziehen konnte. Es dauerte deshalb bis nach dem Zweiten Weltkrieg, bis der industrielle Strukturbruch die Landwirtschaft erreichte. Nun wurde sie vom bäuerlichen Handwerk zumindest teilweise und in zunächst nur einigen Regionen zur Industrie gemacht – über 200 Jahre, nachdem die Industrielle Revolution in England begonnen hatte. Und erst mit der Entwicklung der Landmaschinenindustrie setzte auch die Intensivtierhaltung richtig ein, weil es erst dann die Maschinen gab, die das Futter in die Ställe holen konnten, welches sich das Vieh vorher selbst auf den Weiden und im Wald gesucht hatte. Doch selbst sechzig Jahre später ist der industrielle Strukturbruch in der Landwirtschaft noch nicht vollständig. Es gibt immer noch zehntausende bäuerliche Betriebe, die zwar motorisiert und mechanisiert sind, ihrer Struktur nach aber immer noch weit von der Industrie entfernt.

Aber es gibt eben auch die Landwirtschaftskonzerne, die Großbetriebe, die Abhängigkeitsstrukturen, in die sich Landwirte begeben haben, in die sie sich vielleicht begeben mussten, die für Molkereien die überzähligen Bullenkälber der Milchviehrassen mästen, die für die Fleischindustrie Hähnchen aufziehen oder Schweine. Da funktioniert die Landwirtschaft wie jede andere industrielle Produktion, wie die Autoindustrie beispielsweise: mit Zulieferern, die just in time die benötigten Teile anliefern, und mit Recyclingbetrieben, die die Produktionsrückstände verwerten. Nur dass es hier nicht um Autoteile geht, sondern um Tiere, und dass auch die »Produktionsrückstände« eben Lebewesen sind. Dies macht ein solches System nur schwer erträglich für die Menschen, die hinschauen und sich den Warencharakter des Tieres bewusstmachen. Wobei es nicht nur um den Warencharakter des tierischen Lebensmittels geht, das am Ende herauskommt, sondern viel mehr um das lebendige Tier als Ware, um das Leben, das entsprechend etwas wert ist oder nicht. Das erhalten und aufgezogen oder auch – als Bruderhahn ohne rettende Initiative im Hintergrund – schlicht weggeworfen wird. Das mitzuerleben und mitzumachen ist übrigens auch für viele der Menschen unerträglich, die sich innerhalb dieses Produktionssystems befinden, ob als Arbeiter oder als nominelle Besitzer der Betriebe, die in vielen Fällen eher den Banken gehören. Manager von Landwirtschaftskonzernen und Geschäftsführer von Großbetrieben mag das kalt lassen, was mit den Tieren geschieht; sie haben sich oft genug den nötigen Abstand geschaffen, um das zu ertragen oder zu übersehen. Die meisten Landwirte sind nicht aus wirtschaftlichen Gründen in genau diesem Beruf. Zwar glauben viele, dass wirtschaftliche Gründe sie zwingen, so umzugehen mit der Kreatur, die ihnen anvertraut ist, wie sie das tun, aber sie zahlen dafür einen seelischen Preis.

Für alle anderen, für uns alle außerhalb des Produktionssystems Landwirtschaft, ist es äußerst hilfreich gewesen, dass die Industrialisierung das Produktionsmittel Tier von uns entfernt hat. Ebenso wenig, wie wir wirklich wissen, was genau am Fließband bei Opel oder Volkswagen passiert und wie es sich anfühlt, dort zu stehen, wissen wir auch, was mit den Tieren geschieht und wie es sich zum Beispiel anfühlt, in einem Betrieb mit ein paar hundert oder tausend Zuchtsauen morgens durch die Ställe zu laufen und die toten oder sterbenden Ferkel rauszunehmen. Auch unter artgerechten Haltungsbedingungen überleben nicht immer alle Ferkel eines Wurfs, das ist auch bei Wildschweinen so. Umso mehr bei den überzüchteten Sauen, die Hybridferkel werfen und deren Würfe ohnehin viel größer sind. Manchmal sind mehr Ferkel in einem Wurf als die Muttersau Zitzen hat. Bei hunderten Sauen, die geferkelt haben, gewinnt das dann eine andere Dimension. Was tun mit den Ferkeln, die nicht lebensfähig, aber auch noch nicht ganz tot sind? Ja eben, da ist er wieder, der Unterschied zwischen der industriellen Produktion und der industrialisierten Landwirtschaft. Die Qualitätskontrolle bei Volkswagen sondert die schadhaften Teile aus. Genau das machen die Arbeiter im Schweinesystem auch. Und es ist doch etwas grundsätzlich anderes.

So wie es für uns außerhalb des Systems stehende Nutznießer der billigen Lebensmittel etwas anderes ist, wenn wir nicht wissen, was bei VW und Siemens in der Fertigung los ist, oder wenn wir nicht wissen, wie es bei Wiesenhof zugeht oder wo die Grundstoffe für Alete herkommen. Wir haben uns darauf eingelassen – unsere Eltern schon, bei den Jüngeren die Großeltern – haben es hingenommen, dass die Tiere nach und nach weggeschlossen wurden. Das war keine bewusste Entscheidung, musste und konnte es nicht sein, weil die Verbraucher daran nicht beteiligt wurden, aber irgendwann waren die Nutztiere aus unserem Blick geräumt. Und das hat zuerst unmerklich, inzwischen deutlich spürbar, unser Verhältnis zu ihnen verändert; sie sind uns aus dem Bewusstsein gerückt worden. Gleichzeitig hat sich die Präsentation dessen verändert, was die Tiere uns als Lebensmittel sind. Mehr und mehr davon wurde industriell abgepackt, die Milch wurde viereckig, die Dickmilch verschwand aus den Speisekammern, das Fleisch wurde von allem befreit, was an seine Herkunft, das Tier, erinnert. Es gibt keine Schweineköpfe mehr in den Metzgereien, es hängen keine Rinderhörner mehr an der Wand, die Hühner werden ohne Kopf und Füße präsentiert; so will es die Hygieneverordnung. Einzige Ausnahme: das Bressehuhn mit AOC-Siegel, da gehören Kopf und Füße zum geschützten Regionalprodukt, quasi zur französischen Kultur, die auch exportiert werden darf. Noch einen Schritt weiter weg vom Tier machen die Supermärkte mit dem fertig abgepackten Fleisch mit bunten Bildchen von Bauernhöfen, die auch zu besseren Zeiten nie so waren, wie sie dort abgebildet sind. Dazu die Markennamen, die Naturnähe und Qualität versprechen: Mühlenhof, Wiesenhof, Landliebe. Und dann noch diverse Siegel, die irgendeine Prüfung durch irgendwen suggerieren, deren Kriterien wir nicht kennen und auch nicht kennen können, weil sie gar nicht stattfindet, wo es um reines Marketing geht.

Es war ein schleichender Kulturbruch, der uns in den letzten fünfzig Jahren angetan wurde. Wir wurden nicht gefragt, aber wir – die Eltern, die Großeltern – haben mitgemacht. Jahrtausendelang haben die Menschen mit den Nutztieren und von ihnen gelebt, in einem halben Jahrhundert wurde in den Industrienationen dieses Zusammenleben beendet. Die Nutztiere sind weitgehend weggeräumt; was bleibt, ist der Nutzen. Als ich letztens durch die Maiswüsten des Münsterlandes und Niedersachsens gefahren bin, habe ich mir vorgestellt, wie es wohl aussehen würde, wenn die Hühner und Schweine, die dort in den riesigen Stallungen weggeschlossen sind, alle draußen wären. Zehntausende Tiere auf Weiden statt Äckern. Man würde auf einen Blick sehen, dass das Land diese Menge Tiere nicht ernähren kann, dass hier Futter importiert werden muss. Sicher würde diese riesige Menge Tiere das Land auch zerstören, so wie der Maisanbau auch, nur sichtbarer. Wenn die

Tiere nicht mehr weggeschlossen werden dürften, würde der Irrsinn der Intensivtierhaltung sofort für jedermann erkennbar.

Die Entfernung der Nutztiere aus unserem Blickfeld hat sie auch aus unserem Sinn entfernt. Wir nehmen sie nicht mehr wahr und wir wissen nicht mehr, wie viel wir mit ihnen zu tun haben. Die industrialisierte Landwirtschaft hat uns damit auch unsere jahrtausendealte Tier-Kultur genommen. Was wir über die Nutztiere wissen, die nur durch uns und für uns da sind, das ist vermittelt, über Bilder, Berichte, Filme. Das eigene Erleben gibt es meist nur noch in eigens dafür hergerichteten Erlebniswelten, in Touristenbauernhöfen, Tierparks, Streichelzoos. Das Zusammentreffen mit einer Kuh auf der Alm ist ein Urlaubserlebnis geworden. Irgendwo stehen auch noch ein paar Färsen auf der Wiese, an den Deichen grasen Schafe, auch das sind Urlaubslandschaften für die meisten Menschen. Die Großbetriebe der Industrielandwirtschaft stehen dagegen völlig unspektakulär in der Landschaft, Zweckbauten, hinter deren Mauern sich ebenso gut ein Warenlager befinden könnte, wenn man die architektonischen Zeichen nicht lesen gelernt hat. Ein Hinweis beim Vorbeifahren – dort drüben, in diesem Gebäudekomplex, fünftausend Zuchtsauen – erntet meist großes Erstaunen. Aber was das bedeutet, fünftausend Sauen, wie das aussieht, wie das riecht, wie das tönt? Keine Ahnung. Da gibt es Bilder in vielen Köpfen, Bilder, die Tierschutzorganisationen veröffentlicht haben, bisweilen ein Fernsehbericht, Missstände, Wunden, leidende Kreatur. Aber ist das der Alltag auch hinter diesen Mauern und diesen und diesen? Wir wissen es nicht.

Wir haben kein Bild mehr von den weggesperrten Tieren. Nur noch das vermittelte Bild, einen durch Kameraauge und Schnitt für uns gewählten Ausschnitt einer Realität, die unsere schon lange nicht mehr ist. Das Bild, das wir uns von unseren Nutztieren machen, stammt aus zweiter Hand. Wir setzen es uns aus vermitteltem Sehen und Hörensagen zusammen. Und natürlich übertragen wir das, was wir von Tieren zu wissen glauben, auf die unsichtbaren Tiere hinter den Stallwänden. Was wir aber wissen von Tieren, das wissen wir von unseren Gefährtentieren oder denen unserer Nachbarn und Freunde. Die Hunde, Katzen, Meerschweinchen, die Kuscheltiere prägen unser Bild vom Tier. Dazu kommen für wenige Menschen noch die Reitpferde, also die Tiere, die wir vom Nutztier zum Sportgerät gewandelt und auch umgezüchtet haben, aber auch diese Tiere sind, wo es nicht wirklich um Leistungssport geht, Gefährtentiere. Für die meisten Menschen in der modernen Industriegesellschaft ist das Bild vom Tier also geprägt durch die Kuschelperspektive. Und mit diesem Bild nähern wir uns nun auch den anderen Tieren, die so nicht mit uns zusammenleben wie unsere Gefährtentiere, die sich auch nicht – wie die Hunde – seit hunderttausend Jahren auf uns eingelassen haben und die entsprechend auch ganz andere Bedürfnisse haben als Heimtiere.

Ein Anfang

Vor gar nicht so langer Zeit, nach der Atomkatastrophe von Tschernobyl, wollten viele Bauern einen neuen Weg gehen. Sie stellten auf Bio um. Und sie trafen auf Verbraucher, die sich anders ernähren wollten, die die neuartigen Waren kauften. Ohne sie hätten die Bauern nicht umstellen können. Also zeigten sie nun ihren neuen Kunden auch, was sie taten und was sie anders machten. Sie öffneten von sich aus ihre Stalltüren. Neues Wissen generiert neue Fragen, und so dauerte es nicht lange, bis die Frage aufkam: Was passiert eigentlich da, wo nicht umgestellt wird, wo die Stalltüren verschlossen bleiben, wie sieht der Unterschied konkret aus? Für die Menschen und für die Tiere.

Und dann kamen die ersten Bilder aus den Großställen der Intensivtierhaltung. Da sah man doch auf einen Blick, dass es einen guten Grund hatte, dass diese Stalltüren verschlossen waren, da wurde doch offenkundig sichtbar, was wir nicht sehen sollten. Wobei dieser erste Blick für die meisten Menschen, die da nun hinschauten, kein persönlicher Einblick in diese fremde Welt war, sondern jener vermittelte Blick durch das Objektiv einer Kamera. Und der ist eben genau nicht objektiv, weil der Fotograf den Ausschnitt wählt und zwangsläufig alles drumherum nicht zeigen kann. Natürlich sind die Missstände in einem Stall, die ausgerissenen Federn, die blutigen Ringelschwänze, die geschwollenen Gelenke, die ungepflegten Klauen, skandalöser als die Normalität im Stall nebenan. Und natürlich werden deshalb zuerst die Bilder gezeigt, die skandalisierende Kraft haben. Aber auch die Normalität der »modernen« Tierhaltung, die ohne Verletzungen und offensichtliche Verwahrlosung auskommen sollte, ist für unsere Augen eine Herausforderung. Bei den ersten Blicken hinter die gemeinhin verschlossenen Türen der Intensivtierhaltung war der Schrecken auch deshalb groß, weil wir aus der Kuschelperspektive auf die Spaltenböden, die Futterfließbänder und das Kunstlicht schauten.

Der Unterschied zwischen Wohnzimmercouch und Spaltenboden ist dermaßen eklatant, dass das Urteil über die da zutage tretenden Formen der Tierhaltung klar war: Das kann nicht gut sein für die Tiere! Was stattdessen gut ist für die Tiere, glauben wir zu wissen, weil wir ja die Heimtiere unserer Nachbarn und Freunde als tierliche Individuen mit höchst eigenen Bedürfnissen wahrnehmen und – falls wir uns ein eigenes Gefährtentier leisten – auch noch täglich mit diesen Bedürfnissen konfrontiert sind. Dazu gehören auch direkte Willensäußerungen, Familienanschluss, Nähe, Körperkontakt. Vielleicht kommt der Glaube, zu wissen was gut ist für die Tiere, auch aus einem alten Verständnis für die Nutztiere, aus einer irgendwie tradierten, quasi schon vererbten Kultur. Dann hängt er wohl meist mit einem Bild von einer gewesenen Landwirtschaft zusammen, die so, wie sie uns heute noch im Gemüt steckt, sehr wahrscheinlich auch nie war. Der Unterschied zur realen Tierhaltung in der sogenannten modernen Landwirtschaft könnte jedenfalls nicht größer sein. Kurz gesagt: Da es unserem Gefährtentier gut geht, muss es den Nutztieren dort schlecht gehen.

Dass das auch falsch sein kann, weil die Kuschelperspektive die realen Bedürfnisse der Heimtiere überhaupt nicht im Blick hat, sondern aus dem Bild interpoliert wird, welches wir uns vom Tier gemacht haben, kommt uns vielleicht gar nicht oder meistens doch erst beim zweiten Nachdenken in den Sinn. Man kann die Probe aufs Exempel leicht im Freundeskreis machen: Wenn man Menschen, die ohne Tiere im Haushalt aufgewachsen sind und die nie ein Heimtier gehalten haben, fragt, ob sie sich in der Lage fühlen, einen Hund oder eine Katze zu halten, wird die Antwort meist ein klares Ja sein. Das stille Leid vieler, allein durch die Haltung gequälter Heimtiere, spricht allerdings dafür, dass es sich hier sehr häufig um eine Selbstüberschätzung handelt. Interessanterweise ist das spontane Ja aber auch die Antwort der meisten Menschen, die man fragt, ob sie sich zutrauen, im eigenen Garten beispielsweise Hühner zu halten, um mal ein Nutztier zu nennen, das nicht so richtig zum Kuscheln taugt. »Meine Oma hatte auch noch Hühner im Hof!« Das reicht als Expertise. Aber was brauchen denn Hühner, um sich wohlzufühlen, was macht Schweine glücklich, wie und wo geht es den Rindern gut? Und wie sehen Haltungssysteme, die den Tieren gute Lebensbedingungen zur Verfügung stellen, dann in unseren Augen aus? Erkennen wir das überhaupt, wenn es den Nutztieren gut geht, nachdem wir uns Jahrzehnte von ihnen entfernt haben? Wenn die Initiative Tierwohl zum Beispiel dafür sorgt, dass in den Schweineställen Fenster eingebaut werden, durch die das Tageslicht hereinscheint, könnte es durchaus sein, dass das den Schweinen, die mit oder ohne Fenster sowieso nie raus können, völlig egal ist. Eines ihrer Grundbedürfnisse wäre, im Boden zu wühlen, sich selbst Nahrung zu suchen. Das geht auf Spaltenboden nicht, das ginge im Stall bestenfalls mit sehr, sehr viel Stroh. Die Fenster im Stall dürften also nur dazu dienen, den Menschen ein besseres Gefühl zu geben oder auch nur ein weniger schlechtes. Mit den Bedürfnissen der Tiere haben sie eher nichts zu tun.

Entsprechend kann es durchaus sein, dass sich Tiere unter Bedingungen wohlfühlen, die wir unsäglich finden. Ich erlebe das regelmäßig, wenn die Touristen auf ihren Fahrrädern durch die Marschlandschaft an der Nordsee fahren, wo es dann doch noch Schafe und Rinder auf den Weiden zu sehen gibt. Ist es kalt und zugig, werden die Tiere bedauert; ist es warm und sonnig, kommen die bewundernden Rufe, wie gut es denen da doch ginge. Dabei geht es denen da – ganz anders als den Touristen – gar nicht gut, wenn sie in der Sonne brüten und ihnen die Wiese ohne Baum und Unterstand keinen Schatten bietet. Die da haben es lieber ein bisschen kühler.

Wer sich also daranmacht, die Stalltüren zu öffnen und die Tiere anzuschauen, der sollte zuvor oder spätestens dabei seinen Blick schulen. Man sieht nichts, wenn man nichts weiß, oder man bemerkt nicht, was man sieht. Schon gar nicht, wenn man Wesen anschaut, die uns dermaßen entfremdet wurden wie unsere Nutztiere. Es braucht aber mehr Menschen mit geschultem Blick auch außerhalb der Landwirtschaft, denn es geht jetzt darum, die Bauern zu unterstützen, die sich aufgemacht haben. Es ist nämlich wieder so ähnlich wie damals nach Tschernobyl. Wieder haben sich Bauern auf den Weg gemacht, etwas Grundsätzliches zu ändern: Sie stellen jetzt das Tier in den Mittelpunkt ihrer Überlegungen. Und fragen sich dabei übrigens auch, warum es da nicht immer gestanden hat. Sie diskutieren jedenfalls nicht mehr darüber, *ob* sich etwas ändern muss in der Tierhaltung, sondern darüber, *was* sich ändern muss.

Es gilt nicht mehr die Feststellung »*Tiere sehen dich an*«, wie Hans Wollschläger in den 80er Jahren des vergangenen Jahrhunderts schrieb, um unser kollektives Wegschauen anzuklagen.[1] Inzwischen haben viele Menschen den Blick gewendet, jetzt schauen wir Tiere an. Deshalb wird es höchste Zeit, dass wir auch erkennen, was wir dabei sehen. Das dürfte beim Blick in die eintönig tristen und überfüllten Großställe der Hühnerhalter und Schweinemäster kein Problem sein. Die drangvolle Enge des Hühnergewirrs ist ebenso unübersehbar wie die graue Tristesse der normierten Schweineboxen. Aber wann ein Stall tiergerecht ist, muss nicht so schnell ins Auge fallen. Die Boxenlaufställe für die Kühe beispielsweise gelten als das Nonplusultra der modernen Milchviehhaltung. Auch Biobauern halten ihre Kühe nachts und im Winter dort, nur mit deutlich weniger Tieren auf der Fläche als die Konventionellen. Wobei es dort höchst unterschiedliche Ausstattungen gibt: Jede Kuh hat einen eigenen Liegeplatz, mit Matte ausgelegt oder eingestreut. Oder besser: Jede sollte eine eigene Box haben. Ich habe auch überbelegte Ställe gesehen, in denen nicht alle Kühe gleichzeitig in Boxen liegen konnten.

Diese Boxen sind vorne verschlossen und hinten so kurz, dass der Hintern der Kuh gewöhnlich in die Stallgasse hängt, damit der Dung die Box nicht verschmutzt. Sehr praktisch – für die maschinelle Reinigung mit flinken Maschinen, wenn die Kühe beim Melken sind. Aber ich wollte nicht immer mit dem Hintern aus dem Bett hängen. Ja, ich weiß schon, Mensch-Tier-Vergleiche sind unzulässig, dennoch: Warum sollten Kühe das mögen? Und warum sollten Kühe es gut finden, nach dem Aufstehen nach hinten aus der Box treten zu müssen und sich dabei von der Nachbarin schubsen zu lassen, die gerade vorbei will? Es gibt auch Einrichtungen in den modernen Laufställen, die die Kühe ganz offensichtlich mögen: die Bürsten für die Fellpflege zum Beispiel, die zu rotieren anfangen, wenn sich eine Kuh dagegenlehnt. Und es gibt bisweilen auch schon automatische Melkstände, die von den Kühen jederzeit frequentiert werden können. Da spätestens könnten sich dann die Geister scheiden. Für den österreichischen Künstler und Alltagsforscher Bernhard Kathan ist die *Schöne neue Kuhstallwelt* ein Testfeld für die totalitäre, computergesteuerte Herrschaft über ganze Gesellschaften. Was mit den Kühen im ferngesteuerten Kuhstall funktioniert, das passt auch für die Herrschaft über Menschen. Da bekommt das Wort »Herdenmanagement« eine ganz neue Bedeutung, und unser Blick auf die Kühe weitet sich: Wenn wir nicht wollen, dass man uns so beherrscht, dürften wir kaum davon ausgehen, dass dies die richtige Form der Tierhaltung ist.

Nur was richtig ist, das wissen wir noch nicht, in manchen Fällen auch schon nicht mehr. Immer wieder habe ich gerade von den Bauern, die versuchen, es ihren Tieren nicht nur besser, sondern gut gehen zu lassen, gehört, dass sie am Experimentieren sind. Es ist viel Wissen über die Bedürfnisse der Tiere verloren gegangen seit der Industrialisierung der Landwirtschaft. Vieles ist aber auch in den letzten zehn, fünfzehn Jahren der wissenschaftlichen Forschung zum Animal Welfare an Wissen dazugekommen, das jetzt auf seine Anwendung wartet. Wenn die Bauern nun aber die Stalltüren aufreißen, die Tiere rauslassen, die Spaltenböden rausreißen, wieder Stroh einstreuen, wenn sich die Schweine wieder suhlen dürfen und die Kühe ihre Kälber säugen, dann wird das Ganze sehr viel aufwendiger und sehr viel teurer. Dann muss es auch die Verbraucher geben, die den fairen Preis dafür zahlen wollen. Wozu sie erst einmal bemerken müssten, was anders und aufwendiger ist und ob das den Tieren wirklich hilft.

»Aufklärung«, sagt Immanuel Kant, »ist der Ausgang des Menschen aus seiner selbst verschuldeten Unmündigkeit.« Eine inzwischen uralte Aufforderung – aus dem Jahr 1784 – zum selber Denken und danach Handeln. Wir sind den Veränderungen in der industrialisierten Landwirtschaft und dem Umgang mit den Tieren in deren Produktionssystemen nicht hilflos ausgesetzt, wir müssen nicht essen, was uns die Industrie auf den Tisch stellt. Wir müssen essen – das ja, aber wir können selber kochen. Zum ersten Mal seit der Industrialisierung der Landwirtschaft könnte jedenfalls eine breite Bewegung entstehen, die sich von der totalen Ökonomisierung des Lebens abwendet. »Wir haben es satt« – das ist nicht mehr nur das Motto einer Demonstration zur Grünen Woche in Berlin, der wichtigsten Landwirtschaftsmesse der Welt. Daraus kann mehr werden. Und wo sollte es das werden, wenn nicht hier? Wer sollte aussteigen aus der Intensivtierhaltung, wenn nicht wir?

Wir müssen die Welt nicht ernähren, wir müssen kein Milchpulver exportieren und kein Fleisch mit Subventionen in die Weltmärkte drücken, um damit lokale Bauern in Afrika und anderswo kaputt zu machen. Es reicht, wenn wir uns um unsere eigene Ernährung kümmern und anderen helfen, dasselbe für sich zu tun. Es reicht allerdings nicht, auf die Kraft einer Bewegung von Bauern und Verbrauchern zu setzen, die vielleicht wächst, vielleicht auch neue Standards setzt und langfristig eine andere Wirtschaftsweise in der Landwirtschaft und einen anderen Umgang mit den Tieren etablieren könnte. Darauf können wir nicht warten, weil gleichzeitig der Kampf um den Boden entbrannt ist. Investoren kaufen sich ein, nicht nur in Kenia, Tansania, Brasilien oder der Ukraine – auch in Deutschland. Das Land wird den Bauern entrissen, es wird Spekulationsobjekt. Das kann man nur mit Regulierungspolitik verhindern, in Berlin, in Brüssel, wo man dieses Problem aber noch nicht zur Kenntnis nehmen will, sondern weiterhin die Weltmarktorientierung der einheimischen Landwirtschaft propagiert.

Außerdem sind zu viele Menschen in diesem Land zu lange zu Pfennigfuchsern erzogen worden. Ihnen wurde suggeriert, Verbrauchermacht verwirkliche sich durch Schnäppchenjagd, und es komme nur darauf an, das Billigste zu finden. Weil ja T-Shirt gleich T-Shirt sei und Ei gleich Ei. Dass für das billige T-Shirt andere den Preis zahlen, etwa die Näherinnen in Bangladesch mit ihren Hungerlöhnen, und dass für das billige Ei Hühner leiden und Küken vergast werden, das sind die Kollateralschäden des Kapitalismus. Dafür können wir doch nichts. Und dass sich ganz viele in diesem reichen Land die teureren T-Shirts und die Bioeier mit Bruderhahn-Aufschlag nicht leisten können, dafür können wir auch nichts. Natürlich können wir dafür. Dass wir die Gesetze, die das ermöglichen, nicht selbst gemacht haben, und die Verordnungen, die das verhindern könnten, nicht selbst erlassen konnten, befreit uns nicht von der Verantwortung. »Unmündigkeit ist das Unvermögen, sich seines Verstandes ohne Leitung eines anderen zu bedienen«, sagt Kant. »Selbst verschuldet ist diese Unmündigkeit, wenn die Ursache derselben nicht am Mangel des Verstandes, sondern der Entschließung und des Muthes liegt ...«

Seit der deutsch-deutschen Einigung und der Modernisierung der landwirtschaftlichen Großbetriebe im Osten Deutschlands hat sich die Fleischproduktion in diesem Land verdoppelt. Wozu? Damit wir alle jeden Tag geschmackloses Billigfleisch essen können. Damit sich auch die Ärmeren alltäglich ihr Schnitzel, ihre Currywurst, ihren Burger reinziehen können, während die Reichen mit dem SUV beim Hofladen vorfahren und Biohuhn wieder zum Sonntagsbraten gemacht haben. Und die ganz Bewussten gar kein Fleisch mehr essen und gänzlich auf tierische Produkte verzichten wollen. Dafür das ganze Tierleid, dafür der Bruch mit der jahrtausendealten Kulturgeschichte von Mensch und Tier, die komplette Entfremdung von unseren Helfern? Dafür vergessen wir, dass wir ohne unsere Nutztiere nicht zu den modernen Menschen von heute geworden wären. Ohne sie hätten wir unsere großen Gemeinschaften, das Zusammenleben in Gesellschaften mit Millionen Mitgliedern, gar nicht aufbauen können.

Es ist an der Zeit, das Elend der industrialisierten Landwirtschaft zu beenden. Es ist auch deshalb höchste Zeit, aus diesem System auszusteigen, weil die Industrielandwirtschaft nicht nur Tiere leiden lässt, sondern die ganze Welt. Sie schädigt das Klima, zerstört regionale Märkte, verödet die Landschaft, zerstört die Böden und verunreinigt das Trinkwasser. Das wissen wir alles, es ist vielfach belegt, führt aber nicht zum Umdenken und schon gar nicht zum

Eingreifen. Leider wird es ohne das aber nicht gehen. Da man niemanden zum Umdenken zwingen kann, muss anderes Wirtschaften wohl verordnet werden. Dass die Märkte keine Selbstheilungskräfte haben und nichts von selbst regeln, außer der Durchsetzung der Stärkeren, das haben wir nach dreißig Jahren marktliberaler Gehirnwäsche auch gemerkt. Also muss auch in der Landwirtschaft reguliert werden. Das stört in diesem Fall auch keinerlei freie Marktwirtschaft, die gibt es in dieser Landwirtschaft nämlich überhaupt nicht. Dort ist alles reguliert und subventioniert, nur eben in einer Form, die die Industrie größer macht und die Bauern verdrängt. Das kann man ändern, und das wird unter dem Stichwort Agrarwende auch diskutiert.

Es ist nur müßig, sich über die Verwendung Brüsseler Subventionstöpfe zu streiten, wenn nicht ein paar Leitplanken in die ganze Diskussion eingezogen werden. Kant würde sagen, die Vernunft müsse Einzug halten. Es gibt ein paar ganz einfache und höchst vernünftige Regelungen, die sofort das ganze System verändern würden. Die wichtigste Maßnahme: die Bindung der Tierhaltung an die Fläche. Ein landwirtschaftlicher Betrieb darf nur so viele Tiere halten, wie das Land, das zum Besitz gehört oder zugepachtet wurde, ernähren kann. Wobei dieses eigene Land des Betriebs auch ausreichen muss, den Dung der Tiere als Dünger aufzunehmen, ohne ihn in die Gewässer auszuspülen, ins Trinkwasser durchsickern und als klimawirksames Lachgas ausdünsten zu lassen. Und – zweite Maßnahme -- damit das Land auch zum Anbau des eigenen Futters für die eigenen Tiere genutzt wird, muss der Zukauf von Futtermitteln beschränkt werden. Dann bleiben auch die Gensoja und der Genmais in Amerika, und die Regenwälder werden nicht noch weiter abgeholzt. Die dritte Maßnahme ist die einfachste, sie besteht nämlich nur aus Streichungen, und zwar genau der Ausnahmen aus dem Tierschutzgesetz, die es eben doch erlauben, Schnäbel zu kürzen, Schwänze zu kupieren, Hörner zu veröden und Bruderhähne wegzuwerfen, obwohl es grundsätzlich verboten ist, Tiere zu verstümmeln und ohne vernünftigen Grund zu töten.

Wenn wir dann – nach einer gewissen Zeit, die eine solch große Umstrukturierung zwangsläufig in Anspruch nehmen wird – nach und nach sämtliche Subventionen für die Landwirtschaft zurückfahren und die Dinge den wahren Preis kosten lassen, den sie nun mal kosten, dann dürfte der mindestens doppelt so hoch sein wie heute, und bei manchen tierischen Produkten auch gerne mal das Vier- bis Fünffache betragen. Wir würden dann nicht mehr so viele tierische Produkte konsumieren, und wir könnten es auch nicht, weil sie gar nicht mehr in der jetzigen Überfülle zur Verfügung stehen würden. Es würden dann, auf den gleichen Flächen wie jetzt, deutlich weniger Tiere gehalten werden. Diesen Tieren ginge es sehr viel besser, und die tierischen Produkte wären frei von unerwünschten Zusätzen wie Medikamenten und resistenten Keimen.

Vernünftig, nicht wahr? Klingt einfach und logisch, und wäre auch – nach allen Umfragen zum Thema – ganz und gar im Interesse der Verbraucher, und ist dennoch nicht durchsetzbar, noch nicht. Auch deshalb nicht, weil die Verbraucher, weil wir uns bei Umfragen immer wunderbar vernünftig, sozial und umweltfreundlich geben, bei der täglichen Abstimmung mit dem Einkaufswagen aber in der Mehrzahl komplett konträr zu unserer eigenen Rede handeln.

Deshalb wird ja auch gefordert, dass neben den Gütesiegeln auch Negativkennzeichnungen von Futtermitteln oder Produktionsbedingungen auf die Verpackungen kommen: »mit Genfutter« oder »aus Massentierhaltung« soll auf den Lebensmitteln im Supermarkt stehen. Abgesehen davon, dass die amerikanischen Freunde ersteres sicher als unzulässige Marktbeschränkung des freien Handels bekämpfen werden, was wäre im zweiten Fall bitte »Massentierhaltung«? Das Wort suggeriert schon das Richtige: Enge, Unüberschaubarkeit, Anonymität. Wir haben so unsere Probleme mit der Masse. Vor Menschenmassen darf man ruhig Angst haben. Aber bei Rindern zum Beispiel handelt es sich um Herdentiere. Als unübersehbare Masse wurden auch die Bisonherden Nordamerikas beschrieben, bevor die weißen Kolonisten den tausendfachen Tod über sie brachten. Als unübersehbare, dicht gedrängte Masse beschrieb der deutsche Entdeckungsreisende Peter Simon Pallas die Rentierherden Sibiriens im 18. Jahrhundert. Und wer einmal in der Serengeti den Zug der Gnus, der Zebras und Antilopen gesehen hat, der weiß, was wirklich viele Tiere sind.

Auf der Halbinselkette Fischland-Darß-Zingst in Mecklenburg-Vorpommern bewirtschaftet das Gut Darß nach den Richtlinien der Öko-Verordnung der Europäischen Union die Weiden im dortigen Nationalpark. Es leben darauf gut 4000 Rinder und 4000 Schafe, dazu noch einige Ziegen und rund hundert Büffel. Sehr viele Tiere, aber auch sehr viel Platz. Das Gut verfügt über fast 5000 Hektar Fläche. Ist das Massentierhaltung? Wer es gesehen hat, würde niemals auf diese Idee kommen. Der Begriff taugt also nicht viel, aber er hat das Zeug zum Kampfbegriff, zum Pauschalurteil. Wer viele Tiere hält, ist ein Massentierhalter und also per se böse. Einfache Parolen zu nutzen, die von anderen in die Debatte geworfen wurden, ist auch ein Teil der von Kant gegeißelten Unmündigkeit. Überlassen wir diese Art Begrifflichkeiten doch denen, die damit Bürgerfängerei betreiben wollen; die Bauern lassen sich mit diesem Begriff ausnahmsweise nicht fangen. Überhaupt würde es der Debatte um die nötige Agrarwende und das Tierwohl guttun, wenn wir sie möglichst frei hielten von allzu einfachen Wahrheiten. Der Begriff »Tierwohl« ist auch schon wieder okkupiert worden, in diesem Fall von der Industrielandwirtschaft, während die Massentierhaltung zum kritiklos verwendeten Schmähbegriff der Gegenseite avancierte.

Ohne Ismus

Zu großen Kämpfern gegen eine Versachlichung der Debatte haben sich die offenbar gut organisierten Veganer entwickelt, oder besser: die Veganisten. Ich möchte auch hier sprachlich genauer sein, schon deshalb, weil ich die Menschen sehr schätze, die sich für ein Leben ohne tierische Produkte entschieden haben, ohne daraus gleich eine missionierende Religion zu machen. Also nenne ich die anderen, die dies doch tun, Veganisten.

Sie sagen, es sei ein Fehler gewesen, den die Menschen vor rund 12000 Jahren begangen haben, als sie die Tiere zu sich holten, die dann unsere Nutztiere geworden sind, oder vor vielleicht 135000 Jahren, als sie sich dem Wolf anschlossen. Und dieser Fehler müsse nun rückgängig gemacht werden, denn »*Artgerecht ist nur die Freiheit«.*[2] Und sie sagen, der Mensch – und die Menschheit – könne ohne jede Nutzung von Tieren leben. Sie meinen das nicht als ihre persönliche Entscheidung, sondern als Notwendigkeit für die gesamte Menschheit. Gut, dann schauen wir uns ein paar Aspekte dessen an, was das bedeuten würde.

Da stünde zunächst die Abschaffung sämtlicher Nutztiere auf dem Programm. Der Vollständigkeit halber sei dazu gesagt, dass dazu auch unser ältester Gefährte gehören würde: der Hund. Also das Tier, das uns erst zum modernen Menschen gemacht hat, das einen sehr großen Anteil an der Menschwerdung des Affen hat. Denn auch der Hund ist ein Tier, das wir nutzen, und um den Hund zu ernähren, müssten wir andere Tiere töten oder sie durch ihn töten lassen, was im ersten Fall nicht in Frage kommt, wenn wir vegan leben, und im zweiten Fall moralisch verwerflich ist, weil wir indirekt tierisches Leben nutzen. Ein Kompromiss wäre, den Hund auch zum Veganer zu machen. Das genau versuchen manche vegan lebenden Menschen schon heute – mit Gemüse und Zusatznährstoffen aus der Retorte. Die Frage nach dem Tierwohl wäre in diesem Fall: Wenn du deinem Hund freien Lauf lassen würdest, was würde er tun, Mohrrüben ausgraben oder Mäuse? Außerdem bliebe auch der vegan ernährte Hund ein Nutztier und also verwerflich.

Was bedeutet nun die Abschaffung aller Nutztiere, oder sagen wir, die Trennung von ihnen, denn sie umzubringen und wie auch immer zu entsorgen, ist ja für einen Veganisten nicht die Alternative. Wenn man Tiere nicht nutzen darf, kann man sie ja auch nicht zermahlen und auf den Acker streuen, dann würden sie ja Dünger und auch wieder genutzt. Man kann sie auch nicht in die Biogasanlage kippen, dann wären sie energetisch verwertet und auch genutzt. Also müsste man sie freilassen. Stalltüren auf und raus mit den Milliarden von Tieren. Viele Tausende wären sicher nach wenigen Tagen tot, da sie ohne unsere Fürsorge, außerhalb menschlicher Obhut, nicht überlebensfähig sind. Dann hätten wir ein gewaltiges Problem mit der Entsorgung. Die müsste schnell gehen, um Seuchen zu vermeiden, die auch auf Menschen übergreifen könnten. Und das Problem der Verwertung wäre wieder da, weil jede Verwertung im natürlichen Kreislauf eine Nutzung ist. Ein paar Millionen andere ehemalige Nutztiere würden eine Weile überleben und sich über unsere Äcker hermachen. Das heißt, die Tiere, die wir zuvor gehalten haben, um sie zu essen, würden den Menschen jetzt deren Nahrung wegfressen. Was machen wir dann? Wir wehren uns und erschießen sie, oder wir zäunen unsere Äcker ein und lassen sie verhungern. Und haben wieder das Problem mit der Entsorgung.

So wird das also nicht funktionieren. Andere Möglichkeit, von einigen Veganisten schon privat praktiziert: die Nutztiere bekommen das Gnadenbrot und sterben dann langsam aus. Dazu muss man sie allerdings kastrieren, damit sie sich nicht vermehren. Das ist ein Eingriff, der von Tierrechtlern vehement abgelehnt wird, weil er den Tieren ein fundamentales Recht nimmt. Auch jeder Zoogärtner wird bestätigen, dass Tiere, denen die Möglichkeit zur Aufzucht von Nachwuchs genommen wird, depressiv werden. Dazu kommt noch, dass man in einem solchen Fall gezielten Aussterbenlassens diskutieren müsste, ob die Tiere nicht auch ein ihnen eigenes Lebensrecht als Gemeinschaft haben. Wer gibt uns das Recht, über das Überleben einer anderen Art zu entscheiden? Wir könnten vielleicht kollektiv entscheiden, dass wir das Leben unserer eigenen Spezies beenden. Wenn alle Menschen sich daran hielten, wären wir in gut hundert Jahren vom Erdboden verschwunden. Aber wir haben moralisch kein Recht, über das Leben anderer Spezies zu entscheiden. Es ist ein Unterschied, ob wir Tiere essen oder ob wir ihre Art vernichten. Wir Menschen haben schon zum Aussterben vieler Arten maßgeblich beigetragen, wir waren für viele andere die eigentliche Naturkatastrophe, hier aber würden wir zum ersten Mal eine gezielte, gewollte und auch so argumentativ vertretene Ausrottung vornehmen, an Milliarden von Individuen und tausenden von Tierarten oder Unterarten. Von denen es die meisten zu allem Überfluss auch nur durch uns in der Form gibt, in der sie heute leben. Ich bin gespannt darauf, wie das ethisch und moralisch zu begründen wäre. Die bislang weitreichendsten Argumentationen wie die des kanadischen Philosophenteams Sue Donaldson und Will Kymlicka[3] wollen den Nutztieren Bürgerrechte zugestehen, was ihr Abhängigkeitsverhältnis zu uns nicht beendet, das Problem also nur verschiebt. Danach hätten wir Milliarden von Nutztieren, die wir nicht mehr nutzen, aber ernähren müssten.

Abgesehen von all diesen moralischen und ethischen Erwägungen die Tiere betreffend, müssten wir auch noch ein paar Gedanken auf die Zukunft der Menschen verschwenden. Zwei Drittel des überhaupt nutzbaren Bodens weltweit ist Weideland. Das können wir für die Ernährung der Menschheit nur nutzen, wenn wir uns der Wiederkäuer bedienen. Sie »veredeln« das Gras und machen es indirekt für uns essbar – über die Milch und das Fleisch. Ohne diese Form der Nutzung des Landes, die eben über die Nutztiere geht und letztlich auch über ihren Tod, kann sich die Menschheit nicht ernähren. Wie viele der derzeit sieben Milliarden Menschen auf der Erde müssten sterben ohne die Nutztiere, wie viele könnten wir rein vegetarisch oder gar vegan ernähren? Vielleicht die Hälfte, vielleicht etwas mehr als die Hälfte? Schon in Deutschland sind von den siebzehn Millionen Hektar landwirtschaftlich nutzbarer Fläche fünf Millionen Hektar Weideland. In Ländern mit trockenerem Klima ist das Verhältnis umgekehrt: Der Großteil der Flächen ist nur als Weide nutzbar. Es funktioniert auch nicht, das Weideland umzubrechen und Ackerland daraus zu machen. Dazu fehlt das Wasser, und es taugen die Grasländer meist nicht zum Acker, sonst wären sie das längst geworden. Außerdem ist es auch nicht ratsam, Weideland in Äcker umzuwandeln, weil die dauerhafte Grasnarbe wesentlich mehr Kohlenstoff speichert als Ackerland. Mit jedem umgebrochenen Stück Weide, das danach als Acker genutzt wird, setzen wir dauerhaft Kohlenstoff frei und heizen das Klima an.

Außerdem nehmen wir uns durch den Verzicht auf Tiere auch die Möglichkeit, die vorhandenen Äcker dauerhaft zu nutzen und sogar fruchtbarer zu machen. Auf sehr guten Böden dürfte es möglich sein, mit Kompostierung pflanzlicher Abfälle auch ohne Kunstdünger über Jahre die Bodenfruchtbarkeit zu erhalten. Auf den weniger guten Standorten geht das nur mit dem Dung der Tiere. Ein ohne Tierhaltung betriebener Biobetrieb, den ich kenne, der sehr auf die Humusbildung achtet, hat es über ein Vierteljahrhundert geschafft, den Humusgehalt seiner Böden von 1,8 auf 2,1 Prozent zu steigern. Das hört sich wenig an, ist aber eine nennenswerte Größe: zwölf

Promille im Jahr. Würden wir weltweit in allen landwirtschaftlich genutzten Böden auch nur vier Promille Humus aufbauen, wäre der gesamte jährliche Ausstoß des Treibhausgases Kohlendioxid wieder eingefangen. Es gibt aber Betriebe, die haben in den gleichen 25 Jahren den Humusgehalt in ihren Böden von zwei auf vier Prozent gesteigert. Das sind durchweg Betriebe mit Tierhaltung. Dazu kommt, dass ein humoserer Boden fruchtbarer ist, dass er mehr Wasser eindringen lässt und mehr Wasser speichert, also gegen Erosion und Überschwemmungen wirkt und Trinkwasserspeicher auffüllt. Wer die Landwirtschaft – und damit die Ernährung der Menschheit – für den Klimawandel wappnen will, muss solche klimaresilienten Böden aufbauen und also Tiere halten.

Am Ende – die vegane Idee ein bisschen weitergedacht – gibt es noch ein paar grundsätzliche Probleme, wenn es denn darum geht, andere Tiere nicht zu nutzen, zu benutzen und ihnen damit kein Leid zuzufügen. Einerseits nutzt auch der, der Ackerbau mit Kompostierung betreibt, Tiere. Nämlich diejenigen, die ihm seine Garten- und Ackerabfälle überhaupt erst kompostieren. Das sind ja nicht nur Kleinstlebewesen, die wir in die Zwischenwelt der Bakterien und Pilze sortieren, sondern auch Würmer und Asseln und eine Vielzahl anderer Tiere. Die werden von den ohne die üblichen Nutztiere arbeitenden Landwirten regelrecht gezüchtet und auch gehandelt, weil diese Tiere ihre wichtigsten Mitarbeiter sind. Außerdem sind auch die Obstbauern und viele Ackerfrüchte von der Bestäubungsleistung der Bienen abhängig. Auch die sind von Menschen gehaltene Nutztiere. Und nein – wir können sie nicht frei und sich selbst überlassen, denn die Honigbiene ist ohne den Imker nicht mehr überlebensfähig, weil ein Honigbienenvolk ohne seine Hilfe innerhalb eines Jahres von der Varroamilbe vernichtet wäre. Und die Wildbienen und Hummeln können unsere Ernährung nicht sichern, dazu sind sie zu wenige. Auch wegen des intensiven Ackerbaus mit all den Spritzmitteln, von denen noch mehr benutzt werden müssten, wenn wir uns ohne die Hilfe der Tiere ernähren wollten.

Jetzt

Es wäre die Zeit, sich abzuwenden von der Industrialisierung der Landwirtschaft, von der Zurichtung unserer Tiere, von ihrer Einpassung in ein Produktionssystem, das wir gerne unmenschlich nennen würden, das aber natürlich ganz und gar von Menschen erdacht und aufgebaut ist. Es ist aber nicht die Zeit, sich wegen unserer Fehler im Umgang mit den Tieren von ihnen abzuwenden. Diese Zeit ist nie, dafür verdanken wir den Tieren zu viel. Wir haben uns an sie gebunden und sie sich an uns. Das kann man für einen Fehler halten, dies hat nur keinen Sinn und keine Konsequenz, weil die Nutztiere Teil unserer Evolution sind. Sie stecken in unserer Kulturgeschichte und sie stecken in unserer biologischen Geschichte, sie stecken uns in den Genen. Wir haben sie verändert und sie uns. Diese Koevolution kann eine Sackgasse sein wie vieles in der Evolution. Das wird sich herausstellen, irgendwann. Bis dahin sind wir mit den Tieren verbunden und sie mit uns. Der Weg aus dieser evolutionären Sackgasse, wenn man sie denn als solche empfindet, ist ein individueller. Man kann da aussteigen und versuchen, keine tierischen Produkte mehr zu nutzen. Man kann sich damit individuell ausklinken aus einem System, das Tieren Leid zufügt. Die Spezies *Homo sapiens* kann diesen Weg nicht gehen, sie kann nur versuchen, es den Tieren bessergehen zu lassen, viel besser, radikal besser. Was heißt, »sie kann es versuchen« – sie muss es, *wir* müssen das tun. Das steht den Tieren zu, das sind wir ihnen schuldig. Ganz aussteigen aus der Nutzung der Tiere und der Verbindung mit ihnen können wir nicht, ohne uns selbst zu vernichten. Vielleicht wird sich die Menschheit am Ende selbst vernichten, aber nicht durch den Verzicht auf die tierischen Helfer, sondern eher durch die Vernichtung der eigenen Lebensgrundlagen, indem sie, indem wir, für uns selbst die Erde unbewohnbar machen. Um sie uns möglichst lange bewohnbar zu erhalten, brauchen wir die Tiere.

Und – ich weiß nicht, wie es Ihnen geht – mir wäre es jedenfalls arg einsam auf dieser Welt ohne »unsere« Tiere.

Dank

Ich danke den Bauern, die mich in ihre Welt einließen, die mir ihre Stalltüren öffneten und ihre Köpfe, ganz besonders Carsten Bauck, Elke und Heinrich Breckling, Oke Ebsen, Knut Ellenberg, Ralf Hantusch, Ulrike Kalb, Holger Linde, Jasper Metzger-Petersen, Kathrin Ollendorf und Klaus Schmidt. Ich danke für hilfreiche Gespräche und das Sortieren von Gedanken Prof. Peter Kunzmann, Felix Prinz zu Löwenstein, Prof. Reinhard Merkel und Prof. Onno Poppinga.

Anmerkungen

1 Der große Wuff

1 Saint-Exupéry: *Der kleine Prinz*, S. 92 ff.
2 Ebd., S. 90
3 *Brehms Tierleben*, Säugetiere II, S. 73
4 Lorenz: *So kam der Mensch auf den Hund*, S. 7 f.
5 Ebd., S. 11
6 Ebd., S. 9 f.
7 Schleidt, Shalter: »Co-evolution of humans and canids«, S. 14
8 Zimen: *Der Hund*, S. 58 f.
9 Benecke: *Der Mensch und seine Haustiere*, S. 71 f.
10 Zimen: *Der Hund*, S. 73
11 Ebd., S. 73 f.
12 Vilá, Wayne et al.: »Multiple and Ancient Origins of the Domestic Dog«
13 Natanaelsson et al.: »Dog Y chromosomal DNA sequence«
14 Schrenk, Müller: *Die Neandertaler*, S. 87
15 Schleidt, Shalter: »Co-evolution of humans and canids«, S. 13
16 Lorenz: *So kam der Mensch auf den Hund*, S. 58
17 Zit. n. Schleidt, Shalter: »Co-evolution of humans and canids«, S. 5
18 Trumler: *Mensch und Hund*, S. 26
19 Schrenk, Müller: *Die Neandertaler*, S. 24
20 Schleidt, Shalter: »Co-evolution of humans and canids«, S. 9
21 Ebd., S. 6
22 Augustinus von Hippo, zit.n. Hübner: »*E pluribus unum*«
23 Oeser: *Hund und Mensch*, S. 39
24 Zimen: *Der Wolf*, S. 229 f.
25 Ebd., S. 67
26 Ebd., S. 218 f.
27 Schleidt, Shalter: »Co-evolution of humans and canids«, S. 14
28 Zeuner: *Geschichte der Haustiere*, S. 109
29 Oeser: *Hund und Mensch*, S. 38 f.
30 Mann: *Herr und Hund*, S. 9 f.
31 Ebd., S. 41 f.
32 Ebd., S. 47
33 Zimen: *Der Hund*, S. 163 f.
34 Oeser: *Mensch und Hund*, S. 41
35 Zimen: *Der Hund*, S. 152
36 Cervantes: *Das Kolloquium der beiden Hunde*, S. 211

37 Zimen: *Der Hund*, S. 223 f.
38 Ebd., S. 224
39 Ebd.
40 Berns et al.: »Dog temporal cortex for face«
41 Homer: *Odyssee*, XVII, 292–304
42 Zit. n. Fenzel: »Hunde können Gedanken lesen«
43 Mann: *Herr und Hund*, S. 49 f.
44 Zimen: *Der Hund*, S. 164
45 Platon: *Der Staat*, 374B–376B
46 Ovid: *Metamorphosen*, VII, 745 ff.
47 Storm: *Der Schimmelreiter*, S. 396 f.
48 Dante Alighieri: *Die göttliche Komödie*, VI, 3–11
49 Plinius: *Naturalis historia*, VII, 2
50 Übersetzung: Wikipedia, Stichwort »Guinefort«
51 Ebner-Eschenbach: *Krambambuli*, S. 202
52 Ebd., S. 213
53 Colombo: *Anatomia*, S. 215
54 Ebd., S. 216
55 Ebd.
56 Ebd., S. 217
57 Zit. n. Heise, »Nazis und Tierschutz«
58 Zit. n. Wikipedia, Stichwort »Laika«
59 Oeser: *Hund und Mensch*, S. 131 f.
60 Zimen: *Der Hund*, S. 70 f.
61 Ebd., S. 72
62 Xenophon: *Von der Jagd*, S. 1488 f.
63 Ebd., S. 1490
64 Dekkers: *Geliebtes Tier*, S. 36 f.
65 Zimen: *Der Hund*, S. 102
66 *Kompaktlexikon der Biologie*, abgerufen Juni 2016
67 TiHo: Flyer »Gesundheit der Hunde«, abgerufen Juli 2016
68 FCI-St. Nr. 166 vom 23.12.2010
69 TiHo Hannover: »Forschungsprojekte Hund«, abgerufen Juli 2016
70 BMVEL: *Gutachten zur Auslegung von § 11b des Tierschutzgesetzes*, S. 3
71 www.hundeforschung.de, abgerufen Juli 2016
72 www.gkf-bonn.de, abgerufen Juli 2016
73 *Brehms Tierleben*, Säugetiere II, S. 131 f.
74 Steinfeldt: *Kampfhunde*, S. 114
75 Ebd., S. 115
76 Ebd., S. 114
77 Wikipedia, Stichwort »Schoßhund«
78 Dekkers: *Geliebtes Tier*, S. 86

2 Schwein gehabt

1 *Brehms Tierleben*, Säugetiere III, S. 513
2 Dekkers: *Geliebtes Tier*, S. 80
3 www.g-e-h.de
4 *Brehms Tierleben*, Säugetiere III, S. 512 f.

5 Ebd., S. 513
6 Ebd.
7 Schlipf: *Handbuch der Landwirtschaft*, Ausgabe 1898, S. 482
8 Ebd., Ausgabe 1958, S. 390 f.
9 Schweinehaltungshygieneverordnung, Anlage 4: Allgemeine Anforderungen an Freilandhaltungen gemäß § 4 Absatz 1
10 Schweisfurth: *Tierisch gut*, S. 61 f.
11 Ebd., S. 62
12 Weiß et al.: *Tierproduktion*, 13. Auflage (in der 14. Auflage kommt die Freilandhaltung von Schweinen gar nicht mehr vor)
13 Bayerische Landesanstalt für Landwirtschaft: »Regenwürmer«
14 Weiß et al.: *Tierproduktion* (hier und i.f. immer die 14. Auflage), S. 448
15 BMEL: *Landwirtschaft verstehen*, S. 16
16 vgl. Weiß et al.: *Tierproduktion*, S. 403
17 BMEL: *Landwirtschaft verstehen*, S. 16
18 Schlipf: *Handbuch der Landwirtschaft*, Ausgabe 1958, S. 392
19 TierSchNutztV, S. 2043
20 Weißet al.: *Tierproduktion*, S. 406 f.
21 Ebd., S. 407
22 Ebd.
23 Ebd., S. 404
24 Ebd., S. 417
25 Ebd.
26 Schweisfurth: *Tierisch gut*, S. 39
27 Ebd., S. 41 f.
28 Sinclair: *Der Dschungel*, S. 50 f.
29 Ebd., S. 136 f.
30 Schweisfurth: *Tierisch gut*, S. 43
31 vgl. Borchers et al.: »Die Rippen- und Wirbelzahlen in einer Piétrainkreuzung«
32 Schweisfurth: *Tierisch gut*, S. 42
33 Stiftungszweck der Schweisfurth-Stiftung, www.schweisfurth-stiftung.de
34 BMEL: *Landwirtschaft verstehen*, S. 17
35 https://initiative-tierwohl.de, abgerufen August 2016
36 Vgl. Ramos-Onsins et al.: »Mining the pig genome«
37 Vgl. Benecke: *Der Mensch und seine Haustiere*, S. 250 ff.
38 Herre, Röhrs: *Haustiere – zoologisch gesehen*, S. 112
39 Falkenberg, Hammer: »Zur Geschichte und Kultur der Schweinezucht und -haltung«
40 Bächtold-Stäubli, Hoffmann-Krayer: *Handwörterbuch des deutschen Aberglaubens* II, Spalte 518
41 Homer: *Odyssee*, X, 231–241
42 Schwab: *Sagen des klassischen Altertums*, hier: *Meleager und die Eberjagd*
43 Bächtold-Stäubli, Hoffmann-Krayer: *Handwörterbuch des deutschen Aberglaubens* VII, Spalte 1474
44 Ebd.
45 Ebd. II, Spalte 519
46 Die Bibel, 3. Mose, 11, 1–3 und 7–8
47 Harris: *Wohlgeschmack und Widerwillen*, S. 71 f.
48 *Brehms Tierleben*, Säugetiere III, S. 513

49 Macho: *Schweine*, S. 7
50 Colombo: *Anatomia*, S. 215
51 Wuketits: *Schwein und Mensch*, S. 118
52 Bonera: *Das Schwein*, S. 48 f.
53 Herodot: *Neun Bücher zur Geschichte* II, 47
54 Schweisfurth: *Tierisch gut*, S. 46

3 Nur Muht

1 Vgl. Ehrlich: *Muttergebundene Kälberaufzucht*, S. 18 ff. und 33 f.
2 Caesar: *De Bello Gallico* 6, 28, 1–6
3 Edwards et al.: »Near Eastern Neolithic origin for domestic cattle«
4 Ebd.
5 Götherström et al.: »Cattle domestication«
6 *Grzimeks Tierleben*, XIII, *Säugetiere* 4, S. 410
7 Falkenstein: »Tierdarstellungen und ›Stierkult‹ im Neolithikum«
8 Ebd.
9 Herodot: *Neun Bücher zur Geschichte* II, 28
10 Ebd., II, 40
11 Ebd., II, 41
12 Ovid: *Metamorphosen* II, 847 ff.
13 Ebd., II, 869 ff.
14 Die Bibel, 5. Mose 25, 4
15 Die Bibel, 1. Timotheus 5, 18
16 Vgl. Benecke: *Der Mensch und seine Haustiere*, S. 271
17 Columella: *Landwirtschaft*, VI, 1
18 Ebd., VI, 2
19 Plinius: *Naturalis historia*, VIII, 45
20 Columella: *Landwirtschaft*, VI, 20–21
21 Vgl. Benecke: *Der Mensch und seine Haustiere*, S. 276
22 Vgl. ebd., S. 278 ff.
23 *FAO STAT 2014*
24 Holstein Association, abgerufen August 2016
25 Vgl. Busse: *Die Wegwerfkuh*, Kap. 1
26 Koschnitzke, Schießl: »Kälber für die Tonne«
27 Feddersen: »Die besten Lebenstagsleistungen«
28 Weiß et al.: *Tierproduktion*, S. 339
29 Ebd., S. 148 ff.
30 Ebd., S. 268
31 Ebd., S. 273
32 Jürgens et al.: *Wirtschaftlichkeit einer Milchviehfütterung*
33 Zit. n. Wikipedia, Stichwort »Margrit Herbst«
34 Foodwatch: *Die Tiermehl-Schmuggler*
35 Zit. n. Foodwatch: *10 Jahre BSE in Deutschland*, S. 4
36 Ebd., S. 5
37 Hörnlimann: »Geschichte und Epidemiologie der Prionenerkrankungen«
38 BgVV: *Die bovine spongiforme Enzephalopathie* (BSE)
39 FiBL: *Die Bedeutung der Hörner für die Kuh*, S. 2
40 »Demeter-Kühe haben Hörner«, Demeter-Mitteilung vom 25.1.2016

4 Puttputt kaputt

1 Weiß et al.: *Tierproduktion*, S. 494
2 Ebd., S. 495
3 TierSchNutztV § 19 (1) 5
4 Ebd. § 19 (3)
5 LANUV: *Antibiotikaeinsatz in der Hähnchenhaltung*
6 BVL: *Zoonose-Monitoring*
7 Vgl. BVL: *Germap 2015*, S. 25
8 Weiß et al.: *Tierproduktion*, S. 496
9 LWK Niedersachsen: »Hähnchenmast«
10 Universität Leipzig: Pressemitteilung 095/2015
11 Vgl. BMEL: *Landwirtschaft verstehen*, S. 20
12 *Grzimeks Tierleben* VIII, Vögel 2. S. 61 f.
13 Vgl. Oettel: *Der Hühner- oder Geflügelhof*
14 Vgl. Mammen: *Untersuchungen zu den Auswirkungen verschiedener Haltungssysteme für Legehennen*, S. 14
15 Benda: *Federpicken*, S. 85 ff.
16 TierSchG § 6 (1)
17 TierSchG § 6 (3) 3
18 Freytag et al.: »Einfluss des Zugangs zu Beschäftigungsmaterial«
19 LAVES: »Verzicht auf Schnabelkürzen«
20 Vgl. theology.de: Ostern
21 Vgl. Herre, Röhrs: *Haustiere*, S. 128
22 Vgl. Eriksson et al.: »Identification of the Yellow Skin Gene«
23 Benecke: *Der Mensch und seine Haustiere*, S. 363
24 Grimm: *Deutsche Mythologie* II, S. 558 f.
25 Die Bibel, Matthäus 26, 34–35
26 Columella: *Landwirtschaft*, VIII, 2
27 Benecke: *Der Mensch und seine Haustiere*, S. 371
28 Grimm: *Kinder- und Hausmärchen*, S. 141
29 http://erhaltungszucht-gefluegel.de
30 http://zweinutzungshuhn.de
31 Vgl. Hörning: »Initiativen zum Zweinutzungshuhn«
32 Nagel: *Das Zweinutzungshuhn*, zit.n. ebd.

Am Ende

1 Vgl. Wollschläger: *Tiere sehen dich an*
2 Vgl. Sezgin: *Artgerecht ist nur die Freiheit*
3 Vgl. Donaldson, Kymlicka: *Zoopolis*

Literatur

Bächthold-Stäubli, Hanns; Hoffmann-Krayer, Eduard: *Handwörterbuch des deutschen Aberglaubens*, 10 Bde. , Berlin 1987

Bayerische Landesanstalt für Landwirtschaft: »Regenwürmer in bayerischen Ackerböden«, *LfL-Merkblatt*, Freising 2015

Benda, Isabel: *Untersuchungen zu den Beziehungen von Federpicken, Exploration und Nahrungsaufnahme bei Legehennen*, Doktorarbeit, Universität Hohenheim 2008

Benecke, Norbert: *Der Mensch und seine Haustiere. Die Geschichte einer jahrtausendealten Beziehung*, Stuttgart 1994

Berns, Gregory S. et al.: »Awake fMRI reveals a specialized region in dog temporal cortex for face processing«, *PeerJ*, 4.8.2015

BgVV, Bundesinstitut für gesundheitlichen Verbraucherschutz und Veterinärmedizin: *Die bovine spongiforme Enzephalopathie (BSE) des Rindes und deren Übertragbarkeit auf den Menschen*, Berlin 2001

BMEL, Bundesministerium für Ernährung und Landwirtschaft: *Landwirtschaft verstehen. Fakten und Hintergründe*, Berlin 2014

BMVEL Bundesministerium für Verbraucherschutz, Ernährung und Landwirtschaft: *Gutachten zur Auslegung von § 11b des Tierschutzgesetzes (Verbot von Qualzüchtungen)*, Berlin 1999

Bonera, Franco: *Das Schwein. Geschichte – Symbolik – Legende*, Mailand 1990

Borchers, N.; Reinsch, N.; Kalm, E.: »Die Rippen- und Wirbelzahlen in einer Piétrainkreuzung: Erblichkeit, Variation und Leistungseffekte«, *Journal of Animal Breeding and Genetics*, Vol. 121, Issue 6, 12/2004, S. 382 ff.

Brehm, Alfred: *Brehms Tierleben. Allgemeine Kunde des Tierreichs*, hg. von Eduard-Pechuel-Loesche, 10 Bde., Leipzig und Wien 1900

Busse, Tanja: *Die Wegwerfkuh. Wie unsere Landwirtschaft Tiere verheizt, Bauern ruiniert, Ressourcen verschwendet und was wir dagegen tun können*, München 2015

BVL, Bundesamt für Verbraucherschutz und Lebensmittelsicherheit: *Bericht zum Zoonose-Monitoring 2014*, Berlin 2016

–: *Germap 2015, Antibiotikaresistenz und -verbrauch*, Berlin 2016

Caesar, Gaius Iulius: *De Bello Gallico. Der Gallische Krieg*, zit.n. www.gottwein.de

Cervantes, Miguel de: »Das Kolloquium der beiden Hunde«, in: *Exemplarische Novellen*, Gütersloh 1984

Colombo, Realdo: *Anatomia*, übers. von Iohannes Andreas Schenck, Frankfurt 1609

Columella, Lucius Iunius Moderatus: *Zwölf Bücher von der Landwirtschaft*, übers. von Michael Conrad Curtius, Hamburg und Bremen 1769

Dante Alighieri: *Die göttliche Komödie*, Dinslaken o.J.

Dekkers, Midas: *Geliebtes Tier. Die Geschichte einer innigen Beziehung*, München, Wien 1994

Donaldson, Sue; Kymlicka, Willi: Zoopolis. Eine politische Theorie der Tierrechte, Berlin 2013

Ebner-Eschenbach, Marie von: *Krambambuli*, In: Gesammelte Werke, München 1956–1958

Edwards, Ceiridwen J. et al.: »Mitochondrial DNA analysis shows a Near Eastern Neolithic origin for domestic cattle and no indication of domestication of European aurochs«, *Proceedings of the Royal Society B*, (2007) 274, 1377 ff.

Ehrlich, Maria Elisabeth: *Muttergebundene Kälberaufzucht in der ökologischen Milchviehhaltung*, Diplomarbeit Universität Kassel, Witzenhausen 2003

Eriksson, Jonas et al.: »Identification of the Yellow Skin Gene Reveals a Hybrid Origin of the Domestic Chicken«, *PLoS Genet* 4(2), 29.2.2008

Falkenberg, Heinz; Hammer, Horst: »Zur Geschichte und Kultur der Schweinezucht und -haltung«, *Züchtungskunde*, 78 (1), Stuttgart 2006

Falkenstein, Frank: »Tierdarstellungen und ›Stierkult‹ im Neolithikum Südosteuropas und Anatoliens«, *Proceedings of the International Symposium Strymon Praehistoricus*, Sofia 2007

FAO, Food and Agriculture Organization of the United Nations: *FAO STAT 2014*, faostat.fao.org

Feddersen, Egbert: »Die besten Lebenstagsleistungen«, *Milchrind. Journal für Zucht und Management*, 2/2014

Fenzel, Birgit: »Hunde können Gedanken lesen«, Max-Planck-Gesellschaft, *Aus dem Labor*, München 2009

FiBL, Forschungsinstitut für biologischen Landbau: *Die Bedeutung der Hörner für die Kuh*, Frick 2016

Förderverein für wissenschaftliche Hundeforschung: www.hundeforschung.de

Foodwatch: *Die Tiermehlschmuggler. Ein foodwatch-Report über illegale Exporte von Tiermehlen, unkontrollierte tierische Abfälle und die Komplizenschaft der Behörden*, Berlin 2007

–: *10 Jahre BSE in Deutschland – 10 Thesen*, Berlin 2010

Freytag, Sarah; Kemper, Nicole; Spindler, Birgit: »Einfluss des Zugangs zu Beschäftigungsmaterial auf das Verhalten und die Herdengesundheit von Jung- und Legehennen in Praxisbetrieben«, Abschlussbericht *Ausstieg Schnabelkürzung bei Legehennen*, Tierärztliche Hochschule, Hannover 2016

Gesellschaft zur Förderung Kynologischer Forschung: www.gkf-bonn.de

Götherström, Anders et al.: »Cattle domestication in the Near East was followed by hybridization with aurochs bulls in Europe«, *Proceedings of the Royal Society B*, (2005) 272, 2345 ff.

Grimm, Jacob: *Deutsche Mythologie*, 3 Bde., Berlin 1875–1878

– und Wilhelm: *Kinder- und Hausmärchen*, Berlin 1819

Grzimek, Bernhard (Hg.): *Grzimeks Tierleben*, 13 Bde., Zürich 1967–1972

Harris, Marvin: *Wohlgeschmack und Widerwillen. Die Rätsel der Nahrungstabus*, Stuttgart 1991

Heise, Helene: »Nazis und Tierschutz: Tierliebe Menschenfeinde«, *Spiegel Online*, 19.9.2007

Herodot: *Neun Bücher zur Geschichte*, Wiesbaden 2004

Herre, Wolf; Röhrs, Manfred: *Haustiere – zoologisch gesehen*, Heidelberg 1990

Hörning, Bernhard: »Initiativen zum Zweinutzungshuhn – ein Überblick«, Vortrag, Hochschule für nachhaltige Entwicklung, Eberswalde 2014

Hörnlimann, Beat: »Geschichte und Epidemiologie der Prionenerkrankungen«, Schweizerisches Bundesamt für Gesundheit, Bern o. J.

Holstein Association USA: »History of the Holstein Breed«, www.holstein.com

Homer: *Odyssee*, übers. von Johann Heinrich Voss, o.O. 2014

Hübner, Wolfgang: »*E pluribus unum* bei Augustinus«, *Revue d'études augustiniennes et patristiques* 57 (2011)

Initiative Tierwohl: https://initiative-tierwohl.de

Jürgens, Karin; Poppinga, Onno; Sperling, Urs: *Wirtschaftlichkeit einer Milchviehfütterung ohne bzw. mit wenig Kraftfutter*, Kassel 2016

Kathan, Bernhard: *Schöne neue Kuhstallwelt. Herrschaft, Kontrolle und Rinderhaltung*, Berlin 2009

Kompaktlexikon der Biologie, Heidelberg 2001: www.spektrum.de/lexikon/biologie-kompakt

Koschnitzke, Lukas; Schießl, Michaela: »Kälber für die Tonne«, *Spiegel Online*, 25.4.2015

LANUV, Landesanstalt für Natur, Umwelt- und Verbraucherschutz Nordrhein-Westfalen: *Evaluierung des Antibiotikaeinsatzes in der Hähnchenhaltung*, Recklinghausen 2012

LAVES, Landesamt für Verbraucherschutz und Lebensmittelsicherheit Niedersachsen: »Verzicht auf Schnabelkürzen bei Legehennen«, o.J.

Lorenz, Konrad: *So kam der Mensch auf den Hund*, München 1950

LWK, Landwirtschaftskammer Niedersachsen, Silke Schierhold: »Hähnchenmast: Wirtschaften im Centbereich«, Oldenburg 2010

Macho, Thomas: *Schweine. Ein Porträt*, Berlin 2015

Mammen, Sarah: *Untersuchungen zu den Auswirkungen verschiedener Haltungssysteme für Legehennen auf den Immunstatus der Tiere unter Einbeziehung pathologisch-anatomischer, mikrobiologischer und hämatologischer Parameter*, Doktorarbeit Tierärztliche Hochschule, Hannover 2010

Mann, Thomas: *Herr und Hund*, Gütersloh o.J. (1960)

Nagel, Jobst: *Das Zweinutzungshuhn im Wettbewerb mit den Legerassen und mit den Lege- beziehungsweise Masthybriden*, Doktorarbeit Universität Göttingen 1963

Natanaelsson, Christian et al.: »Dog Y chromosomal DNA sequence: identification, sequencing and SNP discovery, *BMC genetics*«, Band 7, 2006, S. 45

Oeser, Erhard: *Hund und Mensch. Die Geschichte einer Beziehung*, Darmstadt 2004

Oettel, Robert: *Der Hühner- oder Geflügelhof sowohl zum Nutzen als zur Zierde*, Weimar 1873 (Nachdruck der Originalausgabe Dresden 2014)

Ovid: *Metamorphosen*, Altenmünster o.J.

Platon: *Der Staat*. In: Sämtliche Werke, Berlin o.J.

Plinius, Gaius Secundus Maior: *Naturalis historia*, übers. von Johann Daniel Denso, Rostock und Greifswald 1764

Ramos-Onsins, S. E.; Burgos-Paz, W.; Manunza, A.; Amills, M.: »Mining the pig genome to investigate the domestication process«, *Heredity* 113 (2014), S. 471 ff.

Rifkin, Jeremy: *Das Imperium der Rinder. Der Wahnsinn der Fleischindustrie*, Frankfurt 2001

Saint-Exupéry, Antoine de: *Der kleine Prinz*, neu übers. von Hans Magnus Enzensberger, München 2015

Schleidt, Wolfgang M.; Shalter, Michael D.: »Co-evolution of humans and canids: An alternative view of dog domestication«, *Evolution and Cognition*, Band 9, 2003, S. 57 ff.; zit. n. der Übersetzung von Wolfgang Schleidt bei academia.edu

Schlipf, Johann Adam: *Handbuch der Landwirtschaft*, Ausgaben von 1898 und 1958 in einem Band, Waltrop und Leipzig 2002

Schrenk, Friedemann; Müller, Stephanie: *Die Neandertaler*, München 2010

Schwab, Gustav: *Sagen des klassischen Altertums*, Düsseldorf 2016

Schweinehaltungshygieneverordnung vom 2. April 2014, BGBl. I 2014

Schweisfurth, Karl Ludwig: *Tierisch gut. Vom Essen und Gegessenwerden*, Frankfurt am Main 2010

Sezgin, Hilal: *Artgerecht ist nur die Freiheit. Eine Ethik für Tiere oder Warum wir umdenken müssen*, München 2014

Sinclair, Upton: *Der Dschungel*, Berlin und Jossa 1980

Steinfeldt, Andrea: *Kampfhunde. Geschichte, Einsatz, Haltungsprobleme von Bull-Rassen*, Doktorarbeit Tierärztliche Hochschule, Hannover 2002

Storm, Theodor: *Der Schimmelreiter*. In: Gesammelte Werke, München 1981

TierSchG, Tierschutzgesetz in der Fassung der Bekanntmachung vom 18. Mai 2006, BGBl. I S. 1206, 1313

TierSchNutztV, Tierschutz-Nutztierhaltungsverordnung vom 4. August 2006, BGBl. I 2006

TiHo, Tierärztliche Hochschule Hannover, Institut für Tierzucht und Vererbungsforschung der Stiftung Tierärztliche Hochschule Hannover, Flyer: »Forschung für die Gesundheit der Hunde«, Hannover 2016

–: Internetseite »Forschungsprojekte Hund«, Hannover 2016

Trumler, Eberhard: *Mensch und Hund*, Mürlenbach 1988

Vilá, Carles; Wayne, Robert K. et al.: »Multiple and Ancient Origins of the Domestic Dog«, *Science* 276, 1997, S. 1687

Weiß, Jürgen; Pabst, Wilhelm; Strack, Karl Ernst; Granz, Susanne: *Tierproduktion*, 13. Auflage, Stuttgart 2005 / 14. Auflage, Stuttgart 2011

Werner, Florian: *Die Kuh. Leben, Werk und Wirkung*, Zürich 2009

Wollschläger, Hans: *Tiere sehen dich an. Oder: Das Potential Mengele*, Zürich 1989

Wuketits, Franz M.: *Schwein und Mensch. Die Geschichte einer Beziehung*, Magdeburg 2014

Xenophon von Athen: *Von der Jagd*, übers. von Adolph Heinrich Christian, Werke, 12. Bändchen, Stuttgart 1831

Zeuner, Frederick E.: *Geschichte der Haustiere*, München 1967

Zimen, Erik: *Der Hund. Abstammung – Verhalten – Mensch und Hund*, München 1988

–: *Der Wolf. Verhalten, Ökologie und Mythos*, München 1990